NEUE

GEOMETRIE DES RAUMES

GEGRÜNDET AUF DIE BETRACHTUNG

DER GERADEN LINIE ALS RAUMELEMENT.

VON

JULIUS PLUECKER.

MIT EINEM VORWORT VON A. CLEBSCH.

ERSTE ABTHEILUNG.

LEIPZIG,
DRUCK UND VERLAG VON B. G. TEUBNER.
1868.

VORWORT.

Schon seit längerer Zeit war es Plücker's Absicht, die Gesammtheit seiner Forschungen über die von ihm in die Geometrie eingeführten Liniengebilde, in einem grössern Werke vereinigt, der Oeffentlichkeit zu übergeben; wobei denn nur zum Theil einige frühere Arbeiten*) reproducirt, grösstentheils aber Neues und bisher Ungedrucktes gebracht werden konnte. Es war ihm nicht vergönnt, sein Vorhaben vollständig auszuführen; aber der grösste Theil des beabsichtigten Werkes war bei seinem Tode fertig gedruckt und von ihm selbst durchgesehen. Der Herr Verleger wollte dem wissenschaftlichen Publicum Untersuchungen von so grosser Tragweite nicht länger als unumgänglich nöthig war vorenthalten sehen; und es erscheint also, während die Fortsetzung des Werkes möglichst beschleunigt werden soll, hier derjenige Theil, dessen Druck noch unter Plücker's eigener Aufsicht vollendet worden ist. Derselbe enthält nach der Entwicklung der allgemeinen Vorbegriffe zunächst die Theorie der linearen Complexe, sodann aber die Anfänge einer ausführlichen Theorie der Complexe zweiten Grades, welche von Plücker hier zum ersten Male behandelt sind.**) In der letztern beschäftigt ihn insbesondere eine Classe von merkwürdigen Flächen 4. Ordnung und 4. Classe, welche er Complexflächen genannt hat, und deren Darstellung durch anschauliche Modelle ihm bei seiner Methode der Forschung wesentliche Unterstützung darbot.†)

Für die Fortsetzung des Werkes liegt allerdings nur ein kleiner Theil des Manuscriptes vollständig ausgeführt vor; aber glücklicherweise ist Herr

---

*) Phil. Transact. 1865, p. 725, übersetzt in Liouv. Journal 2. Serie T. XI; Proceedings of the Royal Soc. 1865; Les Mondes p. Moigno, Janvier 1867, p. 79; Annali di matematica Ser. II. T. I. p. 160

**) Untersuchungen über diese Complexe hat in Folge von Plücker's Arbeit über Complexe ersten Grades Herr Battaglini gegeben (Atti della Reale Accademia di Napoli, vol. III). Eine Reihe von Plücker's Resultaten sind in dieser Arbeit bereits enthalten. Indessen hat Plücker die seinigen selbstständig gefunden; auch sind seine Methoden ganz andere, mehr geometrische, als die der neuern Algebra verwandten des italienischen Gelehrten,

†) Eine grosse Anzahl eleganter Modelle dieser Art verfertigt nach Plücker's Anweisung der Mechanicus Epkens in Bonn.

Klein, bisher Assistent Plücker's in seinen physikalischen Vorlesungen, welcher sich bereits an der Ausarbeitung des Werkes in mannigfacher Weise betheiligt hat, und sich Geist und Methode der Untersuchung zu eigen zu machen wusste, durch mündliche Mittheilungen des Verstorbenen in den Stand gesetzt, die Lücken des Manuscriptes in Plücker's Sinn zu ergänzen. Man darf daher hoffen, das Ganze bald so nahe wie möglich in einer Weise vollendet zu sehen, wie sie Plücker selbst wohl gewünscht und vorausgesehen hat, wenn, wie dies seit längerer Zeit öfters geschah, ein Vorgefühl des Todes ihm die Befürchtung aufdrängte, dass es ihm nicht möglich sein werde, das Werk selbst zu vollenden. Diese Fortsetzungen werden die weitere Ausführung der Theorie der Complexe 2. Ordnung zum Gegenstande haben, in einer Weise, welche Plücker's Vorstellungen gemäss der Theorie der Flächen 2. Ordnung analog ist. Die Methoden Plücker's werden dabei möglichst getreu beibehalten werden. Es wird einer jüngeren Generation vorbehalten bleiben, die reiche Fülle von Gedanken, welche Plücker in dieser, wie in allen seinen geometrischen Untersuchungen ausgeschüttet hat, auch im Sinne neuerer Methoden auszubeuten und zu gestalten.

Und so wird dem wissenschaftlichen Publicum hiermit das gegenwärtige Werk als das Vermächtniss des grossen Geometers übergeben, welcher, nachdem er in jüngern Jahren bahnbrechend in seiner Wissenschaft gewirkt, am Ende seines Lebens sich der Geometrie wieder zugewandt, und neue Ideen mit jugendlicher Frische entwickelnd, noch im Alter mit einem neuen und grossen Gebiete die Disciplin beschenkte, welche seiner frühern Thätigkeit so viel verdankt.

Der Wunsch des Herrn Verlegers, welcher es dem Unterzeichneten möglich macht, durch eine accessorische Betheiligung an der Herausgabe seiner Verehrung für den Verstorbenen einen thatsächlichen Ausdruck zu geben, bietet mir zugleich die willkommene Gelegenheit, die gewohnte Liberalität dankbar anzuerkennen, mit welcher der Herr Verleger Druck und Ausstattung des Werkes angeordnet hat.

Giessen, den 8. Juni 1868.

A. Clebsch.

ERSTE ABTHEILUNG.

Einleitende Betrachtungen.

§ 1.

Coordinaten der geraden Linie im Raume. Strahl und Axe.

1. Eine gerade Linie können wir unter zwei verschiedenen, gleich allgemeinen Gesichtspuncten auffassen.

2. Wir können erstens die gerade Linie als einen geometrischen Ort von Puncten, als von einem Puncte beschrieben, als einen Strahl betrachten. In dieser Auffassung können wir uns der Punct-Coordinaten x, y, z bedienen und, in gewohnter Weise, eine gerade Linie durch die Gleichungen ihrer Projectionen auf zwei der drei Coordinaten-Ebenen: XZ und YZ, darstellen:

$$x = rz + \varrho,$$
$$y = sz + \sigma, \tag{1}$$

aus welchen dann die Gleichung der Projection auf die dritte Coordinaten-Ebene XY:

$$ry - sx = (r\sigma - s\varrho), \tag{2}$$

unmittelbar folgt. Wir können, indem wir der Kürze wegen

$$r\sigma - s\varrho = \eta \tag{3}$$

setzen,

$$r, \ s, \ \varrho, \ \sigma, \ \eta \tag{4}$$

als die fünf Coordinaten der geraden Linie, die wir als Strahl betrachten, bezeichnen. Diese fünf Coordinaten lassen sich in Folge der zwischen ihnen bestehenden Relation (3) auf die zur Bestimmung der geraden Linie erforderlichen vier Constanten zurückführen.

Für einen Strahl, der durch einen gegebenen Punkt (x', y', z') geht, ist

$$x' = rz' + \varrho,$$
$$y' = sz' + \sigma.$$

Mithin kommt:

$$r = \frac{x - x'}{z - z'}, \qquad\qquad s = \frac{y - y'}{z - z'},$$

$$\varrho = \frac{x'z - xz'}{z - z'}, \qquad\qquad \sigma = -\frac{yz' - y'z}{z - z'},$$

$$\eta = \frac{xy' - x'y}{z - z'}.$$

Statt der obigen fünf Coordinaten (4) der geraden Linie können wir hiernach die folgenden *sechs* nehmen, denen wir einstweilen noch ein beliebiges Vorzeichen geben:

$$\pm (x - x'), \qquad \pm (y - y'), \qquad \pm (z - z'), \\ \pm (yz' - y'z), \qquad \pm (x'z - xz'), \qquad \pm (xy' - x'y). \Biggr\} \qquad (5)$$

Erst wenn wir irgend fünf der sechs Coordinaten durch die sechste dividiren, erhalten wir Werthe, welche eine bestimmte Beziehung zu der dargestellten geraden Linie haben, und durch deren Vermittelung wir diese construiren können. — Auf diese Weise wird die Coordinaten-Bestimmung in Beziehung auf die drei Coordinaten-Axen eine s y m m e t r i s c h e. Zwischen den sechs neuen Coordinaten besteht die Bedingungs-Gleichung:

$$(x - x')(yz' - y'z) + (y - y')(x'z - xz') + (z - z')(xy' - x'y) = 0, \quad (6)$$

welche in Beziehung auf x, y, z, x', y', z' eine identische ist.

Indem wir x', y', z' sowohl als x, y, z als veränderlich betrachten, wird ein Strahl durch zwei Puncte (x, y, z) und (x', y', z'), die beide willkürlich auf demselben angenommen werden können, bestimmt. In Folge der Willkürlichkeit dieser Annahme reduciren sich die s e c h s Coordinaten, von welchen die Lage zweier Puncte abhängig ist, a u f v i e r, die zur Bestimmung einer geraden Linie gehören.

3. Wir können z w e i t e n s eine gerade Linie als von einer sich drehenden Ebene umhüllt, als eine *Axe* betrachten, in der sich alle umhüllenden Ebenen schneiden. Um eine gerade Linie in dieser zweiten Bedeutung durch zwei Gleichungen darzustellen, müssen wir von Plan-Coordinaten Gebrauch machen. Nehmen wir die drei Constanten der folgenden Gleichung, welche eine Ebene in Punct-Coordinaten darstellt:

$$tx + uy + vz + 1 = 0, \qquad\qquad (7)$$

als die Coordinaten der Ebene, so bedeuten diese die mit entgegengesetztem Zeichen genommenen reciproken Werthe derjenigen Segmente, welche die Ebene von den drei Coordinaten-Axen abschneidet. Die beiden Gleichungen:

$$t = pv + \pi, \\ u = qv + \varkappa, \qquad\qquad (8)$$

stellen, einzeln genommen, zwei Punkte in den beiden Coordinaten-Ebenen XZ und YZ dar; wir können sagen, dass das System beider Gleichungen die gerade Linie darstellt, welche die beiden Puncte verbindet: eine *Axe*. Die Gleichung:

$$pu - qt = (p\varkappa - q\pi), \qquad (9)$$

welche aus den Gleichungen (8) sich ergibt, wenn wir die Veränderliche v eliminiren, stellt denjenigen Punct dar, in welchem die dritte Coordinaten-Ebene XY von derselben geraden Linie geschnitten wird. In ganz analoger Weise, wie wir früher r, s, σ, ϱ, η als die fünf Coordinaten eines Strahles betrachtet haben, nehmen wir nun, indem wir der Kürze halber:

$$p\varkappa - q\pi = \omega \qquad (10)$$

setzen,

$$p, \; q, \; \pi, \; \varkappa, \; \omega$$

als die fünf Coordinaten der als Axe betrachteten geraden Linie.

Wenn wir die Coordinaten einer gegebenen durch die Axe gehenden Ebene durch $t,'\; u,'\; v'$ bezeichnen, so kommt:

$$t' = pv' + \pi,$$
$$u' = qv' + \varkappa,$$

und hieraus ergibt sich:

$$p = \frac{t - t'}{v - v'}, \qquad\qquad q = \frac{u - u'}{v - v'},$$

$$\pi = \frac{t'v - tv'}{v - v'}, \qquad\qquad \varkappa = -\frac{uv' - u'v}{v - v'},$$

$$\omega = \frac{tu' - t'u}{v - v'}.$$

Hiernach können wir zur Bestimmung von Axen statt der früheren fünf Coordinaten (11) auch die folgenden *sechs* nehmen:

$$\begin{array}{ccc}
\pm (t - t'), & \pm (u - u'), & \pm (v - v'), \\
\pm (uv' - u'v), & \pm (t'v - tv'), & \pm (tu' - t'u),
\end{array} \qquad (12)$$

indem wir einstweilen die Vorzeichen noch unbestimmt lassen. Erst wenn wir irgend fünf dieser sechs Coordinaten durch die sechste dividiren, erhalten wir Ausdrücke, die zur Construction der geraden Linie dienen können. Zwischen den sechs neuen Coordinaten einer Axe besteht die folgende, in Beziehung auf t, u, v, $t,'\; u,'\; v'$ identische Gleichung:

$$(t - t')(uv' - u'v) + (u - u')(t'v - tv') + (v - v')(tu' - t'u) = 0. \qquad (13)$$

Indem wir t', u', v' sowohl als t, u, v als veränderlich betrachten, wird eine gerade Linie, in der Bedeutung einer Axe, durch irgend zwei Ebenen (t, u, v) und (t', u', v'), welche in ihr sich schneiden, bestimmt.

4. Wenn dieselbe gerade Linie einmal als Strahl, das andere Mal als *Axe* bestimmt werden soll, so muss jeder der beiden Puncte (x, y, z) und (x', y', z'), durch welche der Strahl bestimmt ist, in jeder der beiden Ebenen (t, u, v) und (t', u', v') liegen, welche zur Bestimmung der Axe dienen, oder, was dasselbe heisst, jede der beiden Ebenen muss durch jeden der beiden Puncte gehen. Dem entsprechend erhalten wir die folgenden vier Gleichungen:

$$\left.\begin{array}{l} tx \; + \; uy \; + \; vz \; + 1 = 0, \\ t'x \; + \; u'y \; + \; v'z \; + 1 = 0, \\ tx' \; + \; uy' \; + \; vz' \; + 1 = 0, \\ t'x' \; + \; u'y' \; + \; v'z' \; + 1 = 0, \end{array}\right\} \qquad (14)$$

welche die Bedingungen enthalten, dass der durch die sechs Coordinaten (5) bestimmte Strahl mit der durch die sechs Coordinaten (12) bestimmten Axe zusammenfalle.

Aus den beiden ersten und den beiden letzten der Gleichungen (14) folgt:

$$(t - t') \; x \; + (u - u') \; y + (v - v') \; z = 0,$$
$$(t - t') \; x' \; + (u - u') \; y' + (v - v') \; z' = 0,$$

und hieraus, wenn wir nach einander $(v - v')$ und $(u - u')$ eliminiren:

$$- (x'z - xz') (t - t') + (yz' - y'z) (u - u') = 0,$$
$$(xy' - x'y) (t - t') - (yz' - y'z) (v - v') = 0.$$

Diese Gleichungen lassen sich in die, in dem folgenden Ausdrucke zusammengefassten, Proportionen auflösen:

$$(t - t') : (u - u') : (v - v')$$
$$= (yz' - y'z) : (x'z - xz') : (xy' - x'y). \qquad (15)$$

Aus der ersten und dritten, der zweiten und vierten der Gleichungen (14) folgt:

$$(x - x') t + (y - y') u + (z - z') v = 0,$$
$$(x - x') t' + (y - y') u' + (z - z') v' = 0,$$

und hieraus, wenn wir nach einander $(z - z')$ und $(y - y')$ eliminiren:

$$- (t'v - tv') (x - x') + (uv' - u'v) (y - y') = 0,$$
$$(tu' - t'u) (x - x') - (uv' - u'v) (z - z') = 0.$$

Diese Gleichungen lassen sich in die folgenden Proportionen auflösen:

$$(x - x') : \quad (y - y') : \quad (z - z')$$
$$= (uv' - u'v) : (t'v - tv') : (tu' - t'u). \qquad (16)$$

Wenn wir endlich etwa zwischen den beiden ersten Gleichungen (14) x, zwischen den beiden letzten x' eliminiren, so kommt:

$$(tu' - t'u)\, y - (t'v - tv')\, z + (t - t') = 0,$$
$$(tu' - t'u)\, y' - (t'v - tv')\, z' + (t - t') = 0,$$

und dann wiederum zwischen diesen Gleichungen etwa $(t'v - tv')$, so ergibt sich:

$$(tu' - t'u).\, (yz' - y'z) = (t - t')\, (z - z'),$$

wonach:

$$(tu' - t'u) : (t - t') = (z - z') : (yz' - y'z). \tag{17}$$

Diese neue Proportion verbindet die Ausdrücke (15) und (16) und führt so zu der folgenden allgemeinen Zusammenstellung gleicher Verhältnisse:

$$(x - x') : (y - y') : (z - z') : (yz' - y'z) : (x'z - xz') : (xy' - x'y)$$
$$= (uv' - u'v) : (t'v - tv') : (tu' - t'u) : (t - t') : (u - u') : (v - v'). \tag{18}$$

Wir wollen die unbestimmt gebliebenen Vorzeichen der sechs Coordinaten so nehmen, wie sie in den vorstehenden Proportionen auftreten. Es nöthigt uns dazu die Rücksicht auf die spätere Anwendung derselben Coordinaten zur Bestimmung von Kräften und Rotationen*). Bei dieser Annahme bedeuten nämlich, indem wir uns hier auf Betrachtung von Kräften beschränken, die sechs Coordinaten (5) die drei Projectionen auf die Coordinaten-Axen und die drei doppelten Drehungsmomente in Beziehung auf dieselben derjenigen Kraft, deren Angriffspunct $(x, y, z,)$ deren Intensität dem Abstande der beiden Puncte (x, y, z) und (x', y', z') gleich, und die von dem ersten Puncte zu dem zweiten gerichtet ist.

5. In der Zusammenstellung (18) sind die Bedingungen enthalten, unter welchen, in der doppelten Coordinaten-Bestimmung, ein und dieselbe gerade Linie (als Strahl und Axe betrachtet) dargestellt wird. Wenn wir zu den ursprünglichen fünf Strahlen-Coordinaten und den ursprünglichen fünf Axen-Coordinaten zurückgehn, so verwandelt sich (18) in:

$$r : s : \quad 1 \quad : -\ \sigma : \varrho : ((r\sigma - s\varrho) = \eta)$$
$$= -\ \varkappa : \pi : ((p\varkappa - q\pi) = \omega) : \quad p : q : \quad 1 \tag{19}$$

Wir behalten σ und $\varkappa$ mit dem negativen Vorzeichen bei, weil dieses die Symmetrie der Coordinaten-Bestimmung in Beziehung auf OZ verlangt.

6. Wir können die Proportionen (19) als aus den Proportionen (18) dadurch abgeleitet betrachten, dass die Vorderglieder derselben durch $(z - z')$, die Hinterglieder derselben durch $(v - v')$ dividirt worden sind. Die beiden Divisoren können wir ganz beliebig und unabhängig von einander bestimmen.

---

*) Vergl. Fundamental views regarding Mechanics. Phil. Transactions. 1866. p. 361. 369.

Danach können wir wiederum die Vorderglieder der Proportionen (19) durch eine beliebige Grösse h, die Hinterglieder mit einer beliebigen Grösse l multipliciren und diese Grössen können wir selbst (vergleiche die folgende Nummer) imaginär nehmen. Die fünf absoluten Coordinaten sind dann einmal:

$$\frac{r}{h}, \; \frac{s}{h}, \; -\frac{\sigma}{h}, \; \frac{\varrho}{h}, \; \frac{\eta}{h}, \tag{20}$$

das andere Mal:

$$-\frac{\varkappa}{l}, \; \frac{\pi}{l}, \; \frac{\omega}{l}, \; \frac{p}{l}, \; \frac{q}{l}, \tag{21}$$

Die Gleichungen der drei Projectionen der geraden Linie (1) und (2) werden alsdann:

$$hx = rz + \varrho,$$
$$hy = sz + \sigma,$$
$$h(ry - sx) = (r\sigma - s\varrho) = \eta. \tag{22}$$

Die Gleichungen der drei Puncte, in welchen die Coordinaten-Ebenen von der geraden Linie geschnitten werden, (8) und (9), erhalten die Form:

$$lt = pv + \pi,$$
$$lu = qv + \varkappa,$$
$$l(pu - qt) = (p\varkappa - q\pi) - \omega. \tag{23}$$

7. Eine reelle gerade Linie lässt sich sowohl durch zwei imaginäre als durch zwei reelle Puncte bestimmen. Wir wollen, um auch diese Bestimmungsweise einzuschliessen, die Coordinaten der beiden Puncte (x, y, z) und (x', y', z') in folgender Weise bestimmen:

$$\begin{aligned} x &= x^0 + ix_0, & x' &= x^0 - ix_0, \\ y &= y^0 + iy_0, & y' &= y^0 - iy_0, \\ z &= z^0 + iz_0, & z' &= z^0 - iz_0, \end{aligned} \right\} \tag{24}$$

wobei wir durch i die Einheit oder $\sqrt{-1}$ bezeichnen, je nachdem die beiden Puncte reell oder imaginär sind. Die sechs Strahlen-Coordinaten (5), mit dem richtigen Vorzeichen genommen, werden alsdann:

$$\begin{aligned} & 2ix_0, & 2iy_0, & \quad 2iz_0, \\ & 2i(y_0z^0 - y^0z_0), \; 2i(x^0z_0 - x_0z^0), \; 2i(x_0y^0 - x^0y_0). \end{aligned} \right\} \tag{25}$$

Da bei der Bestimmung einer geraden Linie nur die Quotienten je zweier ihrer sechs Coordinaten in Betracht kommen, können wir den reellen oder imaginären Factor $2i$, der in allen vorstehenden Ausdrücken vorkommt, weglassen, und erhalten dann für die sechs Strahlen-Coordinaten die folgenden Ausdrücke:

$$x_0, \qquad\qquad y_0, \qquad\qquad z_0,$$
$$(y_0 z^0 - y^0 z_0), \quad (x^0 z_0 - x_0 z^0), \quad (x_0 y^0 - x^0 y_0). \qquad (26)$$

Die Bestimmung der geraden Linie vermittelst der Grössen x^0, y^0, z^0 und x_0, y_0, z_0 ist also immer eine reelle. Es sind x^0, y^0, z^0 die Coordinaten der immer reellen Mitte zwischen den beiden reellen oder imaginären Puncten (x, y, z) und (x', y', z'), durch welche die gerade Linie geht. Der Abstand der beiden Puncte von einander ist $2i\sqrt{x_0{}^2 + y_0{}^2 + z_0{}^2}$, die Cosinus der drei Winkel, welche die zu bestimmende Linie mit den Coordinaten-Axen OX, OY, OZ bildet, verhalten sich wie $x_0 : y_0 : z_0$.

Die Betrachtungen der vorigen Nummer übertragen sich unmittelbar auf den Fall, dass wir die gerade Linie statt als Strahl als Axe betrachten und demnach durch Ebenen bestimmen. Setzen wir:

$$\left. \begin{array}{ll} t = t^0 + it_0, & t' = t^0 - it_0, \\ u = u^0 + iu_0, & u' = u^0 - iu_0, \\ v = v^0 + iv_0, & v' = v^0 - iv_0, \end{array} \right\} \qquad (27)$$

so erhalten wir als neue Axen-Coordinaten, die den Strahlen-Coordinaten (26) entsprechen, die folgenden:

$$t_0, \qquad\qquad u_0, \qquad\qquad v_0,$$
$$(u_0 v^0 - u^0 v_0), \quad (t^0 v_0 - t_0 v^0), \quad (t_0 u^0 - t^0 u_0). \qquad (28)$$

8. Wenn die neuen Coordinaten-Bestimmungen (26) und (28) sich auf dieselbe gerade Linie beziehen sollen, so ist:

$$x_0 \quad : \quad y^0 \quad : \quad z_0 \quad : (y_0 z^0 - y^0 z_0) : (x^0 z_0 - x_0 z^0) : (x_0 y^0 - x^0 y_0)$$
$$= (u_0 v^0 - u^0 v_0) : (t^0 v_0 - t_0 v^0) : (t_0 u^0 - t^0 u_0) : \quad t_0 \quad : \quad u_0 \quad : \quad v_0. \; (29)$$

9. Wir haben im Vorstehenden gerade Linien durch Puncten-Paare und Ebenen-Paare bestimmt und für diese, was die Coordinaten-Bestimmung reell lässt, auch conjugirte imaginäre Puncte und Ebenen genommen. Wir können aber auch, worauf wir hier nicht eingehen, imaginäre Linien durch ihre imaginäre Coordinaten in die Betrachtung einführen.

10. Wir können endlich den sechs Coordinaten der geraden Linie, sei es, dass wir dieselbe als Strahl oder als Axe betrachten, eine allgemeinere Form geben, wenn wir die Puncte und Ebenen, von welchen wir ihre Construction abhängig gemacht haben, statt, wie bisher, durch drei Coordinaten, nunmehr durch vier Coordinate, in der bekannten Weise, bestimmen. Wir wollen demnach für die Coordinaten der früheren beiden Puncte und beiden Ebenen:

$$x,\ y,\ z,\ \tau, \qquad\qquad x',\ y',\ z',\ \tau',$$
$$t,\ u,\ v,\ w, \qquad\qquad t',\ u',\ v',\ w'$$

nehmen, was darauf hinaus kommt, in den bisherigen Entwicklungen

$$x,\ y,\ z, \qquad\qquad x',\ y',\ z'$$

mit

$$\frac{x}{\tau},\ \frac{y}{\tau},\ \frac{z}{\tau}, \qquad\qquad \frac{x'}{\tau'},\ \frac{y'}{\tau'},\ \frac{z'}{\tau'},$$

und

$$t,\ u,\ v, \qquad\qquad t',\ u',\ v',$$

mit

$$\frac{t}{w},\ \frac{u}{w},\ \frac{v}{w}, \qquad\qquad \frac{t'}{w'},\ \frac{u'}{w'},\ \frac{v'}{w'},$$

zu vertauschen. Nach dieser Vertauschung erhalten wir für die Bestimmung der geraden Linie die Strahlen-Coordinaten:

$$(x\tau' - x'\tau),\ (y\tau' - y'\tau),\ (z\tau' - z'\tau),\ (yz' - y'z),\ (x'z - xz'),\ (xy' - x'y) \quad (30)$$

und die Axen-Coordinaten:

$$(uv' - u'v),\ (t'v - tv'),\ (tu' - t'u),\ (tw' - t'w),\ (uw' - u'w),\ (vw' - v'w), \quad (31)$$

wo wir in der ersten Bestimmung den Factor $\dfrac{1}{\tau\tau'}$, in der zweiten $\dfrac{1}{ww'}$, fortgelassen haben.

Zum Behuf der geometrischen Construction der geraden Linie, die wir in den vorliegenden Untersuchungen als Raumelement betrachten, müssen wir von ihren Coordinaten zu den vier Constanten, von denen sie in allen Fällen abhängt, zurückgehn. Hierzu bieten die neuen Ausdrücke für die Coordinaten eine grössere Anzahl von Constanten, über die wir frei verfügen können, und hierin liegt, abgesehen von der grösseren Symmetrie, ihr Vorzug vor den Coordinaten (5) und (12).

11. Zur Erleichterung der Anschauung wollen wir Alles, was auf die Construction einer geraden Linie in der doppelten Coordinaten-Bestimmung Bezug hat, übersichtlich zusammenstellen.

Wir wollen für die drei Projectionen der zu bestimmenden geraden Linie auf $YZ,\ XZ,\ XY$ die folgenden Gleichungen nehmen:

$$hy = sz + \sigma,$$
$$hx = rz + \varrho,$$
$$ry - sx = \frac{\eta}{h}.$$

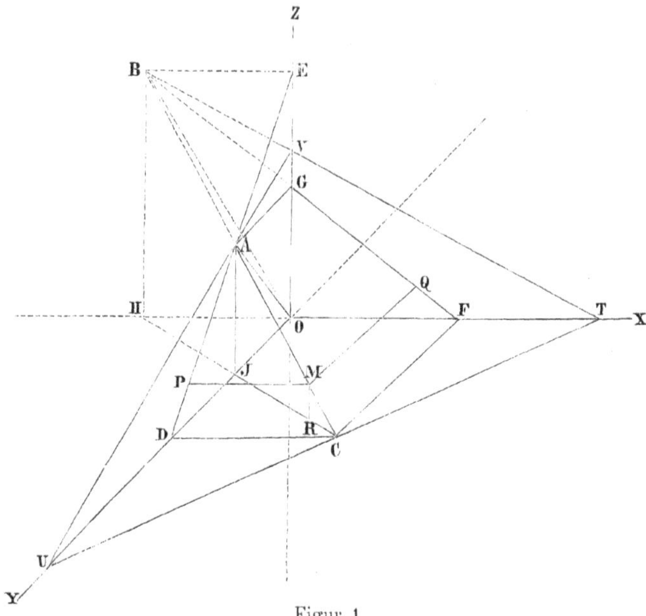

Figur 1.

Sie seien in der beigefügten Figur (1) durch die Linien DE, FG, HI dargestellt. Die Gleichungen der drei Puncte, in welchen dieselbe gerade Linie die Coordinaten-Ebenen schneidet, seien:

$$lu = qv + z,$$
$$lt = pv + \pi,$$
$$pu - qt = \frac{\omega}{l}.$$

Die drei Puncte, welche auf den drei Projectionen DE, FG, HI liegen, sind A, B, C. Die Coordinaten eines beliebigen Punctes M, welcher auf der geraden Linie liegt, sind:

$$x = MP, \quad y = MQ, \quad z = MR,$$

die drei Coordinaten einer beliebigen Ebene TUV, welche durch die gerade Linie geht:

$$t = -\frac{1}{OT}, \quad u = -\frac{1}{OU}, \quad v = -\frac{1}{OV}.$$

Wir können die Coordinaten der drei Puncte A, B, C in doppelter Weise bestimmen; einmal aus ihren Gleichungen, das andere Mal aus den Gleichungen der drei Projectionen DE, FG, HI, indem wir in denselben die bezüglichen Punct-Coordinaten gleich Null setzen. Auf diese Weise kommt:

$$A \begin{cases} z = IA = OG = +\dfrac{q}{\varkappa} = -\dfrac{\varrho}{r}, \\[2mm] y = GA = OI = -\dfrac{l}{\varkappa} = +\dfrac{\eta}{hr}, \end{cases}$$

$$B \begin{cases} z = HB = OE = +\dfrac{p}{\pi} = -\dfrac{\sigma}{s}, \\[2mm] x = EB = OH = -\dfrac{l}{\pi} = -\dfrac{\eta}{hs}, \end{cases} \qquad (32)$$

$$C \begin{cases} y = FC = OD = -\dfrac{lp}{\omega} = +\dfrac{\sigma}{h}, \\[2mm] x = DC = OF = +\dfrac{lq}{\omega} = +\dfrac{\varrho}{h}. \end{cases}$$

Ebenso können wir die Coordinaten der drei Projectionen DE, FG, HI einmal aus ihren Gleichungen, das andere Mal dadurch bestimmen, dass wir in den Gleichungen der auf ihnen liegenden Puncte A, B, C die bezüglichen Linien-Coordinaten gleich Null setzen, und erhalten so:

$$DE \begin{cases} v = -\dfrac{1}{OE} = +\dfrac{s}{\sigma} = -\dfrac{\pi}{p}, \\[2mm] u = -\dfrac{1}{OD} = -\dfrac{h}{\sigma} = +\dfrac{\omega}{lp}, \end{cases}$$

$$FG \begin{cases} v = -\dfrac{1}{OG} = +\dfrac{r}{\varrho} = -\dfrac{\varkappa}{q}, \\[2mm] t = -\dfrac{1}{OF} = -\dfrac{h}{\varrho} = -\dfrac{\omega}{lq}, \end{cases} \qquad (33)$$

$$HI \begin{cases} u = -\dfrac{1}{OI} = -\dfrac{hr}{\eta} = +\dfrac{\varkappa}{l}, \\[2mm] t = -\dfrac{1}{OH} = +\dfrac{hs}{\eta} = +\dfrac{\pi}{l}. \end{cases}$$

Aus der vorstehenden Zusammenstellung leiten wir hier nur noch die folgenden Relationen ab:

$$\left. \begin{aligned} +\dfrac{s}{h} = +\dfrac{l.\pi}{\omega} = \operatorname{tang} DEZ, \qquad +\dfrac{r}{h} = -\dfrac{l.\varkappa}{\omega} = \operatorname{tang} FGZ, \\[2mm] -\dfrac{\eta}{h\varrho} = -\dfrac{l}{q} = \operatorname{tang} AOZ, \qquad +\dfrac{\eta}{h\sigma} = -\dfrac{l}{p} = \operatorname{tang} BOZ. \end{aligned} \right\} \quad (34)$$

12. Die Coordinaten eines Punctes und die Coordinaten einer Ebene ändern sich, wenn die Coordinaten-Axen, welche ihre geometrische Construction vermitteln, ihre Lage und Richtung ändern. Die alten Coordinaten sind lineare Functionen der neuen, die als Constanten diejenigen Grössen enthalten, durch welche die Lage des neuen Coordinaten-Systems gegen das alte bestimmt wird. Ein Gleiches gilt für die Coordinaten der geraden Linie, sei es, dass wir dieselbe als Strahl oder als Axe betrachten.

Wir wollen mit den Strahlen-Coordinaten, für welche wir die sechs Grössen:

$$x - x', \quad y - y', \quad z - z', \quad yz' - y'z, \quad x'z - xz', \quad xy' - x'y,$$

nehmen wollen, beginnen. Nach einer parallelen Verschiebung der Coordinaten-Axen bleiben die drei ersten Coordinaten unverändert. Wenn wir die Coordinaten des neuen Anfangspunctes durch x^0, y^0, z^0 bezeichnen und zur Unterscheidung die neuen Coordinaten-Werthe in fetter Schrift schreiben, ergibt sich:

$$\left. \begin{aligned}
(\mathbf{y}\,\mathbf{z}' - \mathbf{y}'\,\mathbf{z}) &= (yz' - y'z) + y^0(z-z') - z^0(y-y'), \\
(\mathbf{x}'\,\mathbf{z} - \mathbf{x}\,\mathbf{z}') &= (x'z - xz') - x^0(z-z') + z^0(x-x'), \\
(\mathbf{x}\,\mathbf{y}' - \mathbf{x}'\,\mathbf{y}) &= (xy' - x'y) + x^0(y-y') - y^0(x-x'),
\end{aligned} \right\} \tag{35}$$

und hieraus:

$$\left. \begin{aligned}
(yz' - y'z) &= (\mathbf{y}\,\mathbf{z}' - \mathbf{y}'\,\mathbf{z}) - y^0(\mathbf{z}-\mathbf{z}') + z^0(\mathbf{y}-\mathbf{y}'), \\
(x'z - xz') &= (\mathbf{x}'\,\mathbf{z} - \mathbf{x}\,\mathbf{z}') + x^0(\mathbf{z}-\mathbf{z}') - z^0(\mathbf{x}-\mathbf{x}'), \\
(xy' - x'y) &= (\mathbf{x}\,\mathbf{y}' - \mathbf{x}'\,\mathbf{y}) - x^0(\mathbf{y}-\mathbf{y}') + y^0(\mathbf{x}-\mathbf{x}'),
\end{aligned} \right\} \tag{36}$$

wobei $(x-x')$, $(y-y')$, $(z-z')$ identisch sind mit $(\mathbf{x}-\mathbf{x}')$, $(\mathbf{y}-\mathbf{y}')$, $(\mathbf{z}-\mathbf{z}')$. Wenn wir für die ursprünglichen Coordinaten r, s, σ, ϱ, η nehmen und die entsprechenden neuen Coordinaten durch r', s', σ', ϱ', η' bezeichnen, erhalten wir aus den letzten Gleichungen unmittelbar:

$$\left. \begin{aligned}
r &= r', \qquad s = s', \\
\sigma &= \sigma' + y^0 - z^0 s', \\
\varrho &= \varrho' + x^0 - z^0 r', \\
\eta &= \eta' - x^0 s' + y^0 r'.
\end{aligned} \right\} \tag{37}$$

13. Wir können den Uebergang von einem Coordinaten-System zu einem anderen, in welchem die Richtung der Coordinaten-Axen eine verschiedene ist, in drei einzelne Schritte zerlegen. In dem einfachsten Falle zum Beispiel, wo ein rechtwinkliges Coordinaten-System XYZ durch Drehung um den Anfangspunct irgend eine andere Lage $X'Y'Z'$ annimmt, wollen wir erstens das ursprüngliche Coordinaten-System XYZ um die Axe OZ so drehen, dass die Coordinaten-Ebene XZ, nach der Drehung, durch die der Lage nach gegebene neue Axe OZ' geht. Wir wollen zweitens, nach vollbrachter Drehung um OZ, das Coordinaten-System um die Axe OY in ihrer neuen Lage so drehen, dass in der Ebene XZ die beiden Axen OZ und OZ' zusammenfallen. Dann bleibt drittens nur noch übrig, das System um OZ' so zu drehen, dass die beiden Axen OX und OY, die durch die beiden ersten Drehungen in die Coordinaten-Ebene $X'Y'$ gebracht sind, mit OX' und OY' zusammenfallen. Die drei Drehungswinkel, von welchen die Lage

der neuen Axen gegen die alten bestimmt ist, treten als Constante in der bezüglichen Verwandlungsformeln der Coordinaten des Punctes, der Ebene der geraden Linie auf. Wir wollen diese Winkel ein für allemal in den Sinne rechnen, wie dieses bei den Drehungsmomenten zu geschehen pflegt d. h. von OX nach OY, von OY nach OZ und von OZ nach OX.

Wenn OZ seine Lage behält, während in der Ebene XY die beiden Axen OX und OY sich beliebig um OZ drehen und in ihrer neuen Lage OX' und OY' zwei Winkel α und α' mit OX in der ursprünglichen Lage bilden, so erhalten wir zwischen den alten Punct-Coordinaten x, y, z und x', y', z' und den neuen, die wir durch $\mathbf{x}$, $\mathbf{y}$, $\mathbf{z}$ und $\mathbf{x}'$, $\mathbf{y}'$, $\mathbf{z}'$ bezeichnen wollen die folgenden Relationen:

$$
\begin{aligned}
x &= \mathbf{x}\,\cos\alpha + \mathbf{y}\,\cos\alpha', \\
x' &= \mathbf{x}'\,\cos\alpha + \mathbf{y}'\,\cos\alpha', \\
y &= \mathbf{x}\,\sin\alpha + \mathbf{y}\,\sin\alpha', \\
y' &= \mathbf{x}'\,\sin\alpha + \mathbf{y}'\,\sin\alpha', \\
z &= \mathbf{z}, \qquad z' = \mathbf{z}',
\end{aligned}
$$

und hieraus

$$
\left.
\begin{aligned}
(x - x') &= (\mathbf{x} - \mathbf{x}')\cos\alpha + (\mathbf{y} - \mathbf{y}')\cos\alpha', \\
(y - y') &= (\mathbf{x} - \mathbf{x}')\sin\alpha + (\mathbf{y} - \mathbf{y}')\sin\alpha', \\
(z - z') &= (\mathbf{z} - \mathbf{z}'), \\
(yz' - y'z) &= -(\mathbf{x}'\mathbf{z} - \mathbf{x}\mathbf{z}')\sin\alpha + (\mathbf{y}\mathbf{z}' - \mathbf{y}'\mathbf{z})\sin\alpha', \\
(x'z - xz') &= (\mathbf{x}'\mathbf{z} - \mathbf{x}\mathbf{z}')\cos\alpha - (\mathbf{y}\mathbf{z}' - \mathbf{y}'\mathbf{z})\cos\alpha', \\
(xy' - x'y) &= (\mathbf{x}\mathbf{y}' - \mathbf{x}'\mathbf{y})\sin\vartheta,
\end{aligned}
\right\}
\qquad (38
$$

wenn wir der Kürze wegen

$$
\alpha' - \alpha = \vartheta
$$

setzen. Nehmen wir statt der sechs Strahlen-Coordinaten in den beiden Systemen die fünf Coordinaten r, s, σ, ϱ, η und r', s', σ', ϱ', η', so erhalten wir aus den vorstehenden Gleichungen unmittelbar die entsprechenden:

$$
\left.
\begin{aligned}
r &= r'\cos\alpha + s'\cos\alpha', \\
s &= r'\sin\alpha + s'\sin\alpha', \\
\sigma &= \varrho'\sin\alpha + \sigma'\sin\alpha', \\
\varrho &= \varrho'\cos\alpha + \sigma'\cos\alpha', \\
\eta &= \eta'\sin\vartheta.
\end{aligned}
\right\}
\qquad (39
$$

Wenn insbesondere auch die neuen Axen OX' und OY' auf einander senkrecht stehen, kommt:

$$\left.\begin{aligned}
r &= r' \cos \alpha - s' \sin \alpha, \\
s &= r' \sin \alpha + s' \cos \alpha, \\
\sigma &= \varrho' \sin \alpha + \sigma' \cos \alpha, \\
\varrho &= \varrho' \cos \alpha - \sigma' \sin \alpha, \\
\eta &= \eta'.
\end{aligned}\right\} \tag{40}$$

Wenn wir, statt die beiden Axen OX und OY zu drehen, die beiden Axen OX und OZ in ihrer Ebene um O drehen und durch γ' und γ die Winkel bezeichnen, welche diese Axen in ihrer neuen Lage OX' und OZ' mit OZ in der ursprünglichen Lage bilden, so erhalten wir, um die sechs alten Strahlen-Coordinaten durch die neuen auszudrücken, durch blosse Buchstabenvertauschung aus den Gleichungen (38) die folgenden:

$$\left.\begin{aligned}
(x - x') &= (\mathbf{x} - \mathbf{x}') \sin \gamma' + (\mathbf{z} - \mathbf{z}') \sin \gamma, \\
(y - y') &= (\mathbf{y} - \mathbf{y}'), \\
(z - z') &= (\mathbf{x} - \mathbf{x}') \cos \gamma' + (\mathbf{z} - \mathbf{z}') \cos \gamma, \\
(yz' - y'z) &= (\mathbf{y}\mathbf{z}' - \mathbf{y}'\mathbf{z}) \cos \gamma - (\mathbf{x}\mathbf{y}' - \mathbf{x}'\mathbf{y}) \cos \gamma', \\
(x'z - xz') &= (\mathbf{x}'\mathbf{z} - \mathbf{x}\mathbf{z}') \sin \vartheta', \\
(xy' - x'y) &= - (\mathbf{y}\mathbf{z}' - \mathbf{y}'\mathbf{z}) \sin \gamma + (\mathbf{x}\mathbf{y}' - \mathbf{x}'\mathbf{y}) \sin \gamma',
\end{aligned}\right\} \tag{41}$$

wobei wir der Kürze halber

$$\gamma' - \gamma = \vartheta'$$

gesetzt haben. Hieraus ergibt sich, wenn wir wiederum zu den fünf Strahlen-Coordinaten übergehen:

$$\left.\begin{aligned}
r &= \frac{r' \sin \gamma' + \sin \gamma}{r' \cos \gamma' + \cos \gamma}, \\
s &= \frac{s'}{r' \cos \gamma' + \cos \gamma}, \\
\sigma &= \frac{\sigma' \cos \gamma + \eta' \cos \gamma'}{r' \cos \gamma' + \cos \gamma}, \\
\varrho &= \frac{\varrho' \sin \vartheta'}{r' \cos \gamma' + \cos \gamma}, \\
\eta &= \frac{\sigma' \sin \gamma + \eta' \sin \gamma'}{r' \cos \gamma' + \cos \gamma},
\end{aligned}\right\} \tag{42}$$

wonach ferner

$$\frac{\varrho}{s} = \frac{\varrho'}{s'} \sin \vartheta'.$$

Wenn insbesondere die neuen Coordinaten-Axen OX' und OZ' auf einander senkrecht stehen, verwandeln sich die vorstehenden Gleichungen in die folgenden:

$$r = \frac{r' \cos \gamma + \sin \gamma}{- r' \sin \gamma + \cos \gamma},$$

$$s = \frac{s'}{- r' \sin \gamma + \cos \gamma},$$

$$\sigma = \frac{\sigma' \cos \gamma - \eta' \sin \gamma}{- r' \sin \gamma + \cos \gamma},$$

$$\varrho = \frac{\varrho'}{- r' \sin \gamma + \cos \gamma},$$

$$\eta = \frac{\sigma' \sin \gamma + \eta' \cos \gamma}{- r' \sin \gamma + \cos \gamma},$$

$$\frac{\varrho}{s} = \frac{\varrho'}{s'}. \tag{43}$$

Wenn wir die Axen OY und OZ um OX drehen, so erhalten wir die entsprechenden Verwandlungsformeln unmittelbar durch Buchstaben-Vertauschung, nicht nur für den Fall der sechs, sondern auch der fünf Strahlen-Coordinaten, wenn wir, was letztere betrifft, von den Formeln (42) ausgehen. Darum erscheint es unnöthig, die neuen Formeln hinzuschreiben. Indessen ist zu bemerken, dass bei dieser Vertauschung die Drehung von OZ nach OY gerechnet wird, also in demselben Sinne, wie der Winkel, dessen trigonometrische Tangente in den Grund-Gleichungen (1) mit s bezeichnet worden ist. Soll sie in dem oben festgestellten Sinne, d. h. im Sinne des Drehungsmomentes um OX, genommen werden, so ergibt sich die Zurückführung darauf sogleich.

14. Wir können auch direct von den fünf Strahlen-Coordinaten in dem ersten Systeme zu den fünf Strahlen-Coordinaten in dem zweiten übergehn. Es seien r, s, ϱ, σ, η die Coordinaten einer geraden Linie in dem ersten Coordinatensysteme, dann sind:

$$\left.\begin{array}{r} x = rz + \varrho, \\ y = sz + \sigma, \\ ry - sx = \eta, \end{array}\right\} \tag{44}$$

die Gleichungen ihrer drei Projectionen. Sind r', s', ϱ', σ', η' die Coordinaten derselben geraden Linie in dem zweiten Coordinatensysteme, so sind die Gleichungen ihrer drei Projectionen in diesem Systeme:

$$\left.\begin{array}{r} \mathbf{x} = r'\mathbf{z} + \varrho', \\ \mathbf{y} = s'\mathbf{z} + \sigma', \\ r'\mathbf{y} - s'\mathbf{x} = \eta'. \end{array}\right\} \tag{45}$$

Sind die neuen Coordinaten-Axen den alten parallel und beträgt die Verschiebung nach OX, OY, OZ bezüglich x^0, y^0, z^0, so ist:

$$\mathbf{x} = x - x''', \qquad \mathbf{y} = y - y^0, \qquad \mathbf{z} = z - z^0.$$

Hiernach verwandeln sich die letzten drei Gleichungen in:

$$x = r'z + (\varrho' + x^0 - r'z^0),$$
$$y = s'z + (\sigma' + y^0 - s'z^0),$$
$$r'y - s'x = \eta' + r'y^0 - s'x^0,$$

und damit diese Gleichungen mit den Gleichungen (44) identisch werden, ergibt sich, wie in der Nummer 12. (37):

$$r = r', \qquad s = s',$$
$$\varrho = \varrho' + x^0 - r'z^0,$$
$$\sigma = \sigma' + y^0 - s'z^0,$$
$$\eta = \eta' + r'y^0 - s'x^0.$$

Drehen wir, wie in der 13. Nummer, die Axen OX und OY in ihrer Ebene um O, so gehen die ersten beiden Gleichungen (44), indem wir

$$z = \mathbf{z},$$
$$x = \mathbf{x} \cos \alpha + \mathbf{y} \cos \alpha',$$
$$y = \mathbf{x} \sin \alpha + \mathbf{y} \sin \alpha'$$

setzen, in die folgenden über:

$$\mathbf{x} \cos \alpha + \mathbf{y} \cos \alpha' = r\mathbf{z} + \varrho,$$
$$\mathbf{x} \sin \alpha + \mathbf{y} \sin \alpha' = s\mathbf{z} + \sigma.$$

Aus diesen Gleichungen ergeben sich, wenn wir wiederum $\alpha' - \alpha = \vartheta$ setzen, die folgenden:

$$\mathbf{x} = \frac{r \sin \alpha' - s \cos \alpha'}{\sin \vartheta} \cdot \mathbf{z} + \frac{\varrho \sin \alpha' - \sigma \cos \alpha'}{\sin \vartheta},$$
$$\mathbf{y} = -\frac{r \sin \alpha - s \cos \alpha}{\sin \vartheta} \cdot \mathbf{z} - \frac{\varrho \sin \alpha - \sigma \cos \alpha}{\sin \vartheta},$$

welche, wenn wir sie den beiden ersten der Gleichungen (45) identisch setzen, die folgenden Relationen geben:

$$r' \sin \vartheta = r \sin \alpha' - s \cos \alpha',$$
$$- s' \sin \vartheta = r \sin \alpha - s \cos \alpha,$$
$$\varrho' \sin \vartheta = \varrho \sin \alpha' - \sigma \cos \alpha',$$
$$- \sigma' \sin \vartheta = \varrho \sin \alpha - \sigma \cos \alpha,$$

und hieraus folgt, in Uebereinstimmung mit den Gleichungen (39):

$$r = r' \cos \alpha + s' \cos \alpha',$$
$$s = r' \sin \alpha + s' \sin \alpha',$$
$$\varrho = \varrho' \cos \alpha + \sigma' \cos \alpha',$$
$$\sigma = \varrho' \sin \alpha + \sigma' \sin \alpha',$$

und

$$\eta = \eta' \sin \vartheta.$$

Auf gleiche Weise lassen sich die Formeln (42) ableiten.

15. Wir können in Folge der Proportionen (19) aus den entwickelten Formeln für die Verwandlung der Strahlen-Coordinaten einer gegebenen geraden Linie sogleich die Verwandlungsformeln für die Axen-Coordinaten derselben ableiten. Wenn wir die Axen-Coordinaten in dem ursprünglichen Systeme mit:

$$p,\ q,\ \pi,\ \varkappa,\ \omega,$$

in dem neuen Systeme mit:

$$p',\ q',\ \pi',\ \varkappa',\ \omega'$$

bezeichnen, so ist:

$$p = -\frac{\sigma}{\eta}, \qquad\qquad p' = -\frac{\sigma'}{\eta'},$$

$$q = \frac{\varrho}{\eta}, \qquad\qquad q' = \frac{\varrho'}{\eta'},$$

$$\pi = \frac{s}{\eta}, \qquad\qquad \pi' = \frac{s'}{\eta'},$$

$$\varkappa = -\frac{r}{\eta}, \qquad\qquad \varkappa' = -\frac{r'}{\eta'},$$

$$\omega = \frac{1}{\eta}, \qquad\qquad \omega' = \frac{1}{\eta'}.$$

Wenn wir hiernach die Richtung der Coordinaten-Axen beibehalten und den Anfangspunct in irgend einen Punct $(x^0,\ y^0,\ z^0)$ verlegen, so geben die Gleichungen (37):

$$p = \frac{p' - y^0\omega' + z^0\pi'}{1 - x^0\pi' - y^0\varkappa'},$$

$$q = \frac{q' + x^0\omega' + z^0\varkappa'}{1 - x^0\pi' - y^0\varkappa'},$$

$$\pi = \frac{\pi'}{1 - x^0\pi' - y^0\varkappa'}, \qquad (46)$$

$$\varkappa = \frac{\varkappa'}{1 - x^0\pi' - y^0\varkappa'},$$

$$\omega = \frac{\omega'}{1 - x^0\pi' - y^0\varkappa'}.$$

Wenn die Axen OX und OY so in ihrer Ebene gedreht werden, dass sie in ihrer neuen Lage mit OX in der ursprünglichen Lage die Winkel α und α' bilden, so geben die Gleichungen (39):

$$p = \frac{p' \sin \alpha' - q' \sin \alpha}{\sin \vartheta},$$

$$q = \frac{q' \cos \alpha - p' \cos \alpha'}{\sin \vartheta},$$

$$\pi = \frac{\pi' \sin \alpha' - \varkappa' \sin \alpha}{\sin \vartheta}, \qquad (47)$$

$$\varkappa = \frac{\varkappa' \cos \alpha - \pi' \cos \alpha'}{\sin \vartheta},$$

$$\omega = \frac{\omega'}{\sin \vartheta}.$$

Wenn wir endlich OX und OZ in ihrer Ebene um O drehen, so geben, unter Beibehaltung der früheren Bezeichnung, die Gleichungen (42):

$$p = \frac{p' \cos \gamma - \cos \gamma'}{- p' \sin \gamma + \sin \gamma'},$$

$$q = \frac{q' \sin \vartheta'}{- p' \sin \gamma + \sin \gamma'},$$

$$\pi = \frac{\pi'}{- p' \sin \gamma + \sin \gamma'},$$

$$\varkappa = \frac{\varkappa' \sin \gamma' - \omega' \sin \gamma}{- p' \sin \gamma + \sin \gamma'}.$$

$$\omega = \frac{\omega'}{- p' \sin \gamma + \sin \gamma'}.$$

§ 2.

Ueber Complexe und Congruenzen im Allgemeinen.

16. Wenn

$$(x - x') : (y - y') : (z - z') : (yz' - y'z) : (x'z - xz') : (xy' - x'y)$$
$$= (uv' - u'v) : (t'v - tv') : (tu' - t'u) : \quad (t - t') \quad : \quad (u - u') \quad : \quad (v - v'),$$

so gehören die Strahlen-Coordinaten:

$$(x - x'),\ (y - y'),\ (z - z'),\ (yz' - y'z),\ (x'z - xz'),\ (xy' - x'y)$$

und die Axen-Coordinaten:

$$(uv' - u'v),\ (t'v - tv'),\ (tu' - t'u),\ (t - t'),\ (u - u'),\ (v - v')$$

derselben geraden Linie an. Folglich sind es auch dieselben geraden Linien, deren Strahlen- und Axen-Coordinaten die folgenden beiden Gleichungen befriedigen:

$$F[(x-x'),\ (y-y'),\ (z-z'),\ (yz'-y'z),\ (x'z-xz'),\ (xy'-x'y)] = \Omega_n = 0, \qquad (1)$$

$$F[(uv'-u'v),\ (t'v-tv'),\ (tu'-t'u),\ (t-t'),\ (u-u'),\ (v-v')] = \Phi_n = 0, \qquad (2)$$

wenn F dieselbe homogene Function der jedesmaligen sechs

Coordinaten bezeichnet. Wir sagen, dass die Gesammtheit aller geraden Linien, deren Coordinaten solche homogene Gleichungen befriedigen, einen Complex bilden. Wir unterscheiden Liniencomplexe nach ihrem Grade n, für welchen wir den Grad ihrer Gleichungen nehmen. Jede Linie des Complexes kann als Strahl oder als Axe angesehen werden; dadurch wird die zwiefache Art bedingt, einen Liniencomplex durch Gleichungen gleichen Grades:

$$\Omega_n = 0, \qquad \Phi_n = 0,$$

die unmittelbar gegenseitig aus einander folgen, darzustellen.

17. In der Gleichung (1), welche die allgemeine, homogene des n^{ten} Grades sein mag, sind die Linien des Complexes durch irgend zwei ihrer Puncte (x, y, z) und (x', y', z') bestimmt. Betrachten wir einen dieser Puncte (x', y', z') als gegeben, so stellt dieselbe Gleichung (1) — indem wir x', y', z' als constant, x, y, z aber, wie bisher, als veränderlich ansehen — nunmehr nur noch solche gerade Linien dar, die durch den gegebenen Punct gehen und also eine Kegelfläche der n^{ten} Ordnung bilden, die in diesem Puncte ihren Mittelpunct hat.

18. In der Gleichung (2), welche wir wiederum für die allgemeine homogene Gleichung des n^{ten} Grades nehmen wollen, werden die Linien desselben Complexes durch irgend zwei Ebenen (t, u, v) und (t', u', v') bestimmt, welche in ihnen sich schneiden. Betrachten wir eine dieser Ebenen, (t', u', v'), als gegeben, so stellt die Gleichung (2), die bisher den Complex darstellte, nunmehr — indem wir t', u', v' als constant, t, u, v aber noch als veränderlich betrachten — nur noch solche Linien des Complexes dar, welche innerhalb der gegebenen Ebene liegen und also eine Curve n^{ter} Classe in derselben umhüllen.

19. Wir haben in den vorigen beiden Nummern die folgenden Sätze bewiesen:

In einem Complexe des n^{ten} Grades bilden die Linien, welche durch einen gegebenen Punct des Raumes gehen, eine Kegelfläche der n^{ten} Ordnung.

In einem Complexe des n^{ten} Grades umhüllen die Linien, welche in einer gegebenen, den Raum durchziehenden Ebene liegen, eine Curve der n^{ten} Classe.

Diese beiden Sätze enthalten, jeder für sich, die allgemeine geometrische Definition eines Liniencomplexes des n^{ten} Grades. Einer der beiden Sätze ist eine nothwendige Folge aus dem andern.

Wir können hiernach die Linien eines Complexes in doppelter Weise zusammengruppiren; einmal so, dass sie Kegelflächen bilden und jeder Punct des Raumes Mittelpunct einer solchen Kegelfläche ist; das andere Mal so, dass sie Curven umhüllen und jede den Raum durchziehende Ebene eine solche Curve enthält. Der Grad des Complexes ist sowohl die Ordnung der Kegelfläche, als auch die Classe der ebenen Curve. Daher kann ein Linien-complex n^{ten} Grades auch als ein Complex von Kegelflächen n^{ter} Ordnung und als ein Complex von ebenen Curven n^{ter} Classe angesehen werden.

20. Diejenigen Linien zweier gegebenen Complexe, welche zusammen-fallen, bilden eine Congruenz. Ihre Coordinaten befriedigen gleichzeitig die Gleichungen beider Complexe, die wir, bei der Anwendung von fünf Strahlen-Coordinaten, durch die allgemeinen Gleichungen:

$$\Omega_m = 0, \qquad \Omega_n = 0, \tag{3}$$

bei der Anwendung von fünf Axen-Coordinaten, durch

$$\Phi_m = 0, \qquad \Phi_n = 0, \tag{4}$$

wobei m und n den Grad der beiden Complexe bezeichnen, darstellen wollen.

Durch jeden Punct des Raumes gehen mn gerade Linien einer Con-gruenz, welches die Durchschnittslinien zweier Kegel der m. und n. Ordnung sind. In jeder den Raum durchziehenden Ebene liegen mn gerade Linien der Congruenz, welche die gemeinschaftlichen Tangenten zweier Curven der m. und n. Classe sind.

Die Linien einer Congruenz gehören unendlich vielen Complexen an, die, wenn wir durch μ einen unbestimmten Coefficienten bezeichnen, sämmtlich durch die Gleichung:

$$\Omega_m + \mu \cdot \Omega_n = 0, \tag{5}$$

oder durch die Gleichung:

$$\Phi_m + \mu \cdot \Phi_n = 0 \tag{6}$$

dargestellt werden. Wir sagen, dass alle solche Complexe eine zweigliedrige Gruppe von Complexen bilden. Jede der letzten Gleichungen, welche eine solche Gruppe darstellen, ist das Symbol einer Congruenz, in gewissem Sinne die Gleichung derselben.

21. Die Congruenzen classificiren sich nach der Anzahl ihrer Linien, welche durch einen gegebenen Punct gehen, oder welche in einer gegebenen Ebene liegen. Diese Anzahl ist in dem Vorstehenden:

$$mn \quad k.$$

Alle Complexe, denen eine gegebene Congruenz angehört, sind, im Allgemei-nen, von gleichem Grade. Wenn aber diese Complexe nicht die allgemeinen ihres Grades sind, kann unter denselben sich einer befinden, dessen Grad geringer ist. Das findet Statt in dem Falle der Gleichungen (5) und (6), in welchen, wenn $m > n$, der Grad der Complexe im Allgemeinen m ist, aber für den besonderen Fall, dass μ unendlich gross wird, auf n sich reducirt.

Es bilden die Congruenzen, in welchen die Anzahl der Linien, welche durch einen gegebenen Punct gehen oder welche in einer gegebenen Ebene liegen, k beträgt, so viele coordinirte Arten, als die Zahl k sich in Factoren m und n zerlegen lässt; also nur eine einzige, wenn k eine Primzahl ist. Daher bezeichnen wir die Art der Congruenz durch das Symbol:

$$[m, \; n]. \tag{7}$$

22. Die Strahlen- oder Axen-Coordinaten derjenigen Linien, welche dreien Complexen zugleich angehören, befriedigen gleichzeitig die entsprechenden Gleichungen der drei Complexe, die wir durch:

$$\Omega_m = 0, \qquad \Omega_n = 0, \qquad \Omega_g = 0, \tag{8}$$

oder durch:

$$\Phi_m = 0, \qquad \Phi_n = 0, \qquad \Phi_g^! = 0 \tag{9}$$

darstellen wollen. Sie sind dadurch dreien Bedingungen unterworfen. Da eine gerade Linie durch vier ihrer fünf Coordinaten bestimmt ist, so folgt, dass jede dieser Coordinaten Function jeder der drei anderen, oder, was dasselbe ist, jede dieser Coordinaten Function einer beliebig angenommenen Veränderlichen ist. Nehmen wir für diese, spätern Entwickelungen vorgreifend, die Zeit, so ist durch das Vorstehende ausgesprochen, dass die bezügliche gerade Linie, wenn wir die Zeit sich continuirlich ändern lassen, eine Fläche erzeugt. Eine solche Fläche, die durch die Bewegung einer geraden Linie erzeugt wird, wollen wir — die triviale Bezeichnung als windschiefe Fläche vermeidend — eine Strahlen- oder Axenfläche nennen, und, indem wir diese Ausdrücke als synonym betrachten, eine solche Fläche auch als Linienfläche bezeichnen.

Die zusammenfallenden Linien dreier Complexe bilden eine Strahlen- oder Axenfläche.

Die Strahlen- oder Axen-Fläche gehört gleichzeitig allen Complexen an, welche, wenn μ und μ' unbestimmte Coefficienten bedeuten, durch jede der beiden Gleichungen:

$$\Omega_m + \mu \, \Omega_n + \mu' \, \Omega_g = 0, \tag{10}$$

$$\Phi_m + \mu \, \Phi_n + \mu' \, \Phi_g = 0 \tag{11}$$

dargestellt werden; sie gehört jeder Congruenz an, die durch irgend zwei dieser Complexe bestimmt wird. Wir sagen, dass sämmtliche Complexe, welchen eine gegebene Strahlenfläche angehört, eine durch jede der beiden vorstehenden Gleichungen dargestellte, dreigliedrige Complexgruppe bilden.

Wenn wir Ω_m, Ω_n und Ω_g als Functionen der fünf Strahlen-Coordinaten r, s, ϱ, σ, η betrachten, so erhalten wir die Gleichung der Strahlenfläche in Punct-Coordinaten x, y, z, wenn wir zwischen den drei Gleichungen (8) und den folgenden drei Gleichungen:

$$\eta = r\sigma - s\varrho,$$
$$x = rz + \varrho,$$
$$y = sz + \sigma$$

die fünf Strahlen-Coordinaten eliminiren. Die resultirende Gleichung in x, y, z ist im Allgemeinen vom Grade $2\,mng$.

Wenn wir Φ_m, Φ_n, Φ_g als Function der fünf Axen-Coordinaten p, q, π, $\varkappa$, ω betrachten, so erhalten wir die Gleichung der Axenfläche in Plan-Coordinaten t, u, v, wenn wir zwischen den drei Gleichungen (9) und den folgenden drei Gleichungen:

$$\omega = p\varkappa - q\pi,$$
$$t = pv + \pi,$$
$$u = qv + \varkappa$$

die fünf Strahlen-Coordinaten eliminiren. Die resultirende Gleichung ist im Allgemeinen vom Grade $2\,mng$.

Eine Strahlen- oder Axenfläche ist im Allgemeinen von gleicher Ordnung und Classe.

Strahlen-Flächen einer gegebenen Ordnung und Classe ordnen sich in verschiedene coordinirte Arten. Diese Arten ergeben sich durch den Grad der die Fläche bestimmenden Complexe. Bezeichnen wir Ordnung und Classe der Fläche durch 2λ, so ist die Anzahl solcher Arten gleich der Anzahl der möglichen Zerlegungen von λ in drei Factoren. Nehmen wir m, n, g für irgend drei solcher Factoren, so können wir die Art der Fläche näher durch das Symbol:

$$[m,\ n,\ g]$$

bezeichnen.

23. Vier Complexe haben nur eine endliche Anzahl von Linien gemein. Wenn der Grad der vier Complexe bezüglich m, n, g, h ist, so beträgt diese Anzahl:

$$2\,mngh,$$

wie sich unmittelbar ergibt, wenn wir zwischen den vier Gleichungen der Complexe und der Gleichung:

$$\eta = r\sigma - s\varrho,$$

oder bezüglich:

$$\omega = pz - q\pi,$$

die fünf Coordinatenwerthe' bestimmen.

24. Ebene Curven werden entweder durch ihre Puncte oder durch ihre Tangenten bestimmt. Zwei solcher Curven haben eine gewisse Anzahl von Durchschnittspuncten und von gemeinschaftlichen Tangenten. Gehen wir von den beiden Dimensionen der Ebene zu den drei Dimensionen des Raumes über, so erheben wir uns von ebenen Curven zu Flächen, die entweder durch ihre Puncte oder durch ihre Tangentialebenen bestimmt werden. Zwei Flächen schneiden sich in einer räumlichen Curve und werden von einer Abwickelungsfläche umhüllt; drei Flächen haben eine gewisse Anzahl von Durchschnittspuncten und gemeinschaftlichen Tangentialebenen. Von Flächen steigen wir zu Complexen auf, welche aus geraden Linien bestehen, die wir einerseits als Strahlen, andererseits als Axen betrachten können. Die geraden Linien, welche in zwei Complexen zusammenfallen — in welchen gewissermassen die beiden Complexe sich schneiden — bilden eine Congruenz, diejenigen, welche dreien Complexen zugleich angehören, eine Strahlen- oder Axenfläche. Vier Complexen zugleich entspricht nur eine gewisse Anzahl von Strahlen oder Axen.

Es gibt eine Analysis zweier veränderlichen Grössen, die sich in der Ebene, eine Analysis dreier Veränderlichen, die sich im Raume bildlich darstellen lässt. Die Analysis von vier Veränderlichen findet ihre bildliche Darstellung, wenn wir diesen Veränderlichen die Bedeutung von Linien-Coordinaten geben.

25. Hiermit ist für die Entwicklungen des vorliegenden Bandes die Gränze gezogen. Aber der Weg zu neuen Verallgemeinerungen ist angebahnt. Wir können zu den vier unabhängigen Coordinaten der geraden Linie noch eine fünfte hinzufügen. Hier begegnen wir wieder coordinirten Beziehungen, dem entsprechend, dass wir die gerade Linie einmal als Strahl, das andere Mal als Axe betrachten. Wenn wir in der ersten Auffassung zu den vier Coordinaten einer geraden Linie als fünfte Coordinate ein der Grösse nach gegebenes Segment nehmen, das wir auf der geraden Linie entweder beliebig, oder von einem gegebenen Puncte aus, auftragen. so haben wir dadurch

eine Kraft bestimmt. Ihre fünf Coordinaten sind ihre Intensität und die vier Strahlen-Coordinaten der geraden Linie, nach welcher sie wirkt. Die Symmetrie und Einfachheit der Darstellung verlangt, dass wir auch hier, statt der vier unabhängigen Strahlen-Coordinaten, die fünf Coordinaten r, s, ϱ, σ, η nehmen, zwischen welchen die Relation besteht, dass:

$$\eta = r\sigma - s\varrho,$$

und die wir aus den sechs Coordinaten der geraden Linie dadurch ableiten, dass wir eine derselben in die fünf anderen dividiren. Wir haben aber bereits beiläufig hervorgehoben, dass diese sechs Coordinaten die Projectionen X, Y, Z einer beliebigen, nach der geraden Linie wirkenden Kraft auf die Coordinaten-Axen und die doppelten Momente L, M, N dieser Kraft in Beziehung auf dieselben Axen bedeuten. Wenn die Grösse der Kraft gegeben ist, so sind diese sechs Grössen, zwischen welchen die Relation:

$$X \cdot L + Y \cdot M + Z \cdot N = 0$$

fortbesteht, als die sechs Coordinaten der Kraft zu betrachten. Dieselben Coordinaten, welche für Strahlen nur relative Werthe erhalten, bekommen für Kräfte absolute Werthe. Strahlen-Complexe werden durch homogene Gleichungen, Kräfte-Complexe durch allgemeine Gleichungen zwischen den sechs Coordinaten dargestellt.

So wie wir eine Kraft durch eine, als Strahl betrachtete, gerade Linie und durch zwei auf ihr liegende Puncte darstellen, so können wir eine Rotation (richtiger ausgedrückt, die andere Art von Kraft, welche eine Rotation hervorbringt) durch eine als Axe betrachtete gerade Linie und durch zwei durch die Axe gelegte Ebenen darstellen. Indem wir dann Punct-Coordinaten mit Plan-Coordinaten und, dem entsprechend, Strahlen-Coordinaten mit Axen-Coordinaten vertauschen, gehen die sechs Kräfte-Coordinaten:

$$X, \; Y, \; Z, \; L, \; M, \; N$$

über in andere Ausdrücke:

$$\mathfrak{X}, \; \mathfrak{Y}, \; \mathfrak{Z}, \; \mathfrak{L}, \; \mathfrak{M}, \; \mathfrak{N},$$

zwischen welchen die Relation:

$$\mathfrak{X} \cdot \mathfrak{L} + \mathfrak{Y} \cdot \mathfrak{M} + \mathfrak{Z} \cdot \mathfrak{N} = 0$$

besteht. Diese sechs Ausdrücke bestimmen eine Rotation und sind als die sechs Coordinaten dieser Rotation anzusehen. Sie reduciren sich in Folge der letzten Bedingungs-Gleichung auf die fünf unabhängigen Coordinaten derselben. Dieselben Coordinaten, welche für Axen nur relative Werthe besitzen, erhalten für Rotationen absolute. Homogene Gleichungen zwischen den sechs

Coordinaten einer Rotation stellen Axen-Complexe, nicht homogene Gleichungen zwischen denselben Coordinaten Rotationen-Complexe dar.

Während aber Strahlen und Axen an und für sich identisch dasselbe sind, stellen sich Kräfte und Rotationen wiederum coordinirt neben einander, analog wie Puncte und Ebenen. Das Princip der Reciprocität findet auf Kräfte und Rotationen dieselbe Anwendung als auf Puncte und Ebenen. Aber Aehnliches, wie beim Uebergange von den drei Coordinaten von Puncten und Ebenen zu den vier Coordinaten gerader Linien, findet auch dann Statt, wenn wir von den fünf unabhängigen Coordinaten von Kräften und Rotationen zu den sechs unabhängen Coordinaten von Dynamen übergehen.

Durch den Ausdruck „Dyname" habe ich die Ursache einer beliebigen Bewegung eines starren Systems, oder, da sich die Natur dieser Ursache, wie die Natur einer Kraft überhaupt, unserem Erkennuugsvermögen entzieht, die Bewegung selbst: statt der Ursache die Wirkung, bezeichnet. Da beide proportional sind, kommt dies in der mathematischen Darstellung darauf hinaus, an die Stelle einer idealen Einheit eine concrete zu setzen. — Beliebige Kräfte und Rotationen lassen sich, wenn sie gleichzeitig wirken, in unendlich verschiedener Weise sowohl auf zwei Kräfte als auf zwei Rotationen zurückführen. So können wir also eine Dyname in zwiefacher Weise auffassen und bestimmen: einmal durch zwei Kräfte, das andere Mal durch zwei Rotationen, und dem entsprechend das eine Mal durch die Coordinaten zweier Kräfte, das andere Mal durch die Coordinaten zweier Rotationen darstellen.

Die sechs Coordinaten einer Dyname aber sind dieselben sechs Grössen
$$X,\ Y,\ Z,\ L,\ M,\ N,$$
oder
$$\mathfrak{X},\ \mathfrak{Y},\ \mathfrak{Z},\ \mathfrak{L},\ \mathfrak{M},\ \mathfrak{N},$$
welche uns ursprünglich zur Bestimmung von geraden Linien gedient haben, indem wir ihnen nur relative Werthe beilegten und zwischen ihnen eine Bedingungsgleichung statuirten; dann zur Bestimmung von Kräften und Rotationen, indem wir ihnen, unter Voraussetzung der beschränkenden Bedingungsgleichung, absolute Werthe gaben. Dadurch, dass diese Bedingungsgleichung fortfällt, werden sie die Coordinaten von Dynamen. Für eine gegebene Dyname erhalten die sechs Coordinaten absolute Werthe, und umgekehrt, wenn wir diesen Coordinaten beliebige Werthe beilegen, bestimmen sie in linearer Weise eine Dyname.

So wie in einer geraden Linie die Reciprocität zwischen Punct und Ebene aufgeht, so geht in einer Dyname die Reciprocität zwischen Kraft und Rotation auf. In zwiefacher Coordinaten-Bestimmung können wir einen Linien-Complex durch eine Gleichung darstellen, ebenso in zwiefacher Coordinaten-Bestimmung einen Dynamen-Complex. Die Eigenschaften beider Complexe sind in analogem Sinne dualistisch.

In der vorstehenden Deduction über Coordinaten ist ein Mittelglied unberücksichtigt geblieben, betreffend denjenigen Fall, dass die sechs fraglichen Coordinaten der beschränkenden Bedingung nicht unterworfen sind, wir denselben aber nur relative Werthe beilegen, und, dem entsprechend, an die Stelle der allgemeinen Gleichungen, welche Dynamen-Complexe darstellen, homogene Gleichungen treten lassen. Dann entschwindet das specifisch Mechanische, und, um mich auf eine kurze Andeutung zu beschränken: es treten geometrische Gebilde auf, welche zu Dynamen in derselben Beziehung stehen, wie gerade Linien zu Kräften und Rotationen.

In den Dynamen finden die vorstehenden Betrachtungen ihren Abschluss.

Die Linien-Complexe des ersten Grades und ihre Congruenzen.

Die Linien-Complexe ersten Grades.

26. Wenn wir für die allgemeine homogene Gleichung des ersten Grades zwischen den sechs Strahlen-Coordinaten:

$$(x-x'),\ (y-y'),\ (z-z'),\ (yz'-y'z),\ (x'z-xz'),\ (xy'-x'y) \qquad (1)$$

die folgenden nehmen:

$$A(x-x')+B(y-y')+C(z-z')+D(yz'-y'z)+E(x'z-xz')+F(xy'-x'y)=0,\ (2)$$

um einen Complex ersten Grades darzustellen, so erhalten wir gleichzeitig zur Darstellung desselben Complexes zwischen den Axen-Coordinaten:

$$(t-t'),\ (u-u'),\ (v-v'),\ (uv'-u'v),\ (t'v-tv'),\ (tu'-t'u) \qquad (3)$$

die folgende Gleichung:

$$D(t-t')+E(u-u')+F(v-v')+A(uv'-u'v)+B(t'v-tv')+C(tu'-t'u)=0.\ (4)$$

Um von einer dieser beiden Gleichungen zu der anderen überzugehen, haben wir bloss die Punct-Coordinaten $x,\ y,\ z,\ x',\ y',\ z'$ mit den Plan-Coordinaten $t,\ u,\ v,\ t',\ u',\ v'$ und zugleich $A,\ B,\ C$ mit $D,\ E,\ F$ gegenseitig zu vertauschen.

Wenn wir statt der sechs Coordinaten (1) und (3) bezüglich die fünf Coordinaten:

$$r,\ s,\ \sigma,\ \varrho,\ \eta \qquad (5)$$

und

$$p,\ q,\ \varkappa,\ \pi,\ \omega \qquad (6)$$

nehmen, gehen die Gleichungen (2) und (4) nach der 2. und 3. Nummer über in:

$$Ar+Bs+C-D\sigma+E\varrho+F\eta = 0, \qquad (7)$$

und

$$Dp + Eq + F - A\varkappa + B\pi + C\omega = 0. *)\tag{8}$$

27. Wir können die beiden Gleichungen (3) und (4), welche denselben Complex darstellen, in folgender Weise entwickeln:

$$\begin{aligned}
&(\ A\ + Fy' - Ez')\,x \\
+\ &(\ B\ - Fx' + Dz')\,y \\
+\ &(\ C\ + Ex' - Dy')\,z \\
-\ &(Ax' + By' + Cz') = 0,
\end{aligned}\tag{9}$$

und

$$\begin{aligned}
&(\ D\ + Cu' - Bv')\,t \\
+\ &(\ E\ - Ct' + Av')\,u \\
+\ &(\ F\ + Bt' - Au')\,v \\
-\ &(Dt' + Eu' + Fv') = 0.
\end{aligned}\tag{10}$$

Wenn erstens (x', y', z') ein gegebener Punct ist, und wir demnach in (9) x', y', z' als constant, x, y, z als veränderlich betrachten, so stellt diese Gleichung eine Ebene dar, den geometrischen Ort beliebiger Puncte solcher Strahlen, welche durch den gegebenen Punct gehen, mit anderen Worten, den geometrischen Ort dieser Strahlen selbst. Die Gleichung wird befriedigt, wenn wir für die veränderlichen Grössen die Coordinaten des gegebenen Punctes einsetzen: die bezügliche Ebene geht durch diesen Punct. Jedem Puncte des Raumes entspricht demnach eine Ebene, welche alle durch diesen Punct gehende Linien des Complexes enthält.

Wenn wir zweitens in (10) t', u', v' auf eine gegebene Ebene (t', u', v') beziehen und demnach als constant betrachten, während t, u, v veränderlich bleiben, so stellt diese Gleichung in Plan-Coordinaten einen Punct dar, welcher von den in der gegebenen Ebene liegenden Axen des Complexes umhüllt

---

*) Wir können nicht vermeiden, in der analytischen Darstellung der geraden Linie eine der drei Coordinaten-Axen auszuzeichnen. Indem wir die Gleichungen (1) und (2) der einleitenden Betrachtung zu Grunde legten, haben wir OZ für diese Axe genommen und, damit in Beziehung auf diese Axe Alles symmetrisch werde, in den beiden Ebenen XZ und YZ von dieser Axe aus die Winkel gerechnet. Hiermit im Widerspruch ist die Art und Weise, wie in der Mechanik die Drehungsmomente in Beziehung auf die drei Coordinaten-Axen genommen werden.

Rücksichten auf die späteren Untersuchungen über Mechanik bestimmen uns, daran festzuhalten, durch die drei letzten Coordinaten (1) auch dem Zeichen nach die drei doppelten Momente darzustellen. Dadurch wird die gewünschte Symmetrie in Beziehung auf OZ aufgehoben. Um sie aber in den analytischen Untersuchungen über Complexe wieder herzustellen, in dem Falle, dass wir (7) und (8) für die allgemeinen Gleichungen nehmen, müssen wir das positive σ, und, dem entsprechend, das positive $\varkappa$ als Coordinaten betrachten, die Glieder aber, welche σ und $\varkappa$ in ungeraden Potenzen enthalten, mit dem negativen Zeichen einführen. Dem entsprechend kommen in den beiden Gleichungen (7) und (8) $D\sigma$ und $A\varkappa$ mit dem negativen Zeichen vor.

wird, das heisst, in welchem diese Axen sich schneiden. In jeder Ebene liegen also unendlich viele Linien des Complexes, welche in einem Puncte derselben sich vereinigen, von dem wir sagen, dass er der Ebene entspreche.

Durch jeden Punct des Raumes gehen unendlich viele Linien des Complexes, welche in einer durch diesen Punct gehenden Ebene liegen. In jeder den Raum durchziehenden Ebene liegen unendlich viele Linien des Complexes, welche in einem Puncte der Ebene sich schneiden.

Die beiden Theile des Satzes bedingen einander. Die Beziehung von Punct und Ebene ist eine gegenseitige. Es gibt für jeden beliebigen Punct des Raumes eine Ebene, welche die durch diesen Punct gehenden Linien des Complexes enthält, und, umgekehrt, für diese Ebene ist es wiederum jener Punct, in welchem alle Linien des Complexes, welche in dieser Ebene liegen, sich schneiden.

28. Die einem gegebenen Puncte entsprechende Ebene ist bestimmt durch irgend zwei in dem Puncte sich schneidende Linien des Complexes, der einer gegebenen Ebene entsprechende Punct durch zwei in der Ebene liegende Linien des Complexes.

Es seien P und P' zwei Puncte, durch welche sich die gerade Linie (PP') legen lässt, p und p' die beiden diesen Puncten entsprechenden Ebenen, welche sich in einer zweiten geraden Linie (pp') schneiden. Dann gehören alle Linien, die durch P oder P' gehen und die gerade Linie (pp') schneiden, dem Complexe an. Schneiden sich zwei Linien, die durch P und bezüglich durch P' gehen, in irgend einem Puncte von (pp'), so ist die Ebene, welche diese beiden geraden Linien enthält, die ihrem Durchschnittspuncte auf (pp') entsprechende Ebene, und diese Ebene geht durch (PP'). Ebenso ist denn auch bewiesen, dass nicht nur die den beiden Puncten P und P', sondern überhaupt die allen Puncten der geraden Linie (PP') entsprechenden Ebenen sich in der Linie (pp') schneiden. Wir nennen die beiden geraden Linien (PP') und (pp'), deren Beziehung zu einander eine gegenseitige ist, zwei conjugirte Polaren in Beziehung auf den Complex.

Jede Linie des Raumes hat ihre conjugirte Polare. Jede Linie des Raumes kann als Strahl betrachtet werden: wenn dieselbe durch einen Punct beschrieben wird, so umhüllen die diesem Puncte entsprechenden Ebenen eine Axe, die dem Strahle conjugirt ist. Jede Linie des Raumes kann als Axe betrachtet

werden: während dieselbe von einer sich drehenden Ebene umhüllt wird, beschreibt der dieser Ebene entsprechende Punct
einen Strahl, der der Axe conjugirt ist. Jede der zwei conjugirten Linien kann als Strahl und als Axe angesehen werden.

Jede gerade Linie, welche zwei conjugirte Polaren schneidet, ist eine Linie des Complexes.

Jede Linie des Complexes ist als zwei zusammenfallende
conjugirte Linien anzusehen.

29. Ein Complex ist durch fünf seiner Linien vollkommen bestimmt.
Jede der Linien liefert eine lineare Gleichung zur Bestimmung der fünf
unabhängigen Constanten der allgemeinen Complex-Gleichung. Vier der fünf
Constanten können dadurch ersetzt werden, dass irgend zwei zugeordnete
Polaren des Complexes gegeben sind. Weil nämlich jede gegebene gerade
Linie nur eine zugeordnete hat, die sich in linearer Weise durch vier Constante bestimmt, so erhalten wir vier lineare Bedingungs-Gleichungen zwischen den Constanten der allgemeinen Gleichung, wenn irgend zwei zugeordnete Polaren eines Complexes gegeben sind. Zwei gegebene zugeordnete
Polaren eines Complexes sind also für die Bestimmung desselben äquivalent
mit vier gegebenen seiner Linien, so dass der Complex vollkommen bestimmt
ist, sobald wir, ausser den beiden zugeordneten Polaren, noch irgend eine
Linie desselben kennen.

Hiernach ergibt sich eine einfache Construction eines Complexes, wenn
irgend fünf seiner Linien gegeben sind. Wenn wir von diesen fünf Linien
irgend vier beliebig auswählen, so sind die beiden geraden Linien, welche
diese vier Linien schneiden, zwei zugeordnete Polaren des Complexes, und
jede neue Linie, welche diese beiden zugeordneten Polaren schneidet, ist
eine neue Linie des Complexes. Wenn wir die gegebenen fünf geraden
Linien in anderer Weise zu je vier combiniren, erhalten wir neue Paare
zugeordneter Polaren, und jedem Paare entsprechen unendlich viele neue
Linien des Complexes. Und so können wir fortfahren, indem wir die gefundenen Linien mit hinzuziehen, um neue Combinationen zu je vier
zu bilden. Hierbei dürfen wir nicht übersehen, dass vier reelle gerade
Linien nicht immer von zwei reellen geraden Linien geschnitten werden,
sondern dass diese beiden Linien auch imaginär sein können.*)

---

*) Drei der fünf gegebenen geraden Linien können immer als drei Linien einer der beiden Erzeu-
gungen eines Hyperboloids angesehen werden. Wenn eine vierte Linie das Hyperboloid schneidet,

Wenn ein Complex durch fünf seiner Linien gegeben ist, können wir für jeden gegebenen Punct die entsprechende Ebene, für jede gegebene Ebene den entsprechenden Punct construiren. Durch je vier gegebene gerade Linien ist ein Paar zugeordneter Polaren des Complexes bestimmt. Durch einen gegebenen Punct lässt sich eine einzige Linie legen, welche die beiden Polaren jedes Paares schneidet. Die so bestimmten geraden Linien liegen in der dem Puncte entsprechenden Ebene, welche durch zwei derselben vollkommen bestimmt ist. Eine gegebene Ebene schneiden die beiden Polaren jedes Paares in zwei Puncten. Die geraden Linien, welche die beiden Durchschnittspuncte jedes Paares verbinden, schneiden sich in dem der Ebene entsprechenden Puncte, welcher durch zwei dieser Linien bestimmt ist.

Die vorstehenden Betrachtungen schliessen sich an die allgemeine Theorie der Reciprocität. Die Gleichungen des Complexes (2) und (4) können betrachtet werden als besondere Fälle der allgemeinen Gleichung in Punct-Coordinaten x, y, z, x', y', z', und in Plan-Coordinaten t, u, v, t', u', v', durch welche die Reciprocität zweier Systeme überhaupt ausgedrückt wird. Wenn diese Gleichungen in Beziehung auf x, y, z und x', y', z' und in Beziehung auf t, u, v und t' u', v' symmetrisch sind, so entspricht demselben Punct und derselben Ebene in jedem der beiden Systeme bezüglich dieselbe Polar-Ebene und derselbe Pol in dem anderen Systeme. Das findet in dem Falle der Complex-Gleichungen Statt. Aber es kommt die Bedingung hinzu, dass der Pol einer gegebenen Ebene in dieser Ebene selbst liege. Durch diese neue Bedingung wird es nicht mehr möglich, Pole und Polar-Ebenen in gewohnter Weise vermittelst Flächen zweiter Ordnung und Classe zu construiren.*) Während im Allgemeinen die Polar-Ebene eines Punctes

---

so lässt sich durch jeden der beiden] Durchschnittspuncte eine Linie der zweiten Erzeugung des Hyperboloids legen, welche sämmtliche vier Linien schneidet. Wenn die beiden Durchschnittspuncte imaginär sind, sind es auch die entsprechenden beiden geraden Linien.

*) Der analytische Grund hiervon liegt in dem Folgenden. Im allgemeinen Falle ist die Grund-Gleichung der Reciprocität (wir beschränken uns hier auf den Fall von Punct-Coordinaten und machen die Gleichungen durch Einführung von τ homogen):

$$(ax' + by' + cz' + d\tau')x + (bx' + b_1y' + c_1z' + d_1\tau')y + (cx' + c_1y' + c_2z' + d_2\tau')z$$
$$+ (dx' + d_1y' + d_2z' + d_3\tau')\tau = 0.$$

Schreiben wir in dem ersten Theile dieser Gleichung x', y', z', τ' für x, y, z, τ, so wird dieselbe eine homogene Function des zweiten Grades:

$$\Pi \equiv ax'^2 + 2bx'y' + 2cx'z' + 2dx'\tau' + b_1y'^2 + 2c_1y'z' + 2d_1y'\tau' + c_2z'^2 + 2d_2z'\tau' + d_3\tau'^2$$

Durch Vermittelung dieser Function können wir die Reciprocitätsgleichung in der nachstehenden Weise schreiben:

$$\frac{d\Pi}{dx'} \cdot x + \frac{d\Pi}{dy'} \cdot y + \frac{d\Pi}{dz'} \cdot z + \frac{d\Pi}{d\tau'} \cdot \tau = 0.$$

durch drei ihrer Puncte, der Pol einer Ebene durch drei in demselben sich schneidende Ebenen bestimmt ist, reichen hier zu dieser Bestimmung bezüglich zwei Puncte und zwei Ebenen hin. — Wenn eine gerade Linie, sich um einen festen Punct drehend, eine Kegelfläche n. Ordnung beschreibt, umhüllt die zugeordnete Polare eine Curve n. Classe in der dem festen Puncte entsprechenden, durch diesen Punct gehenden Ebene. Die n Linien, in welchen die dem Mittelpuncte des Kegels entsprechende Ebene von demselben geschnitten wird, sind zugleich die n Tangenten, welche von dem Mittelpuncte aus, der gegenseitig der Ebene entspricht, an die Curve in dieser Ebene sich legen lassen. Da nämlich diese Linien dem Complexe angehören, sind sie ihre eigenen zugeordneten Polaren.

30. Wir wenden uns zu dem rein analytischen Gange der Untersuchung zurück.

Die gewöhnlichen Coordinaten des Punctes, welcher der gegebenen Ebene (t', u', v') entspricht und in Plan-Coordinaten durch die Gleichung (10) dargestellt wird, sind:

$$x = - \frac{D + Cu' - iBv'}{Dt' + Eu' + Fv'},$$
$$y = - \frac{E - Ct' + Av'}{Dt' + Eu' + Fv'}, \qquad (11)$$
$$z = - \frac{F + Bt' - Au'}{Dt' + Eu' + Fv'}.$$

Wenn die gegebene Ebene parallel mit sich selbst verschoben wird, so beschreibt der in derselben liegende, ihr entsprechende Punct einen geometrischen Ort. Unterscheiden wir durch x_0, y_0, z_0 die Coordinaten des entsprechenden Punctes derjenigen unter den parallelen Ebenen, welche durch den Anfangspunct der Coordinaten geht, so ergibt sich, indem wir t', u', v' gleich ∞ setzen:

Wenn wir x', y', z', τ' als veränderlich betrachten, stellt die Gleichung:

$$\Pi = 0$$

eine Fläche zweiter Ordnung dar. In dem Falle, dass die Complex-Gleichung (2) an die Stelle der allgemeinen Reciprocitäts-Gleichung tritt, wird die Function Π identisch gleich Null.

Ich verweise, was die allgemeine Theorie der Reciprocität betrifft, auf mein „System der analytischen Geometrie des Raumes, 1846" p. 10—14. — Die besondere Art von Reciprocität ist zuerst von Herrn Möbius im 10. Bande des Crelle'schen Journals hervorgehoben und später von L. J. Magnus in seiner „Sammlung von Aufgaben aus der analytischen Geometrie des Raumes, 1837", p. 139—145 behandelt worden.

$$x_0 = - \frac{Cu' - Bv'}{Dt' + Eu' + Fv'},$$

$$y_0 = - \frac{-Ct' + Av'}{Dt' + Eu' + Fv'}, \tag{12}$$

$$z_0 = - \frac{Bt' - Au'}{Dt' + Eu' + Fv'},$$

und hiernach:

$$x - x_0 = - \frac{D}{Dt' + Eu' + Fv'},$$

$$y - y_0 = - \frac{E}{Dt' + Eu' + Fv'}, \tag{13}$$

$$z - z_0 = - \frac{F}{Dt' + Eu' + Fv'}.$$

Wir ziehen hieraus:

$$(x - x_0) : (y - y_0) : (z - z_0) = D : E : F, \tag{14}$$

wonach der fragliche geometrische Ort die, durch die Doppel-Gleichung:

$$\frac{x - x^0}{D} = \frac{y - y_0}{E} = \frac{z - z_0}{F} \tag{15}$$

dargestellte, gerade Linie ist. Die Richtung dieser geraden Linie ist von der Richtung der parallelen Ebenen unabhängig. Wir nennen sie einen Durch-messer des Linien-Complexes ersten Grades, und sagen, die paral-lelen Ebenen seien dem Durchmesser zugeordnet, und gegenseitig, jeder der parallelen Ebenen sei der Durchmesser zugeordnet.

Alle Durchmesser eines Linien-Complexes ersten Grades sind einander parallel. Durch jeden Punct des Raumes geht ein solcher Durchmesser.

31. Unter den Durchmessern des Complexes gibt es einen einzigen, welcher auf den ihm zugeordneten Ebenen senkrecht steht, und den wir die Axe des Complexes nennen wollen. Soll die doppelte Gleichung (15) diese Axe darstellen, so kommt, um auszudrücken, dass sie auf den paral-lelen Ebenen (t', u', v') senkrecht steht:

$$t' : u' : v' = D : E : F,$$

wonach die Gleichungen (12) die folgenden Werthe für x_0, y_0, z_0 geben:

$$x_0 = \frac{BF - CE}{D^2 + E^2 + F^2},$$

$$y_0 = \frac{CD - AF}{D^2 + E^2 + F^2}, \tag{16}$$

$$z_0 = \frac{AE - BD}{D^2 + E^2 + F^2}.$$

diese Coördinatenwerthe werden insbesondere gleich Null, und die Axe geht durch den Anfangspunct, wenn:

$$A : B : C = D : E : F. \tag{17}$$

Die auf der Axe senkrechten Ebenen wollen wir Hauptschnitte des Complexes nennen. Der durch den Anfangspunct gehende Hauptschnitt hat zur Gleichung:

$$Dx + Ey + Fz = 0. \tag{18}$$

Wenn F verschwindet, sind die Durchmesser des Complexes, unter welchen sich auch die Axe desselben befindet, der Ebene XY parallel. Wenn F und C gleichzeitig verschwinden, werden x_0 und y_0 gleich Null. Dann schneidet die Axe des Complexes die Coordinaten-Axe OZ; für den Durchschnittspunct behält z_0 den obigen Werth. Für die Axe OZ sind die Coordinaten $(x - x')$, $(y - y')$, $(yz' - y'z)$, $(x'z - xz')$ gleich Null. Diese Axe ist also eine Linie des Complexes, wenn F und C verschwinden, und zwar eine solche, die von der Axe desselben geschnitten wird. Durch dieselbe geht der Hauptschnitt:

$$Dx + Ey = 0.$$

32. In gleicher Weise wollen wir die Gleichung (9) behandeln, welche diejenige Ebene darstellt, die alle Linien des Complexes enthält, welche durch einen gegebenen Punct (x', y', z') gehen, die, mit anderen Worten, diesem Puncte entspricht. Nennen wir die Coordinaten dieser Ebene t, u, v, so kommt:

$$t = - \frac{A + Fy' - Ez'}{Ax' + By' + Cz'},$$
$$u = - \frac{B - Fx' + Dz'}{Ax' + By' + Cz'}, \tag{19}$$
$$v = - \frac{C + Ex' - Dy'}{Ax' + By' + Cz'}.$$

Wenn wir annehmen, dass der Punct (x', y', z') auf einer festen, durch den Anfangspunct gehenden geraden Linie fortrückt, so bleibt das Verhältniss der Coordinaten des Punctes $x' : y' : z'$ constant. Dem auf der festen Linie unendlich weit gerückten Puncte entspricht eine bestimmte Ebene, für welche, wenn wir zur Unterscheidung die Coordinaten derselben durch t_0, u_0, v^0 bezeichnen:

$$t_0 = - \frac{Fy' - Ez'}{Ax' + By' + Cz'},$$

$$u_0 = - \frac{- Fx' + Dz'}{Ax' + By' + Cz'},$$

$$v_0 = - \frac{Ex' - Dy'}{Ax' + By' + Cz'}. \tag{20}$$

Es folgt hieraus:

$$t - t_0 = - \frac{A}{Ax' + By' + Cz'}.$$

$$u - u_0 = - \frac{B}{Ax' + By' + Cz'}. \tag{21}$$

$$v - v_0 = - \frac{C}{Ax' + By' + Cz'},$$

wonach:

$$(t - t_0) : (u - u_0) : (v - v_0) = A : B : C.$$

Wenn wir t, u, v als veränderlich betrachten, so stellt die Doppel-Gleichung:

$$\frac{t - t_0}{A} = \frac{u - u_0}{B} = \frac{v - v_0}{C} \tag{22}$$

eine gerade Linie dar, die umhüllt wird von denjenigen Ebenen, welche den Puncten einer festen, durch den Anfangspunct gehenden Linie entsprechen. Da der Anfangspunct der Coordinaten bei der willkürlichen Annahme desselben in keiner besonderen Beziehung zum Complexe steht, ist in dem Vorstehenden der allgemeine Satz über conjugirte Polaren bewiesen (siehe Nr. 28).

Die Gleichungen (19) zeigen, dass, wenn der Punct (x', y', z') in der durch die Gleichung:

$$Ax + By + Cz = 0 \tag{23}$$

dargestellten Ebene liegt, die Coordinaten t', u', v' der entsprechenden Ebene unendlich gross werden, die Ebene selbst also durch den Anfangspunct geht. Daraus folgt, dass die Ebene (23) diejenige ist, welche dem Anfangspuncte entspricht, und dass sie folglich der geometrische Ort für diejenigen Linien ist, welche solchen, die durch den Anfangspunct gehen, conjugirt sind. Linien, die in der Ebene liegen und zugleich durch den Anfangspunct gehen, sind ihre eigenen conjugirten und gehören also dem Complexe an.

Betrachten wir unter den durch den Anfangspunct gehenden geraden Linien insbesondere den durch diesen Punct gehenden Durchmesser des Complexes, so ist, in Folge der Doppel-Gleichung (15) für jeden Punct (x', y', z') desselben:

$$x' : y' : z' = D : E : F. \tag{24}$$

Dann folgt aus den Gleichungen (20):

$$t_0 = 0, \quad u_0 = 0, \quad v_0 = 0,$$

und die Doppel-Gleichung (21), indem sie sich auf die folgende:

$$\frac{t}{A} = \frac{u}{B} = \frac{v}{C}$$

reducirt, gibt für die dem Durchmesser conjugirte Polare die in der Ebene (23) unendlich weit entfernt liegende Linie.

Bei der willkürlichen Annahme des Anfangspunctes des Coordinaten-Systems ist hiermit ausgesprochen, dass die einem beliebigen Durchmesser des Complexes zugeordnete Linie in der einem Puncte desselben entsprechenden Ebene unendlich weit liegt. Eine gerade Linie aber, welche in einer gegebenen Ebene unendlich weit gerückt ist, lässt, indem sie ihre Richtung verloren hat, keine nähere Bestimmung mehr zu und bleibt dieselbe, wenn die Ebene, welche sie enthält, parallel mit sich selbst verschoben wird. Eine unendlich weit entfernte gerade Linie ist immer einer gegebenen Ebene parallel, und nimmt, wenn diese Ebene um einen ihrer Puncte sich dreht, in unendlicher Entfernung alle möglichen Lagen an. In jeder solchen Lage entspricht ihr ein Durchmesser des Complexes. Alle unendlich weit entfernten Linien des Raumes bilden eine unendlich weit entfernt liegende Ebene, deren entsprechender Punct, weil er in ihr liegt, selbst nach gegebener Richtung unendlich weit entfernt ist. Eine Folge davon ist, dass die in diesem Puncte convergirenden Durchmesser unter einander parallel sind.

Ausgezeichnet unter denjenigen geraden Linien, welche durch den Anfangspunct gehen, ist endlich diejenige, welche auf der dem Anfangspunct entsprechenden Ebene:

$$A x + B y + C z = 0 \tag{25}$$

senkrecht steht, und also senkrecht steht auf jeder in dieser Ebene liegenden geraden Linie, d. h. auf jeder geraden Linie, die einer durch den Anfangspunct gehenden zugeordnet ist, insbesondere auf der ihr selbst zugeordneten. Die fragliche Linie ist dadurch charakterisirt, dass für jeden ihrer Puncte:

$$x' : y' : z' = A : B : C, \tag{26}$$

wonach t_0, u_0, v_0 die folgenden Werthe erhalten:

$$t_0 = -\frac{BF - CE}{A^2 + B^2 + C^2},$$

$$u_0 = -\frac{CD - AF}{A^2 + B^2 + C^2}, \tag{27}$$

$$v_0 = - \frac{A E - B D}{A^2 + B^2 + C^2}.$$

Wenn wir diese Werthe in die Doppel-Gleichung (21) einsetzen, so stellt diese Gleichung in der Ebene (23) diejenige gerade Linie dar, welche der durch den Anfangspunct gehenden (26) zugeordnet ist.

Wenn durch den Anfangspunct der Coordinaten die Axe des Complexes geht, so ist sie es, die auf der ihr zugeordneten Linie senkrecht steht. Dann aber ist, nach (15):

$$x' : y' : z' = D : E : F,$$

mithin:

$$A : B : C = D : E : F$$

in Uebereinstimmung mit (17).

33. Aus den Gleichungen (10) ergeben sich:

$$\begin{aligned}
Cu - Bv + D &= 0, \\
- Ct + Av + E &= 0, \\
Bt - Au + F &= 0
\end{aligned} \tag{28}$$

für die Gleichungen der drei Puncte, welche den Coordinaten-Ebenen YZ, XZ, XY entsprechen, während:

$$Dt + Eu + Fv = 0 \tag{29}$$

denjenigen Punct darstellt, welcher der unendlich weit entfernten Ebene entspricht und selbst nach gegebener Richtung unendlich weit liegt.

Aus den Gleichungen (9) ergeben sich:

$$\begin{aligned}
Fy - Ez + A &= 0, \\
- Fx + Dz + B &= 0, \\
Ex - Dy + C &= 0
\end{aligned} \tag{30}$$

für die Gleichungen der drei Ebenen, welche den Puncten entsprechen, die nach den Richtungen der drei Coordinaten-Axen OX, OY, OZ unendlich weit liegen, während, was bereits bemerkt (23):

$$Ax + By + Cz = 0$$

die dem Anfangspunct entsprechende Ebene darstellt.

34. Aus den drei Gleichungen (9) und den drei Gleichungen (10) erhalten wir übereinstimmend, wenn (x, y, z) ein Punct, (t, u, v) eine Ebene ist, die in Beziehung auf den Complex sich gegenseitig entsprechen, die Bedingungs-Gleichung:

$$(Ax + By + Cz)(Dt + Eu + Fv) + (AD + BE + CF) = 0. \tag{31}$$

Die vorstehende Gleichung schliesst als einen speciellen Fall ein, dass:

$$AD + BE + CF = 0. \tag{32}$$

Diesem speciellen Falle entspricht eine Particularisation des Complexes ersten Grades.

35. Die beiden allgemeinen Gleichungen:

$$A(x-x') + B(y-y') + C(z-z') + D(yz'-y'z) + E(x'z - xz') + F(xy' - x'y) = 0,$$
$$D(t-t') + E(u-u') + F(v-v') + A(uv' - u'v) + B(t'v - tv') + C(tu' - t'u) = 0,$$

welche in der doppelten Coordinaten-Bestimmung die Complexe ersten Grades darstellen, vereinfachen sich, wenn wir eine der drei rechtwinkligen Coordinaten-Axen mit der Axe des Complexes zusammenfallen lassen, wonach die beiden anderen in einem Hauptschnitte desselben liegen. Wählen wir für die mit der Axe des Complexes zusammenfallende Coordinaten-Axe, nach einander, OZ, OY, OX, so nehmen durch das bezügliche Verschwinden von:

$$A, B \text{ und } D, E,$$
$$A, C \text{ und } D, F,$$
$$B, C \text{ und } E, F$$

die vorstehenden beiden Gleichungen folgende Formen an:

$$(xy' - x'y) + k(z - z') = 0, \qquad (v - v') + k(tu' - t'u) = 0,$$
$$(x'z - xz') + k(y - y') = 0, \tag{33} \quad (u - u') + k(t'v - tv') = 0, \tag{34}$$
$$(xy' - x'y) + k(x - x') = 0, \qquad (t - t') + k(uv' - u'v) = 0.$$

Unter dieser Form enthalten sie nur noch eine einzige Constante (k), und diese ist dieselbe in allen Gleichungen. Dieses ist von Vorne herein ersichtlich. Denn einmal ändert sich dieser Werth nicht, wenn wir von einer der beiden Gleichungen in derselben Zeile zu der andern übergehen. Es folgt dies aus der doppelten Bestimmung der geraden Linie vermittelst Punct- und Plan-Coordinaten, wonach z. B.

$$\frac{xy' - x'y}{z - z'} = \frac{v - v'}{tu' - t'u}.$$

Aber auch beim Uebergange von einer der drei unter einander stehenden Gleichungen des Complexes zu einer anderen bleibt der Werth der Constanten k unverändert. Die Ausdrücke:

$$\frac{xy' - x'y}{z - z'}, \quad \frac{x'z - xz'}{y - y'}, \quad \frac{yz' - y'z}{x - x'},$$

z. B. haben, wenn sie auf eine beliebige Linie des Complexes bezogen werden, eine absolute geometrische Bedeutung, vermittelt durch das jedesmalige Coordinaten-System, aber unabhängig von demselben. Beim Uebergange von dem einen Coordinaten-Systeme zum andern gehen die vorstehenden drei Ausdrücke durch die entsprechende Coordinaten-Vertauschung in einander über; aber ihre geometrische Bedeutung, was dieselbe immer sein mag, ändert sich nicht und folglich ändert sich auch k nicht.

Wir wollen die Grösse k, welche die Länge einer Linie darstellt, den Parameter des Complexes nennen. Der Complex ist, wenn wir von seiner Lage im Raume absehen, durch seinen Parameter vollkommen bestimmt.

36. Die allgemeine Gleichung eines Linien-Complexes des ersten Grades enthält in jeder der beiden Coordinaten-Bestimmungen fünf von einander unabhängige Constanten. Die Gleichungen (33) und (34) haben nur noch eine einzige Constante behalten. Die Anzahl der Constanten hat sich also um vier reducirt. Aber da wir zur Bestimmung eines neuen Coordinaten-Systems über sechs Constanten verfügen können, so ist das den letzten Gleichungen zu Grunde liegende Coordinaten-System nur unvollkommen bestimmt. Wir können noch über zwei Constanten der Lage verfügen, ohne dass diese Gleichungen irgendwie sich ändern. Wir werden dies in der folgenden Nummer bestätigt finden.

37. Die erste der drei Gleichungen (33)

$$(xy' - x'y) + k (z - z') = 0,$$

die wir willkürlich auswählen, ändert sich nicht, wenn der Anfangspunct der Coordinaten auf OZ, der Axe des Complexes, beliebig fortrückt. Dieselbe Gleichung bleibt auch dann ungeändert, wenn sich das Coordinaten-System beliebig um OZ dreht. Denn einerseits bleibt dann z und z' unverändert und andererseits behält auch $xy' - x'y$ seinen Werth. Dieser Ausdruck stellt nämlich die Projection auf XY der doppelten Fläche desjenigen Dreiecks dar, welches den Anfangspunct der Coordinaten und die beiden Puncte (x, y, z) und (x', y', z'), durch welche die Linien des Complexes bestimmt werden, zu seinen drei Winkelpuncten hat, und diese Projection ändert sich nicht, wenn der Complex um seine Axe OZ gedreht wird. Somit bleiben die Gleichungen (33), und folglich auch die Gleichungen (34) ungeändert dieselben, wie auch der Anfangspunct auf der Axe des Complexes fortrücken und das Coordinaten-System sich um diese Axe drehen mag. Oder, mit andern Worten:

Ein Linien-Complex ersten Grades bleibt unverändert, sowohl wenn derselbe parallel mit seiner Axe verschoben, als auch wenn er um dieselbe gedreht wird.

Alle Linien des Complexes in der ursprünglichen Lage kommen nach der Verschiebung und Drehung mit anderen Linien desselben zur Deckung.

38. Wir können durch Aenderung des Coordinaten-Systems die allgemeinen Complex-Gleichungen (2), (4) schrittweise in die sechs Gleichungen (33), (34) umformen. Da die einzige Constante, welche in diesen Gleichungen vorkommt, denselben Werth (k) hat, so handelt es sich bei diesen Umformungen nur um die Bestimmung von k, und es ist genügend, in einem einzigen Falle die Transformation durchzuführen. Wenn wir statt der Gleichungen (2), (4) der Kürze wegen die Gleichungen:

$$Ar + Bs + C - D\sigma + E\varrho + F\eta = 0, \qquad (7)$$

$$Dp + Eq + F - A\varkappa + B\pi + C\omega = 0 \qquad (8)$$

zu Grunde legen, nehmen die Gleichungen (33) und (34) die folgende Form an:

$$\eta + k = 0, \qquad\qquad \tau + \frac{1}{\varkappa} = 0,$$

$$\varrho + ks = 0, \qquad (35) \qquad \pi + \frac{q}{\varkappa} = 0, \qquad (36)$$

$$-\sigma + kr = 0, \qquad\qquad -\varkappa + \frac{p}{\varkappa} = 0.$$

Wir beschränken uns darauf, aus der Gleichung (7) die erste der Gleichungen (35) abzuleiten.

Wenn wir das ursprüngliche Coordinaten-System, auf welches die Gleichung (7) bezogen ist, parallel mit sich selbst verschieben, und die Coordinaten des neuen Anfangspunctes x^0, y^0, z^0 sind, so geht unter Anwendung der Verwandlungsformeln (37) der 12. Nummer diese Gleichung über in die folgende:

$$(A + Fy^0 - Ez^0)\,r' + (B - Fx^0 + Dz^0)\,s' + (C + Ex^0 - Dy^0)$$
$$- D\sigma' + E\varrho' + F\eta' = 0. \qquad (37)$$

Wenn insbesondere:

$$\frac{x^0}{D} = \frac{y^0}{E} = \frac{z^0}{F},$$

so wird durch die Verschiebung des Coordinaten-Systems die Form der ursprünglichen Gleichung nicht geändert. Der Complex bleibt also derselbe, wenn er verschoben wird parallel mit der Richtung derjenigen geraden Linie, welche durch die letzte Gleichung dargestellt wird, wenn wir in ihr x^0, y^0, z^0 als veränderlich betrachten — d. h. parallel mit der Durchmesser-Richtung (vergl. (15)).

Wir erhalten für die Cosinus der Winkel, welche diese Durchmesser-Richtung mit den drei Coordinaten-Axen OX, OY, OZ bildet:

$$\frac{D}{\sqrt{D^2+E^2+F^2}}, \qquad \frac{E}{\sqrt{D^2+E^2+F^2}}, \qquad \frac{F}{\sqrt{D^2+E^2+F^2}}.$$

Wir wollen das ursprüngliche Coordinaten-System um OZ durch einen Winkel α in dem Nr. 13. festgestellten Sinne drehen. Dann verwandelt sich die allgemeine Gleichung (7) nach den Verwandlungsformeln (40) der 13. Nummer in die folgende:

$$(A \cos \alpha + B \sin \alpha)\, r' + (- A \sin \alpha + B \cos \alpha)\, s' + C$$
$$- (D \cos \alpha + E \sin \alpha)\, \sigma' + (- D \sin \alpha + E \cos \alpha)\, \varrho' + F\eta' = 0. \tag{38}$$

Wir wollen α so bestimmen, dass:

$$- D \sin \alpha + E \cos \alpha = 0, \tag{39}$$

wonach

$$\cos^2 \alpha = \frac{D^2}{D^2+E^2}. \tag{40}$$

Dann können wir, unter Fortlassung der Accente, die Gleichung des Complexes in folgender Weise schreiben:

$$A'r + B's + C' - D's + F'\eta = 0, \tag{41}$$

eine Gleichung, die, weil ϱ fehlt, den bezüglichen Complex als einen solchen charakterisirt, dessen Durchmesser der Ebene XZ parallel sind. Während C' und F' die früheren Werthe C und F behalten, kommt:

$$A' = (AD + BE)\, \frac{\cos \alpha}{D},$$
$$B' = (- AE + BE)\, \frac{\cos \alpha}{D}, \tag{42}$$
$$D' = (D^2 + E^2)\, \frac{\cos \alpha}{D},$$

und hieraus:

$$A'D' = AD + BE,$$
$$D'^2 = D^2 + E^2. \tag{43}$$

Nach vollbrachter erster Drehung des Coordinatensystems wollen wir dasselbe um OY durch einen Winkel γ drehen, der, wie in der 13. Nr. von OZ nach OX gerechnet werden mag. Dann geben die Verwandlungsformeln (43) der 13. Nummer für die Gleichung des Complexes:

$$(A' \cos \gamma - C' \sin \gamma)\, r' + B's' + (A' \sin \gamma + C' \cos \gamma)$$
$$- (D' \cos \gamma - F' \sin \gamma)\, \sigma' + (- D' \sin \gamma + F' \cos \gamma)\eta' = 0. \tag{44}$$

Damit die neue Axe OZ mit dem durch den Anfangspunct laufenden Durchmesser des Complexes zusammenfalle, muss aus der Gleichung (44) σ' ausfallen. Dem entsprechend setzen wir:

$$D' \cos \gamma - F' \sin \gamma = 0, \tag{45}$$

wonach

$$\cos^2 \gamma = \frac{F'^2}{D'^2 + F'^2}, \tag{46}$$

Dann können wir, der Kürze wegen, die Complex-Gleichung (44) folgendermassen schreiben:

$$A'' r + B'' s + C'' + F'' \eta = 0. \tag{47}$$

Während B'' den früheren Werth B' behält, kommt:

$$A'' = (A' F' - C' D') \frac{\cos \gamma}{F'},$$

$$C'' = (A' D' + C' F') \frac{\cos \gamma}{F'}, \tag{48}$$

$$- F'' = (D'^2 + F'^2) \frac{\cos \gamma}{F'},$$

und hieraus:

$$\begin{aligned}
\frac{C''}{F''} &= \frac{A' D' + C' F'}{D'^2 + F'^2} \\
&= \frac{A D + B E + C F}{D^2 + E^2 + F^2}.
\end{aligned} \tag{49}$$

Verschieben wir endlich die Coordinaten-Axen parallel mit sich selbst, wie in der 12. Nummer, so wird die Gleichung (47):

$$(A'' + F'' y^0)\, r' + (B'' - F'' x^0)\, s' + C'' + F'' \eta' = 0, \tag{50}$$

und reducirt sich, wenn wir

$$y^0 = - \frac{A''}{F''}, \qquad x^0 = \frac{B''}{F''} \tag{51}$$

nehmen, auf

$$\eta + k = 0, \tag{52}$$

indem wir der Kürze wegen:

$$k = \frac{A D + B E + C F}{D^2 + E^2 + F^2} \tag{53}$$

setzen. Dann ist der Complex auf seine Axe als Coordinaten-Axe OZ bezogen, während die beiden anderen, auf einander und auf OZ senkrechten Coordinaten-Axen OX und OY nach übrigens beliebiger Richtung in einem beliebigen Puncte von OZ sich schneiden.

39. Wir erhalten unmittelbar die Deutung der Gleichungsform:

$$\eta + k = 0, \qquad (x y' - x' y) + k (z - z') = 0.$$

Denken wir uns eine Kraft von beliebiger Intensität, welche nach der Richtung irgend einer Linie des Complexes wirkt, so können wir den Ausdruck

$(xy' - x'y)$ als das doppelte Moment dieser Kraft in Beziehung auf die Axe des Complexes und $(z - z')$ als die Proportion der Kraft auf diese Axe betrachten. Also:

Wenn nach den Linien eines linearen Complexes beliebige Kräfte wirken, so ist das Verhältniss der Projection dieser Kräfte auf die Axe des Complexes zu dem Momente dieser Kraft in Beziehung auf dieselbe Axe constant und dem Parameter des Complexes gleich*).

Wenn wir insbesondere für die beiden Puncte (x, y, z) und (x', y', z'), durch welche die Linien des Complexes bestimmt werden, die beiden Puncte A und B nehmen, in welchen die Coordinaten-Ebenen von ihr geschnitten werden, so verschwinden die Werthe von x und y'. Dann kommt:

$$x'y = K(z - z'), \qquad (54)$$

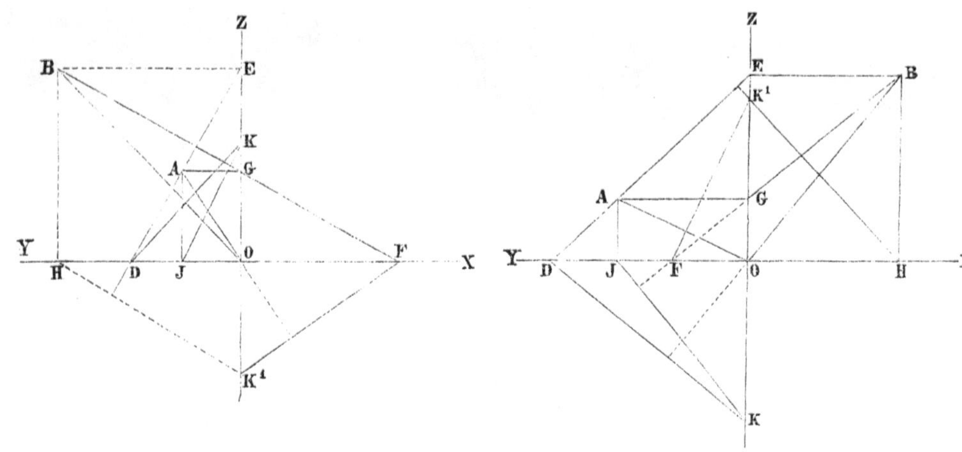

Figur 2.   Figur 3.

also mit Beziehung auf die Figur (Fig. 2, 3):**)

$$k = \frac{OH \cdot OJ}{EG}, \qquad (55)$$

was eine unmittelbare Folge aus dem vorstehenden Satze ist, wie es auch

---

*) Dieser Satz wird, bei der späteren Ausführung des mechanischen Theils, in seinem natürlichen Zusammenhange mit anderen auftreten.

**) Es bietet für unsere Zwecke diejenige Projectionsweise einen besonderen Vortheil, in welcher die auf einander senkrechten drei Coordinaten-Axen OZ, OY, OX in derselben Ebene so dargestellt werden, dass etwa OZ und OX ihre natürliche Lage behalten, die positive Erstreckung von OY aber mit der negativen Erstreckung von OX zusammenfällt.

unmittelbar aus der Constantenbestimmung der geraden Linie folgt (vergleiche die 11. Nummer). Wir erhalten für jede beliebige Linie des Complexes:

$$-\eta = OJ \cdot \frac{OH}{EG} = -OJ \, \text{cotang} \, BFX = OJ \, \text{tang} \, OJK = OK = k. \quad (56)$$

$$-\eta = OH \cdot \frac{OJ}{EG} = OH \, \text{cotang} \, ADY = -OH \, \text{tang} \, OHK' = -OK' = k. \quad (57)$$

Es ist hierbei JK senkrecht auf GF und HK' senkrecht auf ED gezogen. In dem Falle der ersten Figur ist k positiv, in dem Falle der zweiten Figur k negativ.

Wir haben nach der eben angezogenen Nummer (11.), wenn wir uns der Axen-Coordinaten einer geraden Linie statt ihrer Strahlen-Coordinaten bedienen, und demnach die Gleichungen:

$$\omega = \frac{1}{k} = 0, \qquad (v - v') + k(tu' - t'u) = 0$$

zu Grunde legen:

$$-\frac{1}{\omega} = \frac{OF \cdot OJ}{OG} = OF \cdot \text{tang} \, AOZ = -OF \cdot \text{tang} \, OFK' = -OK' = k, \quad (58)$$

$$-\frac{1}{\omega} = -\frac{OD \cdot OH}{OE} = -OD \cdot \text{tang} \, BOZ = OD \cdot \text{tang} \, ODK = OK = k. \quad (59)$$

Es ist hierbei FK' senkrecht auf OA und DK senkrecht auf OB gezogen.

Auch die folgende Construction verdient noch angeführt zu werden (Figur 4, 5).

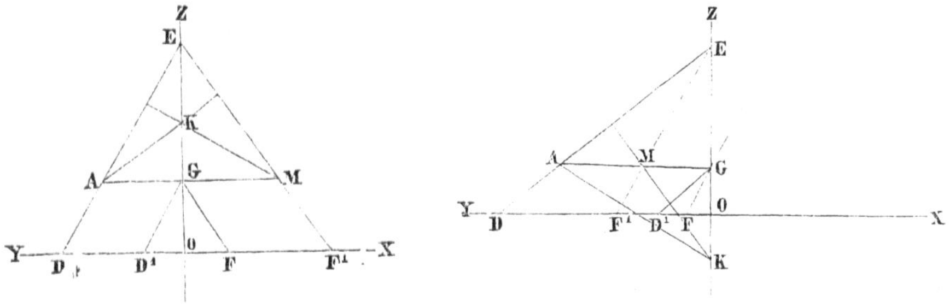

Figur 4.   Figur 5.

Wir können durch DE und FG, die Projectionen einer gegebenen geraden Linie des Complexes, in einziger Weise ein System zweier unter sich paralleler Ebenen legen: EDF' und $GD'F$, welche auf den Coordinaten-Axen OZ, OY, OX bezüglich in den Puncten E und G, D und D', F' und F einschneiden. Dann erhalten wir:

$$EG = \frac{\eta}{rs}, \qquad DD' = -\frac{\eta}{r}, \qquad F'F = -\frac{\eta}{s},$$

und hieraus:

$$\eta = \frac{DD' \cdot F'F}{EG}. \tag{60}$$

Um diesen Ausdruck zu construiren, legen wir durch G eine mit XY parallele Ebene, welche DE in A und $F'E$ in M schneidet. Dann ist:

$$- \frac{DD' \cdot F'F}{EG} = \frac{AG \cdot GM}{EG} = GK = k, \tag{61}$$

wenn K in dem Dreiecke AME derjenige Punct ist, in welchem die von den drei Winkelpuncten auf die gegenüberliegenden Seiten gefällten Perpendikel sich schneiden. In der ersten der beiden Figuren ist k positiv, in der zweiten negativ.

40. Weil, wenn die Axe des Complexes gegeben ist und als eine der drei Coordinaten-Axen genommen wird, die Gleichung desselben nur eine einzige Constante enthält, so ist auch, wenn zugleich mit der Axe eine einzige gerade Linie des Complexes gegeben ist, dieser Complex vollkommen bestimmt. So wie in den letzten Entwickelungen die Constante k bestimmt worden ist, sobald eine Linie des Complexes gegeben war, so können auch umgekehrt, wenn k gegeben ist, alle Linien des Complexes construirt werden. Wir können die Linie, welche wir bestimmen wollen, von vorneherein dreien linearen Bedingungen unterwerfen, und begegnen so einer Reihe von Aufgaben, die ich hier nicht weiter berühre.

41. Nehmen wir wieder:

$$(xy' - x'y) + k(z - z') = 0 \tag{33}$$

für die Gleichung des Complexes; so ist, wenn wir x, y, z als veränderlich betrachten,

$$y' \cdot x - x' \cdot y + k \cdot z - k \cdot z' = 0 \tag{62}$$

die Gleichung der Ebene, welche irgend einem Puncte (x', y', z') entspricht. Nennen wir den Winkel, welchen diese Ebene mit der Axe des Complexes bildet, λ, so ist:

$$\sin^2 \lambda = \frac{k^2}{y'^2 + x'^2 + k^2}, \tag{63}$$

folglich:

$$y'^2 + x'^2 = \frac{k^2}{\operatorname{tang}^2 \lambda}. \tag{64}$$

Die Deutung der vorstehenden Gleichungen gibt die folgenden geometrischen Beziehungen.

Wenn irgend ein Punct P gegeben ist, so geht die demselben zugeordnete Ebene durch diejenige gerade Linie, welche durch den Punct senkrecht zur Axe des Complexes gezogen werden kann. Die zugeordneten Ebenen aller Puncte, welche gleichen Abstand von der Axe des Complexes haben, bilden mit dieser Axe gleiche Winkel. Während der Punct, um die Axe sich drehend, einen Kreis beschreibt, umhüllt die zugeordnete Ebene einen Rotationskegel, welcher denjenigen Punct zum Mittelpuncte hat, in welchem die Ebene des Kreises die Axe schneidet. Wenn die Puncte des Kreises, parallel mit der Axe fortrückend, Durchmesser beschreiben, so verschiebt sich der Kegel parallel mit sich selbst, so dass sein Mittelpunct immer auf der Axe bleibt. Solche Durchmesser, welche gleichen Abstand von der Axe des Complexes haben, bilden mit ihren zugeordneten Ebenen gleiche Winkel.

42. Wenn wir die von einem gegebenen Puncte P senkrecht nach der Axe gezogene gerade Linie als Axe OX nehmen, verschwinden die Coordinaten-Werthe z' und y'. Dann wird die Gleichung der zugeordneten Ebene:

$$x'y = kz. \tag{65}$$

Für die Puncte derjenigen geraden Linie, in welcher diese die Ebene YZ schneidet, ist:

$$\frac{y}{z} = \operatorname{tang} \lambda = \frac{k}{x'}, \tag{66}$$

für die Linie, welche senkrecht darauf steht, und durch den Anfangspunct geht:

$$\frac{y}{z} = -\frac{x'}{k} \ \text{oder} \ \frac{z}{y} = -\frac{k}{x'}. \tag{67}$$

Wenn k gegeben ist, können wir hiernach sogleich die einem beliebigen Puncte P zugeordnete Ebene bestimmen, und umgekehrt, wenn irgend ein Punct und seine zugeordnete Ebene gegeben sind, den Parameter des Complexes, k.

Es sei in der oben gewählten Projectionsweise in dem auf OX angenommenen Puncte P ein Perpendikel PK auf diese Axe errichtet, und gleich k genommen. Dann ist diejenige Linie OL, welche senkrecht auf OK durch O gezogen ist, die Durchschnittslinie der dem Puncte P entsprechenden Ebene mit der Coordinaten-Ebene YZ. Damit ist die Ebene selbst gefunden. Ebenso ergibt sich, wenn die Ebene LOX und k gegeben sind, unmittelbar der dieser Ebene zugeordnete Punct P.

Wenn der Punct P sich von der Axe entfernt, nimmt tang λ im Verhältnisse der Entfernung ab.

Das Vorstehende erleichtert die Anschauung eines Complexes. Alle Linien, welche durch den beliebigen Punct P gehen und die Linie OL schneiden, gehören dem Complexe an, und thun es dann noch, wenn der Punct P und die Linie OL parallel mit der Axe verschoben werden, auch dann noch, wenn der Punct mit OL um die Axe sich dreht. Dem Kreise, welchen der Punct bei dieser Umdrehung beschreibt, entspricht ein Umdrehungs-Kegel, dessen Axe durch den Mittelpunct des Kreises geht und auf der Ebene desselben senkrecht steht: so, dass jede Linie des Complexes, welche durch einen Punct des Kreises geht, diesen Kegel berührt. Bei der Umkehrung dieses Satzes ist zu berücksichtigen, dass in Gemässheit der Gleichungen (63) (64) derselbe Kegel demselben Kreise in zwei verschiedenen Complexen entspricht, deren Parameter gleiche absolute Werthe, aber entgegengesetztes Vorzeichen haben. Von den beiden Tangentialebenen, welche von einem Puncte des Kreises aus an den Kegel sich legen lassen, ist, wenn das Zeichen des Parameters k gegeben ist, nur diejenige zu nehmen, deren Durchschnittslinie mit der YZ-Ebene mit der Axe des Complexes einen Winkel bildet, dessen trigonometrische Tangente (66) gleich $+\dfrac{k}{x'}$ ist. Dass der dem Kreise entsprechende Kegel, wenn der Kreis parallel mit sich selbst nach der Axe OZ fortrückend einen Rotationscylinder beschreibt, in gleicher Weise parallel mit sich selbst fortrückt, wurde schon in der vorigen Nummer gesagt.

43. Die Linien des Raumes ordnen sich mit Bezug auf einen gegebenen Complex paarweise zusammen, so dass jede Linie ihre zugeordnete hat und die Beziehung irgend zweier zugeordneter Linien zu einander eine gegenseitige ist, welche durch den Complex in linearer Weise vermittelt wird. Wir wollen bei den Erörterungen hierüber wiederum die einfachste Gleichung des Complexes:
$$(xy' - x'y) + k(z - z') = 0,$$
wobei die Axe des Complexes als Axe OZ genommen ist, zu Grunde legen.

Es seien (x', y', z') und (x'', y'', z'') irgend zwei Puncte im Raume, die gerade Linie, welche sie verbindet, eine von zwei conjugirten Polaren. Die Gleichungen dieser geraden Linie sind:
$$
\begin{aligned}
(z' - z'')x &= (x' - x'')z - (x'z'' - x''z'), \\
(z' - z'')y &= (y' - y'')z - (y'z'' - y''z'),
\end{aligned}
\tag{68}
$$

und ihre fünf Strahlen-Coordinaten, die wir durch r_0, s_0, ϱ_0, σ_0, η_0 unterscheiden wollen:

$$r_0 = \frac{x' - x''}{z' - z''}, \qquad\qquad s_0 = \frac{y' - y''}{z' - z''},$$

$$\varrho_0 = -\frac{x' z'' - x'' z'}{z' - z''}, \qquad \sigma_0 = -\frac{y' z'' - y'' z'}{z' - z''}, \qquad (69)$$

$$\eta_0 = \frac{x' y'' - x'' y'}{z' - z''}.$$

Die zweiten der beiden zugeordneten Polaren können wir als den Durchschnitt derjenigen beiden Ebenen construiren, welche den beiden Puncten
(x', y', z') und (x'', y'', z''), die auf der ersten liegen, entsprechen und die die
folgenden sind:

$$\begin{aligned}
y' x - x' y + k z - k z' &= 0, \\
y'' x - x'' y + k z - k z'' &= 0.
\end{aligned} \qquad (70)$$

Aus diesen beiden Gleichungen ergibt sich nach successiver Elimination von
y und x:

$$\begin{aligned}
(x' y'' - x'' y') x + k[-(x' - x'')z + (x' z'' - x'' z')] &= 0, \\
(x' y'' - x'' y') y + k[-(y' - y'')z + (y' z'' - y'' z')] &= 0,
\end{aligned} \qquad (71)$$

und hiernach für die vier ersten der fünf Coordinaten der zweiten Linie,
die wir zur Unterscheidung mit r^0, s^0, ϱ^0, σ^0, η^0, bezeichnen wollen:

$$r^0 = k \cdot \frac{x' - x''}{x' y'' - x'' y'}, \qquad s^0 = k \cdot \frac{y' - y''}{x' y'' - x'' y'},$$

$$\varrho^0 = -k \cdot \frac{x' z'' - x'' z'}{x' y'' - x'' y'}, \qquad \sigma^0 = -k \cdot \frac{y' z'' - y'' z'}{x' y'' - x'' y'}. \qquad (72)$$

Aus der Zusammenstellung der vorstehenden vier Gleichungen mit den
Gleichungen (69) ergibt sich eine Reihe von Relationen zwischen den fünf
Coordinaten der beiden conjugirten Polaren:

$$\frac{\varrho_0}{r_0} = \frac{\varrho^0}{r^0}, \qquad\qquad \frac{\sigma_0}{s_0} = \frac{\sigma^0}{s^0},$$

$$\frac{r_0}{s_0} = \frac{r^0}{s^0}, \qquad\qquad \frac{\varrho_0}{\sigma_0} = \frac{\varrho^0}{\sigma^0}, \qquad (73)$$

ferner:

$$\frac{r_0}{\eta_0} = \frac{r^0}{k}, \qquad\qquad \frac{s_0}{\eta_0} = \frac{s^0}{k},$$

$$\frac{\varrho_0}{\eta_0} = \frac{\varrho^0}{k}, \qquad\qquad \frac{\sigma_0}{\eta_0} = \frac{\sigma^0}{k}, \qquad (74)$$

und hieraus, indem wir berücksichtigen, dass

$$\eta^0 = r^0 \sigma^0 - s^0 \varrho^0,$$

folgt:

$$\eta_0 \eta^0 = k^2. \tag{75}$$

Wir können die sämmtlichen Relationen in die folgenden Gleichungen zusammenfassen:

$$\frac{r_0}{r^0} = \frac{s_0}{s^0} = \frac{\varrho_0}{\varrho^0} = \frac{\sigma_0}{\sigma^0} = \frac{\eta_0}{k} = \frac{k}{\eta^0}. \tag{76}$$

In diesen Gleichungen ist zugleich die reciproke Beziehung der beiden zugeordneten Linien zu einander ausgesprochen. Um von der zweiten der beiden conjugirten Polaren zu der ersten zurückzugehen, erhalten wir:

$$\frac{r^0}{\eta^0} = \frac{r_0}{k}, \qquad \frac{s^0}{\eta^0} = \frac{s_0}{k},$$
$$\frac{\varrho^0}{\eta^0} = \frac{\varrho_0}{k}, \qquad \frac{\sigma^0}{\eta^0} = \frac{\sigma_0}{k}. \tag{77}$$

Wenn wir berücksichtigen, dass irgend zwei auf einander senkrechte Ebenen, welche durch die Axe OZ gehen, zu Coordinaten-Ebenen XZ, YZ genommen werden können, ohne dass die Gleichung des Complexes irgendwie sich ändert, so entnehmen wir aus den beiden ersten Gleichungen (73), dass jede durch die Axe des Complexes gelegte Ebene von je zwei zugeordneten Linien so geschnitten wird, dass die beiden Durchschnittspuncte auf einer geraden Linie liegen, welche auf der Axe senkrecht steht.

Das Quadrat des Abstandes desjenigen Punctes, in welchem die eine der beiden zugeordneten geraden Linien die durch irgend einen Werth von z bestimmte auf der Axe OZ senkrechte Ebene schneidet, ist:

$$(s_0 z + \sigma_0)^2 + (r_0 z + \varrho_0)^2.$$

Der Werth von z, für welchen dieser Abstand ein Minimum wird, ist:

$$z = - \frac{s_0 \sigma_0 + r_0 \varrho_0}{s_0{}^2 + \varrho_0{}^2}. \tag{78}$$

Wenn wir, wodurch die Gleichung des Complexes nicht geändert wird, die Ebene XY durch den kürzesten Abstand legen, so erhalten wir die Bedingungsgleichung:

$$s_0 \sigma_0 + r_0 \varrho_0 = 0, \tag{79}$$

und der kürzeste Abstand selbst wird:

$$\sigma_0{}^2 + \varrho_0{}^2.$$

Die Bedingungsgleichung (79) bringt für die andere conjugirte Polare die entsprechende:

$$s^0 \sigma^0 + r^0 \varrho^0 = 0 \tag{80}$$

mit sich.

Die kürzesten Abstände irgend zweier zugeordneter Polaren von der Axe des Complexes liegen in derselben auf dieser Axe senkrechten Ebene, und fallen in dieser Ebene in derselben geraden Linie zusammen.

Der letzte Theil dieses Satzes folgt unmittelbar aus dem vorhergehenden Satze. Der directe Beweis liegt darin, dass, wenn wir die Axe OZ mit dem kürzesten Abstande der einen zugeordneten Linie zusammenfallen lassen, σ_0 verschwindet, was mit sich bringt, dass auch σ^0 verschwindet (74). In Folge der Gleichung (79) verschwindet alsdann r_0 und also, nach (74), auch r^0. Da die Gleichung (80) hiernach befriedigt wird, ist der Beweis geführt.

Die kürzesten Abstände selbst sind ϱ_0 und ϱ^0. Es ist:

$$\eta_0 = - s_0\,\varrho_0 = \frac{k^2}{\eta^0} = - \frac{k^2}{s^0\,\varrho^0}. \tag{81}$$

44. Es gibt unendlich viele Complexe, welche eine gegebene gerade Linie zur Axe haben. Jeder derselben ist durch eine seiner Linien vollkommen bestimmt. Jede von zwei conjugirten Linien bestimmt also einen Complex, der die Axe des gegebenen auch zu der seinigen hat, auf welchem sie selbst liegt. Der Parameter des gegebenen Complexes ist mittlere Proportionale zwischen den beiden Parametern der beiden neuen Complexe. Alle Linien eines desselben haben solche Linien zu conjugirten, die auf dem anderen liegen. Wir können die beiden Complexe zwei Polar-Complexe in Bezug auf den gegebenen nennen.

Das Vorstehende liefert in der von uns gebrauchten Darstellungsweise eine Reihe einfacher Constructionen. Wenn der Complex

$$\eta + k = 0$$

gegeben ist, können wir für jede gegebene gerade Linie die zugeordnete construiren, und, wenn die Axe des Complexes und ein System von zwei conjugirten Polaren gegeben ist, welches die Bedingungen erfüllt, die es nach der vorigen Nummer bei gegebener Complex-Axe zu befriedigen hat, den Complex vollständig bestimmen.

Es seien D_0E und F_0G die Projectionen einer gegebenen geraden Linie auf YZ und XZ (Fig. 6). Dann wissen wir, wenn OZ die Axe des Complexes ist, dass die entsprechenden Projectionen der conjugirten geraden Linie ebenfalls durch E und G gehen, und es bleibt, zur Bestimmung dieser geraden Linie, nur noch übrig, die beiden Puncte D^0 und F^0 zu suchen, in welchen ihre beiden Projectionen OY und OX schneiden. Wir wollen noch in analoger

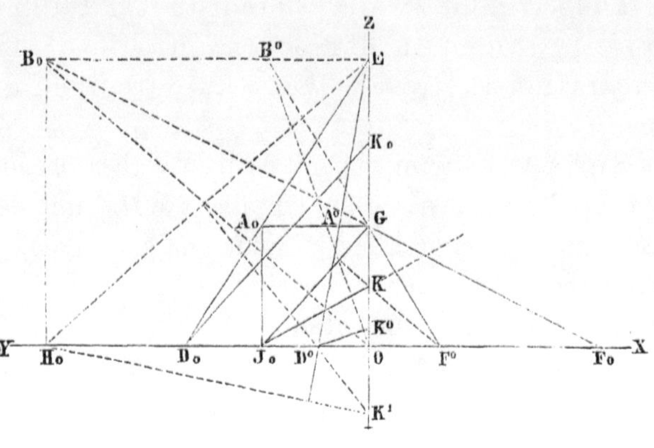

Figur 6.

Weise, wie früher, die Puncte, in welchen die gegebene gerade Linie die Coordinaten-Ebenen YZ und XZ trifft, durch A_0 und B_0 und deren Projectionen auf OY, bezüglich OX durch J_0 und H_0 bezeichnen. Es sei endlich der Complex-Parameter $k = OK = -OK'$.

Man fälle in der Figur von K' ein Perpendikel auf $H_0 E$, von K auf $J_0 G$. Das erste Perpendikel schneidet OY in D^0, das zweite OX in F^0.

Man ziehe durch K und K' zwei gerade Linien nach J_0 und H_0 und fälle auf diese beiden Linien bezüglich von G und E zwei Perpendikel. Diese beiden Perpendikel schneiden OX und OY in F^0 und D^0.

Die beiden vorstehenden Constructionen knüpfen sich unmittelbar an die Gleichungen (74).

Es ist einerseits in Gemässheit der Construction [§ 1. (34)]:

$$\varrho^0 = k\,\frac{\varrho_0}{\eta_0} = \frac{-k}{\operatorname{tang} A_0 OZ} = -OK \cdot \operatorname{tang} A_0 OJ_0 = OK \operatorname{tang} OKF^0 = OF^0, \quad (82)$$

$$\sigma^0 = k\,\frac{\sigma_0}{\eta_0} = \frac{k}{\operatorname{tang} B_0 OZ} = -OK' \cdot \operatorname{tang} B_0 OH_0 = OK' \operatorname{tang} OK'D^0 = OD^0; \quad (83)$$

und andererseits [§ 1. (33)]:

$$\operatorname{tang} F^0 GO = -r^0 = -k\,\frac{r_0}{\eta_0} = \frac{OK}{OJ_0} = \frac{OF^0}{OG}, \quad (84)$$

$$\operatorname{tang} D^0 EO = -s^0 = -k\,\frac{s_0}{\eta_0} = \frac{OK'}{OH_0} = \frac{OD^0}{OE}. \quad (85)$$

Aus den vorstehenden Constructionen können wir andere sogleich ableiten, welche statt der Projectionen der zu bestimmenden geraden Linie unmittelbar die Puncte geben, in welchen sie die Coordinaten-Ebenen schneidet.

Ebenso erhalten wir, wenn die beiden zugeordneten Polaren gegeben sind, unmittelbar den Complex-Parameter $k = OK = -OK'$. Es sind K und K' die Kreuzungspuncte der Perpendikel, welche in den Dreiecken $J_0 G F^0$

und $H_0 E D^0$ von den Winkelpuncten auf die gegenüber liegenden Seiten gefällt werden können.

Die Parameter der beiden Polarcomplexe, die wir durch k_0 und k^0 unterscheiden wollen, ergeben sich unmittelbar nach der früheren Nummer. Man fälle durch D_0 und D^0 Perpendikel auf OB_0 und OB^0, welche OZ in K_0 und K^0 schneiden. Dann ist (Nr. 39):

$$k_0 = OK_0, \qquad k^0 = OK^0, \tag{86}$$

wobei:

$$OK_0 \cdot OK^0 = \overline{OK}^2. \tag{87}$$

45. Wenn der Parameter des Complexes k verschwindet, so particularisirt sich der Complex. Die Gleichung desselben:

$$xy' - x'y = 0 \tag{88}$$

zeigt, dass alle Linien des Complexes seine Axe schneiden. Die allgemeine geometrische Definition eines Complexes ersten Grades, dass durch jeden Punct des Raumes unendlich viele Linien desselben gehen, die alle in derselben Ebene liegen, und dass, entsprechend, jede den Raum durchziehende Ebene unendlich viele Linien desselben enthält, welche in demselben Puncte sich schneiden, behält, auch nach der Particularisation, ihre Geltung. Nur schneiden sich die Ebenen, welche beliebigen Puncten zugeordnet sind, alle in der Axe des Complexes, so wie die Puncte, welche beliebigen Ebenen zugeordnet sind, alle auf dieser Axe liegen. Alle Durchmesser des Complexes fallen in seiner Axe zusammen. Jeder beliebigen geraden Linie ist die Axe zugeordnet.

Wenn wir den Complex durch die allgemeine Gleichung:

$$Ar + Bs + C - D\sigma + E\varrho + F\eta = 0$$

darstellen, so 'erhalten wir, um auszudrücken, dass er in der fraglichen Weise sich particularisirt (vergl. auch Nr. 34), die Gleichung:

$$AD + BE + CF = 0^*). \tag{89}$$

---

*) Wir sehen hier von dem Falle ab, dass D, E und F gleichzeitig verschwinden und somit:

$$k = \frac{AD + BE + CF}{D^2 + E^2 + F^2}$$

unendlich gross wird. Der Grund dazu ist der folgende. Ein Complex mit unendlich gossem Parameter, für dessen Gleichung wir die folgende nehmen wollen:

$$(xy' - x'y) + k(z - z') = 0,$$

enthält nur diejenigen Linien, welche der Ebene XY parallel sind oder die unendlich weit liegen. Die vorstehende Gleichung wird nämlich nur befriedigt, wenn man entweder hat:

$$z - z' = 0,$$

oder

Zur Bestimmung derjenigen Linien des Complexes, welche durch irgend einen gegebenen Punct (x, y, z) gehen, können wir zwischen der allgemeinen Gleichung des Complexes und den Gleichungen:

$$x = rz + \varrho,$$
$$y = sz + \sigma,$$
$$ry - sx = \eta,$$

welche ausdrücken, dass der gegebene Punct auf der geraden Linie (r, s, ϱ, σ, η) liegt, ϱ, σ und η eliminiren. In der resultirenden Gleichung:

$$(A + Fy - Ez)r + (B - Fx + Dz)s + (C + Ex - Dy) = 0 \qquad (90)$$

bestimmen r und s die Richtung der Ebene, welche dem Puncte (x, y, z) zugeordnet ist. Wenn die drei Gleichungen:

$$A + Fy - Ez = 0,$$
$$B - Fx + Dz = 0, \qquad (91)$$
$$C + Ex - Dy = 0$$

gleichzeitig befriedigt werden, was die Bedingungsgleichung (89) voraussetzt, so wird die Richtung der zugeordneten Ebene unbestimmt. Dann ist der Punct (x, y, z) auf einer geraden Linie angenommen worden, deren drei Projectionen, wenn wir x, y, z als veränderlich betrachten, durch die drei letzten Gleichungen dargestellt werden. Diese gerade Linie ist die Axe des Complexes.

Ohne die beschränkende Bedingungsgleichung (89) stellen die vorstehenden drei Gleichungen einzeln genommen diejenigen Ebenen dar, welche Puncten entsprechen, die nach der Richtung der Coordinaten-Axen OX, OY, OZ unendlich weit liegen.

Auf ähnliche Weise stellen die drei Gleichungen:

$$D + Cu - Bv = 0,$$
$$E - Ct + Av = 0, \qquad (92)$$
$$F + Bt - Au = 0$$

$$\frac{xy' - x'y}{z - z'} = \infty.$$

Für einen solchen Complex fällt also der Begriff der Axe als einer vollständig bestimmten geraden Linie fort, indem jede zu OZ parallele Linie auf diesen Namen mit gleichem Rechte Anspruch macht.

Denselben Complex können wir aber auch betrachten als einen Complex der besonderen Art, dessen Parameter gleich Null und dessen Axe in der Ebene XY unendlich weit liegt. Darin liegt die Berechtigung, sobald die Bedingung:

$$AD + BE + CF = 0$$

erfüllt ist, allgemein von einem Complexe besonderer Art, dessen Parameter gleich Null ist, zu sprechen (vergl. Gleichung (91) des Textes).

in den Coordinaten-Ebenen YZ, XZ, XY die Puncte dar, welche diesen Ebenen zugeordnet sind. Diese drei Gleichungen bestehen gleichzeitig, wenn die Bedingungsgleichung (89) befriedigt wird. Dann liegen die drei Puncte in gerader Linie und sind diejenigen, in welchen die drei Coordinaten-Ebenen von der Axe des Complexes geschnitten werden.

Die Bedingungsgleichung (89) besteht ungeändert, wenn wir den Complex als einen Axen-Complex betrachten und dem entsprechend durch die Gleichung:
$$D p + E q + F - A z + B \pi + C \omega = 0$$
darstellen. Aber es ist zu bemerken, dass diese Gleichung in dem besonderen Falle, den wir betrachten, dann illusorisch wird, wenn wir, wie wir es in dem Falle von Strahlen-Coordinaten gethan haben, die Axe des Complexes zu einer der drei Coordinaten-Axen nehmen.

Wir können die Bedingungsgleichung (89) dadurch befriedigen, dass wir von den Constanten der allgemeinen Complex-Gleichung drei gleich Null setzen, und erhalten vier wesentlich verschiedene Fälle, wenn wir nach einander für die verschwindenden Constanten:
$$D,\ E,\ F, \qquad A,\ B,\ C, \qquad C,\ D,\ E, \qquad A,\ B,\ F,$$
wählen. Diesen vier Fällen entsprechen die folgenden Gleichungen in Strahlen- und Axen-Coordinaten:

$$\left.\begin{aligned} A r + B s + C &= 0, \\ - A z + B \pi + C \omega &= 0, \end{aligned}\right\} \tag{93}$$

$$\left.\begin{aligned} - D \sigma + E \varrho + F \eta &= 0, \\ D p + E q + F &= 0, \end{aligned}\right\} \tag{94}$$

$$\left.\begin{aligned} A r + B s + F \eta &= 0, \\ - A z + B \pi + F &= 0, \end{aligned}\right\} \tag{95}$$

$$\left.\begin{aligned} C - D \sigma + E \varrho &= 0, \\ C \omega + D p + E q &= 0, \end{aligned}\right\} \tag{96}$$

In dem Falle der Gleichungen (93) liegt die Axe des Complexes, auf der alle Linien sich schneiden, unendlich weit; sie ist, wie alle Linien des Complexes, der durch die Gleichung:
$$A x + B y + C z = 0 \tag{97}$$
dargestellten Ebene parallel [vergl. die Note zu (89)].

In dem Falle der Gleichungen (94) steht die Axe des Complexes im Anfangspuncte auf der durch die Gleichung:
$$D x + E y + F z = 0 \tag{98}$$
dargestellten Ebene senkrecht.

In dem Falle der Gleichungen (95) ist die Axe des Complexes der Coordinaten-Axe OZ parallel und schneidet die Ebene XY in einem Puncte, der in dieser Ebene durch die Gleichung:

$$Bt - Au + Fv = 0 \qquad (99)$$

dargestellt wird.

In dem Falle der Gleichungen (96) endlich liegt die fragliche Axe in der Ebene XY und wird in dieser Ebene durch die Gleichung:

$$C + Ex - Dy = 0 \qquad (100)$$

dargestellt.

46. Wir haben im Vorstehenden, indem wir die Axe eines Complexes zu einer der drei Coordinaten-Axen OZ, OY, OX genommen, die Gleichung desselben auf die folgenden einfachen Formen zurückgeführt:

$$\eta + k = 0, \qquad \varrho + ks = 0, \qquad \sigma - kr = 0,$$

in welchen k den Parameter des Complexes bedeutet. Der Anfangspunct kann hierbei auf der Axe des Complexes eine beliebige Lage haben und die beiden übrigen Coordinaten-Axen, unter der Bedingung, dass sie auf einander und auf der Axe des Complexes senkrecht bleiben, beliebig angenommen werden. Wir wollen nunmehr statt der Axe einen beliebigen der ihr parallelen Durchmesser des Complexes zur Axe OZ nehmen. Unbeschadet der Allgemeinheit können wir die Ebene YZ durch den Durchmesser und die Axe legen. Den Abstand des Durchmessers von der Axe wollen wir durch y^0 bezeichnen. Dann wird, indem wir (Nr. 14)

$$\eta \text{ mit } \eta + y^0 \cdot r$$

vertauschen, derselbe Complex, welcher früher durch die Gleichung:

$$\eta + k = 0$$

dargestellt wurde, nunmehr durch die Gleichung:

$$\eta + y^0 r + k = 0 \qquad (101)$$

dargestellt. Wenn wir hiernach, während die Axen OZ und OY unverändert bleiben, die Axe OX in der Ebene XZ so drehen, dass sie, nach der Drehung, mit OZ einen Winkel δ bildet, so geben die Verwandlungsformeln (42) der 13. Nummer, indem wir in denselben $\gamma' = \delta$, $\gamma = 0$ schreiben, für

$$r \quad \text{und} \quad \eta$$

die folgenden Ausdrücke:

$$\frac{r \sin \delta}{r \cos \delta + 1}, \qquad \frac{\eta \sin \delta}{r \cos \delta + 1}$$

Setzen wir diese Ausdrücke in die Gleichung des Complexes ein, so kommt:

$$\eta \sin \delta + y^0 r \sin \delta + k(r \cos \delta + 1) = 0. \tag{102}$$

Es bedeutet δ die Neigung der Ebene XY gegen die Axe OZ, also gegen die Durchmesserrichtung des Complexes. Bestimmen wir die Neigung durch die Gleichung:

$$y^0 \sin \delta + k \cos \delta = 0, \tag{103}$$

so vereinfacht sich die Gleichung des Complexes in die folgende:

$$\eta + \frac{k}{\sin \delta} = 0, \tag{104}$$

oder

$$\eta + k' = 0, \tag{105}$$

indem wir

$$\frac{k}{\sin \delta} = k' \tag{106}$$

setzen. Wir haben die Constante k den Parameter des Complexes genannt, wir können sie auch den Parameter der Axe des Complexes nennen und in diesem Sinne überhaupt von dem Parameter eines beliebigen Durchmessers sprechen und k' insbesondere als den Parameter des als Axe OZ genommenen Durchmessers bezeichnen. Unter allen Durchmessern eines Complexes hat die Axe den kleinsten Parameter.

Indem wir den Complex durch die vorstehende Gleichung darstellen, beziehen wir ihn auf einen beliebigen seiner Durchmesser als Axe OZ und nehmen eine beliebige zugeordnete Ebene dieses Durchmessers zur Ebene XY. Die beiden Axen OX und OY in dieser Ebene sind auf einander senkrecht geblieben, und OY ist die Projection des Durchmessers auf die ihm zugeordnete Ebene.

Um also von dem beliebigen Durchmesser zur Axe zurückzugehen, brauchen wir blos diesen Durchmesser nach derjenigen Linie innerhalb der conjugirten Ebene, die auf dem Durchmesser senkrecht steht, zu verschieben, und zwar um ein Stück:

$$- y^0 = k' \cos \delta.$$

Die Gleichung des Complexes, die wir auch unter der Form:

$$(x y' - x' y) + k'(z - z') = 0 \tag{107}$$

schreiben können, bleibt unverändert dieselbe, wenn wir innerhalb der Ebene XY die rechtwinkligen Coordinaten-Axen beliebig drehen. Drehen wir sie aber von einander unabhängig so, dass sie nach der Drehung einen Winkel ε mit einander machen, so haben wir:

$$(x y' - x' y) \text{ und } \eta$$

mit

$$(x y' - x' y) \sin \varepsilon \text{ und } \eta \sin \varepsilon$$

zu vertauschen. Die Form der Complexgleichung bleibt also auch dann noch dieselbe:

$$\eta + k'' = 0, \tag{108}$$

wobei wir:

$$\frac{k'}{\sin \varepsilon} = \frac{k}{\sin \varepsilon \sin \delta} = k'' \tag{109}$$

setzen. Das ist die Gleichung des Complexes, wenn wir einen beliebigen Durchmesser, der mit seiner zugeordneten Ebene einen Winkel δ bildet, als Axe OZ nehmen und in der zugeordneten Ebene zwei beliebige Axen OX und OY wählen, die den Winkel ε einschliessen.

Wir erhalten die entsprechenden Gleichungsformen:

$$\varrho + \frac{ks}{\sin \delta \sin \varepsilon} = 0, \qquad \sigma - \frac{kr}{\sin \delta \sin \varepsilon} = 0, \tag{110}$$

wenn wir statt OZ nach einander OX und OY mit der Axe des Complexes zusammenfallen lassen.

47. Wir haben bisher in der Discussion der Complexe noch unerörtert gelassen, welchen Einfluss das Zeichen des Parameters auf die Natur derselben hat. Dem doppelten Zeichen dieses Werthes entsprechend erhalten wir zwei wesentlich verschiedene Arten von Complexen ersten Grades.

Wenn wir irgend eine gerade Linie, die wir unter den Linien eines Complexes auswählen, parallel mit der Axe des Complexes beliebig verschieben und um diese Axe beliebig drehen, so fällt sie in allen ihren neuen Lagen mit andern Linien des Complexes zusammen. Sie berührt hierbei fortwährend einen Rotationscylinder, dessen Axe die Axe des Complexes ist, und dessen Kreisschnitte die kürzeste Entfernung der geraden Linie von der Axe des Complexes zum Radius haben. Die den Cylinder berührende gerade Linie kann sich in Uebereinstimmung mit dem Gesagten um den Cylinder so bewegen, dass sie eine Curve umhüllt. Diese Curve ist dann eine auf dem Cylinder liegende Schraubenlinie. Wenn wir die Schraubenlinie um die Höhe eines Schraubenganges auf dem Cylinder verschieben, geben die Tangenten der Schraubenlinie in den verschiedenen Lagen dieser letzteren sämmtliche Complexlinien, welche den Cylinder berühren.

Es sei
$$\eta + k = (r\sigma - s\varrho) + k = 0$$
die Gleichung des Complexes,
$$y^2 + x^2 = R^2 \tag{111}$$
die Gleichung eines Rotationscylinders, der die Axe des Complexes zu der seinigen, und dessen kreisförmige Basis R zum Radius hat. Dann ist eine gerade Linie, deren drei Coordinaten:
$$r = 0, \qquad \varrho = R, \qquad \sigma = 0 \tag{112}$$
sind, eine Tangente des Cylinders. Um auszudrücken, dass sie dem Complex angehört, erhalten wir:
$$Rs = k. \tag{113}$$
Die gerade Linie liegt in einer der Coordinaten-Ebene YZ parallelen Ebene. Wenn ihre Projection auf YZ mit OZ einen Winkel λ bildet, der eine positive trigonometrische Tangente hat, so ist sie die Tangente einer dem Cylinder aufgeschriebenen, rechtsgewundenen Schraubenlinie. Dann ist, in Folge der letzten Gleichung:
$$Rs = R \tan\lambda = k, \tag{114}$$
der Parameter des Complexes, k, positiv. Wenn umgekehrt $\tan\lambda$ negativ ist, ist die gerade Linie Tangente einer demselben Cylinder aufgeschriebenen linksgewundenen Schraubenlinie, und dann ist der Parameter des Complexes, k, negativ. Aus der letzten Gleichung folgt aber, wenn wir in ihr für R beliebige positive Werthe setzen, dass alle Linien eines Complexes Tangenten rechtsgewundener Schraubenlinien sind, wenn eine Linie desselben eine rechtsgewundene Schraubenlinie berührt, so wie, dass alle Linien eines Complexes Tangenten linksgewundener Schraubenlinien sind, wenn eine Linie desselben eine linksgewundene Schraubenlinie berührt. Wir haben also zwei wesentlich verschiedene Arten der Complexe ersten Grades, die wir als rechtsgewundene und linksgewundene Complexe unterscheiden wollen.

Wir können einen Complex ersten Grades auffassen als die Gesammtheit der Tangenten von Schraubenlinien, welche Rotationscylindern aufgeschrieben sind, deren Axen mit der Axe des Complexes zusammenfallen und deren Kreisschnitte Radien haben, welche von 0 bis ∞ wachsen. Für denselben Complex sind alle Schraubenlinien gleich gewunden.

Die Höhe der Schraubengänge, h, ist für jeden Cylinder durch die Gleichung:

$$h = \frac{2\pi R}{\operatorname{tang} \lambda} \qquad (115)$$

bestimmt. Elimiuiren wir λ zwischen dieser Gleichung und der vorhergehenden, so kommt:

$$h \cdot k = 2\pi R^2, \qquad (116)$$

das heisst: für jeden Cylinder ist das Product der Höhe des Schraubenganges in den Parameter des Complexes der doppelten Fläche seiner Kreisschnitte gleich.

48. Wenn wir einen Complex durch die allgemeine Gleichung:

$$Ar + Bs + C - D\sigma + E\varrho + F = 0$$

darstellen, so haben wir für den Parameter desselben:

$$k = \frac{AD + BE + CF}{D^2 + E^2 + F^2}.$$

Der Complex ist also ein rechtsgewundener, wenn:

$$AD + BE + CF > 0, \qquad (117)$$

er ist ein linksgewundener, wenn:

$$AD + BE + CF < 0. \qquad (118)$$

Dem Uebergangsfalle

$$AD + BE + CF = 0 \qquad (119)$$

entspricht, dass die Axe des Complexes von allen Linien desselben geschnitten wird (vergl. Nr. 45.).

In zwei conjugirten Complexen sind die Werthe der Constanten k gleich, aber von entgegengesetztem Zeichen. Die Schraubenlinien beider Complexe sind entgegengesetzt gewunden. Wir können von zwei conjugirten Complexen, um der Anschauung zu Hülfe zu kommen, jeden als das Spiegelbild des anderen betrachten, wobei wir uns die Ebene des Spiegels senkrecht auf der gemeinsamen Axe der Complexe denken.

In jedem Puncte des Raumes schneiden sich zwei den beiden conjugirten Complexen angehörige, demselben Cylinder aufgeschriebene, entgegengesetzt gewundene Schraubenlinien. Die Tangenten der beiden Schraubenlinien in diesem Puncte sind durch denselben gehende Linien der beiden Complexe. Der Winkel, den sie mit einander bilden, ist $2(\pi - \lambda)$. Es ist aber:

$$\operatorname{tang}(\pi - \lambda) = \frac{R}{k}, \qquad (120)$$

mithin die Tangente des Winkels, unter welchem die Linien der beiden Complexe sich schneiden:

$$\operatorname{tang} 2(\pi - \lambda) = \frac{2 R k}{k^2 - R^2} \qquad (121)$$

Dieser Durchschnittswinkel nimmt mit dem Abstande des Punctes von der Axe des Complexes zu. Er geht, wenn

$$k = R,$$

durch einen rechten Winkel hindurch, und wird, wenn R dann ferner noch wächst, immer grösser, für $R = \infty$ der Gränze π sich annähernd.

Durch jeden gegebenen Punct geht nur eine einzige Schraubenlinie eines Complexes. Die Tangente dieser Schraubenlinie in dem gegebenen Puncte ist eine Linie des Complexes und liegt demnach in der diesem Puncte entsprechenden Ebene. Durch eine zweite, durch den gegebenen Punct gehende, dem Complex angehörige gerade Linie ist diese Ebene vollkommen bestimmt. Eine solche finden wir in der consecutiven Tangente derselben Schraubenlinie. Die Ebene, welche die beiden Tangenten enthält, ist die Osculations-Ebene der Schraubenlinie in dem gegebenen Puncte.

Die Osculations-Ebene einer Complex-Schraubenlinie in einem ihrer Puncte ist die diesem Puncte entsprechende Ebene.

Die Bestätigung dieses Satzes finden wir darin, dass beide Ebenen einerseits durch die Tangente der Schraubenlinie in dem gegebenen Puncte, andererseits durch dasjenige Perpendikel, welches von diesem Puncte aus auf die Axe gefällt werden kann, gehen.

Wenn ein Punct auf einer von zwei zugeordneten Polaren fortrückt, so entspricht demselben in jeder Lage eine Schraubenlinie und eine Osculations-Ebene derselben, die fortwährend durch die andere Polare geht. Ist die gerade Linie die Seite eines Cylinders, dem Schraubenlinien des Complexes aufgeschrieben sind, mit andern Worten, ein Durchmesser des Complexes, so werden die entsprechenden Osculations-Ebenen unter sich parallel und sind dem Durchmesser zugeordnete Ebenen, in welchen die dem Durchmesser zugeordnete Polare unendlich weit liegt.*)

49. Ich schliesse diese Untersuchungen über Complexe ersten Grades mit einigen allgemeinen Bemerkungen.

So wie wir aus geraden Linien Polygone bilden können, deren Winkel-

---

*) Wir haben die Constanten in der allgemeinen Gleichung eines Complexes und demnach auch k immer reell genommen. Wenn wir aber mehrere Complexe zusammenstellen, verlangt die Allgemeinheit der Untersuchung, dass wir auch Complexe mit imaginären Constanten berücksichtigen.

puncte in einer gegebenen Ebene liegen, und körperliche Ecken, deren Ebenen durch einen gegebenen Punct gehen, so können wir auch aus Linien eines Complexes ersten Grades gleichzeitig räumliche Polygone und Polyeder bilden, welche sich entsprechen. Die Seiten des räumlichen Polygons sind Kanten des Polyeders. In den Winkelpuncten des Polygons schneiden sich zwei auf einander folgende Seiten desselben, die Ebene, welche durch zwei solche Seiten geht, ist die in dem Complexe dem Winkelpuncte entsprechende Ebene und eine Fläche des Polyeders. Die gegenseitigen Beziehungen zwischen Polygon und Polyeder sind die bereits in der Note zur 29. Nummer besprochenen.

Wir wollen ein räumliches Polygon, dessen Seiten Linien des Complexes sind, ein Complex-Polygon, das entsprechende Polyeder ein Complex-Polyeder nennen.

Um ein Complex-Polygon zu beschreiben, nehmen wir eine Linie des Complexes und auf ihr einen ersten Winkelpunct des Polygons an. Wie in der Ebene durch einen Punct unendlich viele Linien der Ebene gehen, so gehen auch im Complexe durch einen Punct unendlich viele Linien des Complexes. Auf einer durch den ersten Winkelpunct des Polygons gehenden Complex-Linie nehmen wir den zweiten Winkelpunct, auf einer durch diesen gehendenden Complexlinie den dritten an und so fort. Um das Polygon zu schliessen, legen wir durch den zuletzt bestimmten Punct die diesem Puncte in dem Complexe entsprechende Ebene. Dieselbe schneidet die erste Complex-Linie in einem Puncte. Die Linie, welche beide Puncte verbindet, ist eine Linie des Complexes und schliesst das Polygon. Ein Complex-Polyeder können wir aus dem entsprechenden Complex-Polygon ableiten, oder auch, in analoger Weise wie dieses, direct construiren. Zu diesem Ende betrachten wir eine gegebene Complex-Linie als Kante des Polyeders und legen durch diese Kante die erste Fläche desselben, durch eine beliebige Complex-Linie in dieser Ebene legen wir die zweite Fläche, durch eine beliebige Complex-Linie in der letzteren die dritte, und so fort. In der zuletzt bestimmten Polyederfläche bestimmen wir den, im Complexe, derselben entsprechenden Punct. Diejenige Ebene, welche durch diesen Punct und die erste Complex-Linie geht, schliesst das Polyeder.

Die Seiten eines Complex-Polygons sind gleich orientirt — das heisst, sie sind Tangenten gleichgewundener Schraubenlinien und das hat eine characteristische Aufeinanderfolge der Eckpuncte desselben zur Folge. Die

Flächen eines Complex-Polyeders, durch zwei orientirte Kanten desselben gehend, sind in gleichem Sinne gedreht. Polygone und Polyeder können wir, je nachdem sie rechts- oder linksgewundenen Complexen angehören, für sich selbst als rechts- oder linksgewundene bezeichnen. Das Spiegelbild — wir bedienen uns der früheren Anschauungsweise und nehmen wiederum die spiegelnde Fläche auf der Complex-Axe senkrecht — eines Complex-Polygons oder Complex-Polyeders gehört dem conjugirten Complexe an und ist entgegengesetzt gewunden.

50. Durch eine in der Ebene continuirlich sich bewegende gerade Linie wird eine ebene Curve umhüllt, durch eine gerade Linie, welche um einen ihrer Puncte sich dreht, eine Kegelfläche beschrieben. Durch eine continuirlich sich bewegende gerade Linie, die in allen ihren Lagen einem gegebenen Complexe angehört, wird eine räumliche Curve umhüllt, während von derselben gleichzeitig eine Abwickelungsfläche beschrieben wird. Jene bezeichnen wir als eine Curve, diese als eine Abwicklungsfläche des Complexes ersten Grades.

Wir können jeder gegebenen Fläche unendlich viele Curven in einem gegebenen Complexe aufschreiben. Durch jeden gegebenen Punct der gegebenen Fläche geht eine solche Complex-Curve. Die Tangente der Complex-Curve in diesem Puncte ist diejenige gerade Linie, in welcher die in dem Complexe dem gegebenen Puncte entsprechende Ebene und die Tangential-Ebene der Fläche in diesem Puncte sich schneiden.*)

Es gibt, um in einem Worte Alles zusammenzufassen, wie es eine Geometrie der Ebene gibt, auch eine Geometrie der Complexe ersten Grades.

---

*) Um die allgemeinen Betrachtungen des Textes durch ein einfaches Beispiel zu veranschaulichen, wollen wir als Oberfläche eine Kugel nehmen, deren Mittelpunct in die Axe des Complexes fällt, und deren Radius R ein beliebiger ist. Die dieser Kugel aufgeschriebenen Complex-Curven bilden ein System von Loxodromen, welche die Meridiane der Kugel unter einem Winkel λ schneiden, der durch die Gleichung:

$$\operatorname{tang} \lambda = \frac{k}{R}$$

gegeben ist.

§ 2.

Die Congruenzen zweier linearer Complexe.

51. Die zusammenfallenden Linien zweier Linien-Complexe des ersten Grades bilden eine Linien-Congruenz. Wir können die Linien einer Congruenz als Strahlen und als Axen betrachten und, dem entsprechend, die Congruenz in zwiefacher Weise darstellen, einmal durch das System zweier Gleichungen in Strahlen-Coordinaten:

$$\Omega = Ar + Bs + C - D\sigma + E\varrho + F\eta = 0, \ \Big\}$$
$$\Omega' = A'r + B's + C' - D'\sigma + E'\varrho + F'\eta = 0, \ \Big\} \tag{1}$$

das andere Mal durch das System zweier Gleichungen in Axen-Coordinaten:

$$\Phi = Dp + Eq + F - Ak + B\pi + C\omega = 0, \ \Big\}$$
$$\Phi' = D'p + E'q + F' - A'k + B'\pi + C'\omega = 0. \ \Big\} \tag{2}$$

52. In jedem der beiden Complexe, durch welche die Congruenz bestimmt wird, gehen durch einen gegebenen Punct unendlich viele Linien, die in der dem Puncte entsprechenden Ebene liegen. Die Durchschnittslinie der beiden dem gegebenen Puncte entsprechenden Ebenen ist die einzige Linie, welche durch diesen Punct geht und beiden Complexen zugleich, also der Congruenz angehört. Durch jeden Punct des Raumes geht eine einzige gerade Linie, von der wir sagen, dass sie, in der Congruenz, dem Puncte entspreche.

In jedem der beiden Complexe liegen innerhalb einer gegebenen Ebene unendlich viele Linien, die in dem der Ebene entsprechenden Puncte sich schneiden. Diejenige gerade Linie, welche in der gegebenen Ebene die beiden entsprechenden Puncte verbindet, ist die einzige, welche in dieser Ebene liegt und beiden Complexen zugleich, also der Congruenz angehört. In jeder den Raum durchziehenden Ebene liegt eine einzige gerade Linie, von der wir sagen, dass sie, in der Congruenz, der Ebene entspreche.

Die beiden vorstehenden Relationen, von welchen eine die nothwendige Folge der anderen ist, können wir als die geometrische Definition einer Congruenz linearer Complexe ansehen.

53. Bei der Bestimmung einer Congruenz können wir die beiden gegebenen Complexe:

$$\Omega = 0, \qquad \Omega' = 0,$$

durch irgend zwei andere ersetzen, welche, bei beliebiger Annahme des unbestimmten Coefficienten μ, durch die folgende Gleichung:

$$\Omega + \mu\,\Omega' = 0 \tag{3}$$

dargestellt werden, und dürfen dabei auch Φ und Φ' an die Stelle von Ω und Ω' setzen. Wir sagen, dass alle Complexe, welche durch die vorstehende Gleichung dargestellt werden, und von welchen je zwei die Congruenz bestimmen, eine **zweigliedrige Gruppe linearer Complexe** bilden.

54. Wir erhalten nach der 31. Nummer für die durch den Anfangspunct der Coordinaten gehenden Hauptschnitte der Complexe (3) die Gleichung:

$$Dx + Ey + Fz + \mu(D'x + E'y + F'z) = 0, \tag{4}$$

und diese Gleichung wird für beliebige Werthe von μ befriedigt, wenn gleichzeitig:

$$\begin{aligned} Dx + Ey + Fz &= 0, \\ D'x + E'x + F'z &= 0. \end{aligned} \tag{5}$$

Da der Anfangspunct der Coordinaten von vornherein willkürlich angenommen ist, so ist hiermit ausgesprochen, dass in allen Complexen einer zweigliedrigen Gruppe, welchen die Congruenz angehört, die durch irgend einen gegebenen Punct gehenden Hauptschnitte in derselben geraden Linie sich schneiden. Daraus ergibt sich, weil die Durchmesser eines Complexes auf den Hauptschnitten desselben senkrecht stehen, der folgende Satz:

Die Durchmesser aller Complexe einer zweigliedrigen Gruppe sind derselben Ebene parallel.

55. Zur Bestimmung der Richtungen der Durchmesser erhalten wir die folgende Doppelgleichung:

$$\frac{x}{D + \mu D'} = \frac{y}{E + \mu E'} = \frac{z}{F + \mu F'}, \tag{6}$$

und, wenn wir die Richtungs-Constanten r und s einführen:

$$r = \frac{D + \mu D'}{F + \mu F'}, \qquad s = \frac{E + \mu E'}{F + \mu F'}. \tag{7}$$

Eliminiren wir zwischen diesen Gleichungen μ, so finden wir:

$$(E'F - EF')r - (D'F - DF')s + (D'E - DE') = 0. \tag{8}$$

Durch diese Gleichung ist die Richtung der Ebene bestimmt, welcher die Durchmesser aller Complexe parallel sind. Indem wir für r und s einsetzen $\frac{x}{z}$ und $\frac{y}{z}$, erhalten wir die Gleichung:

$$(E'F - EF')x - (D'F - DF')y + (D'E - DE')z = 0, \tag{9}$$

welche in gewöhnlichen Punct-Coordinaten die durch den Anfangspunct gehende Ebene von der bestimmten Richtung darstellt, und hiernach zur Bestimmung der auf dieser Ebene senkrechten Richtung die Doppelgleichung:

$$\frac{x}{E'F - EF'} = -\frac{y}{D'F - DF'} = \frac{z}{D'E - DE'}. \tag{10}$$

Wenn wir der Axe OZ diese Richtung geben, so verschwinden F und F' und in den Complex-Gleichungen (1) wird:

$$\begin{aligned}
\Omega &= Ar + Bs + C - D\sigma + E\varrho = 0, \\
\Omega' &= A'r + B's + C' - D'\sigma + E'\varrho = 0.
\end{aligned} \tag{11}$$

Dann sind die Durchmesser sämmtlicher Complexe der Gruppe (3) der Ebene XY parallel.

56. Wenn eine der folgenden drei Bedingungs-Gleichungen:

$$D'E - DE' = 0, \qquad D'F - DF' = 0, \qquad E'F - EF' = 0 \tag{12}$$

besteht, so liegt die gerade Linie, in der die durch den Anfangspunct gehenden Hauptschnitte aller Complexe der Gruppe sich schneiden, bezüglich in einer der drei Coordinaten-Ebenen XY, XZ, YZ. Die Durchmesser sämmtlicher Complexe sind dann einer Ebene parallel, welche bezüglich durch OZ, OY, OX geht. Werden die drei Bedingungsgleichungen (12) gleichzeitig befriedigt, so löst sich der Widerspruch, dass eine Ebene gleichzeitig den drei Coordinaten-Axen parallel wird, dadurch, dass jede Bestimmung über diese Ebene fortfällt. Dann befindet sich unter den Complexen der Gruppe (3) einer, entsprechend:

$$\mu = -\frac{D}{D'} = -\frac{E}{E'} = -\frac{F}{F'},$$

für dessen Gleichung wir die folgende nehmen können:

$$(A'D - AD')r + (B'D - BD')s + (C'D - CD') = 0. \tag{13}$$

Alle Linien dieses Complexes sind der durch die Gleichung:

$$(A'D - AD')x + (B'D - BD')y + (C'D - CD')z = 0 \tag{14}$$

dargestellten Ebene parallel. Die Congruenz ist in diesem Falle dadurch particularisirt, dass ihre Linien, weil sie sämmtlich auch diesem Complexe angehören, der eben bestimmten Ebene parallel sind. Dabei werden die Axen sämmtlicher Complexe der zweigliedrigen Gruppe einander parallel, wie aus der Doppelgleichung (10) zu ersehen ist. Wir wollen solch eine Congruenz als eine parabolische bezeichnen. Von den folgenden Betrachtungen schliessen wir sie aus und unterwerfen sie später (Nr. 75) einer besonderen Discussion.

Dieser Fall tritt insbesondere auch dann ein, wenn F und F' verschwinden, und überdies:

$$D'E - DE' = 0. \tag{15}$$

57. Wenn wir den Anfangspunct der Coordinaten in irgend einen Punct (x^0, y^0) verlegen, so wird das constante Glied in der Gleichung der Complexgruppe (3):

$$(C + Ex^0 - Dy^0) + \mu(C' + E'x^0 - D'y^0).$$

Dieses Glied fällt also aus, wenn der neue Anfangspunct in der Ebene XY auf der durch die Gleichung:

$$(C + Ex - Dy) + \mu(C' + E'x - D'y) = 0 \tag{16}$$

dargestellten geraden Linie angenommen wird. Nehmen wir für diesen Punct den Durchschnitt der beiden geraden Linien:

$$\left. \begin{aligned} C + Ex - Dy &= 0, \\ C' + E'x - D'y &= 0, \end{aligned} \right\} \tag{17}$$

so verschwindet aus der Gleichung aller Complexe der Gruppe das constante Glied. Dann kommt:

$$\left. \begin{aligned} \Omega &= Ar + Bs - D\sigma + E\varrho = 0, \\ \Omega' &= A'r + B's - D'\sigma + E'\varrho = 0. \end{aligned} \right\} \tag{18}$$

Wir haben überhaupt für die allgemeine Gleichung derjenigen Ebenen, welche in den verschiedenen Complexen der Gruppe (3) dem Anfangspuncte entsprechen (Nr. 32.):

$$Ax + By + Cz + \mu(A'x + B'y + C'z) = 0, \tag{19}$$

und diese Gleichung wird, unabhängig von dem jedesmaligen Werthe von μ, befriedigt, wenn gleichzeitig:

$$\left. \begin{aligned} Ax + By + Cz &= 0, \\ A'x + B'y + C'z &= 0. \end{aligned} \right\} \tag{20}$$

Alle dem Anfangspuncte entsprechenden Ebenen schneiden sich also auf der durch die beiden Gleichungen dargestellten geraden Linie, und da der Anfangspunct von vorneherein willkürlich angenommen ist, gelangen wir zu dem folgenden Satze:

In den Complexen einer zweigliedrigen Gruppe entsprechen einem gegebenen Puncte Ebenen, welche in derselben Linie sich schneiden.

Dieser Satz ist unmittelbar durch die Zusammenstellung der 52. und 53. Nummer gegeben.

Wenn C und C' verschwinden, schneiden sich die Ebenen, welche in den verschiedenen Complexen der zweigliedrigen Gruppe dem Anfangspuncte entsprechen, auf der Axe OZ.

58. Wenn gleichzeitig F und F', C und C' verschwinden, wird OZ eine gemeinschaftliche Linie aller Complexe und also eine Linie der Congruenz, welche von den Axen aller Complexe geschnitten wird (vergl. Nr. 31.).

In jeder Congruenz gibt es, im Allgemeinen, eine einzige und vollkommen bestimmte gerade Linie, welche von den Axen sämmtlicher Complexe der zweigliedrigen Gruppe, durch welche die Congruenz bestimmt ist, geschnitten wird.

Diese gerade Linie, welche zur Congruenz eine ausschliessliche Beziehung hat, wollen wir die Axe der Congruenz nennen. Indem wir die Functions-Bestimmung der Gleichungen (18) zu Grunde legen, nehmen wir die Axe der Congruenz zur Axe OZ.

Wenn die Bedingungs-Gleichung

$$D'E - DE' = 0$$

besteht, kann die Congruenz im Allgemeinen nicht mehr durch das System der beiden Gleichungen (18) dargestellt werden. Einmal können F und F' nicht ausfallen. Denn die durch den Anfangspunct gehenden Hauptschnitte aller Complexe der zweigliedrigen Gruppe schneiden sich, wenn die obige Bedingungs-Gleichung befriedigt wird, auf einer in der Coordinaten-Ebene liegenden geraden Linie, deren Gleichung die folgende ist:

$$y + \frac{Dx}{E} = y + \frac{D'x}{E'} = 0.$$

Die Durchmesser und insbesondere die Axen aller Complexe der Gruppe sind nach der 54. Nummer einer Ebene parallel, welche auf dieser Linie senkrecht steht. Hiernach kann die Ebene XY den Durchmessern, im Allgemeinen, nicht parallel sein, und daher die Unmöglichkeit des Verschwindens von F und F'. Erst wenn

$$\frac{D}{D'} = \frac{E}{E'} = \frac{F}{F'},$$

das heisst, in dem Falle der parabolischen Congruenz, tritt diese Möglichkeit dadurch wieder ein, dass die Gleichungen (5) identisch werden und, dem entsprechend, alle durch den Anfangspunct gehenden Hauptschnitte in derselben Ebene zusammenfallen. Alle Complex-Axen stehen dann senkrecht auf dieser Ebene und sind demnach, in Uebereinstimmung mit der 56. Nummer, unter einander parallel. Es braucht also nur, damit F und F' ausfallen, die Ebene XY so genommen zu werden, dass sie selbst auf der fraglichen Ebene senkrecht steht, oder was dasselbe heisst, die Axe OZ muss in dieser Ebene liegen, kann aber in derselben jede beliebige Richtung haben.

Aber auch C und C' können, wenn die obige Bedingungs-Gleichung besteht, im Allgemeinen nicht gleichzeitig ausfallen. Dann wird nämlich innerhalb XY die Verlegung des Anfangspunctes der Coordinaten, wodurch dieses Ausfallen bedingt wird, illusorisch und zwar dadurch, dass die beiden geraden Linien (17), in deren Durchschnitt der neue Anfangspunct liegt, parallel werden. (Es kommen hierbei die Werthe von F und F' nicht in Betracht.) Nur wenn gleichzeitig

$$\frac{C}{C'} = \frac{D}{D'} = \frac{E}{E'},$$

und in Folge davon die beiden geraden Linien (17) in eine einzige zusammenfallen, können C und C' wiederum durch Verlegung des Anfangspunctes fortgeschafft werden, und zwar können wir zu diesem Ende jeden beliebigen Punct der geraden Linie

$$1 + \frac{Ex}{C} - \frac{Dy}{C} = 1 + \frac{E'x}{C'} - \frac{D'y}{C'} = 0$$

zum neuen Anfangspuncte der Coordinaten nehmen. Wir werden dem Falle, dass die beiden geraden Linien (17) in eine einzige zusammenfallen, später (Nr. 75) begegnen und dann sehen, dass dieses Zusammenfallen in einer besonderen Lage der Congruenz gegen das Coordinaten-System seinen Grund hat.

59. Wenn eine einzelne der drei Bedingungen:

$$AB - AB' = 0, \qquad A'C - AC' = 0, \qquad B'C - BC' = 0 \qquad (21)$$

befriedigt wird, so liegt diejenige gerade Linie, in welcher alle dem Anfangspuncte entsprechende Ebenen sich schneiden, bezüglich in den Coordinaten-Ebenen XY, XZ, YZ. Wenn gleichzeitig zwei dieser Gleichungen und, in Folge davon, alle drei befriedigt werden, so gibt es unter den Complexen der Gruppe (3), entsprechend:

$$\mu = -\frac{A}{A'} = -\frac{B}{B'} = -\frac{C}{C'},$$

einen, dessen Linien sich sämmtlich auf seiner Axe schneiden, und diese Axe geht durch den Anfangspunct. Für die Gleichung desselben können wir

$$-(A'D - AD')\sigma + (A'E - AE')\varrho + (A'F - AF')\eta = 0 \qquad (22)$$

nehmen. Diesen Bedingungen wird entsprochen, wenn C und C' verschwinden und gleichzeitig:

$$A'D - AD' = 0. \qquad (23)$$

Dann liegt die Axe des Complexes, welche durch den Anfangspunct geht, in der Ebene YZ.

Wenn zugleich C und C', F und F' verschwinden und zugleich die Bedingung (23) erfüllt wird, fällt die Axe des Complexes mit der Coordinaten-Axe OY zusammen. Die Discussion dieser Fälle wird ihre Erledigung später (in Nr. 76.) finden.

60. Die Complexe Ω und Ω' sind irgend zwei, welche wir beliebig aus der Complex-Gruppe (3) genommen haben. Unter den unendlich vielen Complexen der Gruppe befinden sich aber im Allgemeinen solche, die von einer Constanten weniger abhängen und deren sämmtliche Linien die Axe schneiden (vergl. Nr. 45.). Bei der Bestimmung dieser Complexe wollen wir die Functions-Bestimmung (18) zu Grunde legen, was, nach dem Vorstehenden, mit Ausnahme des Falles, dass die Bedingungsgleichungen (12) zugleich bestehen, immer gestattet ist. Dann schneiden alle Axen der Complexe, die nunmehr durch die Gleichung:

$$(Ar + Bs - D\sigma + E\varrho) + \mu(A'r + B's - D'\sigma + E'\varrho) = 0 \qquad (24)$$

dargestellt werden, OZ unter rechtem Winkel.

Wenn der einem beliebigen Werthe von μ entsprechende Complex von der bezeichneten Art ist, erhalten wir nach der 45. Nummer für die Gleichungen der drei Projectionen seiner Axe die folgenden:

$$(A \quad - Ez) + \mu(A' \quad - E'z) = 0, \qquad (25)$$

$$(B \quad + Dz) + \mu(B' \quad + D'z) = 0, \qquad (26)$$

$$(Ex - Dy) + \mu(E'x - D'y) = 0. \qquad (27)$$

In einem solchen Complexe ist die einem Puncte des Raumes entsprechende Ebene diejenige, welche durch den Punct und die Axe des Complexes, in die alle Durchmesser desselben zusammenfallen (Nr. 45), sich legen lässt. Die Gleichung der dem Anfangspuncte entsprechenden Ebene ist bei unserer Annahme der Coordinaten-Axen die folgende:

$$(Ax + By) + \mu(A'x + B'y) = 0. \qquad (28)$$

In dieser Ebene liegt also die Axe des Complexes.

Wenn wir durch (x, y, z) irgend einen Punct der Axe eines der zu bestimmenden Complexe, die wir auch dadurch definiren können, dass ihre Parameter gleich Null sind, ausdrücken, so bestehen zwischen diesen Coordinaten gleichzeitig die vorstehenden vier Gleichungen. Eliminiren wir z zwischen (25) und (26), so erhalten wir:

$$(A + \mu A')(D + \mu D') + (B + \mu B')(E + \mu E') = 0. \qquad (29)$$

Dieselbe Gleichung hätten wir durch Elimination von $\frac{y}{x}$ zwischen (27) und (28) erhalten. Sie drückt aus, dass der Parameter des Complexes verschwindet (Nr. 38.). Wir hätten sie von vorneherein aufstellen können.

61. Die letzte Gleichung wird, wenn wir entwickeln:

$$(A'D' + B'E')\mu^2 + [(A'D + AD') + (B'E + EB')]\mu + (AD + EB) = 0. \quad (30)$$

Bezeichnen wir die beiden Wurzeln dieser Gleichung durch μ^0 und μ_0, so kommt:

$$\mu^0 + \mu_0 = -\frac{(A'D + AD') + (B'E + BE')}{A'D' + B'E'}; \quad (31)$$

$$(\mu^0 - \mu_0)^2 = \frac{[A'D - AD' + (B'E - BE')]^2 - 4(A'B - AB')(D'E - DE')}{(A'D' + B'E')^2}. \quad (32)$$

Es gibt also in der Complexgruppe:

$$\Omega + \mu\Omega' = 0$$

zwei Complexe von der besonderen Art, dass in jedem derselben die Linien auf einer festen Linie, der Axe, sich schneiden. Je nachdem die beiden Werthe von μ^0 und μ_0 reell oder imaginär sind, sind es auch die beiden Complexe und ihre Axen. Wir wollen die Axen der so bestimmten beiden Complexe die beiden Directricen der Congruenz nennen.

Alle Linien einer Congruenz schneiden die Directricen derselben.

62. Nach dem in der vorigen Nummer gewonnenen Resultate können wir nunmehr eine Congruenz dadurch geometrisch definiren, dass sie die Gesammtheit aller Linien ist, welche zwei gegebene feste gerade Linien schneiden. Die gerade Linie, welche in der Congruenz einem gegebenen Puncte entspricht, ist hiernach diejenige, welche durch den gegebenen Punct geht und die beiden Directricen schneidet, die gerade Linie, welche einer gegebenen Ebene entspricht, diejenige, welche in der gegebenen Ebene die Durchschnittspuncte derselben mit den beiden Directricen verbindet.

63. Wenn wir zwischen den beiden Gleichungen (25) und (26) μ eliminiren, so kommt:

$$\frac{A - Ez}{A' - E'z} = \frac{B + Dz}{B' + D'z}, \quad (33)$$

und, wenn wir entwickeln:

$$(D'E - DE')z^2 + [(A'D - AD') + (B'E - BE')]z + (A'B - AB') = 0. \quad (34)$$

Durch die beiden Wurzeln dieser Gleichung sind die Ebenen bestimmt, in welchen die Directricen der Congruenz liegen, und somit die Puncte, in welchen OZ von den beiden Directricen geschnitten wird.

Wenn wir zwischen den beiden Gleichungen (27) und (28) μ eliminiren, so kommt:

$$\frac{Ex - Dy}{E'x - D'y} = \frac{Ax + By}{A'x + B'y}. \tag{35}$$

Die beiden Werthe, welche diese Gleichung für $\frac{y}{x}$ gibt, sind die trigono-metrischen Tangenten derjenigen Winkel, welche die beiden Directricen der Congruenz in den eben bestimmten Ebenen mit der Richtung von OX machen. Setzen wir:

$$\frac{y}{x} = \operatorname{tang} \vartheta,$$

indem wir diesen Winkel ϑ nennen, so ergibt sich, indem wir entwickeln:

$$(B'D - BD')\operatorname{tang}^2 \vartheta + [(A'D - AD') - (B'E - BE')]\operatorname{tang} \vartheta - (A'E - AE') = 0. \tag{36}$$

64. Durch das Zusammenfallen der geraden Linie, welche die beiden Directricen der durch (3) bestimmten Congruenz rechtwinklig schneidet, mit der Coordinaten-Axe OZ haben die Gleichungen der beiden Complexe Ω und Ω', die wir beliebig aus der zweigliedrigen Gruppe ausgewählt, die folgende Form erhalten:

$$\left.\begin{array}{l} Ar + Bs - D\sigma + E\varrho = 0, \\ A'r + B's - D'\sigma + E'\varrho = 0. \end{array}\right\} \tag{37}$$

Wir können noch neue Constante aus dem System der beiden Gleichungen fortschaffen.

Derjenige Punct, welcher auf der Axe OZ in der Mitte zwischen den beiden Directricen liegt, soll der Mittelpunct der Congruenz, der halbe Abstand der beiden Directricen von einander die Constante derselben heissen. Legen wir dann die Ebene XY durch den Mittelpunct der Congruenz, so gibt die Gleichung (34):

$$(A'D - AD') + (B'E - BE') = 0, \tag{38}$$

und hiernach, wenn wir die Constante der Congruenz mit Δ bezeichnen:

$$\Delta = \sqrt{-\frac{A'B - AB'}{D'E - DE'}}. \tag{39}$$

Weil der Fall

$$D'E - DE' = 0$$

von der Discussion einstweilen ausgeschlossen ist, erhält Δ immer einen endlichen Werth.

Die Richtung der beiden Coordinaten-Axen ist bisher unbestimmt geblieben. Bestimmen wir noch nachträglich diese Richtung so, dass sie den

Winkel halbiren, welchen die Richtungen der beiden Directricen mit einander bilden — was auf zwiefache Weise geschehen kann — so gibt die Gleichung (36):

$$(A'D - AD') - (B'E - BE') = 0, \qquad (40)$$

und für die trigonometrischen Tangenten der Winkel, welche die Richtungen der beiden Directricen mit OX bilden:

$$\operatorname{tang} \vartheta = \pm \sqrt{\frac{A'E - AE'}{B'D - BD'}}. \qquad (41)$$

Wenn wir den Axen OX und OY die eben bezeichnete Richtung geben und gleichzeitig den Anfangspunct im Mittelpuncte der Congruenz annehmen, bestehen die beiden Bedingungsgleichungen (38) und (40) zugleich und können dann durch die folgenden beiden ersetzt werden:

$$A'D - AD' = 0, \qquad (42)$$
$$B'E - BE' = 0. \qquad (43)$$

Die beiden Coordinaten-Axen in der so bestimmten Lage wollen wir die beiden Nebenaxen der Congruenz nennen. Sie liegen in der Centralebene der Congruenz und halbiren die Winkel, welche die beiden Projectionen der Directricen auf diese Ebene mit einander bilden.

65. Bei dieser Coordinatenbestimmung ergibt sich:

$$\varDelta = \sqrt{-\frac{A'B'}{D'E'}} = \sqrt{-\frac{AB}{DE}}, \qquad (44)$$

$$\operatorname{tang} \vartheta = \pm \sqrt{-\frac{A'E'}{B'D'}} = \pm \sqrt{-\frac{AE}{BD}}. \qquad (45)$$

Eine Congruenz ist durch ihre beiden Directricen in linearer Weise bestimmt, und hängt somit von acht von einander unabhängigen Constanten ab. Von diesen finden sich sechs in der Annahme des Coordinaten-Systems wieder, welches dadurch, dass wir die Hauptaxe und die beiden Nebenaxen der Congruenz zu Coordinaten-Axen nehmen, vollkommen bestimmt ist. Die zur weiteren Bestimmung der Congruenz dienenden beiden Complexe (37) hängen noch von sechs unabhängigen Constanten, die in ihren Gleichungen auftreten, ab. Die Anzahl derselben reducirt sich in Gemässheit der beiden Bedingungsgleichungen (42) und (43) auf vier. Unter diesen vier Constanten sind noch zwei überzählige, was seine Erklärung darin findet, dass wir unter den Complexen der zweigliedrigen Gruppe:

$$\Omega + \mu \Omega' = 0$$

nicht zwei ausgezeichnete, sondern zwei willkürliche, entsprechend $\mu = 0$

und $\mu = \infty$, Ω und Ω', zur Bestimmung der Congruenz ausgewählt haben. Zwei ausgezeichnete Complexe der Gruppe sind aber diejenigen beiden, welche die beiden Directricen zu Axen haben, das heisst, deren Parameter gleich Null ist. Nehmen wir diese beiden Complexe für Ω und Ω', so ergeben sich die beiden neuen Bedingungs-Gleichungen:

$$AD + BE = 0, \tag{46}$$
$$A'D' + B'E' = 0. \tag{47}$$

Dann bleiben also zur Bestimmung der Congruenz neben den sechs Constanten der Lage noch zwei Constante übrig. Die Anzahl der Constanten ist auf die nothwendige, auf acht, reducirt.

66. Die oben entwickelten Ausdrücke (31) und (32) werden in der neuen Coordinaten-Bestimmung:

$$\mu^0 + \mu_0 = -2 \cdot \frac{AD' + BE'}{A'D' + B'E'}, \tag{48}$$

$$(\mu^0 - \mu_0)^2 = -4 \cdot \frac{(A'B - AB')(D'E - DE')}{(A'D' + B'E')^2}. \tag{49}$$

Die beiden Wurzeln μ^0 und μ_0 sind reell, wenn:

$$(A'B - AB')(D'E - DE') < 0, \tag{50}$$

und imaginär, wenn

$$(A'B - AB')(D'E - DE') > 0. \tag{51}$$

Der vorstehende Ausdruck lässt sich in Gemässheit der Bedingungs-Gleichungen (42) und (43) unter der folgenden Form schreiben:

$$A'B'D'E' \left[\frac{B}{B'} - \frac{A}{A'} \right]^2 \qquad ABDE \left[\frac{B'}{B} - \frac{A'}{A} \right]^2.$$

Die Realität der beiden Wurzeln hängt also davon ab, ob die Producte $A'B'D'E'$ und $ABDE$, welche unter einander im Zeichen übereinstimmen, negativ oder positiv sind. Im ersten Falle sind μ^0 und μ_0 reell, und mit ihnen, in Gemässheit von (44) und (45), auch $\varDelta$ und die beiden Werthe von $\operatorname{tang} \vartheta$; im zweiten Falle sind μ^0 und μ_0, $\varDelta$ und die beiden Werthe von $\operatorname{tang} \vartheta$ gleichzeitig imaginär.

67. Die beiden Werthe von μ^0 und μ_0 werden einander gleich, wenn eine der beiden Bedingungs-Gleichungen:

$$A'B - AB' = 0, \qquad D'E - DE' = 0 \tag{52}$$

befriedigt wird. In diesem Falle aber ergibt sich im Allgemeinen unter Berücksichtigung der Gleichungen (42) und (43).

$$\frac{A}{A'} = \frac{B}{B'} = \frac{D}{D'} = \frac{E}{E'}.$$

Dann sind die beiden Complexe Ω und Ω' der zweigliedrigen Gruppe und in Folge davon alle Complexe dieser Gruppe identisch dieselben. Die Bestimmung der Congruenz wird illusorisch.

Dadurch werden scheinbare Widersprüche gelöst.

68. Es gibt aber auch besondere Fälle, wo die Gleichungsformen (18) ihre Bedeutung behalten, obgleich die beiden Werthe μ^0 und μ_0 einander gleich werden. Im Allgemeinen bedingen die beiden Gleichungen (42) und (43) in Verbindung mit einer der beiden Gleichungen (53) die zweite der letztgenannten Gleichungen. Sind aber etwa

$$A \text{ und } A'$$

gleich Null, so findet dies nicht mehr statt; dann haben wir es mit einer wirklichen Congruenz zu thun, die von besonderer Art ist.

In diesem Falle verschwinden nämlich nach (44) und (45) sowohl $\varDelta$, als tang ϑ. Es fallen also die beiden Directricen der Congruenz in eine gerade Linie zusammen. In Uebereinstimmung hiermit verschwindet in dem Werthe (49) für $(\mu^0 - \mu_0)^2$ der Zähler, während der Nenner einen endlichen Werth behält.

Wir können in unserem Falle für die Gleichung der zweigliedrigen Gruppe (37), unter Berücksichtigung der Gleichung (43):

$$B'E - BE' = 0,$$

die folgende nehmen:

$$(Bs + E\varrho) - D\sigma + \mu\,[(Bs + E\varrho) - D'\sigma] = 0 \tag{53}$$

und aus derselben als ausgezeichnete Complexe die folgenden beiden auswählen, deren Gleichungen sind:

$$Bs + E\varrho = 0, \qquad \sigma = 0,$$

und diese Gleichungen in homogenen Coordinaten auch in folgender Weise schreiben:

$$B\,(y - y') + E\,(x'z - xz') = 0, \qquad yz' - y'z = 0. \tag{54}$$

Der erste der beiden vorstehenden Complexe hat die Coordinaten-Axe OY zu seiner Axe. Sein Parameter ist $\dfrac{B}{E}$. Der zweite Complex ist von der besonderen Art, dass sein Parameter gleich Null ist. Seine Axe, die sonach von allen seinen Linien geschnitten wird, fällt in die Coordinaten-Axe OX. In Uebereinstimmung mit (44) und (45) wird also OX Directrix der Congruenz.

Während eine Congruenz im Allgemeinen durch ihre beiden Directricen vollkommen bestimmt ist, muss, in dem speciellen Falle, dass die beiden Directricen in eine gerade Linie zusammenfallen, ausser dieser geraden Linie noch ein neuer Complex der die Congruenz bestimmenden zweigliedrigen Gruppe gegeben sein.*)

In dem Complexe, dessen Gleichung die folgende ist:
$$B\,(y - y') + E\,(x'z - xz') = 0,$$
entspricht irgend einem Puncte der Coordinaten-Axe OX die Ebene:
$$By + Ex'z = 0,$$
wobei x' den Abstand des Punctes von dem Anfangspuncte bezeichnet. Für irgend einen anderen Complex der zweigliedrigen Gruppe (53) finden wir dieselbe Ebene, weil für alle auf OX liegende Puncte y' und z' verschwinden. Diese Ebene geht durch OX. Sonach schliessen wir:

Fallen in einer Congruenz die beiden Directricen in eine gerade Linie zusammen, so ist diese Linie selbst eine gemeinschaftliche Linie aller Complexe, das heisst, eine Linie der Congruenz.

Wir erhalten also eine Congruenz der fraglichen Art, wenn wir in einem Complexe alle diejenigen Linien nehmen, die eine feste Linie desselben schneiden. Wenn ein Punct auf einer Linie eines Complexes fortrückt, so dreht sich die ihm entsprechende Ebene um dieselbe (Nr. 28). Es gehen also durch jeden Punct derjenigen geraden Linie, in welche die beiden Directricen zusammenfallen, unendlich viele Linien der Congruenz, die sämmtlich einer Ebene angehören, die ihrerseits durch diese gerade Linie geht. Rückt der Punct auf einer geraden Linie fort, so dreht sich die Ebene um dieselbe. Die Beziehung zwischen Punct und Ebene ist eine vollkommen gegenseitige.

Indem wir weiter particularisiren, sei
$$A,\ A',\ B \ \text{und} \ B'$$
gleich Null. Dann verschwindet nach (44) A, während $\tang\vartheta$ nach (45) unter der Form $^0/_0$ auftritt und, weil zwischen den verschwindenden Coef-

---

*) Der Grund davon liegt darin, dass eine gerade Linie vier Constanten repräsentirt, während eine Congruenz, die, wie die vorliegende, durch eine Bedingung particularisirt ist, von sieben abhängt. Die drei noch übrigen Constanten finden wir in dem zweiten gegebenen Complex, der darum nur von drei willkürlichen Constanten abhängt, weil er an die zwei Bedingungen geknüpft ist, dass seine Axe die gerade Linie, in welche die beiden Directricen der Congruenz zusammenfallen, schneidet, und zwar senkrecht schneidet.

ficienten keine Relation besteht, unbestimmt wird. Damit in Uebereinstimmung nehmen in dem Ausdrucke (49) für $(u^0 - u_0)^2$ Zähler und Nenner zugleich den Werth Null an.

Eine jede Linie, welche in der Coordinaten-Ebene XY durch den Anfangspunct geht, ist eine Directrix der Congruenz.

Für die Gleichung der die Congruenz bestimmenden zweigliedrigen Gruppe nehmen wir die folgende, in der nur von einander abhängige Coefficienten vorkommen:

$$- D\sigma + E\varrho + \mu(- D'\sigma + E'\varrho) = 0. \tag{55}$$

Insbesondere können wir aus dieser Gruppe die folgenden beiden Complexe auswählen:

$$\varrho = 0, \qquad \sigma = 0,$$

die, in homogenen Coordinaten ausgedrückt, die nachstehenden Gleichungen haben:

$$x'z - xz' = 0, \qquad yz' - y'z = 0. \tag{56}$$

Danach umfasst die Congruenz einmal alle Linien, die in der Coordinaten-Ebene XY liegen, sodann alle Linien, die durch den Anfangspunct gehen.

Eine jede Linie der Congruenz schneidet sämmtliche Directricen derselben. Die Directricen sind selbst Linien der Congruenz.

Durch einen gegebenen Punct geht im Allgemeinen eine einzige Linie der fraglichen Congruenz: die Verbindungslinie desselben mit dem Anfangspuncte. Liegt insbesondere der gegebene Punct in XY, so gehen durch denselben unendlich viele Linien der Congruenz, welche sämmtlich der genannten Coordinaten-Ebene angehören. Rückt der in der Ebene XY angenommene Punct insbesondere in den Anfangspunct, so gehört jede durch denselben gehende gerade Linie der Congruenz an.

Andererseits liegt, im Allgemeinen, in jeder gegebenen Ebene eine Linie der Congruenz: die Durchschnittslinie derselben mit der Coordinaten-Ebene XY. Geht insbesondere die gegebene Ebene durch den Anfangspunct, so liegen in derselben unendlich viele Linien der Congruenz, welche sämmtlich durch den genannten Punct laufen. Fällt die durch den Anfangspunct gelegte Ebene insbesondere mit der Coordinaten-Ebene XY zusammen, so gehört jede in derselben liegende gerade Linie der Congruenz an.

69. Wir haben im Vorstehenden die Hauptaxe einer Congruenz und

die beiden Nebenaxen derselben zu Coordinaten-Axen genommen und hiernach die Congruenz durch die folgenden beiden Complex-Gleichungen:

$$\left.\begin{array}{l} \Omega = Ar + Bs - D\sigma + E\varrho = 0, \\ \Omega' = A'r + B's - D'\sigma + E'\varrho = 0, \end{array}\right\} \tag{37}$$

unter der Voraussetzung, dass:

$$A'D - AD' = 0, \tag{42}$$

$$B'E - BE' = 0, \tag{43}$$

dargestellt und zur geometrischen Bestimmung der Congruenz erhalten:

$$\Delta^2 = - \frac{AB}{DE}, \tag{44}$$

$$\operatorname{tang}^2 \vartheta = - \frac{AE}{BD}. \tag{45}$$

Die letzten beiden Gleichungen lassen unentschieden, ob diejenige Directrix der Congruenz, welcher $+ \operatorname{tang} \vartheta$ entspricht, die Hauptaxe derselben in einem Puncte schneidet, für welchen $z = + \Delta$ oder $z = - \Delta$ ist, wonach die andere Directrix, welcher $- \operatorname{tang} \vartheta$ entspricht, die Axe bezüglich in dem Puncte schneidet, dessen z das entgegengesetzte Zeichen hat. Hiermit in Uebereinstimmung, gelangen wir zu denselben Gleichungen (44) und (45), wenn wir in den Gleichungen (37) gleichzeitig das Vorzeichen von A und B und von A' und B', oder, was dasselbe heisst, gleichzeitig das Vorzeichen und D und E und von D' und E' ändern. Indem wir die dieser Vertauschung entsprechenden Complexe durch die Symbole Ω_1 und Ω'_1 bezeichnen, treten die folgenden Gleichungen:

$$\left.\begin{array}{l} \Omega_1 = Ar + Bs + D\sigma - E\varrho = 0, \\ \Omega'_1 = A'r + B's + D'\sigma - E'\varrho = 0 \end{array}\right\} \tag{57}$$

an die Stelle der früheren. Die beiden Congruenzen, welche durch die beiden Gleichungen-Paare (37) und (57) dargestellt werden, haben denselben Mittelpunct und dieselbe Centralebene, senkrecht auf dieser dieselbe Hauptaxe und in derselben dieselben beiden Nebenaxen. Auch der Abstand der beiden Directricen von einander und die Winkel, welche ihre Richtungen mit einander bilden, sind in beiden Congruenzen gleich. Die Beziehung der beiden Congruenzen zu einander ist eine gegenseitige: es ist, wenn wir die frühere Anschauung einer Spiegelung wieder zu Hülfe nehmen und als spiegelnde Fläche die Ebene XY (oder statt derselben eine andere Coordinaten-Ebene) betrachten, die eine derselben das Spiegelbild der anderen.

Zwei Congruenzen, welche in dieser Beziehung zu einander stehen, wollen wir zwei conjugirte Congruenzen nennen.

70. Wir haben im Vorstehenden nachgewiesen, dass eine Congruenz gleichzeitig sämmtlichen Complexen einer zweigliedrigen Gruppe angehört, und dass unter diesen Complexen sich im Allgemeinen zwei von der besonderen Art befinden, deren Parameter gleich Null sind. Die Axe jedes der beiden Complexe wird von sämmtlichen Linien desselben geschnitten, woraus folgt, dass alle Linien der Congruenz, weil sie auch diesen beiden Complexen angehören müssen, die beiden Axen derselben schneiden. Dem entsprechend haben wir diese Axen als die beiden Directricen einer Congruenz definirt. Wir können aber auch die beiden Directricen unter einem anderen Gesichtspuncte auffassen.

71. Eine Congruenz ist dadurch bestimmt, dass ihre Linien gleichzeitig zweien beliebig aus einer zweigliedrigen Complex-Gruppe genommenen Complexen angehören. Die Complexe werden durch die Gleichung:

$$\Omega + \mu \Omega' = 0$$

dargestellt, wenn wir in dieselbe für μ nach einander zwei beliebige Werthe setzen. Dadurch reducirt sich aber die Anzahl der unabhängigen Constanten jeder dieser Gleichungen um eine Einheit. Die Anzahl der Constanten, von welchen die Congruenz abhängt, beträgt hiernach:

$$2\,(5 - 1) = 8,$$

die Summe der Constanten zweier Complexe, deren Constanten sich von fünf auf vier reducirt haben. Wenn eine der Congruenz angehörige Linie gegeben ist, so erhalten wir eine lineare Bedingungsgleichung zwischen den vier Constanten jedes der beiden Complexe, durch welche die Congruenz gegeben ist. Vier gegebene gerade Linien der Congruenz sind zur Bestimmung der beiden Complexe und mithin der Congruenz nothwendig und hinreichend. Durch vier gegebene gerade Linien der Congruenz sind zwei der Congruenz nicht angehörige gerade Linien, welche die vier gegebenen schneiden, bestimmt. Diese Linien hängen von acht Constanten ab; sie bestimmen gegenseitig die vier gegebenen Linien und alle Linien der Congruenz.

Je vier Linien eines Complexes bestimmen eine Congruenz, die dem Complexe angehört. Ist die Congruenz durch vier ihrer Linien gegeben, so ist durch jede fünfte Linie ein Complex bestimmt, welchem die Congruenz angehört. Die beiden Linien, welche die vier gegebenen Linien schneiden, sind einerseits die beiden Directricen der Congruenz, andererseits zwei zugeordnete Polaren jedes Complexes, dem die Congruenz angehört.

Je zwei zugeordnete Polaren eines gegebenen Complexes sind die beiden Directricen einer dem Complex angehörigen Congruenz.

Die beiden Directricen einer gegebenen Congruenz sind zwei zugeordnete Polaren jedes Complexes, dem die Congruenz angehört.

Fallen die beiden Directricen in eine gerade Linie zusammen, so ist diese gemeinschaftliche Linie aller Complexe, also selbst eine Linie der Congruenz (vergl. Nr. 68.).

72. Im Allgemeinen geht durch einen gegebenen Punct nur eine einzige Linie einer gegebenen Congruenz, so wie in jeder Ebene nur eine einzige Linie derselben liegt. Wir können die beiden Directricen als den Ort solcher Puncte betrachten, durch welche unendlich viele Linien der Congruenz gehen, so wie andererseits als den von solchen Ebenen umhüllten Ort, in welchem unendlich viele Linien der Congruenz liegen. Wenn nämlich ein Punct auf einer von zwei zugeordneten Polaren eines Complexes der zweigliedrigen Gruppe angenommen wird, so ist diejenige Ebene, welche durch den Punct und die andere Polare geht, die in dem Complexe dem Puncte entsprechende Ebene. Wenn also die beiden zugeordneten Polaren allen Complexen einer zweigliedrigen Gruppe gleichzeitig angehören, entspricht jedem Puncte einer der beiden gemeinschaftlichen Polaren in allen Complexen der Gruppe dieselbe Ebene, welche dadurch bestimmt ist, dass sie durch die andere Polare geht. Die Beziehung der beiden Polaren zu den Complexen der Gruppe ist eine durchaus gegenseitige. Wir können auch, umgekehrt, von einer Ebene, welche durch eine der beiden Polaren gelegt ist, ausgehen; dann ist, in allen Complexen der zweigliedrigen Gruppe, der dieser Ebene entsprechende Punct derselbe und zwar der Durchschnitt dieser Ebene mit der anderen Polaren. Während also in einer Congruenz einem gegebenen Puncte im Allgemeinen eine gerade Linie entspricht, entspricht demselben, wenn er insbesondere auf einer der beiden Directricen angenommen wird, eine Ebene, die durch die andere Directrix geht, sowie jeder Ebene, der im Allgemeinen eine einzige gerade Linie entspricht, dann, wenn sie durch eine der beiden Directricen geht, ein Punct entspricht, welcher auf der anderen Directrix liegt.

73. Die vorstehende Definition der Directricen können wir sonach in folgender Weise umschreiben. Sie sind der geometrische Ort solcher Puncte, denen in den verschiedenen Complexen der bezüglichen zweigliedrigen Gruppe dieselbe Ebene entspricht, oder auch als den von solchen Ebenen umhüllten Ort, denen in den verschiedenen Complexen derselbe Punct entspricht. Hieran knüpft sich unmittelbar eine neue analytische Bestimmung der beiden Directricen einer Congruenz, sei es, dass wir von Strahlen-Coordinaten, sei es, dass wir von Axen-Coordinaten Gebrauch machen.

Wir wollen, wie früher (3):

$$\Omega + \mu \Omega' = 0$$

für die Gleichung der Complexgruppe nehmen, indem wir in allgemeinster Weise

$$\Omega = Ar + Bs + C - D\sigma + E\varrho + F\eta,$$
$$\Omega' = A'r + B's + C' - D'\sigma + E'\varrho + F'\eta$$

setzen. Dann ist die Gleichung derjenigen Ebene, welche in irgend einem durch eine beliebige Annahme des unbestimmten Coefficienten bezeichneten Complexe der Gruppe einem gegebenen Puncte x', y', z' entspricht, die folgende (Nr. 27):

$$(A + Fy' - Ez')x + (B - Fx' + Dz')y + (C + Ex' - Dy')z - (Ax' + By' + Cz')$$
$$+ \mu[(A' + F'y' - E'z')x + (B' - F'x' + D'z')y + (C' + E'x' - D'y')z - (A'x' + B'y' + C'z')]$$
$$= 0. \tag{58}$$

Diese Gleichung wird immer, welches auch der Werth von μ sein mag, befriedigt, wenn gleichzeitig:

$$(A + Fy' - Ez')x + (B - Fx' + Dz')y + (C + Ex' - Dy')z - (Ax' + By' + Cz') = 0, \tag{59}$$
$$(A' + F'y' - E'z')x + (B' - F'x' + D'z')y + (C' + E'x' - D'y')z - (A'x' + B'y' + C'z')$$
$$= 0. \tag{60}$$

Die beiden, durch diese Gleichung dargestellten Ebenen entsprechen in den Complexen Ω und Ω' dem gegebenen Puncte; sie haben mit den, in allen verschiedenen Complexen der Gruppe, demselben Puncte entsprechenden Ebenen eine gemeinschaftliche Durchschnittslinie. Wenn insbesondere die beiden Ebenen (59) und (60) zusammenfallen, so fallen mit ihnen alle entsprechenden Ebenen (58) zusammen. Damit dies stattfinde, müssen die beiden letzten Gleichungen identisch werden, was unmittelbar die folgenden sechs Relationen liefert:

$$\frac{A + Fy' - Ez'}{A' + F'y' - E'z'} = \frac{B - Fx' + Dz'}{B' - F'x' + D'z'} = \frac{C + Ex' - Dy'}{C' + E'x' - D'y'} = \frac{Ax' + By' + Cz'}{A'x' + B'y' + C'z'}. \tag{61}$$

Die Puncte (x', y', z'), welche durch (61) bestimmt sind, liegen auf den beiden Directricen der Congruenz. Wir wollen ihre Coordinaten als veränderlich betrachten und dem entsprechend fortan die denselben beigefügten Accente fortlassen.

74. Um die Gleichungen (61) geometrisch zu deuten, wollen wir diejenigen Ebenen, welche in den beiden Complexen Ω und Ω' bezüglich den Axen OX, OY, OZ zugeordnet sind, das heisst mit anderen Worten, Puncten entsprechen, welche auf diesen Axen unendlich weit liegen, durch P und P', Q und Q', R und R' und diejenigen Ebenen, welche in den beiden Complexen dem Anfangspuncte entsprechen, durch S und S' bezeichnen. Dann sind die Gleichungen dieser Ebenen:

$$\left.\begin{array}{ll} A + Fy - Ez - p = 0, & A' + F'y - E'z = p' = 0, \\ B - Fx + Dz - q = 0, & B' - F'x + D'z = q' = 0, \\ C + Ex - Dy - r = 0, & C' + E'x - D'y = r' = 0, \\ Ax + By + Cz - s = 0, & A'x + B'y + C'z = s' = 0. \end{array}\right\} \quad (62)$$

Zwischen den linearen Functionen p, q, r, s und p', q', r', s' bestehen die folgenden beiden identischen Gleichungen:

$$\left.\begin{array}{l} px + qy + rz = s, \\ p'x + q'y + r'z = s'. \end{array}\right\} \quad (63)$$

Gegenseitig ist durch diese beiden identischen Gleichungen die besondere Form der acht linearen Functionen bestimmt.

Die geraden Linien PP', QQ', RR', SS' sind solche vier gerade Linien, welche in der Congruenz denjenigen vier Puncten entsprechen, welche, in Beziehung auf das gewählte Coordinaten-System, eine ausgezeichnete Lage haben, nämlich den drei Puncten, welche nach der Richtung der drei Coordinaten-Axen unendlich weit liegen, und dem Anfangspuncte. Die vier Linien gehören der Congruenz an. Die beiden Directricen der Congruenz sind sonach dadurch vollkommen bestimmt, dass sie diese vier geraden Linien schneiden. Je nachdem diejenige Linienfläche, welche irgend drei der vier geraden Linien PP', QQ', RR', SS' zu Linien einer ihrer Erzeugungen hat, von der vierten dieser Linien geschnitten wird oder nicht, sind die beiden Directricen reell oder imaginär.

Die viertheilige Gleichung (61) wird nach Einführung der acht Symbole:

$$\frac{p}{p'} = \frac{q}{q'} = \frac{r}{r'} = \frac{s}{s'}. \quad (64)$$

Sie ergibt sich in Folge der beiden identischen Gleichungen (62) unmittelbar aus der dreitheiligen Gleichung:

$$\frac{p}{p'} = \frac{q}{q'} = \frac{r}{r'}.$$ (65)

Diese Gleichung ist also zur Bestimmung der beiden Directricen hinreichend. Sie löst sich in die folgenden drei Gleichungen auf:

$$\left.\begin{array}{c} pq' = p'q, \\ pr' = p'r, \\ qr' = q'r, \end{array}\right\}$$ (66)

welche drei Linienflächen zweiter Ordnung darstellen, die durch die beiden Directricen gehen. In Folge der viertheiligen Gleichung (64) kommen zu diesen drei Linienflächen noch drei neue, durch die Gleichungen:

$$\left.\begin{array}{c} ps' = p's, \\ qs' = q's, \\ rs' = r's \end{array}\right\}$$ (67)

dargestellte Linienflächen hinzu, welche ebenfalls die beiden Directricen enthalten. Auf diese Weise sind die beiden Directricen dadurch bestimmt, dass auf ihnen irgend zwei der sechs Hyperboloide (66) und (67) sich schneiden.*)

---

*) Es verdient besonders hervorgehoben zu werden, dass die viertheilige Gleichung (64) das System zweier reellen oder imaginären geraden Linien darstellt, ganz in derselben Weise, wie die dreitheilige Gleichung:

$$\frac{x - x_0}{a} = \frac{y - y_0}{b} = \frac{z - z_0}{c}$$

eine einzige gerade Linie darstellt. Die vorstehende Gleichung enthält noch fünf unabhängige Constante, worunter eine überzählige, welche darauf kommt, dass (x_0, y_0, z_0) ein willkürlicher Punct der dargestellten geraden Linie ist. Die Gleichung (64) enthält, bei der gemachten Functions-Bestimmung, zehn unabhängige Constante, darunter zwei überzählige, die dadurch bedingt sind, dass die beiden Complexe Ω und Ω' durch irgend zwei andere der zweigliedrigen Gruppe:

$$\Omega + \mu \Omega' = 0$$

ersetzt werden können.

Es scheint angemessen, dieses Resultat auch direct abzuleiten.

Die Gleichung (65) wird befriedigt, wenn gleichzeitig den drei Gleichungen:

$$p = \lambda p',$$
$$q = \lambda q',$$
$$r = \lambda r',$$

welche, entwickelt, in die folgenden übergehen:

$$\left.\begin{array}{l} (A - \lambda A') + (F - \lambda F')y - (E - \lambda E')z = 0, \\ (B - \lambda B') - (F - \lambda F')x + (D + \lambda D')z = 0, \\ (C - \lambda C') + (E - \lambda E')x - (D + \lambda D')y = 0, \end{array}\right\}$$ (68)

Genüge geschieht. Diejenigen Puncte, welche zugleich in den durch diese Gleichungen dargestellten Ebenen liegen, gehören dem Ort an, der durch die Gleichung (65) dargestellt wird. Aber für einen gegebenen Werth von λ widersprechen sich im Allgemeinen die vorstehenden drei Gleichungen. Dieser Widerspruch wird nur dadurch gehoben, dass x, y, z unendlich gross werden und also der bezüg-

Wenn insbesondere C und F, C' und F' gleich Null werden, so gibt die

liche Punct unendlich weit rückt. Dann aber ist es nicht gestattet, aus den vorstehenden drei Gleichungen die vierte:

$$s = \lambda s'$$

abzuleiten.

Wenn insbesondere aber:

$$(A - \lambda A')\,(D - \lambda D') + (B - \lambda B')\,(E - \lambda E') + (C - \lambda C')\,(F - \lambda F') = 0, \qquad (69)$$

so ist eine der drei fraglichen Gleichungen eine algebraische Folge der beiden anderen: es schneiden sich die drei bezüglichen Ebenen in einer geraden Linie. Da die letzte Gleichung im Allgemeinen zwei Werthe von λ gibt, so gibt es auch zwei solcher geraden Linien. Die Puncte dieser beiden geraden Linien sind die einzigen im Endlichen liegenden Puncte, deren Coordinaten die Gleichung (65) und damit (64) befriedigen. Durch die Gleichung (64) werden also zwei gerade Linien, die beiden Directricen, dargestellt.

Wir wollen, um noch einige Erläuterungen hinzuzufügen, von dem Satze ausgehen, dass zwei Linienflächen zweiter Ordnung und Classe, welche durch zwei gerade Linien gehen, sich ausserdem noch in zwei anderen geraden Linien schneiden. Dieser Satz behält seine Bedeutung auch dann, wenn eine der beiden gegebenen geraden Linien in einer gegebenen Ebene unendlich weit liegt. Die Flächen sind dann nicht mehr zwei einschalige Hyperboloide, sondern zwei hyperbolische Paraboloide, deren Linien einer Erzeugung der gegebenen Ebene parallel sind. Wenn also die sechs Flächen (66) und (67) zwei feste gerade Linien zu Linien einer ihrer beiden Erzeugungen haben, so haben sie, paarweise zusammengestellt, ausserdem noch zwei andere Linien zu gemeinsamen Linien ihrer anderen Erzeugung. Umgekehrt also muss nachgewiesen werden, dass irgend zwei der sechs Linienflächen durch dieselben beiden geraden Linien gehen.

Die erste der drei Gleichungen (66) nimmt, wenn wir zu den Functionen, welche durch die in ihnen vorkommenden Symbole dargestellt werden, wieder zurückgehen, und der Kürze halber:

$$(E'F - EF')x - (D'F - DF')y + (D'E - DE')z = g,$$
$$(A'B - AB') - (A'F - AF')x + (B'F - BF')y + [(A'D - AD') - (B'E - BE')]z = h_2$$

setzen, die folgende Form an:

$$h_2 + gz = 0, \qquad (70)$$

wonach die beiden letzten Gleichungen (65) in die folgenden übergehen:

$$\left.\begin{array}{c} h_1 + gz = 0, \\ h + gz = 0. \end{array}\right\} \qquad (71)$$

Die Functionen g sind dieselben in den drei Gleichungen. Die Ausdrücke h_1 und h ergeben sich unmittelbar, wenn wir in h_2 einmal B und B' mit C und C', E und E' mit F und F', so wie unter Zeichenwechsel y mit z vertauschen und das Zeichen von x ändern; das andere Mal A und A' mit C und C', D und D' mit F und F', so wie unter Zeichenwechsel x mit z vertauschen und das Zeichen von y ändern.

Die ursprüngliche Form der drei Gleichungen (66) zeigt, dass die durch diese Gleichungen dargestellten drei Linienflächen paarweise genommen PP', QQ', RR' zu einer gemeinschaftlichen Erzeugenden haben. Die neue Form dieser Gleichungen zeigt, dass diese drei Flächen hyperbolische Paraboloide sind und eine zweite gemeinschaftliche Erzeugende haben, welche in der durch die Gleichung:

$$(E'F - EF')x - (D'F - DF')y + (D'E - DE')z = h = 0$$

dargestellten Ebene unendlich weit liegt. Dieser Ebene sind die drei Linien PP', QQ', RR' parallel.

Die Gleichungen (67) können wir zunächst in folgender Weise entwickeln:

$$\left.\begin{array}{c} (pq' - p'q)y + (pr' - p'r)z = 0, \\ (qr' - q'r)z + (pq' - p'q)x = 0, \\ (pr' - p'r)x + (qr' - q'r)y = 0, \end{array}\right\} \qquad (72)$$

und dann, nach dem Vorstehenden, auch folgendermassen schreiben:

$$\left.\begin{array}{c} h_1 z + h_2 y = 0, \\ h z + h_2 x = 0, \\ h y + h_1 x = 0. \end{array}\right\} \qquad (73)$$

Gleichsetzung der vier Ausdrücke (61) die beiden Gleichungen (34) und (36), durch welche wir früher die beiden Directricen bestimmt haben.*)

75. Wir wollen an die Gleichungen (61) nachträglich hier nur die Discussion derjenigen beiden Fälle knüpfen, die sich in Folge der besonderen Coordinaten-Bestimmung der früheren Discussion entzogen haben. In dem einen Falle ist:

$$\frac{D}{D'} = \frac{E}{E'} = \frac{F}{F'}, \tag{74}$$

in dem andern:

$$\frac{A}{A'} = \frac{B}{B'} = \frac{C}{C'}. \tag{75}$$

In dem ersten Falle erhalten wir, wenn wir:

$$u = -\frac{D}{D'} = -\frac{E}{E'} = -\frac{F}{F'} \tag{76}$$

setzen, einen Complex, für dessen Gleichung wir jede der folgenden drei unter sich identischen Gleichungen:

Sie stellen drei einschalige Hyperboloide dar, welche, in Gemässheit der ursprünglichen Form dieser Gleichungen, sämmtlich SS' zu einer ihrer gemeinschaftichen Erzeugenden haben. Ueberdies haben diese drei Hyperboloide, in Gemässheit der Form der letzten Gleichung, paarweise zusammengestellt eine zweite gemeinschaftliche Erzeugende. Für die durch die erste und zweite, die erste und dritte, die zweite und dritte Gleichung dargestellten beiden Hyperboloide werden diese Erzeugenden bezüglich durch die Gleichungen:

$$z = 0, \qquad (A'B - AB') - (A'F - AF')x - (B'F - BF')y = 0,$$
$$y = 0, \qquad (A'C - AC') + (A'E - AE')x + (C'E - CE')z = 0,$$
$$x = 0, \qquad (B'C - BC') - (B'D - BD')y - (C'D - CD')x = 0$$

dargestellt. Die drei zweiten Erzeugenden liegen also bezüglich in den drei Coordinaten-Ebenen XY, XZ, YZ und schneiden, im Allgemeinen, die durch den Anfangspunct gehende erste Erzeugende SS' nicht. Die beiden gemeinschaftlichen Erzeugenden je zweier der drei Hyperboloide gehören also, wie zu erwarten war, derselben Erzeugung beider Flächen an.

Wenn wir zusammenfassen, gelangen wir zu der folgenden Anschauung: So wie irgend zwei Ebenen durch ihren Durchschnitt eine gerade Linie bestimmen und unendlich viele Ebenen durch diese gerade Linie gehen, so werden durch zwei einschalige Hyperboloide, welche zwei feste gerade Linien zu Linien einer Erzeugung haben, zwei reelle oder imaginäre Linien als die gemeinschaftlichen Linien der anderen Erzeugung derselben bestimmt. Dieselben beiden geraden Linien sind gemeinschaftliche Erzeugende unendlich vieler solcher Hyperboloide. Irgend zwei gerade Linien des Raumes, welche die beiden gegebenen schneiden, lassen sich auf diese Weise geometrisch bestimmen und, dem entsprechend, unter der gemachten Bestimmung der linearen Functionen durch je zwei der sechs Gleichungen (66) und (67), in welche die viertheilige Gleichung:

$$\frac{p}{p'} = \frac{q}{q'} = \frac{r}{r'} = \frac{s}{s'}$$

sich auflöst, analytisch darstellen. Nehmen wir insbesondere zur Bestimmung der beiden geraden Linien zwei der drei Gleichungen (66), so treten in der vorstehenden Construction an die Stelle der beiden Hyperboloide zwei hyperbolische Paraboloide, deren Linien einer Erzeugung einer gegebenen Ebene parallel sind, und die eine dieser Linien gemein haben.

In ein ausführliches Detail einzugehen, ist hier nicht der Ort.

*) Vergl.: On a New Geometry of Space. Phil. Trans. 1865. p. 750.

11*

$$\begin{aligned}
(A'D - AD')r + (B'D - BD')s + (C'D - CD') &= 0, \\
(A'E - AE')r + (B'E - BE')s + (C'E - CE') &= 0, \\
(A'F - AF')r + (B'F - BF')s + (C'F - CF') &= 0
\end{aligned} \qquad (77)$$

nehmen können. Dann sind alle Linien der Congruenz einer Ebene parallel, deren Gleichung wir erhalten, wenn wir in eine beliebige der vorstehenden Gleichungen r und s durch $\dfrac{x}{z}$ und $\dfrac{y}{z}$ ersetzen. In derselben Ebene liegt eine Directrix unendlich weit: die Durchschnittslinie paralleler Ebenen. Wir haben eine Congruenz, deren eine Directrix unendlich weit liegt, eine parabolische genannt. Zur Bestimmung der nicht unendlich weit liegenden Directrix gibt die paarweise Gleichsetzung der drei ersten Ausdrücke (61):

$$\begin{aligned}
(A'B-AB')-(A'F-AF')x-(B'F-BF')y+[(A'D-AD')+(B'E-BE')]z&=0, \\
(A'C-AC')+(A'E-AE')x-[(A'D-AD')+(C'F-CF')]y+(C'E-CE')z&=0, \\
(B'C-BC')+[(B'E-BE')+(C'F-CF')]x-(B'D-BD')y-(C'D-CD')z&=0.
\end{aligned} \quad (78)$$

Diese drei Gleichungen stellen drei durch die Directrix gehende Ebenen dar. Wenn insbesondere F und F' verschwinden, reduciren sich die fraglichen Bedingungen auf:

$$D'E - DE' = 0.$$

Dann erhalten wir für die Ebene, welcher die eine Directrix parallel ist, die unter sich identischen Gleichungen:

$$\begin{aligned}
(A'D - AD')x + (B'D - BD')y + (C'D - CD')z &= 0, \\
(A'E - AE')x + (B'E - BE')y + (C'E - CE')z &= 0,
\end{aligned} \qquad (79)$$

und für die Gleichungen der anderen:

$$\begin{aligned}
(A'B - AB') + [(A'D - AD') + (B'E - BE')]z &= 0, \\
(A'C - AC') + (A'E - AE')x - (A'D - AD')y + (C'E - CE')z &= 0, \\
(B'C - BC') + (B'E - BE')x - (B'D - BD')y - (C'D - CD')z &= 0.
\end{aligned} \qquad (80)$$

Die nicht unendlich weit liegende Directrix ist also der Ebene XY parallel.

Die fraglichen Bedingungen werden insbesondere auch befriedigt, wenn gleichzeitig D und D', E und E' verschwinden. Dann liegt eine Directrix in der früheren Ebene unendlich weit, die nun durch die Gleichung:

$$(A'F - AF')x + (B'F - BF')y + (C'F - CF')z = 0 \qquad (81)$$

dargestellt wird. Für die andere Directrix kommt:

$$\begin{aligned}
(A'B - AB') - (A'F - AF')x - (B'F - BF')y &= 0, \\
y &= \frac{A'C - AC'}{C'F - CF'}, \\
x &= -\frac{B'C - BC'}{C'F - CF'}.
\end{aligned} \qquad (82)$$

Dieselbe ist also der Axe OZ parallel und schneidet die Ebene XY in einem Puncte, dessen Coordinaten durch die letzten beiden Gleichungen bestimmt werden. Wenn wir diese Coordinaten-Werthe in die erste der letzten drei Gleichungen einsetzen, so wird diese Gleichung in Folge der identischen Gleichung:

$$(A'B - AB')(C'F - CF') + (B'C - BC')(A'F - AF') - (A'C - AC')(B'F - BF') = 0$$

befriedigt.

Wenn insbesondere:

$$(A'D - AD') + (B'E - BE') + (C'F - CF') = 0, \qquad (83)$$

so particularisirt sich die parabolische Congruenz. Alsdann werden die drei Ebenen (78), durch deren Durchschnitt die im Endlichen liegende Directrix der Congruenz bestimmt wurde, unter sich und mit der Ebene parallel, in welcher die zweite Directrix unendlich weit liegt.

Die beiden Directricen der parabolischen Congruenz fallen im Unendlichen in eine gerade Linie zusammen.

Wir gehen hier nicht weiter auf diese besondere Art von Congruenzen ein, da sie dem ersten in der 68. Nummer behandelten Falle vollkommen analog ist.

Die vorstehende Bedingungs-Gleichung (83) wird vermöge (62) insbesondere befriedigt, wenn

$$\left.\begin{array}{l} AD + BE + CF = 0, \\ A'D' + B'E' + C'F' = 0. \end{array}\right\} \qquad (84)$$

Alsdann sind sämmtliche Complexe der die Congruenz bestimmenden zweigliedrigen Gruppe von der besonderen Art, dass ihre Parameter verschwinden. In Uebereinstimmung hiermit fallen die drei Ebenen (78) in eine einzige zusammen. Da die Axen aller Complexe, denen eine parabolische Congruenz angehört, unter sich parallel sind, so schliessen wir:

Die Congruenz hat unendlich viele, unter sich parallele Directricen, die in derselben Ebene liegen. In dieser Ebene liegt auch die unendlich weit liegende Directrix.

Dieser Fall entspricht dem zweiten Falle der 68. Nummer. Es ist bloss der gemeinschaftliche Durchschnitt der Directricen unendlich weit gerückt.

76. Wenn die Bedingungs-Gleichungen (63) erfüllt werden, entspricht dem besonderen Werthe des unbestimmten Coefficienten:

$$\mu = -\frac{A}{A'} = -\frac{B}{B'} = -\frac{C}{C'} \qquad (85)$$

ein Complex der zweigliedrigen Gruppe, welcher durch eine der drei folgen
den unter sich identischen Gleichungen dargestellt wird:

$$-(A'D-AD')\sigma + (A'E-AE')\varrho + (A'F-AF')\eta = 0,$$
$$-(B'D-BD')\sigma + (B'E-BE')\varrho + (B'F-BF')\eta = 0,$$
$$-(C'D-CD')\sigma + (C'E-CE')\varrho + (C'F-CF')\eta = 0. \tag{86}$$

Die Axe des Complexes steht auf derjenigen Ebene, welche, wenn wi
$-\sigma, \varrho, \eta$ mit x, y, z vertauschen, durch die letzte Gleichung dargestellt wird
im Anfangspuncte senkrecht. Da der Parameter des Complexes gleich Nu
ist, ist diese Axe eine der beiden Directricen der Congruenz. In Uebereir
stimmung hiermit werden die Gleichungen (61) befriedigt, wenn $x, y,$
gleichzeitig verschwinden. Diese Gleichungen reduciren sich im vorliegende
Falle auf:

$$\frac{A+Fy-Ez}{A'+F'y-E'z} = \frac{B-Fx+Dz}{B'-F'x+D'z} = \frac{C+Ex-Dy}{C'+E'x-D'y} = \frac{A}{A'} = \frac{B}{B'} = \frac{C}{C'}. \tag{87}$$

Sie geben, wenn wir die drei ersten ihrer vier Glieder nach einander de
vierten gleichsetzen:

$$(C'F-CF')y - (C'E-CE')z = 0,$$
$$(C'F-CF')x - (C'D-CD')z = 0,$$
$$(C'E-CE')x - (C'D-CD')y = 0.$$

Diese Gleichungen, in welchen wir B und A an die Stelle von C schreibe
können, lassen sich in folgender Weise zusammenziehen:

$$\frac{x}{C'D-CD'} = \frac{y}{C'E-CE'} = \frac{z}{C'F-CF'}, \tag{88}$$

und stellen die durch den Anfangspunct gehende Directrix dar.

Die Bedingungs-Gleichungen (63) werden insbesondere befriedigt, wen
A und A', B und B' verschwinden. Dann erhalten wir, wenn wir paarwei
die drei ersten Ausdrücke (61) einander gleich setzen:

$$[(E'F-EF')x - (D'F-DF')y + (D'E-DE')z]z = 0,$$
$$[(C'F-CF') + (E'F-EF')x - (D'F-DF')y + (D'E-DE')z]y = 0, \tag{89}$$
$$[(C'F-CF') + (E'F-EF')x - (D'F-DF')y + (D'E-DE')z]x = 0.$$

Um die vorstehenden drei Gleichungen gleichzeitig zu befriedigen, genügt e

$$z = 0$$
$$(C'F-CF') + (E'F-EF')x - (D'F-DF')y = 0 \tag{90}$$

zu setzen. Die durch diese beiden Gleichungen dargestellte gerade Linie i
die zweite Directrix der Congruenz. Sie liegt in der Coordinaten-Ebene X

77. Wenn gleichzeitig

$$\frac{A}{A'} = \frac{B}{B'} = \frac{C}{C'}, \qquad\qquad \frac{D}{D'} = \frac{E}{E'} = \frac{F}{F'},$$

so ist die Congruenz eine parabolische, deren nicht unendlich weit liegende Directrix durch den Anfangspunct der Coordinaten geht. Dann wird die Gleichung der durch den Anfangspunct gelegten Ebene, denen die Linien der Congruenz parallel sind, die folgende:

$$A x + B y + C z = 0.$$

Die durch den Anfangspunct gehende Directrix erhält zu Gleichungen:

$$\frac{x}{D} = \frac{y}{E} = \frac{z}{F},$$

und die auf ihr senkrechte, durch den Anfangspunct gehende Ebene hat die Gleichung:

$$D x + E y + F z = 0.$$

78. Wenn wir particularisiren und

$$A'B - AB' = 0, \qquad\qquad \frac{D}{D'} = \frac{E}{E'} = \frac{F}{F'} \tag{91}$$

setzen, sind alle Linien der parabolischen Congruenz einer Ebene parallel, die auf der Coordinaten-Ebene XY senkrecht steht, während ihre Directrix durch den Anfangspunct geht.

Wenn

$$A,\ A',\ B,\ B' = 0, \qquad\qquad \frac{D}{D'} = \frac{E}{E'} = \frac{F}{F'}, \tag{92}$$

sind alle Linien der parabolischen Congruenz der Ebene XY parallel.

Wenn

$$D'E - DE' = 0, \qquad F,\ F' = 0, \qquad \frac{A}{A'} = \frac{B}{B'} = \frac{C}{C'}, \tag{93}$$

liegt die Directrix der parabolischen Congruenz in der Ebene XY.

Wenn

$$D,\ D',\ E,\ E' = 0, \qquad\qquad \frac{A}{A'} = \frac{B}{B'} = \frac{C}{C'}, \tag{94}$$

fällt die Directrix der parabolischen Congruenz in die Coordinaten-Axe OZ.

Wenn

$$A,\ A',\ B,\ B',\ D,\ D',\ E,\ E' = 0, \tag{95}$$

sind die Linien der parabolischen Congruenz der Coordinaten-Ebene XY parallel und ihre Directrix fällt mit der Coordinaten-Axe OZ zusammen. Bei diesen Voraussetzungen wird die Gleichung der zweigliedrigen Complex-Gruppe:

$$(C + F\eta) + \mu(C' + F'\eta) = 0, \tag{96}$$

und alle Complexe der Gruppe werden, bei willkürlicher Annahme von k, durch die Gleichung:

$$\eta + k = 0 \qquad (97)$$

dargestellt.*)

Wenn

$$\frac{C}{C'} = \frac{D}{D'} = \frac{E}{E'}, \qquad (98)$$

so gibt

$$\mu = -\frac{C}{C'} = -\frac{D}{D'} = -\frac{E}{E'} \qquad (99)$$

die folgende Gleichung eines Complexes der zweigliedrigen Gruppe:

$$(A'C - AC')r + (B'C - BC')s - (C'F - CF')\eta = 0.$$

Dieser Complex ist von der besondern Art, dass alle seine Linien die Axe desselben schneiden, und diese Axe, eine Directrix der Congruenz, ist hier der Coordinaten-Axe OZ parallel und schneidet die Ebene XY in einem Puncte, dessen Gleichung in Linien-Coordinaten dieser Ebene die folgende ist:

$$(B'C - BC')t - (A'C - AC')u - (C'F - CF')w = 0.$$

(Vergl. Nr. 45. (95).)

Wenn insbesondere

$$\frac{A}{A'} = \frac{B}{B'} = \frac{C}{C'} = \frac{E}{E'} = \frac{F}{F'}, \qquad (100)$$

so fällt eine Directrix der Congruenz mit der Axe OZ zusammen.

Um noch ein letztes Beispiel zu geben, wollen wir:

$$\frac{A}{A'} = \frac{B}{B'} = \frac{F}{F'}, \qquad \frac{C}{C'} = \frac{D}{D'} = \frac{E}{E'} \qquad (101)$$

setzen. Wenn wir dann nach einander

$$\left.\begin{array}{l} \mu = -\dfrac{A}{A'} = -\dfrac{B}{B'} = -\dfrac{F}{F'}, \\[2ex] \mu = -\dfrac{C}{C'} = -\dfrac{D}{D'} = -\dfrac{E}{E'} \end{array}\right\} \qquad (102)$$

nehmen, erhalten wir für die Gleichungen zweier Complexe der Gruppe:

$$\Omega + \mu\Omega' = 0$$

---

*) Setzen wir für η den Ausdruck $\dfrac{xy' - x'y}{z - z'}$, so geht die Gleichung des Textes in die folgende über:

$$\frac{x'y - xy'}{z - z'} = k$$

und gibt, wenn k unbestimmt wird, gleichzeitig

$$x'y - xy' = 0, \qquad z - z' = 0.$$

die folgenden:

$$(A'C - AC') - (A'D - AD')\sigma + (A'E - AE')\varrho = 0, \quad \Big\}$$
$$(A'C - AC')r + (B'C - BC')s - (C'F - CF')\eta = 0. \quad \Big\} \qquad (103)$$

Diese beiden Gleichungen reduciren sich auf:

$$C - D\sigma + E\varrho = 0, \quad \Big\}$$
$$Ar + Bs + F\eta = 0 \quad \Big\} \qquad (104)$$

und stellen zwei Complexe der besonderen Art dar, deren Parameter verschwinden. Die Axen der Complexe sind die beiden Directricen der Congruenz. Eine derselben liegt in der Ebene XY und wird in dieser Ebene durch die Gleichung:

$$C + Ex - Dy = 0 \qquad (105)$$

dargestellt. Die andere ist der Axe OZ parallel und schneidet die Ebene XY in einem Puncte, der, in dieser Ebene, durch die Gleichung:

$$Bt - Au + F = 0 \qquad (106)$$

dargestellt wird (Nr. 33.).

79. Zur analytischen Darstellung einer zweigliedrigen Complex-Gruppe und der dadurch bestimmten Congruenz haben wir uns bisher rechtwinkliger Coordinaten-Axen bedient, und dabei den Mittelpunct der Congruenz zum Anfangspuncte der Coordinaten und zur Axe OZ diejenige Linie genommen, welche die beiden Directricen rechtwinklig schneidet. Indem wir alsdann die beiden Axen OX und OY mit den beiden Nebenaxen der Congruenz zusammenfallen liessen, haben wir auf dem einfachsten Wege die allgemeine Bestimmung derselben in der 69. Nummer erhalten.

Wir können aber auch jede beliebige gerade Linie der Congruenz als Axe OZ und den Punct, in welchem sie die Central-Ebene schneidet, zum Anfangspunct nehmen. Wenn wir dann die beiden Nebenaxen in dieser Ebene parallel mit sich selbst so verschieben, dass sie in dem neuen Anfangspuncte sich schneiden, so halbiren sie, nach wie vor, die Winkel, welche die beiden Directricen, projicirt nach OZ auf die Central-Ebene, mit einander bilden. Es ist klar, dass in der neuen Coordinaten-Bestimmung die Gleichung der Complex-Gruppe die frühere Form behält. Ist der Neigungswinkel der Axe OZ gegen die Ebene XY γ, so tritt an die Stelle von $\varDelta$ nunmehr $\dfrac{\varDelta}{\sin \gamma}$, das heisst, der Abstand der Durchschnittspuncte der Axe OZ mit den beiden Directricen vom Anfangspuncte der Coordinaten.

Wir können endlich auch, ohne die Form der obigen Gleichung zu ändern, die beiden Axen OX und OY in der Central-Ebene beliebig so annehmen, dass sie mit den Projectionen beider Directricen vier Harmonicalen bilden. Die Axe OZ können wir als einen Hauptdurchmesser, die Axen OX und OY als zwei conjugirte Nebendurchmesser der Congruenz bezeichnen. Die conjugirten Nebendurchmesser bleiben auch dann reell, wenn die beiden Directricen imaginär werden.

Wir haben früher zwei conjugirte Congruenzen dadurch definirt, dass in denselben Axen und Nebenaxen dieselben sind, nur die durch den Scheitel der Axe gehenden Directricen ihre Richtungen gegenseitig vertauschen. Wir können an die Stelle der Axe der Congruenz in dieser Definition einen beliebigen Durchmesser setzen. Dann hat eine Congruenz unendlich viele conjugirte: jedem Durchmesser derselben entspricht eine solche.

80. Das Vorstehende enthält die vollständige Discussion der durch zweigliedrige Complex-Gruppen bestimmten Congruenzen. Wir wollen in dem Folgenden an diese Discussion neue Betrachtungen anknüpfen, welche bestimmt sind, von der Natur solcher Congruenzen ein anschauliches Bild zu geben.

Im Anschluss an die 69. Nummer stelle unter der Voraussetzung rechtwinkliger Coordinaten

$$Ar + Bs - D\sigma + E\varrho = 0 \qquad (107)$$

einen derjenigen beiden Complexe besonderer Art dar, welche eine der beiden Directricen der Congruenz zu Axen haben. Dann erhalten wir zur Bestimmung der Constanten dieser Gleichung neben den beiden Gleichungen (44) und (45) die folgende:

$$AD + BE = 0. \qquad (108)$$

Aus den beiden ersten Bedingungsgleichungen ergibt sich:

$$\frac{A^2}{D^2} = A^2 \tan^2 \vartheta, \qquad (109)$$

aus (44) und (108):

$$\frac{B^2}{D^2} = A^2. \qquad (110)$$

Dividiren wir die beiden letzten Gleichungen in einander und berücksichtigen (108), so ergibt sich

$$\frac{A^2}{B^2} = \frac{E^2}{D^2} = \tan^2 \vartheta. \qquad (111)$$

Setzen wir $D = 1$, wonach erst A, B, E absolute Werthe erhalten, und berücksichtigen wir, dass für den Fall reeller Directricen das Product:

$$ABC = \varDelta^2 \tan^2 \vartheta$$

nach der 66. Nummer einen positiven Werth erhalten muss, so ergeben sich die folgenden vier möglichen Constanten-Bestimmungen:

$$A = -\varDelta \tan \vartheta, \qquad B = +\varDelta, \qquad E = -\tan \vartheta, \qquad (112)$$
$$A = -\varDelta \tan \vartheta, \qquad B = -\varDelta, \qquad E = +\tan \vartheta, \qquad (113)$$
$$A = +\varDelta \tan \vartheta, \qquad B = +\varDelta, \qquad E = +\tan \vartheta, \qquad (114)$$
$$A = +\varDelta \tan \vartheta, \qquad B = -\varDelta, \qquad E = -\tan \vartheta. \qquad (115)$$

Die beiden ersten Combinationen, und ebenso die beiden letzten, lassen sich aus einander dadurch ableiten, dass man gleichzeitig die Vorzeichen von $\varDelta$ und $\tan \vartheta$ ändert. Die beiden ersten Combinationen bestimmen also die fraglichen Complexe der einen, die beiden letzten der anderen von zwei conjugirten Congruenzen. Wir können also, indem wir:

$$\left. \begin{aligned} \varXi &= \sigma - \varDelta \tan \vartheta \cdot r - \tan \vartheta \cdot \varrho + \varDelta s = 0, \\ \varXi' &= \sigma - \varDelta \tan \vartheta \cdot r + \tan \vartheta \cdot \varrho - \varDelta s = 0 \end{aligned} \right\} \qquad (116)$$

setzen, durch

$$\varXi + \mu \varXi' = 0 \qquad (117)$$

die Complex-Gruppe der einen Congruenz, indem wir:

$$\left. \begin{aligned} \varXi_1 &= \sigma + \varDelta \tan \vartheta \cdot r + \tan \vartheta \cdot \varrho + \varDelta s = 0, \\ \varXi_1' &= \sigma + \varDelta \tan \vartheta \cdot r - \tan \vartheta \cdot \varrho - \varDelta s = 0 \end{aligned} \right\} \qquad (118)$$

setzen, durch

$$\varXi_1 + \mu \varXi_1' = 0 \qquad (119)$$

die Complex-Gruppe der conjugirten Congruenz darstellen.

81. Es möchte vielleicht nicht unpassend sein, auch noch auf directem Wege die vorstehenden Gleichungen abzuleiten. Unter Beibehaltung der bisherigen Coordinaten-Bestimmung seien die Gleichungen der beiden, als gegeben betrachteten Directricen einer Congruenz:

$$\left. \begin{aligned} y &= \tan \vartheta \cdot x, \qquad z = \varDelta, \\ y &= -\tan \vartheta \cdot x, \qquad z = -\varDelta. \end{aligned} \right\} \qquad (120)$$

Es handelt sich darum, die beiden Complexe besonderer Art zu bestimmen, deren Axen mit den beiden Directricen zusammenfallen. Verschieben wir die beiden Complexe mit ihren Axen so, dass diese letztern in die mit der Central-Ebene der Congruenz zusammenfallende Coordinaten-Ebene XY rücken, so erhalten wir die Gleichungen der beiden Complexe in der neuen Lage unmittelbar, wenn wir in den Gleichungen der gegebenen Directricen x und y mit ϱ und σ vertauschen. Auf diese Weise kommt:

12*

$$\left.\begin{aligned} \sigma &= \tan g\,\vartheta \cdot \varrho, \\ \sigma &= -\tan g\,\vartheta \cdot \varrho. \end{aligned}\right\} \qquad (121)$$

Wenn wir die Complexe wieder in ihre ursprüngliche Lage zurückführen, haben wir in. der Gleichung des ersten ϱ und σ mit

$$\varrho + \varDelta \cdot r \quad \text{und} \quad \sigma + \varDelta \cdot s,$$

in der Gleichung des zweiten mit

$$\varrho - \varDelta \cdot r \quad \text{und} \quad \sigma - \varDelta \cdot s$$

zu vertauschen (Nr. 12.). Nach dieser Vertauschung ergibt sich:

$$\left.\begin{aligned} \sigma - \varDelta \tan g\,\vartheta \cdot r - \tan g\,\vartheta \cdot \varrho + \varDelta \cdot s &= 0, \\ \sigma - \varDelta \tan g\,\vartheta \cdot r + \tan g\,\vartheta \cdot \varrho - \varDelta \cdot s &= 0. \end{aligned}\right\} \qquad (116)$$

Diese Gleichungen sind dieselben, die wir eben für die erste der beiden conjugirten Congruenzen gefunden haben; die Gleichungen der zweiten erhalten wir durch Aenderung des Vorzeichens von $\tan g\,\vartheta$ (116), (118).

82. Zur Bestimmung der Congruenz können wir an die Stelle der beiden Complexe $\varOmega$ und $\varOmega'$ die beiden Complexe $\varXi$ und $\varXi'$ nehmen, und demnach dieselbe Complex-Gruppe, die wir früher durch die Gleichung:

$$\varOmega + \mu\,\varOmega' = 0 \qquad (3)$$

dargestellt haben, nunmehr durch die Gleichung:

$$\varXi + \mu\,\varXi' = 0 \qquad (117)$$

darstellen. Diese Gleichung wird, wenn wir entwickeln und der Kürze wegen

$$\frac{1-\mu}{1+\mu} = \lambda \qquad (122)$$

setzen:

$$\sigma - \varDelta \tan g\,\vartheta \cdot r - \lambda\,(\tan g\,\vartheta \cdot \varrho - \varDelta \cdot s) = 0. \qquad (123)$$

Sie stellt, wenn wir für λ nach einander alle möglichen Werthe einsetzen, die sämmtlichen Complexe der zweigliedrigen Gruppe dar, durch welche die Congruenz bestimmt ist.

Zu diesen Complexen gehören insbesondere zwei, den Werthen $\lambda = 0$ und $\lambda = \infty$ entsprechend, welche, wenn wir der Kürze wegen:

$$\begin{aligned} \varDelta \tan g\,\vartheta &= k^0, \\ \frac{\varDelta}{\tan g\,\vartheta} &= k_0 \end{aligned} \qquad (124)$$

setzen, durch die beiden Gleichungen:

$$\left.\begin{aligned} \varOmega^0 &= +\,\sigma - k^0 \cdot r = 0, \\ \varOmega_0 &= +\,\varrho + k_0 \cdot s = 0 \end{aligned}\right\} \qquad (61)$$

dargestellt werden. Die Parameter der beiden Complexe sind k^0 und k_0. Die

Axen derselben fallen mit den beiden Nebenaxen der Congruenz zusammen. Ihr Durchschnitt ist der Mittelpunct der Congruenz. Wir wollen sie, ihrer ausgezeichneten Beziehung zur Congruenz wegen, besonders hervorheben und die beiden Central-Complexe derselben nennen.

Wenn die conjugirte Congruenz an die Stelle der gegebenen tritt, bleiben die Axen der beiden Central-Complexe, die mit den gemeinschaftlichen Nebenaxen der beiden Congruenzen zusammenfallen, dieselben. Auch die absoluten Werthe ihrer beiden Parameter ändern sich nicht, nur ändert sich, in Folge der Zeichenänderung von $\tan \vartheta$, gleichzeitig das Vorzeichen beider Parameter.

Die Gleichung der Complexgruppe nimmt hiernach, wenn wir überdies noch der Kürze wegen:
$$\lambda \tan \vartheta - \lambda_0$$
setzen, die folgende einfache Form an:
$$\Omega^0 + \lambda_0 \Omega_0 = (\sigma - k^0 r) + \lambda_0 (\varrho + k_0 s) = 0. \tag{126}$$
Es ist:
$$\left. \begin{aligned} k^0 k_0 &= - \varDelta^2, \\ \frac{k^0}{k_0} &= - \tan^2 \vartheta, \end{aligned} \right\} \tag{127}$$
und hiernach:
$$\left. \begin{aligned} k^0 - k_0 &= \frac{\varDelta}{\sin \vartheta \cos \vartheta} = \frac{2\varDelta}{\sin 2\vartheta}, \\ k^0 + k_0 &= \frac{-2\varDelta}{\tan 2\vartheta}, \\ \frac{k^0 - k_0}{k^0 + k_0} &= - \cos 2\vartheta. \end{aligned} \right\} \tag{128}$$
Hier erhalten wir, zur Bestimmung der Congruenz, ausser den sechs Constanten der Lage die beiden Parameter ihrer Central-Complexe.

83. Wenn wir von den beiden Gleichungen:
$$\begin{aligned} \Omega &= Ar + Bs - D\sigma + E\varrho = 0, \\ \Omega' &= A'r + B's - D'\sigma + E'\varrho = 0, \end{aligned} \tag{129}$$
durch welche wir früher die Congruenz bestimmt haben, und zwischen deren Coefficienten, wenn die Nebenaxen der Congruenz zu Coordinaten-Axen OX und OY genommen werden, die Relationen:
$$\begin{aligned} A'D - AD' &= 0, \\ B'E - BE' &= 0 \end{aligned}$$
bestehen, ausgehen, so können wir leicht daraus die Gleichung der beiden Central-Complexe ableiten. Zu diesem Ende brauchen wir bloss die beiden

Gleichungen von einander abzuziehen, nachdem wir zuvor einmal die erste derselben mit B', die zweite mit B, das andere Mal die erste derselben mit A', die zweite mit A multiplicirt haben. Auf diese Weise kommt, wenn wir die vorstehenden Bedingungs-Gleichungen berücksichtigen:

$$(B'D - BD')\sigma + (A'B - AB')r = 0,$$
$$(A'E - AE')\varrho + (A'B - AB')s = 0,$$

wonach:

$$\left. \begin{aligned} k^0 &= -\frac{A'B - AB'}{B'D - BD'}, \\ k_0 &= \frac{A'B - AB'}{A'E - AE'}. \end{aligned} \right\} \tag{129}$$

84. Um unter den Complexen der zweigliedrigen Gruppe einen einzelnen zu bestimmen, den wir durch die Gleichung:

$$Ar + Bs - D\sigma + E\varrho = 0$$

darstellen wollen, müssen wir den Parameter desselben, k, das z desjenigen Punctes, in welchem seine Axe die Axe OZ einschneidet, und den Winkel ω kennen, den die Richtung dieser Axe mit der Richtung der Axe OX bildet. Wir können, bei der Bestimmung dieser Constanten, in gleich einfacher Weise einmal von den beiden Central-Complexen, das andere Mal von den beiden Directricen der Congruenz, als bekannt, ausgehen. Indem wir, dem entsprechend, die letzte Gleichung einmal der Gleichung (126), das andere Mal der Gleichung (123) identisch setzen, ergeben sich die folgenden Relationen:

$$\left. \begin{aligned} A &= - k^0 = - \varDelta \tan\vartheta, \\ B &= \lambda_0 k_0 = \lambda \varDelta, \\ D &= -1, \\ E &= \lambda_0 = -\lambda \tan\vartheta. \end{aligned} \right\} \tag{130}$$

Die allgemeinen Gleichungen des vorigen Paragraphen (15), (16) und (53) ergeben für den fraglichen Complex, indem wir C und F gleich Null setzen:

$$\left. \begin{aligned} \tan\omega &= \frac{E}{D}, \\ z &= \frac{AE - BD}{E^2 + D^2}, \\ k &= \frac{AD + BE}{E^2 + D^2}. \end{aligned} \right\} \tag{131}$$

Führen wir k^0, k_0 und λ_0 ein, so kommt:

$$\tan\omega = -\lambda_0, \tag{132}$$

$$z = -\frac{\lambda_0}{1+\lambda_0{}^2}(k^0 - k_0), \tag{133}$$

$$k = \frac{k^0 + \lambda_0{}^2 k_0}{1+\lambda_0{}^2}, \tag{134}$$

und hieraus, wenn wir λ_0 eliminiren:

$$z = (k^0 - k_0)\sin\omega\cos\omega, \tag{135}$$

$$k = k^0\cos^2\omega + k^0\sin^2\omega, \tag{136}$$

und schliesslich, nach Elimination von ω:

$$z^2 + (k - k^0)(k - k_0) = 0. \tag{137}$$

Wenn wir die Constanten der beiden Directricen einführen, gehen die Gleichungen (135) und (136) in die folgenden über:

$$z = \varDelta \cdot \frac{\sin 2\omega}{\sin 2\vartheta}, \tag{138}$$

$$k = -2\varDelta \cdot \frac{\sin(\omega+\vartheta)\cdot\sin(\omega-\vartheta)}{\sin 2\vartheta}. \tag{139}$$

Jedem Werthe von ω entspricht ein einziger Werth von z (135), (138) und ein Werth des Complex-Parameters (136), (139). Da aber jedem Werthe von z zwei Richtungen der Complex-Axe und zwei Werthe von k, die reell und imaginär sein können, entsprechen, so gibt es ein Maximum der Entfernung der Complex-Axen von der Central-Ebene. Für dieses Maximum gibt die Gleichung (138) unmittelbar, dem Winkel $\omega = \dfrac{\pi}{4}$ entsprechend:

$$z = \frac{\varDelta}{\sin 2\vartheta} = \tfrac{1}{2}(k^0 - k_0), \tag{140}$$

und gleichzeitig wird nach (136):

$$k = -\frac{\varDelta}{\operatorname{tang} 2\vartheta} = \tfrac{1}{2}(k^0 + k_0). \tag{141}$$

85. Die Discussion der vorstehenden analytischen Entwickelungen liefert eine Reihe von geometrischen Resultaten.

Wir haben nach der 64. Nummer der Axe OX eine beliebige derjenigen beiden Richtungen gegeben, welche die von den beiden Directricen einer gegebenen Congruenz gebildeten spitzen und stumpfen Scheitelwinkel halbiren, und die positive Erstreckung dieser Axe beliebig angenommen. Den Winkel rechnen wir von der positiven Erstreckung der Axe OX nach der positiven Erstreckung der Axe OY. Indem wir durch ϑ die Richtung derjenigen der beiden Directricen bezeichnen, die einem positiven Z entspricht, ist hiernach die positive Erstreckung von OY bestimmt. In der zwiefachen Coordinaten-Bestimmung tritt $(\tfrac{1}{2}\pi - \vartheta)$ an die Stelle von ϑ, und demnach (124) vertauschen sich die Werthe von k^0 und k_0 gegenseitig unter Zeichenwechsel. Wir wollen das Coordinatensystem so annehmen, dass OX die **spitzen** Scheitelwinkel. die in der Central-Ebene der Congruenz von den Projectionen der beiden Directricen gebildet werden, halbirt. Dann ist (128) k^0 positiv, k_0 negativ. und, weil tang $2\vartheta > 0$:

$$k^0 + k_0 < 0.$$

Der Parameter des Central-Complexes, dessen Axe in OX fällt, ist k^0 und positiv, der Parameter des Central-Complexes, dessen Axe in OY fällt, ist k_0 und negativ. Absolut genommen ist der Werth des zweiten Parameters grösser als der Werth der ersten.

Wir haben früher bereits neben die gegebene Congruenz eine zweite gestellt, die wir die ihr conjugirte genannt haben (Nr. 69.), und die wir erhalten, wenn die beiden Parameter der Central-Complexe der gegebenen, k^0 und k_0, gleichzeitig ihr Zeichen ändern, oder, was dasselbe heisst, wenn $\varDelta$ dasselbe bleibt und ϑ sein Zeichen wechselt. Neben die gegebene Congruenz stellt sich noch eine dritte, welche wir die ihr **adjungirte** nennen wollen, und die man erhält, wenn k^0 und k_0 sich gegenseitig vertauschen und zugleich ihr Zeichen ändern. Dies kommt nach (124) darauf hinaus, $\left(\dfrac{\pi}{2} - \vartheta\right)$ an die Stelle von ϑ treten zu lassen. Endlich erhalten wir noch eine vierte Congruenz, welche von der gegebenen unmittelbar abhängt, wenn wir von der gegebenen einmal die conjugirte, dann von dieser die adjungirte nehmen, was darauf hinauskommt, k^0 und k_0 ohne Zeichenwechsel zu vertauschen, oder, was dasselbe heisst, $\left(\vartheta - \dfrac{\pi}{2}\right)$ an die Stelle von ϑ zu setzen.

In unserer Annahme ist für die gegebene Congruenz 2ϑ ein spitzer Winkel; für die adjungirte Congruenz ist der entsprechende Winkel $(\pi - 2\vartheta)$ ein stumpfer. Bezeichnen wir zur Unterscheidung die Parameter der beiden Central-Complexe der adjungirten Congruenz durch (k^0) und (k_0), so ist:

$$(k^0) + (k_0) > 0,$$

und da (k^0) positiv, (k_0) negativ ist, hat (k^0) absolut einen grösseren Werth als (k_0).

Die Axe, die Central-Ebene und in ihr die beiden Nebenaxen, so wie der Abstand der beiden Directricen von einander bleiben für sämmtliche vier Congruenzen dieselben.

86. Wenn wir die Coordinaten irgend eines Punctes auf der Axe irgend

eines Complexes der zweigliedrigen Gruppe durch x, y, z bezeichnen, so ist:

$$\cos^2 \omega = \frac{x^2}{x^2 + y^2}, \qquad \sin^2 \omega = \frac{y^2}{x^2 + y^2},$$

wonach die Gleichung (135) in die folgende übergeht:

$$(x^2 - y^2)\, z \pm (k^0 - k_0)\, x y = 0. \tag{142}$$

Diese Gleichung stellt diejenige Linienfläche dar, die von den Axen der Complexe der zweigliedrigen Gruppe, durch welche die Congruenz bestimmt ist, gebildet wird.

Je nachdem wir in der vorstehenden Gleichung das eine oder das andere der beiden Vorzeichen nehmen, bezieht sie sich auf die gegebene oder die dieser conjugirte Congruenz. Soll sie sich auf die gegebene beziehen, so muss, der gemachten Coordinaten-Bestimmung gemäss, nach welcher $(k^0 - k_0)$ positiv ist, wenn wir $\frac{y}{x}$ gleich der Tangente des Winkels ϑ, also positiv, nehmen, auch der Werth von z positiv, $= + \varDelta$, werden. Wir müssen also das untere Zeichen wählen und erhalten:

$$(x^2 + y^2)\, z - (k^0 - k_0)\, x y = 0. \tag{143}$$

Die einzige Constante, welche in dieser Gleichung vorkommt, $(k^0 - k_0)$, ist die Summe der absoluten Werthe der Parameter der Central-Complexe. Diese Summe ist aber auch (140) das Doppelte des Maximum von z, also gleich der Höhe h der Fläche, die von zwei Ebenen eingeschlossen ist, in deren Mitte die Central-Ebene hindurchgeht. Die Fläche wird von jeder zwischen-liegenden Ebene in zwei geraden Linien geschnitten, welche in der Central-Ebene, indem sie mit den beiden Axen der Central-Complexe zusammen-fallen, auf einander senkrecht stehen. Wenn sich die schneidende Ebene von der Central-Ebene nach der positiven Seite entfernt, wird der Winkel, wel-chen sie mit einander bilden, immer kleiner, bis er, in der einen Gränz-Ebene, für $\omega = \frac{\pi}{4}$, verschwindet, und demnach die beiden Linien in eine einzige zusammenfallen. Wenn sich die schneidende Ebene von der Central-Ebene nach der negativen Seite entfernt, wird der Winkel, den die beiden Durchschnittslinien mit einander bilden, ein stumpfer, bis derselbe in der anderen Gränz-Ebene, $\omega = -\frac{\pi}{4}$ entsprechend, gleich π wird und demnach die beiden Durchschnittslinien wieder zusammenfallen. Die Gleichung (135) zeigt, dass die Linien, welche den Winkel der beiden Durchschnittslinien in einer beliebigen, der Central-Ebene parallelen, Ebene halbiren, in denjenigen beiden Ebenen liegen, welche mit den Coordinaten-Ebenen XZ, YZ gleiche Winkel bilden.*)

Da die gegebene Congruenz von zwei Constanten k^0 und k_0, die fragliche Fläche aber nur von einer Constanten, der Differenz jener beiden, abhängt, so steht diese Fläche zu unendlich vielen Congruenzen in der gleichen Beziehung, dass sie der geometrische Ort der bezüglichen Complex-Axen ist. Unter diesen Congruenzen befindet sich auch die der gegebenen adjungirte; denn wir können k^0 und k_0 unter Zeichenwechsel vertauschen, ohne dass die Gleichung der Fläche sich ändert. Diese Fläche steht also in derselben Beziehung zu der gegebenen Congruenz und der ihr adjungirten.

87. Wir wollen die Complexe der zweigliedrigen Gruppe dadurch geometrisch bestimmen, dass wir auf den Axen derselben, welche sämmtlich OZ schneiden, von dieser Axe aus die entsprechenden Parameter unter Berücksichtigung des Vorzeichens, auftragen. Dann erhalten wir eine der in der vorigen Nummer betrachteten Linienfläche aufgeschriebene Curve, durch welche die ganze zweigliedrige Complexgruppe bestimmt wird. Wir wollen diese Curve die characteristische Curve der Congruenz nennen. Es genügt, die Projection dieser Curve auf die Coordinaten-Ebene XY zu kennen: jedem Puncte der Projection entspricht ein einziger reeller Punct der Fläche.

Die Gleichung (136) ist, in Polar-Coordinaten, die Gleichung dieser Projection, wenn wir in ihr k als Leitstrahl und gleichzeitig mit ω als veränderlich betrachten. Diese Gleichung geht, wenn wir:

$$k = \pm \sqrt{x^2 + y^2}, \quad \cos \omega = \frac{x}{k}, \quad \sin \omega = \frac{y}{k}$$

setzen, in die folgende über:

$$(x^2 + y^2)^3 = (k^0 x^2 + k_0 y^2)^2, \tag{144}$$

und stellt dann die projicirte Curve in gewöhnlichen Punct-Coordinaten dar. Diese Gleichung bleibt dieselbe, wenn wir die Zeichen von k^0 und k_0 gleichzeitig ändern. Die durch die Gleichung dargestellte Curve steht also in gleicher Beziehung zu der gegebenen Congruenz und der ihr conjugirten.

---

*) Für die geometrische Anschauung bieten Modelle, die ich von dieser und ähnlichen Flächen habe anfertigen lassen, grosse Erleichterung.

Sie besteht, (Figur 7), aus vier paarweise gleichen Schleifen, die innerhalb der vier von den Projectionen der beiden Directricen gebildeten Scheitelwinkel liegen.

88. Die Gleichung (137) liefert, wenn wir sie in derselben Weise behandeln, wie in der vorigen Nummer die Gleichung (136), eine neue Fläche, welche durch die eben bestimmte Curve doppelter Krümmung geht. Diese Gleichung formt sich in die folgende um:

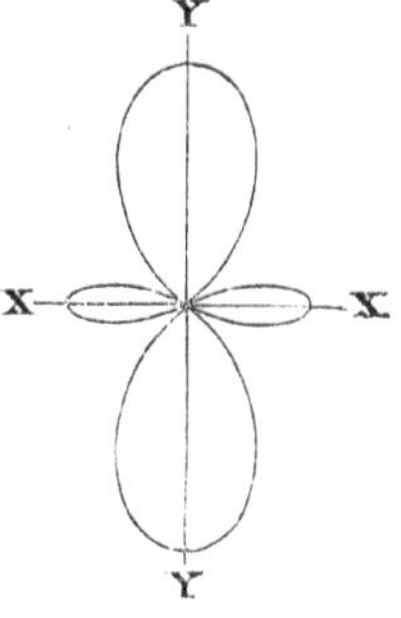

Figur 7.

$$(x^2 + y^2 + z^2 + k^0 k_0)^2 = (k^0 + k_0)^2 (x^2 + y^2), \qquad (145)$$

und stellt eine Fläche vierter Ordnung dar. Diese Fläche ist eine Umdrehungsfläche, deren Axe OZ ist. Für die Meridian-Curve derselben in der Ebene XZ erhalten wir, indem wir y verschwinden lassen:

$$(x^2 + z^2 + k^0 k_0)^2 = (k^0 + k_0)^2 x^2,$$

und, wenn wir entwickeln:

$$z^2 + (x \pm \frac{k^0 + k_0}{2})^2 = (\frac{k^0 - k_0}{2})^2.$$

Diese Gleichung stellt ein System zweier Kreise dar, deren beiderseitiger Radius:

$$\tfrac{1}{2} (k^0 - k_0) = h \qquad (146)$$

ist, und deren Mittelpuncte auf der Axe OX von der Axe OZ nach entgegengesetzter Seite den Abstand:

$$- \tfrac{1}{2} (k^0 + k_0) = c \qquad (147)$$

haben. Die beiden Kreise schneiden sich auf OZ in denjenigen beiden Puncten, in welchen diese Axe von den beiden Directricen geschnitten wird.*)

Die neue Fläche wird also durch Umdrehen eines Kreises um die Axe der Congruenz erzeugt. Der Radius desselben ist gleich der halben Höhe der Linienfläche (142). Sein Mittelpunct liegt in der Central-Ebene und dessen Abstand von der Axe OZ ist dem Parameter desjenigen Complexes gleich, dessen Axe in die Begränzungs-Ebene der Linienfläche (142) fällt. Die Rotationsfläche liegt ganz zwischen denselben Ebenen und wird von jeder derselben nach dem Umfange eines Kreises berührt.

---

*) Wir können beiläufig bemerken, dass die Durchschnittspuncte der beiden Directricen mit der Axe der Congruenz die beiden Brennpuncte eines Rotations-Ellipsoids sind, dessen Mittelpunct mit dem Mittelpuncte der Congruenz zusammenfällt, dessen Rotationsaxe in OZ liegt und gleich h ist, während der Radius seines Aequatorialkreises den Werth c hat.

13*

Die Gleichung (145) bleibt ungeändert dieselbe, sowohl wenn k^0 und k_0 sich gegenseitig vertauschen, als auch, wenn beide Constanten gleichzeitig ihr Zeichen ändern. Die Rotationsfläche bezieht sich also gleichzeitig auf die gegebene Congruenz, die ihr conjugirte, die ihr adjungirte und diejenige, welche der ihr conjugirten adjungirt ist.

89. Wir erhalten, wenn wir zusammenfassen, die folgende Bestimmung der Axen der zweigliedrigen Complexgruppe, durch welche die gegebene Congruenz bestimmt wird. Wir haben vorausgesetzt, dass $\vartheta < \dfrac{\pi}{4}$. Wir wollen von dem Werthe $\omega = 0$ ausgehen, wo die Complexaxe in der Central-ebene liegt und der Complex-Parameter sein positives Maximum k^0 erreicht. Wenn ω von 0 bis $+ \vartheta$ wächst, entfernt sich die Complexaxe von der Central-ebene auf der positiven Seite derselben, während der Complex-Parameter ab-nimmt. Wenn ω durch ϑ hindurch bis $\dfrac{\pi}{4}$ wächst, wächst z, der Abstand von der Centralebene, durch $\varDelta$ hindurchgehend, wo die Complexaxe mit einer Directrix der Congruenz zusammenfällt, bis er sein Maximum $\frac{1}{2}(k^0 - k_0) = h$ erreicht, während der Complex-Parameter, durch Null hindurchgehend, ne-gative Werthe erhält und an der Gränze gleich $\frac{1}{2}(k^0 + k_0) = c$ wird. Fährt die Complexaxe fort, sich um OZ zu drehen, von $\omega = \dfrac{\pi}{4}$ bis $\omega = \dfrac{\pi}{2}$, so nähert sich dieselbe wieder der Centralebene, während der negative Werth des Complex-Parameters wächst, bis er in dieser Ebene das Maximum k_0 erreicht. Dauert die Drehung von $\omega = \dfrac{\pi}{2}$ bis $\omega = \dfrac{3\pi}{4}$ fort, so entfernt sich die Axe wieder von der Centralebene auf der negativen Seite derselben, bis an der Grenze z sein negatives Maximum $(- h)$ erreicht, während der negative Werth des Complex-Parameters abnimmt und an der Gränze den Werth c erhält. Bei der Drehung von $\omega = \dfrac{3\pi}{4}$ bis $\omega = \pi - \vartheta$ nähert sich die Axe wieder der Centralebene, bis sie, $z = - \varDelta$ entsprechend, mit der zweiten Directrix der Congruenz zusammenfällt, während der negative Complex-Parameter bis zum Verschwinden abnimmt. Vollendet die Axe ihre Drehung um OZ, indem ω von $(\pi - \vartheta)$ bis π wächst, so nähert sie sich wieder der Centralebene, bis sie wieder die Lage annimmt, von der wir ausgegangen sind, während der Complex-Parameter, der sein Zeichen geän-dert, wächst und in der Centralebene wiederum sein positives Maximum erreicht.

90. Um vollständige Symmetrie in diesen Untersuchungen zu erzielen, müssen wir die gegebene Congruenz gleichzeitig mit den genannten drei anderen betrachten, die unmittelbar von ihr abhängen. Das fordert zunächst, dass wir auf die beiden Linienflächen Rücksicht nehmen, welche, bei dem doppelten Vorzeichen, durch die Gleichung (142) bestimmt werden. Das System dieser beiden Flächen können wir durch die einzige Gleichung:

$$(x^2 + y^2)^2 z^2 = (k^0 - k_0)^2 x^2 y^2 \qquad (148)$$

darstellen.

Der vollständige Durchschnitt der Rotationsfläche (145) mit den beiden Linienflächen zerfällt in zwei algebraische Raumcurven, von denen eine auf jeder dieser beiden Flächen liegt. Die Projectionen der beiden räumlichen Durchschnitts-Curven auf die Centralebene decken sich und lösen sich dabei in zwei Curven sechsten Grades auf, von welchen eine durch die frühere Gleichung:

$$(x^2 + y^2)^3 = (k^0 x^2 + k_0 y^2)^2, \qquad (149)$$

die andere durch die folgende:

$$(x^2 + y^2)^3 = (k_0 x^2 + k^0 y^2)^2 \qquad (150)$$

dargestellt wird. In der bisherigen Voraussetzung reeller Directricen besteht jede der beiden Curven (Figur 8) aus vier Schleifen, die im Anfangspuncte der Coordinaten einen vierfachen Punct bilden. Wenn man eine der beiden Curven in ihrer Ebene um den Anfangspunct durch einen Winkel $\frac{\pi}{2}$ dreht, so erhält man die andere.

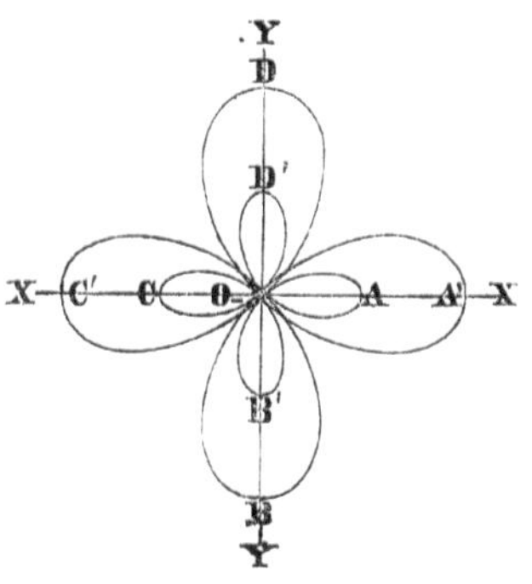

Figur 8.

Die characteristische Curve der gegebenen Congruenz liegt auf der ersten Linienfläche (142), bildet aber auf derselben keinen vollständigen, in sich abgeschlossenen Zug. Die Projection derselben auf die Centralebene der Congruenz bildet nur die eine Hälfte $AOBOC$ der Curve (149). Sie ist durch zwei Puncte begränzt, die auf OX auf beiden Seiten des Anfangspunctes in gleichem Abstande von demselben liegen.

Die characteristische Curve der adjungirten Congruenz liegt auf derselben Linienfläche, ihre Projection ist die eine Hälfte $A'OB'OC'$ der Curve (150). Sie bricht, analog wie die vorige, in zwei Puncten von OX ab.

Die characteristische Curve der conjugirten Congruenz liegt auf der zweiten Linienfläche (142). Ihre Projection bildet die eine Hälfte $CODOA$ der Curve (149), welche die Projection der characteristischen Curve der gegebenen Congruenz zu der vollständigen Curve (149) ergänzt. Die beiden characteristischen Curven brechen auf OX in denselben beiden Puncten A und D ab.

Die characteristische Curve der conjugirt-adjungirten Congruenz liegt auf der zweiten Linienfläche und ihre Projection bildet die zweite Hälfte $C'OD'OA'$ der Curve (150), welche die Projection der characteristischen Curve der adjungirten Congruenz zu der vollständigen algebraischen Curve ergänzt.

Der projicirende Cylinder, der die Centralebene in der Curve (149) schneidet, schneidet die erste Linienfläche in einer in sich geschlossenen Curve, die aus zwei Theilen besteht, der characteristischen Curve der gegebenen Congruenz und dem Spiegelbilde der characteristischen Curve der conjugirten Congruenz, genommen in Beziehung auf die Centralebene.

Ebenso bilden auf der zweiten Linienfläche die characteristische Curve der conjugirten Congruenz und das Spiegelbild der characteristischen Curve der gegebenen Congruenz eine in sich geschlossene Curve, welche, wie die vorhergehende, die Curve (149) zur Projection hat.

Der zweite projicirende Cylinder, welcher die Centralebene in der Curve (150) schneidet, schneidet die erste Linienfläche in einer in sich geschlossenen Curve, die aus zwei Theilen besteht, der characteristischen Curve der adjungirten Congruenz und dem Spiegelbilde der characteristischen Curve der conjugirt-adjungirten.

Ebenso bilden auf der zweiten Linienfläche die characteristische Curve der conjugirt-adjungirten Congruenz und das Spiegelbild der characteristischen Curve der adjungirten Congruenz eine in sich geschlossene Curve, welche, wie die vorhergehende, die Curve (150) zur Projection hat.

Die so bestimmten vier in sich geschlossenen Curven bilden den vollständigen reellen Theil algebraischer Raumcurven. Jede derselben hat zwei Doppelpuncte, die auf der gemeinschaftlichen Axe der vier Congruenzen in diejenigen beiden Puncte fallen, in welchen diese Axe von den Directricen der Congruenzen geschnitten werden. In diesen beiden Puncten wird jede Raumcurve in vier Zweige getheilt, sodass wir im Ganzen sechszehn solcher Curvenzweige erhalten, welche sämmtlich in den beiden Puncten der Axe auslaufen. Die acht Curvenzweige auf der einen Linienfläche haben mit den acht Curvenzweigen auf der zweiten Linienfläche die acht Schleifen der beiden Curven (149) und (150) zur gemeinschaftlichen Projection. Diejenigen Curvenzweige, welche die grossen Schleifen zur Projection haben, schneiden die Gränzlinien der beiden Linienflächen in Puncten, die gleichen Abstand von der Axe haben; diejenigen Curvenzweige, deren Projectionen die kleineren Ovale sind, schneiden die Axe nicht.

Die vier in sich geschlossenen Curven liegen vollständig auf der durch die Gleichung (145) dargestellten Rotationsfläche.

91. Gehen wir von einer gegebenen Linienfläche (143) aus, so können wir auf ihr die characteristischen Curven unendlich vieler Congruenzen auftragen. Jede dieser Curven ist durch den Durchschnitt mit einer Rotationsfläche bestimmt, welche mit der Linienfläche zwischen denselben Gränzebenen eingeschlossen ist. Diese Gränzebenen berühren die Linienfläche je in einer geraden Linie, die Rotationsfläche je in einem Kreise. Die Richtungen der beiden Berührungslinien, welche die Axe OZ schneiden, stehen auf einander senkrecht; die beiden Berührungskreise haben ihren Mittelpunct auf der Axe und ihre Radien sind einander gleich. Die einzelne Rotationsfläche ist durch diesen Radius vollkommen bestimmt. Dieser Radius ist gleich dem Abstande des Mittelpunctes desjenigen Kreises, welcher durch seine Umdrehung um OZ die Rotationsfläche erzeugt, von dieser Axe. Geben wir dem Mittelpuncte dieses Kreises, dessen Radius sich immer gleich bleibt, in der Centralebene nach einander alle möglichen Abstände von der Axe OZ, so erhalten wir alle möglichen Rotationsflächen und, jeder derselben entsprechend, eine Congruenz.

Wenn wir die frühere Bezeichnung beibehalten, ändert sich die Differenz der Parameter der beiden Central-Complexe nicht, es ist:

$$k^0 - k_0 = 2h, \tag{151}$$

während die Summe dieser Constanten von einer Congruenz zur andern sich so ändert, dass

$$k^0 + k_0 = -2c. \tag{152}$$

Hiernach ist:

$$k^0 = h - c, \qquad k_0 = -(h + c), \tag{153}$$

$$\varDelta^2 = -k^0 k_0 = h^2 - c^2, \tag{154}$$

$$\tan^2 \vartheta = -\frac{k^0}{k_0} = \frac{h - c}{h + c}. \tag{155}$$

Wenn wir also für die Constante c, durch welche die jedesmalige Rotationsfläche bestimmt ist, nach einander alle möglichen positiven Werthe nehmen, so entspricht jedem Werthe dieser Constanten auf der gegebenen Linienfläche eine characteristische Curve. Die den jedesmaligen adjungirten Congruenzen entsprechenden Curven besitzen dieselben absoluten, aber mit dem entgegengesetzten Zeichen genommenen Werthe von c.

92. Wenn $c = 0$, so kommt:

$$k^0 = - k_0 = h = \varDelta, \qquad \tan^2 \vartheta = 1. \tag{156}$$

Dann liegen die beiden Directricen in den Ebenen, welche die Linienfläche begränzen und haben den grösstmöglichsten Abstand von der Centralebene. Ihre beiden Richtungen stehen auf einander senkrecht und sind für die beiden adjungirten Congruenzen dieselben. Die Gleichung der Rotationsfläche wird in diesem Falle:

$$x^2 + y^2 + z^2 = h^2. \tag{157}$$

Wenn c wächst, nimmt der absolute Werth des negativen k_0 zu, des positiven k^0 ab. Dann nimmt der Abstand der beiden Directricen von der Centralebene ab und der Winkel, welchen die beiden Richtungen derselben mit einander bilden, entfernen sich immer mehr von rechten Winkeln. Innerhalb der Gränzen $2h$ und 0 können wir den Abstand der beiden Directricen einer Congruenz von einander beliebig annehmen. Der die Rotationsfläche erzeugende Kreis schneidet alsdann die Rotationsaxe in zwei reellen Puncten.

An der Gränze $c = h$ ist:

$$k^0 = 0, \qquad k_0 = - 2h, \qquad \varDelta = 0, \qquad \tan \vartheta = 0. \tag{158}$$

Der Parameter eines der beiden Central-Complexe ist gleich Null. Die beiden Directricen der Congruenz fallen in der Axe OX zusammen. Der die Rotationsfläche erzeugende Kreis berührt die Rotationsaxe OZ in dem Anfangspuncte der Coordinaten O. Die Gleichung der Rotationsfläche wird:

$$(x^2 + y^2 + z^2)^2 = h^2 (x^2 + y^2). \tag{159}$$

Die characteristische Curve bestimmt nach wie vor die Parameter und die Axenlagen unendlich vieler Complexe. Dies ist der erste in Nr. 68. behandelte Fall.

Wenn $c > h$, wird k^0 negativ, wie es k_0 ist. Die beiden Directricen der Congruenz, wie ihrer adjungirten, werden imaginär; weder ihre Richtung, noch ihr Durchschnitt mit OZ bleibt reell. Die Rotationsfläche bildet, während der erzeugende Kreis die Axe OZ nicht schneidet, einen vollständigen

Ring, ihre Durchschnittscurve mit der Linienfläche zieht sich um diese Axe, ohne dieselbe zu schneiden.

Wenn der absolute Werth des negativ gewordenen k^0 wächst, nimmt c, die Entfernung des Mittelpunctes des erzeugenden Kreises, immer mehr zu, während das Verhältniss der beiden Parameter der Central-Complexe der Congruenz sich der Einheit nähert. An der Gränze ist:

$$\operatorname{tang}^2 \vartheta = -1. \tag{160}$$

93. Ein ungemein einfaches Verfahren, die characteristischen Curven der sämmtlichen Congruenzen auf die gegebene Linienfläche aufzutragen, können wir der Gleichung:

$$z^2 + (k - k^0)(k - k_0) = 0 \tag{137}$$

entnehmen. Beim Uebergange von einer characteristischen Curve zur anderen wachsen die beiden Constanten k^0 und k_0 um dieselbe Grösse. Hierbei wird, welches auch der Werth von z sein mag, die vorstehende Gleichung immer befriedigt, wenn die Veränderliche k denselben Zuwachs erhält.

Es sei hiernach irgend eine der Linienfläche aufgeschriebene, characteristische Curve gegeben; und für diese können wir insbesondere diejenige nehmen, nach welcher die Linienfläche von einer Kugel geschnitten wird, die die Höhe derselben zu ihrem Durchmesser und den Mittelpunct derselben auch zu dem ihrigen hat. Dann erhalten wir nach einander alle characteristischen Curven, wenn wir alle Durchschnittspuncte der gegebenen Curve mit den Erzeugenden der Linienfläche auf diesen Erzeugenden der Axe um ein constantes Stück sich nähern oder von ihr sich entfernen lassen.

Zu derselben Construction gelangen wir auf geometrischem Wege, wenn wir erwägen, dass eine characteristische Curve der geometrische Ort derjenigen Puncte ist, in welchen die Erzeugenden der Fläche von dem die Rotationsfläche beschreibenden Kreise geschnitten werden, und dass von einer characteristischen Curve zur anderen der Mittelpunct dieses Kreises, dessen Ebene durch OZ geht, der Axe OZ sich nähert oder von ihr sich entfernt.

94. Wenn wir die characteristische Curve zweier conjugirten Congruenzen für den Fall, dass die Rotationsfläche mit einer Kugeloberfläche zusammenfällt, auf die Central-Ebene projiciren, so erhalten wir für die Projection die Gleichung:

$$(x^2 + y^2)^3 = h^2 (x^2 - y^2)^2. \tag{161}$$

Die projicirte Curve hat, wie die allgemeinen Curven (149) oder (150), im

Anfangspuncte einen vierfachen Punct; die vier Schleifen, aus denen sie besteht, sind gleich. Bei unserer Annahme fallen die beiden Curven (149) und (150) in die eine (161) zusammen (Figur 9).

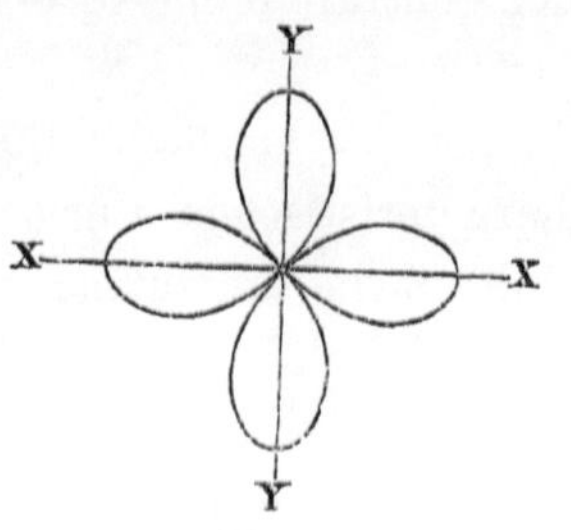

An dem zweiten Uebergange (Figur 10), wo die beiden Directricen in OX zusammenfallen, gehen die beiden Gleichungen (149) und (150) in die folgenden über:

$$(x^2 + y^2)^3 = 4h^2 y^4, \tag{162}$$

$$(x^2 + y^2)^3 = 4h^2 x^4. \tag{163}$$

Figur 9.

Wenn der Werth von ϑ, dem entsprechend, dass c bis $\pm h$ wächst, sich allmählich von $\frac{\pi}{4}$ entfernt, indem er einmal bis zum Verschwinden abnimmt, das andere Mal sich $\frac{\pi}{2}$ nähert, verschwinden allmählich zwei Schleifen der Curve (161), indem die Puncte, in welchen einmal die Axe OX, das andere Mal die Axe OY von denselben geschnitten wird, dem Puncte O immer näher rücken, während zugleich ihre in O sich schneidenden Tangenten immer mehr sich der bezüglichen Coordinaten-Axe nähern und an der Gränze mit derselben zusammenfallen. Dann besteht die Curve aus zwei gleichen Ovalen, welche eine der beiden Nebenaxen auf entgegengesetzter Seite berühren.

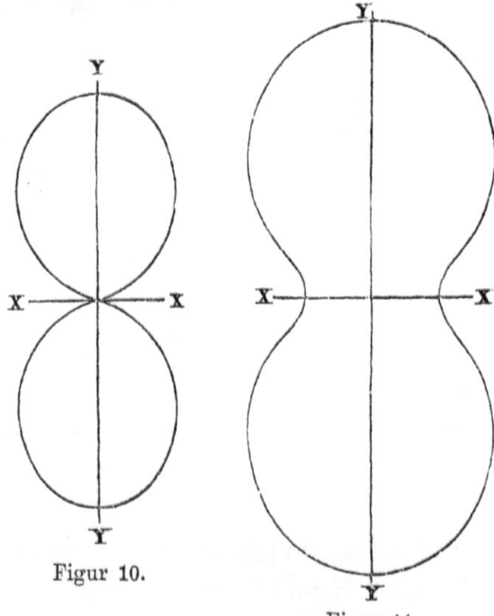

Figur 10.

Figur 11.

Wenn endlich c über h hinauswächst und ϑ imaginär wird, zieht sich dieselbe um den Anfangspunct O herum, in welchem nunmehr 4 isolirte Punkte derselben zusammenfallen (Figur 11).

Die Curven, welche überhaupt durch jede der beiden Gleichungen (149) und (150) bei verschiedener Annahme der Constanten dargestellt werden, ergeben sich, wie die räumlichen Curven, deren Projectionen sie sind, sämmtlich, wenn eine derselben gegeben ist. Wenn wir in der Gleichung:

$$k = k^0 \cos^2 \omega + k_0 \sin^2 \omega \qquad (136)$$

k als Leitstrahl betrachten, so ist diese Gleichung die Gleichung in Polar-Coordinaten derselben Curve, die wir früher durch die Gleichung (149) dargestellt haben. Durch bestimmte Werthe von k^0 und k_0 ist eine dieser Curven gegeben, und wir erhalten alle übrigen, wenn wir diese Constanten um dieselbe Grösse δ wachsen lassen. Dann aber kommt:

$$k + \delta = (k^0 + \delta) \cos^2 \omega + (k_0 + \delta) \sin^2 \omega, \qquad (164)$$

d. h. von einer Curve zur andern wachsen alle Leitstrahlen um δ.

Die Gleichung der Curve (162) wird in Polar-Coordinaten:

$$k = 2\,h \sin^2 \omega, \qquad (165)$$

wonach diese Curve auf ausserordentlich einfache Weise mit Hülfe eines Kreises mit dem Durchmesser $2\,h$ construirt werden kann. Damit ist also die Construction aller Curven (149) und (150) gegeben.

95. Es ist die Discussion der Complexe einer zweigliedrigen Gruppe:

$$\Omega + \mu \Omega' = 0$$

für denjenigen Fall noch rückständig, dass durch diese Gruppe eine parabolische Congruenz bestimmt wird. Zur Bestimmung einer solchen Congruenz ist es hinreichend, ihre einzige Directrix und eine Ebene zu kennen, welcher alle Linien derselben parallel sind. Wir wollen die Directrix als Coordinaten-Axe OX nehmen. Dann befindet sich unter den Complexen der Gruppe einer, dessen Gleichung ist:

$$\sigma = 0. \qquad (166)$$

Wir wollen ferner die Coordinaten-Ebene ZX durch OX so legen, dass sie auf der Ebene, der alle Linien der Congruenz parallel sind, senkrecht steht. Dann können wir der Gleichung dieser Ebene die folgende Form geben:

$$x + \lambda z = 0, \qquad (167)$$

wobei λ eine gegebene Constante bedeutet. Hiernach erhalten wir:

$$r + \lambda = 0, \qquad (168)$$

um einen Complex auszudrücken, der aus Linien besteht, die alle der fraglichen Ebene parallel sind, dem also ebenfalls die Congruenz angehört.

Indem wir die beiden so bestimmten Complexe für Ω und Ω' nehmen, erhalten wir für die Gleichung der Gruppe:

$$\sigma + \mu\,(r + \lambda) = 0. \qquad (169)$$

Diese Gleichung sagt aus, dass alle Linien der parabolischen Congruenz die Axe OX schneiden und der Ebene (167) parallel sind.

Die Axen der verschiedenen Complexe, welche die parabolische Congruenz bilden, liegen sämmtlich in der Ebene XY und schneiden in dieser Ebene (Nr. 31.) von der Axe OY ein Stück

$$y = -\mu\lambda \tag{170}$$

ab. Der bezügliche Parameter ist:

$$k = -\mu, \tag{171}$$

und hiernach:

$$y = \lambda k. \tag{172}$$

die Gleichung der characteristischen Curve der parabolischen Congruenz. Diese Gleichung stellt, wenn wir k von OY aus auf die Complex-Axen, also als x, auftragen, eine gerade Linie in XY dar, welche mit OX denselben Winkel bildet, wie die Ebene (167) mit der Coordinaten-Ebene YZ.

96. Im Anschluss an die geometrischen Betrachtungen der 79. Nummer lassen wir, analog wie es in der 46. Nummer für einen einzelnen Complex geschehen ist, noch einige analytische Entwickelungen folgen, die bezwecken, die Gleichung einer Congruenz auch in schiefwinkligen Coordinaten auf ihren einfachsten Ausdruck zu führen. Es seien:

$$\sigma - k^0 r = 0, \qquad \varrho + k_0 s = 0 \tag{173}$$

die beiden Central-Complexe, durch welche eine Congruenz in rechtwinkligen Coordinaten bestimmt wird. Wir wollen den Anfangspunct in der Central-Ebene in einen beliebigen Punct (x^0, y^0) verlegen. Verschieben wir zu diesem Ende das Coordinaten-System parallel mit sich selbst zuerst in der Richtung von OY um ein Stück y^0, so bleibt die Gleichung des zweiten Complexes, der OY zur Axe hat, unverändert, während die Gleichung des ersten Complexes in die folgende übergeht:

$$\sigma - \frac{k^0}{\sin\delta^0} \cdot r = 0, \tag{174}$$

wobei

$$y^0 \sin\delta^0 - k^0 \cos\delta^0 = 0. \tag{175}$$

Durch diese Verschiebung ist die Axe OX ein Durchmesser der ersten Congruenz geblieben. Dadurch, dass wir die Axe OZ in der Ebene XZ um OY so drehen, dass OX mit OZ in der neuen Lage den Winkel δ^0 bildet, wird YZ die dem Durchmesser OX zugeordnete Ebene und δ^0 ist der Neigungswinkel des Durchmessers gegen seine zugeordnete Ebene. Der Winkel YOZ ist ein rechter geblieben.

Wenn wir hiernach das Axen-System parallel mit OX um eine Strecke x_0 verschieben, so bleibt die Gleichung des ersten Complexes (173) unverändert, während die Gleichung des zweiten Complexes in die folgende übergeht:

$$\varrho + \frac{k_0}{\sin \delta_0} \cdot s = 0, \qquad (176)$$

wobei

$$x_0 \sin \delta_0 + k_0 \cos \delta_0 = 0. \qquad (177)$$

Der Winkel δ_0 ist hier der Neigungs-Winkel von OY gegen XZ, also des in OY fallenden Durchmessers des Complexes gegen seine zugeordnete Ebene. Der Winkel XOZ ist ein rechter geblieben.

Die Gleichungen der beiden Ebenen, welche in den beiden Complexen OX, dem Durchmesser des ersten, und OY, dem Durchmesser des zweiten Complexes, zugeordnet sind, haben zu Gleichungen:

$$\left. \begin{array}{l} x = \cotg \delta^0 \cdot z, \\ y = \cotg \delta_0 \cdot z. \end{array} \right\} \qquad (178)$$

Nehmen wir endlich für die Axe OZ die Durchschnittslinie der beiden zugeordneten Ebenen, so sind in der analytischen Darstellung die beiden Axen in den OX und OY conjugirten Ebenen YZ und XZ nicht mehr auf einander senkrecht. Bezeichnen wir die Winkel YOZ und XOZ durch ε^0 und ε_0, so ist:

$$\sin \delta^0 \sin \varepsilon^0 = \sin \delta_0 \sin \varepsilon_0 = \sin \delta, \qquad (179)$$

indem wir durch δ den Neigungs-Winkel der neuen Axe OZ gegen XY bezeichnen.

Nehmen wir also für OX und OY, indem wir die ursprünglichen Coordinaten-Axen parallel mit sich verschieben, statt der beiden Axen der Central-Complexe irgend zwei Durchmesser derselben und für OZ den Durchschnitt zweier Ebenen, die diesen Durchmessern zugeordnet sind, so werden die Gleichungen dieser Complexe:

$$\sigma - \frac{k^0}{\sin \delta} \cdot r = 0, \qquad \varrho + \frac{k_0}{\sin \delta} \cdot s = 0, \qquad (180)$$

und dieselbe Congruenz, die früher durch die Gleichung:

$$(\sigma - k^0 r) + \mu (\varrho + k_0 s) = 0$$

bestimmt wurde, bestimmt sich nun durch die Gleichung von ganz gleicher Form:

$$\left(\sigma - \frac{k^0}{\sin \delta} \cdot r \right) + \mu \left(\varrho + \frac{k_0}{\sin \delta} \cdot s \right) = 0 \qquad (181)$$

in dem neuen Coordinaten-Systeme.

97. Eliminiren wir mittelst (175) und (177) aus (178) cotg δ^0 und cotg δ_0, so kommt:

$$\frac{y}{x} = -\frac{k^0 x_0}{k_0 y^0},$$

oder

$$\text{tang } \alpha \cdot \text{tang } \alpha' = -\frac{k^0}{k_0}, \tag{182}$$

wenn α und α' die Winkel sind, welche einerseits die Linie, welche den neuen Anfangspunct mit dem alten verbindet, und andererseits die Projection des neuen Hauptdurchmessers der Congruenz mit der Axe OX bilden. Wenn insbesondere $k^0 = k_0$, stehen die beiden Linien für jede Aenderung des Anfangspunctes auf einander senkrecht.

Wir haben:

$$\sin^2 \delta = \frac{1}{1 + \text{cotg}^2 \delta^0 + \text{cotg}^2 \delta_0},$$

mithin:

$$\frac{1}{\sin^2 \delta} = 1 + \text{cotg}^2 \delta^0 + \text{cotg}^2 \delta_0,$$

und nach Berücksichtigung von (175) und (177):

$$\frac{x_0^2}{k_0^2} + \frac{y^{0\,2}}{k^{0\,2}} = \frac{1}{\text{tang}^2 \delta}, \tag{183}$$

oder:

$$k^{0\,2} x_0^2 + k_0^2 y^{0\,2} = \varDelta^4 \cdot \frac{1}{\text{tang}^2 \delta}. \tag{184}$$

Es folgt hieraus, dass δ constant ist, wenn der neue Anfangspunct in der Central-Ebene auf einer Ellipse angenommen wird, deren in OX und OY fallende Axen sich wie k_0 zu k^0 verhalten.

Diejenigen Hauptdurchmesser einer Congruenz, welche gleich gegen die Central-Ebene geneigt sind, schneiden diese Ebene in den Puncten einer Ellipse.

98. Durch zwei imaginäre Complexe ist eine imaginäre Congruenz gegeben. Wir wollen, unter der Voraussetzung rechtwinkliger Coordinaten-Axen, die Gleichung:

$$(\sigma - k_1 r \sqrt{-1}) + \mu (\varrho + k_2 s \sqrt{-1}) = 0 \tag{185}$$

für das Symbol einer solchen Congruenz nehmen. Diese Gleichung geht, wenn wir gleichzeitig das Zeichen von k_1 und k_2 ändern, in die folgende über:

$$(\sigma + k_1 r \sqrt{-1}) + \mu (s - k_2 s \sqrt{-1}) = 0. \tag{186}$$

Sie bezieht sich dann noch auf eine zweite imaginäre Congruenz. Die beiden Congruenzen bezeichnen wir, nach Analogie mit dem Früheren, als zwei conjugirte imaginäre Congruenzen. Die Gleichungen der beiden Congruenzen können in die folgende quadratische Gleichung zusammengezogen werden:

$$(\sigma + \mu \varrho)^2 + (k_1 r - \mu k_2 s)^2 = 0. \tag{187}$$

Die beiden Central-Complexe beider Congruenzen sind:

$$\sigma \mp k_1 r \sqrt{-1} = 0, \qquad \varrho \pm k_2 s \sqrt{-1} = 0.$$

Die beiden Congruenzen haben eine reelle gemeinschaftliche Hauptaxe und zwei gemeinschaftliche reelle Nebenaxen. Für beide ist der Abstand der beiden Directricen von einander und der Winkel, den die beiden Directricen bilden, gleich. Wenn wir jenen Abstand $\varDelta$ und diesen Winkel ϑ nennen, so haben wir nach der 82. Nummer:

$$k_1 k_2 = \varDelta^2$$
$$\frac{k_1}{k_2} = - \operatorname{tang}^2 \vartheta \tag{188}$$

Wenn k_1 und k_2 im Zeichen übereinstimmen, ist $\varDelta$ reell und $\operatorname{tang} \vartheta$ imaginär. Dann schneiden die beiden Directricen der einen Congruenz die beiden Directricen der andern in zwei reellen Puncten der Axe OZ. Die Richtungen der beiden Directricen sind imaginär. Projicirt auf XY werden sie durch die beiden Gleichungen:

$$\sqrt{k_1} \cdot x \pm \sqrt{-k_2} \cdot y = 0,$$

die in die folgende sich zusammenziehen lassen:

$$k_1 x^2 + k_2 y^2 = 0,$$

dargestellt.

Wenn k_1 und k_2 entgegengesetzte Zeichen haben, wird $\varDelta$ imaginär und $\operatorname{tang} \vartheta$ bleibt reell. Dann ist die Projection der beiden Directricen auf XY reell, aber die Puncte, in welchen die Axe OZ von denselben geschnitten wird, sind imaginär.

Wenn wir zusammenfassen, sind wir einer vierfachen Unterscheidung von Congruenzen begegnet:

1. Die beiden Directricen sind reell;

2. die beiden Directricen sind imaginär und zwar so, dass sie weder durch einen reellen Punct gehen, noch eine reelle Richtung haben;

3. die beiden Directricen sind imaginär, schneiden aber die Axe der Congruenz in zwei reellen Puncten, durch welche auch die beiden Directricen der conjugirten Congruenz gehen;

4. die beiden Directricen sind imaginär und gehen durch keinen reellen Punct der Axe der Congruenz, haben aber eine reelle Richtung.

In den beiden ersten Fällen sind die Complexe der zweigliedrigen Gruppe, welche die Congruenz bestimmen, reell, in den beiden letzten Fällen imaginär.

§ 3.
Congruenzen dreier linearer Complexe. Linienflächen.

99. Es seien:

$$\left.\begin{array}{l} \Omega = Ar + Bs + C - D\sigma + E\varrho + F\eta = 0, \\ \Omega' = A'r + B's + C' - D'\sigma + E'\varrho + F'\eta = 0, \\ \Omega'' = A''r + B''s + C'' - D''\sigma + E''\varrho + F''\eta = 0 \end{array}\right\} \qquad (1)$$

die allgemeinen Gleichungen dreier gegebener Complexe des ersten Grades. Die geraden Linien, deren Coordinaten diese drei Gleichungen befriedigen, gehören gleichzeitig den drei gegebenen Complexen an. Sie gehören gleichzeitig **allen** Complexen der dreigliedrigen Gruppe an, welche, indem wir durch μ und μ' zwei unbestimmte Coefficienten bezeichnen, durch die folgende Gleichung dargestellt wird:

$$\Omega + \mu\Omega' + \mu'\Omega'' = 0. \qquad (2)$$

Solche Linien bilden nach der 22. Nummer eine Fläche der zweiten Ordnung und Classe, also, wenn wir zunächst nur reelle gerade Linien in's Auge fassen, ein einschaliges Hyperboloid, das auch in ein hyperbolisches Paraboloid ausarten kann. Wir müssen hierbei indess nicht übersehen, dass nur die Linien der einen der beiden Erzeugungen desselben durch die Complex-Gruppe bestimmt werden. Diese Erzeugung wollen wir als die erste Erzeugung der Fläche bezeichnen.

100. Drei aus der dreigliedrigen Gruppe beliebig auszuwählende Complexe Ω, Ω', Ω'' bilden, paarweise genommen, drei Congruenzen $(\Omega\Omega')$, $(\Omega\Omega'')$ und $(\Omega'\Omega'')$. Die Linien der Fläche gehören also auch diesen drei Congruenzen an und schneiden folglich die beiden Directricen jeder der drei Congruenzen. Zur Bestimmung der Fläche sind drei der sechs Directricen hinreichend, wonach wir die gewöhnliche Construction des Hyperboloids erhalten. Aber zugleich begegnen wir neben dieser ersten Erzeugung der Fläche ihrer zweiten Erzeugung. Die Linien der ersten Erzeugung sind diejenigen, welche sämmtlichen Complexen der dreigliedrigen Gruppe angehören, die Linien der zweiten

Erzeugung sind die Directricen aller Congruenzen, die wir erhalten, wenn wir die Complexe der Gruppe paarweise zusammenstellen.

101. Wir können auch, um die Linienfläche zu construiren, zu den Complexen der dreigliedrigen Gruppe zurückgehen, und zu diesem Behufe wiederum die drei Complexe Ω, Ω', Ω'' auswählen. Es sei $A^0 B^0$ irgend eine gegebene gerade Linie und AB, $A'B'$, $A''B''$ seien die drei zugeordneten Polaren dieser Linie in Beziehung auf die drei Complexe. Diejenigen Linien, welche bezüglich $A^0 B^0$ und AB, $A^0 B^0$ und $A'B'$, $A^0 B^0$ und $A''B''$ schneiden, gehören den Complexen Ω, Ω' und Ω'' an. Es gibt im Allgemeinen zwei gerade Linien, welche vier gegebene schneiden. Die beiden geraden Linien also, welche $A^0 B^0$ und gleichzeitig AB, $A'B'$, $A''B''$ schneiden, gehören sämmtlichen drei Complexen, also der Strahlenfläche an. Wir erhalten dieselben beiden Strahlen der Fläche, wenn wir an die Stelle der Complexe Ω, Ω', Ω'' irgend andere Complexe der Gruppe (2) treten lassen. Die Polaren der gegebenen geraden Linie, in Beziehung auf alle Complexe der Gruppe, bilden eine Congruenz, welche die beiden Strahlen der Fläche zu ihren Directricen hat

Die beiden Puncte, in welchen die gegebene gerade Linie von den beiden Strahlen der Fläche getroffen wird, können reell und imaginär sein und zusammenfallen. Im letzten Falle wird die Fläche von dieser Linie berührt.

Wir können insbesondere die gerade Linie $A^0 B^0$ so wählen, dass sie eine der beiden Directricen der Congruenz ist, welche den Complexen Ω und Ω' angehört, wonach die Polare $A'B'$ mit AB zusammenfällt. Dann schneidet jeder Strahl der Fläche die beiden Linien $A^0 B^0$ und AB: diese Linien gehören ihrer zweiten Erzeugung an. Zugleich aber schneiden die Strahlen der Fläche auch $A''B''$, so wie die Polaren von $A^0 B^0$, in Beziehung auf alle Complexe der Gruppe.

Wir gelangen, indem wir zusammenfassen, zu folgenden allgemeinen Sätzen:

Ein einschaliges Hyperboloid gehört gleichzeitig dreien von einander unabhängigen Complexen und in Folge davon allen Complexen einer dreigliedrigen Gruppe an. Die allen Complexen gemeinschaftlichen geraden Linien sind die Strahlen seiner ersten Erzeugung, während die Directricen der Congruenzen je zweier dieser Complexe die Linien seiner zweiten Erzeugung bilden.

Die Polaren einer gegebenen geraden Linie in Beziehung

auf alle Complexe einer dreigliedrigen Gruppe bilden eine Congruenz, deren beide Directricen diejenigen beiden Strahlen der Fläche sind, welche die gegebene gerade Linie schneiden. Die Polaren einer beliebigen Linie der zweiten Erzeugung der Fläche in Beziehung auf sämmtliche Complexe der Gruppe sind Linien derselben Erzeugung.

102. Die Central-Ebene irgend dreier Congruenzen, denen die Fläche angehört, schneiden sich in einem Puncte, in welchem drei Durchmesser der Congruenzen — diejenigen drei geraden Linien, welche durch diesen Punct gehen und die beiden Directricen der drei Congruenzen schneiden — sich gegenseitig halbiren. Diese Durchmesser sind zugleich drei Durchmesser der Fläche. Ihre Scheitel sind die Durchschnitte derselben mit den Directricen, die Linien der zweiten Erzeugung der Fläche sind.

Die Central-Ebenen aller Congruenzen einer dreigliedrigen Gruppe:

$$\Omega + \mu\, \Omega' + \mu'\, \Omega'' = 0$$

schneiden sich in demselben Puncte: in dem Mittelpuncte der Fläche, welche durch die Gruppe gegeben ist.*)

---

*) Da ein directer Beweis dieses Satzes wünschenswerth erscheinen möchte, so füge ich Folgendes hinzu:

Der Ausdruck:

$$A'B - AB'$$

verwandelt sich, wenn wir an die Stelle der beiden Complexe Ω und Ω' irgend zwei andere der zweigliedrigen Gruppe:

$$\Omega + \lambda\, \Omega' = 0,$$

etwa die den Werthen λ^0 und λ_0 entsprechenden nehmen, in den folgenden:

$$(A + \lambda_0 A')\,(B + \lambda^0 B') - (A + \lambda^0 A')\,(B + \lambda_0 B') \equiv (\lambda_0 - \lambda^0)\,(A'B - AB').$$

Der vorstehende Ausdruck — und dasselbe gilt gleichmässig für alle Ausdrücke, $A'C - AC'$, $B'C - BC'$, ..., welche in gleicher Weise aus zwei Paaren sich entsprechender Coefficienten der Gleichungen der beiden Complexe Ω und Ω' gebildet sind — ändert also nach der Vertauschung der Complexe seinen Werth nur dadurch, dass ein Factor $(\lambda_0 - \lambda^0)$ hinzutritt, welcher lediglich von der Auswahl der beiden Complexe aus der zweigliedrigen Gruppe abhängt.

Die Central-Ebene der der zweigliedrigen Gruppe entsprechenden Congruenz, für deren Gleichung wir die folgende nehmen wollen:

$$p'' = 0,$$

ist unabhängig von der Auswahl der beiden Complexe, die wir zur Bestimmung der Congruenz anwenden. In Folge davon müssen die Coefficienten ihrer Gleichung homogene Functionen desselben Grades von $(A'B - AB')$ und entsprechend gebildeter Ausdrücke: $(A'C - AC')$, $(B'C - BC')$, ..., sein.

Aehnliches gilt für die beiden Congruenzen:

$$\Omega + \lambda\, \Omega'' = 0, \qquad\qquad \Omega' + \lambda\, \Omega'' = 0,$$

deren Central-Ebenen die folgenden Gleichungen haben mögen:

$$p' = 0, \qquad\qquad p = 0.$$

Zwei beliebige Linien der zweiten Erzeugung der Fläche können wir als Directricen einer Congruenz betrachten, welcher die Linien ihrer ersten Erzeugung angehören, und ebenso zwei beliebige Linien ihrer ersten Erzeugung als Directricen einer Congruenz, der die Linien ihrer zweiten Erzeugung angehören.

Jede Ebene, welche irgend zweien Linien derselben Erzeugung eines Hyperboloids parallel ist und den Abstand derselben halbirt, geht durch den Mittelpunct der Fläche.

Der Ort der Mittelpuncte aller Flächen, die durch zwei sich nicht schneidende Linien gehen, ist eine Ebene. Der Ort der Mittelpuncte aller Flächen, die durch ein räumliches Viereck gehen, ist eine gerade Linie.

Wenn zu den beiden Linien einer Erzeugung noch eine dritte Linie derselben Erzeugung hinzukommt, so ergeben sich durch paarweise Zusammenstellung der drei Linien drei Congruenzen, welche diese Linien-Paare zu Directricen haben. Die Fläche ist durch diese Congruenzen vollkommen bestimmt. Der Durchschnittspunct der drei Central-Ebenen der Congruenzen ist der Mittelpunct der Fläche; die drei geraden Linien, welche durch den Mittelpunct gehen und die beiden Directricen schneiden, sind drei Durchmesser derselben.

103. Eine Ebene, welche eine Fläche zweiten Grades in einer geraden

---

In unserem speciellen Falle sind die Ausdrücke von der fraglichen Form nur in linearer Weise in den drei Gleichungen enthalten.

Nehmen wir irgend eine Congruenz der dreigliedrigen Complex-Gruppe und stellen dieselbe durch:

$$(\Omega + \mu_0 \Omega' + \mu'_0 \Omega'') + \lambda(\Omega + \mu^0 \Omega' + \mu_1{}^0 \Omega'') = 0$$

und ihre Central-Ebene durch:

$$q = 0$$

dar, so ergibt sich nach dem Vorstehenden leicht, indem wir:

$$\pi \equiv \mu'_0 \mu^0 - \mu_1{}^0 \mu_0, \qquad \pi' \equiv \mu'_0 - \mu_1{}^0, \qquad \pi'' \equiv \mu_0 - \mu^0$$

setzen:

$$q \equiv \pi p + \pi' p' + \pi'' p'',$$

womit der Beweis geführt ist, dass sämmtliche Central-Ebenen in demselben Puncte sich schneiden.

Wir können diesen Satz in folgender Weise ausdrücken:

Die Central-Ebenen der Congruenzen einer dreigliedrigen Complex-Gruppe bilden ihrerseits eine dreigliedrige Gruppe von Ebenen.

Wie die Gleichung der Complex-Gruppe das Symbol einer Strahlenfläche ist, ist die letzte Gleichung das Symbol eines Punctes, des Mittelpunctes der Fläche, in welchem unendlich viele Central-Ebenen sich schneiden.

Ich muss mich hier damit begnügen, dadurch, dass ich den Satz des Textes unter der neuen Form ausspreche, eine entfernte Andeutung davon zu geben, wie derselbe einem allgemeinen, weit reichenden Gesichtspuncte sich unterordnet. Wenn es mir vergönnt sein sollte, die Entwickelungen, die sich hier auf gerade Linien beschränken, später auf Kräfte, Rotationen, Dynamen auszudehnen, würde dieser Satz seine bescheidene Stelle in einem systematischen Ganzen finden.

Linie schneidet, schneidet sie ausserdem noch in einer zweiten. Die beiden Durchschnittslinien gehören den beiden verschiedenen Erzeugungen der Fläche an. Jede solche Ebene ist eine Tangential-Ebene und der Punct, in welchem die beiden Erzeugenden in ihr sich schneiden, der Berührungspunct. Jede Linie, welche durch den Durchschnitt zweier Linien verschiedener Erzeugung geht und in der durch diese Linien gehenden Ebene liegt, ist eine Tangente der Fläche. Eine Ebene, welche durch eine gegebene Erzeugende und den Mittelpunct der Fläche geht, ist eine Tangential-Ebene, in welcher der Berührungspunct nach der Richtung der gegebenen Erzeugenden unendlich weit liegt, indem die zweite Erzeugende der gegebenen parallel wird.

Die Ebenen, welche man in jeder von drei Congruenzen, denen die Linien der ersten Erzeugung einer Fläche angehören, durch jede der beiden Directricen, parallel mit der Central-Ebene legen kann, sind Tangential-Ebenen in den Scheiteln des bezüglichen Durchmessers. Die Central-Ebene ist, in Beziehung auf die Fläche, dem Durchmesser zugeordnet. Die beiden Directricen sind Linien der zweiten Erzeugung in den Tangential-Ebenen; die Linien der ersten Erzeugung in denselben erhält man, wenn man durch den Scheitel des Durchmessers in jeder Tangential-Ebene eine gerade Linie zieht, welche der Directrix in der anderen parallel ist.

104. Nach dem Vorstehenden geht eine Ebene, welche irgend zwei Linien derselben Erzeugung parallel ist und ihren Abstand halbirt, durch den Mittelpunct der Fläche. Lassen wir die beiden Linien zusammenfallen, so geht die fragliche Ebene durch diese Linie selbst und wird dadurch zu einer durch den Mittelpunct gehenden Tangential-Ebene. Der Berührungspunct rückt unendlich weit. Wenn die gerade Linie durch eine continuirliche Bewegung die Fläche erzeugt, umhüllt die fragliche Ebene eine Kegelfläche, welche zugleich von einer geraden Linie beschrieben wird, die durch den Mittelpunct geht und der die Fläche erzeugenden geraden Linie in allen Lagen derselben parallel bleibt. Dieselbe Kegelfläche erhalten wir, wenn die die Fläche beschreibende gerade Linie der anderen Erzeugung angehört. Diese Kegelfläche, die hiernach von jeder Ebene berührt wird, die durch den Mittelpunct und irgend eine Linie einer der beiden Erzeugungen geht, und die jede Linie, welche irgend einer Linie einer der beiden Erzeugungen parallel durch den Mittelpunct gelegt wird, zu einer ihrer Seiten hat, heisst der Asymptoten-Kegel der Fläche. Die Seiten des Asymptoten-Kegels sind nicht die einzigen geraden Linien, welche die Fläche in unend-

licher Entfernung berühren. Jede gerade Linie, welche in einer Tangential-Ebene des Asymptoten-Kegels liegt und derjenigen Seite parallel ist, nach welcher dieser Kegel berührt wird, ist eine Asymptote der Fläche. Durch jeden Punct ausserhalb des Kegels lassen sich zwei solcher Asymptoten legen, die zweien Seiten desselben parallel sind.

105. Die beiden Linien der zweiten Erzeugung einer Fläche, welche durch die beiden Scheitel irgend eines Durchmessers derselben gehen, sind die beiden Directricen einer Congruenz, der die Fläche angehört. Die Central-Ebene der Congruenz ist die dem Durchmesser, in Beziehung auf die Fläche, zugeordnete Diametral-Ebene. Wenn wir die beiden Directricen nach dem Durchmesser auf die Central-Ebene projiciren, erhalten wir die Asymptoten der Durchschnitts-Curve der Fläche mit der Central-Ebene. Je zwei zugeordnete Durchmesser der Durchschnitts-Curve fallen in zwei zugeordnete Nebendurchmesser der Congruenz. Irgend ein Durchmesser der Congruenz und zwei zugeordnete Nebendurchmesser in ihrer Central-Ebene sollen drei zugeordnete Durchmesser der Fläche heissen.

Je nachdem der Durchmesser der Fläche begegnet oder nicht, sind die Directricen der bezüglichen Congruenz reell oder imaginär, dem entsprechend sind auch die beiden Asymptoten der Durchschnitts-Curve in der Central-Ebene reell oder imaginär. Diese Curve ist in dem einen Falle eine Hyperbel, in dem anderen eine Ellipse. Die Durchschnitts-Curven in Ebenen, welche der Central-Ebene parallel sind, sind gleich orientirte Hyperbeln oder Ellipsen. Die Hyperbeln arten in den Ebenen, welche durch die Endpuncte des Durchmessers gehen und Tangential-Ebenen sind, in Systeme von geraden Linien aus. Die Ellipsen behalten immer endliche Dimensionen, weil die entsprechenden Tangential-Ebenen imaginär sind. Wenn wir eine Seite des Asymptoten-Kegels als Durchmesser betrachten, fallen die Directricen der bezüglichen Congruenz zusammen (vergl. Nr. 68.), und die Ebene, welche nach dieser Seite den Asymptoten-Kegel berührt, wird Central-Ebene derselben. Die Durchschnitts-Curve der Fläche mit der Central-Ebene artet in ein System von zwei parallelen Linien aus, deren Durchmesser die Kegelseite ist. Die Durchschnitts-Curven in parallelen Ebenen sind Parabeln, deren Durchmesser der Kegelseite parallel sind.

106. Jedem Durchmesser der Fläche entsprechen zwei verschiedene Congruenzen, deren Directricen in den Endpuncten des Durchmessers sich schneiden und Linien der beiden verschiedenen Erzeugungen der Fläche sind.

Solche zwei Congruenzen haben wir (Nr. 79.) zwei in Beziehung auf den Durchmesser conjugirte genannt. Derjenigen dieser zwei Congruenzen, welche zwei Linien der zweiten Erzeugung zu Directricen hat, gehören die Linien der ersten Erzeugung an; der anderen, die zwei Linien der ersten Erzeugung zu Directricen hat, gehören die Linien der zweiten Erzeugung an.

107. Die zugeordneten Polaren einer gegebenen Linie des Raumes, $A_0 B_0$, in Bezug auf die verschiedenen Complexe der dreigliedrigen Gruppe:

$$\Omega + \mu\,\Omega' + \mu'\,\Omega'' = 0,$$

durch welche eine Linienfläche bestimmt ist, bilden eine Congruenz, deren beide Directricen Linien der ersten Erzeugung der ersten Fläche sind (Nr. 101.). Die gegebene gerade Linie schneidet die beiden Directricen in zwei Puncten. Diese beiden Durchschnittspuncte seien A_0 und B_0; sie sind zugleich die beiden Durchschnittspuncte der gegebenen Linie mit der Fläche. Die beiden Directricen seien $A_0 A^0$ und $B_0 B^0$. Die Ebene, welche durch $A_0 B_0$ und $A_0 A^0$ geht, berührt, weil $A_0 A^0$ eine Linie erster Erzeugung ist, die Fläche; der Berührungspunct, der auf dieser Linie liegt, sei A^0. Ebenso berührt eine Ebene, die durch $A_0 B_0$ und $B_0 B^0$ geht, die Fläche in einem Puncte von $B_0 B^0$; dieser Punct sei B^0. Wir wollen die beiden Berührungspuncte A^0 und B^0, welche auf den beiden Directricen und also auf der Fläche liegen, durch eine gerade Linie $A^0 B^0$ verbinden.

Wenn eine Tangential-Ebene der Fläche durch eine Linie erster Erzeugung derselben, bezüglich durch $A_0 A^0$ oder $B_0 B^0$ gelegt wird, so ist die Linie zweiter Erzeugung, welche durch den Berührungspunct, bezüglich durch A^0 oder B^0 geht, dadurch bestimmt, dass sie irgend eine andere Linie erster Erzeugung, bezüglich $B_0 B^0$ oder $A_0 A^0$, schneidet. In der obigen Construction sind also $A_0 B^0$ und $A^0 B_0$ Linien der zweiten Erzeugung. $A_0 A^0 B^0 B_0$ ist ein der Fläche aufgeschriebenes Viereck, dessen beide Paare gegenüberliegender Seiten der zwiefachen Erzeugung der Fläche angehören. Die beiden Diagonalen des Vierecks sind $A_0 B_0$ und $A^0 B^0$. Die Seiten des Vierecks sind zugleich vier von den sechs Kanten eines Tetraeders; die Flächen desselben, deren jede zwei auf einander folgende Seiten enthält, berühren die Linienfläche in den vier Winkelpuncten des Vierecks. $A_0 B_0$ und $A^0 B^0$ sind die beiden übrigen, einander gegenüberstehenden Kanten des Tetraeders.

108. Aus dem Vorstehenden folgt unmittelbar, dass die Beziehung der beiden Linien $A_0 B_0$ und $A^0 B^0$ zur Fläche eine vollkommen gegenseitige ist. Die beiden Tangential-Ebenen, welche durch jede derselben an die Fläche

sich legen lassen, berühren dieselbe in den beiden Durchschnittspuncten der jedesmaligen anderen; die Tangential-Ebenen in den Durchschnittspuncten jeder derselben mit der Fläche schneiden sich auf der jedesmal anderen. Wir nennen die beiden Linien **zwei zugeordnete Polaren in Beziehung auf die Fläche.** Zu jeder Linie des Raumes gehört eine zweite als zugeordnete Polare.

Wenn wir eine Congruenz dadurch bestimmen, dass wir irgend zwei Linien einer Fläche als Directricen derselben nehmen, so ordnen sich die der Congruenz angehörigen Linien paarweise so zusammen, dass jeder dieser Linien eine andere entspricht, mit der sie, in Beziehung auf die Fläche, zwei zugeordnete Polaren bildet. Diejenigen dieser Linien, die mit ihren zugeordneten Polaren zusammenfallen, gehören der Fläche an.

Je zwei Linien der einen Erzeugung bilden mit je zwei Linien der anderen ein der Fläche aufgeschriebenes Viereck, so wie die vier Kanten eines ihr umschriebenen Tetraeders; die beiden Diagonalen dieses Vierecks, oder, was dasselbe heisst, zwei gegenüberliegende Kanten des Tetraeders, sind, in Beziehung auf die Fläche, zwei conjugirte Polaren.

109. Drei Linien der einen und drei Linien der anderen Erzeugung einer Linienfläche schneiden einander in neun Puncten, welche der Fläche angehören. Diese Puncte lassen sich in drei Gruppen:

$$P, Q, R, \qquad P', Q', R', \qquad P'', Q'', R'' \qquad (3)$$

so vertheilen, dass in den drei Puncten derselben Gruppe die drei Linien der einen Erzeugung die drei Linien der anderen Erzeugung schneiden. Den neun Puncten entsprechen neun Ebenen, welche die Fläche in diesen Puncten berühren:

$$p, q, r, \qquad p', q', r', \qquad p'', q'', r''. \qquad (4)$$

Die drei Linien der einen Erzeugung enthalten die Puncte:

$$P, Q'', R', \qquad R, P'', Q', \qquad Q, R'', P',$$

die Linien der anderen Erzeugung die Puncte:

$$P, R'', Q', \qquad Q, P'', R', \qquad R, Q'', P'.$$

Die neun Puncte bestimmen drei der Fläche aufgeschriebene Sechsecke:

$$\left.\begin{array}{c} P'\,Q''\,R'\,P''\,Q'\,R'', \\ P\,Q''\,R\,P''\,Q\,R'', \\ P\,Q'\,R\,P'\,Q\,R'. \end{array}\right\} \qquad (5)$$

In ähnlicher Weise erhalten wir drei sechsflächige Körper, gebildet von den Tangential-Ebenen in den Eckpuncten der drei Sechsecke. Das ganze geometrische Gebilde ist gleichmässig bestimmt, gleichviel, ob wir von den drei Puncten einer der drei Gruppen (3), oder den drei Tangential-Ebenen in solchen drei Puncten, oder endlich von einem der drei Sechsecke (5) ausgehen und, dem entsprechend, drei Puncte der Fläche, oder drei Tangential-Ebenen derselben oder ein der Fläche aufgeschriebenes Sechseck von vorne herein willkürlich annehmen.

Gehen wir von drei Puncten der Fläche P, Q, R aus, so ist durch diese drei Puncte eine Ebene (P, Q, R) und durch die drei Tangential-Ebenen in diesen Puncten ein Punct (p, q, r) bestimmt. Die drei Durchschnittslinien der drei Tangential-Ebenen sind die drei Diagonalen des dritten Sechsecks:

Die drei Diagonalen eines der Linienfläche aufgeschriebenen Sechsecks schneiden sich in demselben Puncte.

Das erste aufgeschriebene Sechseck hat P' und P'', Q' und Q'', R' und R'' zu gegenüberstehenden Winkelpuncten; die Tangential-Ebenen in den drei Paaren gegenüberstehender Winkelpuncte schneiden sich in den drei Linien (P, Q), (P, R), (Q, R), welche die gegebenen Puncte P, Q, R paarweise mit einander verbinden und also in derselben Ebene liegen.

Die Tangential-Ebenen in je zwei gegenüberliegenden Winkelpuncten eines der Linienfläche aufgeschriebenen Sechsecks schneiden sich in drei geraden Linien, welche in derselben Ebene liegen.

110. Ein aufgeschriebenes Sechseck, für welches wir das erste nehmen wollen, bestimmt drei aufgeschriebene Vierecke. Die Seiten jedes Vierecks sind solche vier Seiten des Sechsecks, welche, paarweise genommen, in zwei gegenüberliegenden Winkelpuncten desselben zusammenstossen. Die drei Diagonalen des Sechsecks: (R', R''), (Q', Q''), (P', P''), welche in dem Puncte (p, q, r) sich schneiden, sind drei Diagonalen der drei Vierecke; die drei zweiten Diagonalen dieser Vierecke sind (P, Q), (P, R), (Q, R), welche in der Ebene (P, Q, R) liegen. In Gemässheit der Nummer 104. haben hiernach drei gerade Linien, welche durch denselben Punct gehen, solche drei gerade Linien zu zugeordneten Polaren, die in derselben Ebene liegen. Also:

Die zugeordneten Polaren aller Linien, die in demselben Puncte sich schneiden, liegen in derselben Ebene.

Es entspricht hiernach jedem Puncte des Raumes eine Ebene und jeder Ebene ein Punct. Die Ebene ist in Beziehung auf die Fläche die Polar-Ebene des Punctes, der Punct der Pol der Ebene. Nach dem Vorstehenden umhüllen die Tangential-Ebenen der Fläche in den Puncten einer ebenen Durchschnitts-Curve eine Kegelfläche, die durch diese Curve geht und den Pol der schneidenden Ebene zu ihrem Mittelpuncte hat. Umgekehrt berühren alle Tangential-Ebenen der Fläche, welche durch einen Punct gehen, die Fläche in einer ebenen Curve. deren Ebene die Polar-Ebene des gegebenen Punctes ist.*)

111. Wir lassen noch einige analytische Entwicklungen folgen, die bestimmt sind, die vorstehenden geometrischen Anschauungen, die weiter zu verfolgen hier nicht der Ort ist, zu unterstützen und zu erweitern. Wir wollen eine Strahlenfläche, welche durch die Gleichungen dreier Complexe des ersten Grades, die wir aus einer dreigliedrigen Gruppe

$$\Omega + \mu \Omega' + \mu' \Omega'' = 0$$

willkürlich auswählen können, gegeben ist, durch eine Gleichung in gewöhnlichen Punct-Coordinaten darstellen.

Wir werden zunächst für die drei Complexe der Gruppe drei solche Complexe nehmen, deren sämmtliche Linien die Axe derselben schneiden. Bestimmen wir den Anfangspunct willkürlich und legen die drei Coordinaten-Ebenen durch die drei Axen der Complexe, so erhalten wir für die Gleichungen der drei Complexe die folgenden:

$$\Omega = C - D\sigma + E\varrho = 0, \tag{6}$$

$$\Omega' = B's - D'\sigma + F'\eta = 0, \tag{7}$$

$$\Omega'' = A''r + E''\varrho + F''\eta = 0. \tag{8}$$

Wir haben zwischen den Coordinaten irgend eines Punctes x, y, z, welcher auf irgend einem Strahle liegt, und den vier Coordinaten r, s, ϱ und σ des Strahles die beiden Relationen:

$$x = rz + \varrho, \qquad y = sz + \sigma,$$

woraus zur Bestimmung der fünften Coordinate folgt:

$$ry - sx = \eta.$$

Wenn wir zwischen den vorstehenden sechs Gleichungen die fünf Strahlen-

---

*) Ich habe die drei zusammengehörigen, der Fläche aufgeschriebenen Sechsecke bereits vor längerer Zeit in dem „System der Geometrie des Raumes" betrachtet (vergl. Nr. 87.—93.), und durch analytische Symbole den Beweis geführt, dass einerseits die drei Puncte, in welchen die Diagonalen der drei Sechsecke sich schneiden, in einer geraden Linie liegen, und andererseits die drei Ebenen, welche die Durchschnittslinien der Tangential-Ebenen in den gegenüberstehenden Winkelpuncten der drei Sechsecke enthalten, sich auf einer zweiten geraden Linie schneiden, und endlich, dass diese beiden geraden Linien zwei zugeordnete Polaren in Beziehung auf die Fläche sind.

Coordinaten eliminiren, so stellt die resultirende Gleichung in x, y, z die Strahlenfläche in Punct-Coordinaten dar.

Eliminiren wir zuerst η, so erhalten wir statt der beiden letzten Complex-Gleichungen (7) und (8):

$$(B' - F'x)\, s + F''y \cdot r - D'\sigma = 0,$$
$$(A'' + F''y)\, r - F''x \cdot s + E''\varrho = 0,$$

und wenn wir dann ϱ und σ eliminiren, kommt:

$$Ez \cdot r - Dz \cdot s - C - Ex + Dy = 0,$$
$$F''y \cdot r + (B' - F'x + D'z)\, s - D'y = 0,$$
$$(A'' + F''y - E''z)\, r - F''x \cdot s + E''x = 0.$$

Bestimmen wir die Werthe von s und r aus den beiden letzten der vorstehenden drei Gleichungen und setzen sie in die erste dieser Gleichungen ein, so kommt:

$$Exz\,[\,E''(B' - F'x + D'z) - D'F''y\,]$$
$$+ Dyz\,[\,D'\,(A'' + F''y - E''z) + E''F'x\,]$$
$$+ (C + Ex - Dy)\,[(A'' + F''y - E''z)\,(B' - F'x + D'z) + F'F''xy\,] = 0.$$

Aus dieser Gleichung verschwinden die höheren Potenzen von x, y, z und wir erhalten:

$$A''B'C + A''(B'E - CF')x + B'(CF'' - A''D)\,y + C(A''D' - B'E'')\,z$$
$$- A''EF' \cdot x^2 - B'DF'' \cdot y^2 - CD'E''z^2$$
$$+ (CD'F'' + B'DE'')yz + (CE''F' + A''D'E)xz + (B'EF'' + A''DF')xy = 0.$$

Dividiren wir diese Gleichung durch $A''\,B'\,C$ und schreiben für:

$$\frac{E}{C}, \quad -\frac{D}{C}, \quad -\frac{F'}{B'}, \quad \frac{D'}{B'}, \quad \frac{F''}{A''}, \quad -\frac{E''}{A''},$$

bezüglich:

$$t', \quad u'', \quad t'', \quad v', \quad u', \quad v'',$$

so ergibt sich die folgende Gleichung:

$$1 + (t' + t'')\,x + (u' + u'')\,y + (v' + v'')\,z$$
$$+ t't''x^2 + u'u''y^2 + v'v''z^2$$
$$+ (u'v' + u''v'')\,yz + (t'v' + t''v'')\,xz + (t'u' + t''u'')\,xy = 0. \qquad (9)$$

Diese Gleichung stellt dieselbe Fläche in Punct-Coordinaten dar, welche ursprünglich durch die drei Complex-Gleichungen (6), (7) und (8) dargestellt wurde. Diese drei Gleichungen werden, wenn wir die sechs neuen Constanten einführen:

$$\left.\begin{array}{r} t'\varrho + u''\sigma + 1 = 0, \\ -\,v'\sigma - t''\eta + s = 0, \\ u'\eta - v''\varrho + r = 0, \end{array}\right\} \qquad (10)$$

und folglich ist, wenn μ und μ' zwei unbestimmte Coefficienten bezeichnen, die allgemeine Gleichung der dreigliedrigen Complex-Gruppe, durch welche die Strahlenfläche bestimmt wird, die folgende:

$$(t'\varrho + u''\sigma + 1) + \mu\,(v'\sigma + t''\eta - s) + \mu'\,(u'\eta - v''\varrho + r) = 0. \quad (11)$$

112. Setzen wir in der Gleichung (9) nach einander z, y und x gleich Null, so erhalten wir:

$$\left.\begin{aligned} (t'x + u''y + 1)\cdot(t''x + u'y + 1) &= 0,\\ (v'z + t''x + 1)\cdot(v''z + t'x + 1) &= 0,\\ (u'y + v''z + 1)\cdot(u''y + v'z + 1) &= 0. \end{aligned}\right\}$$

Die Durchschnitts-Curven der Fläche mit den drei Coordinaten-Ebenen arten also in Systeme von zwei geraden Linien aus. Die Fläche wird von den drei Coordinaten-Ebenen XY, XZ, YZ berührt; die Linien der zweiten Erzeugung der Fläche in diesen Ebenen sind:

$$\left.\begin{aligned} t'x + u''y + 1 &= 0,\\ v'z + t''x + 1 &= 0,\\ u'y + v''z + 1 &= 0, \end{aligned}\right\} \quad (12)$$

die Linien der ersten Erzeugung:

$$\left.\begin{aligned} t''x + u'y + 1 &= 0,\\ v''z + t'x + 1 &= 0,\\ u''y + v'z + 1 &= 0. \end{aligned}\right\} \quad (13)$$

Die Berührungs-Puncte in den drei Coordinaten-Ebenen sind die Durchschnitte der Linien erster und zweiter Erzeugung in jeder der drei Ebenen. Die drei Linien zweiter Erzeugung sind die Axen solcher drei Complexe der dreigliedrigen Gruppe, auf denen alle Linien der Complexe sich schneiden, oder mit anderen Worten, drei Directricen dreier Congruenzen der Gruppe. Wenn wir die drei Linien zweiter Erzeugung mit den drei Linien erster Erzeugung vertauschen, so treten an die Stelle der drei Complexe (10) die folgenden:

$$\left.\begin{aligned} t''\varrho + u'\sigma + 1 &= 0,\\ -\,v''\sigma - t'\eta + s &= 0,\\ u''\eta - v'\varrho + r &= 0, \end{aligned}\right\} \quad (14)$$

und zur Bestimmung derselben Strahlenfläche erhalten wir die neue dreigliedrige Complex-Gruppe:

$$(t''\varrho + u'\sigma + 1) + \mu_1\,(v''\sigma + t'\eta - s) + \mu_1'\,(u''\eta - v'\varrho + r) = 0. \quad (15)$$

Jeder Congruenz einer der beiden dreigliedrigen Complex-Gruppen (11) und (15) entspricht in der andern eine conjugirte Congruenz.

113. Wenn insbesondere:

$$t' + t'' = 0, \qquad u' + u'' = 0, \qquad v' + v'' = 0, \qquad (16)$$

nimmt die Gleichung der Fläche die folgende einfachere Form an:

$$1 - t'^2 x^2 - u'^2 y^2 - v'^2 z^2 + 2 u'v' \cdot yz + 2 t'v' xz + 2 t'u' xy = 0. \qquad (17)$$

Dann sind die beiden Linien verschiedener Erzeugungen in jeder der drei Coordinaten-Ebenen einander parallel und stehen gleich weit vom Anfangspuncte der Coordinaten ab. Dieser ist der Mittelpunct der Fläche. Die drei Coordinaten-Ebenen berühren den Asymptoten-Kegel der Fläche.

114. Wenn die Fläche insbesondere ein **hyperbolisches Paraboloid** ist, bleiben die drei geraden Linien (12) Linien derselben Erzeugung desselben, sind aber der Bedingung unterworfen, dass sie einer gegebenen Ebene parallel sind. Nehmen wir für die Gleichung dieser Ebene:

$$ax + by + cz = 0, \qquad (18)$$

so kommt:

$$\frac{a}{b} = \frac{t'}{u''}, \qquad \frac{b}{c} = \frac{u'}{v''}, \qquad \frac{c}{a} = \frac{v'}{t''}, \qquad (19)$$

woraus sich die folgende Bedingungs-Gleichung zwischen den sechs Constanten, von welchen die Fläche abhängt, ergibt:

$$t'u'v' = t''u''v''. \qquad (20)$$

In Folge derselben Bedingungs-Gleichung sind die Linien der zweiten Erzeugung einer zweiten gegebenen Ebene parallel. Nehmen wir:

$$a'x + b'y + c'z = 0 \qquad (21)$$

für die Gleichung dieser Ebene, so kommt:

$$\frac{a'}{b'} = \frac{t''}{u'}, \qquad \frac{b'}{c'} = \frac{u''}{v'}, \qquad \frac{c'}{a'} = \frac{v''}{t'}. \qquad (22)$$

Entwickeln wir die Gleichungen (18) und (21), so kommt:

$$\left.\begin{array}{l} t''v''x + u'v'y + v'v''z = 0, \\ t'v'x + u''v''y + v'v''z = 0. \end{array}\right\} \qquad (23)$$

Die Durchschnittslinie dieser beiden Ebenen, denen die Linien der ersten und zweiten Erzeugung des Paraboloids parallel sind, bestimmen die Richtung der **Durchmesser** desselben.

Wir finden für dieselbe unter Berücksichtigung der Bedingungs-Gleichung (20):

$$\frac{t't''x}{t' - t''} = \frac{u'u''y}{u' - u''} = \frac{v'v''z}{v' - v''}. \qquad (24)$$

116. Wir haben bisher gerade Linien vorzugsweise als **Strahlen** betrachtet, weil diese Vorstellungsart unserer Auffassung näher liegt und Kürze

uns geboten ist. Die Auffassung einer geraden Linie als Axe ist aber eine gleichberechtigte. Die Strahlen-Congruenzen treten dann als Axen-Congruenzen, die Strahlen-Fächen als Axen-Flächen auf. Wir wollen hier dieselbe Fläche, welche wir eben als Strahlen-Fläche betrachtet haben, nunmehr als Axen-Fläche betrachten und durch die früheren Complexe Ω, Ω', Ω'', welche nun nach Einführung der fünf Axen-Coordinaten p, q, π, $\varkappa$, ω durch die folgenden Gleichungen:

$$\Phi = C\omega + Dp + Eq = 0, \tag{25}$$
$$\Phi' = B'\pi + D'p + F' = 0, \tag{26}$$
$$\Phi'' = -A''\varkappa + E''q + F'' = 0 \tag{27}$$

dargestellt werden, bestimmen. Wir erhalten die Gleichung dieser Fläche in Plan-Coordinaten t, u, v, wenn wir zwischen den vorstehenden drei Gleichungen und den Gleichungen:

$$t = pv + \pi,$$
$$u = qv + \varkappa,$$
$$pu - qt = \omega$$

die fünf Axen-Coordinaten eliminiren. Eliminiren wir zunächst zwischen der ersten und sechsten, der zweiten und vierten, der dritten und fünften der vorstehenden sechs Gleichungen bezüglich ω, π und $\varkappa$, so kommt:

$$(Cu + D)p = (Ct - E)q,$$
$$(B't + F') = (B'v - D')p,$$
$$(A''v + E'')q = (A''u - F''),$$

und hieraus, wenn wir diese drei Gleichungen mit einander multipliciren:

$$\frac{(Ct - E)(A''u - F'')(B'v - D')}{(B't + F')(Cu + D)(A''v + E'')} = 1.$$

Dividiren wir Zähler und Nenner des Bruches auf der ersten Seite dieser Gleichung durch $A'' \cdot B' \cdot C$, so kommt, wenn wir wiederum der Kürze wegen die früheren Constanten t' und t'', u' und u'', v' und v'' einführen:

$$\frac{(t - t')(u - u')(v - v')}{(t - t'')(u - u'')(v - v'')} = 1. \tag{28}$$

In dieser Gleichung fällt, wenn sie entwickelt wird, das Product der drei Veränderlichen aus. Sie stellt dieselbe Fläche in Plan-Coordinaten dar, die wir früher durch die Gleichung (9) in Punct-Coordinaten dargestellt haben.

116. Die vorstehende Gleichung wird befriedigt, wenn gleichzeitig:

$$\left.\begin{array}{ll} t - t' = 0, & u - u'' = 0, \\ u - u' = 0, & v - v'' = 0, \\ v - v' = 0, & t - t'' = 0, \end{array}\right\} \tag{29}$$

und ebenso, wenn gleichzeitig:

$$\left.\begin{array}{lr} t - t' = 0, & v - v'' = 0, \\ u - u' = 0, & t - t'' = 0, \\ v - v' = 0, & u - u'' = 0. \end{array}\right\} \tag{30}$$

Die Gleichungen (29) und (30), welche sich auf sechs verschiedene reduciren, stellen, einzeln genommen, sechs Puncte dar, von denen zwei auf jeder der drei Coordinaten-Axen liegen. Paarweise zusammengestellt, wie vorstehend geschehen, stellen sie Axen dar, welche in den drei Coordinaten-Ebenen und zugleich auf der Fläche liegen, einmal die drei Linien zweiter Erzeugung der Fläche (12), das andere Mal die drei Linien erster Erzeugung derselben Fläche (13). Die Fläche wird von den drei Coordinaten-Ebenen berührt.

Wir können die Fläche, ihrer doppelten Erzeugung entsprechend, durch jede der folgenden beiden dreigliedrigen Gruppen linearer Axen-Complexe darstellen:

$$(\omega - u''p + t'q) + \lambda (\pi + v'p - t'') + \lambda' (k + v''q - u') = 0, \tag{31}$$

$$(\omega - u'p + t''q) + \lambda_1 (\pi + v''p - t') + \lambda_1' (k + v'q - u'') = 0, \tag{32}$$

indem wir durch λ, λ', λ_1, λ_1' unbestimmte Coefficienten bezeichnen.

117. Wenn wir für die drei Coordinaten-Ebenen irgend drei Tangential-Ebenen des Asymptoten-Kegels der Fläche nehmen, so nimmt in Folge der Relationen (16)

$$t' + t'' = 0, \qquad u' + u'' = 0, \qquad v' + v'' = 0$$

die Gleichung der Fläche in Plan-Coordinaten die folgende Form an:

$$\frac{(t - t')(u - u')(v - v')}{(t + t')(u + u')(v + v')} = 1. \tag{33}$$

In dem Falle des hyperbolischen Paraboloids particularisirt sich die allgemeine Gleichung (28) dadurch, dass das constante Glied bei der Entwickelung fortfällt, was wieder zu der früheren Bedingungs-Gleichung (20) führt.

118. Wir haben in den letzten Nummern dieselbe Erzeugung derselben Fläche, einmal durch drei lineare Gleichungen in Strahlen-Coordinaten, das andere Mal durch drei lineare Gleichungen in Axen-Coordinaten dargestellt und aus den drei linearen Gleichungen die Gleichung derselben Fläche einmal in Punct-Coordinaten, das andere Mal in Plan-Coordinaten abgeleitet.

Wir wollen als zweites Beispiel eine Linienfläche durch drei Complexe der besonderen Art bestimmen, indem wir für die Gleichung derselben drei solche nehmen, die aus den früheren hervorgehen, wenn wir die Constanten derselben mit ihren reciproken Werthen und

$$r,\ s,\ \varrho,\ \sigma,\ \eta \quad \text{mit} \quad p,\ q,\ \pi,\ \varkappa,\ \omega$$

gegenseitig vertauschen.

Auf diesem Wege erhalten wir, indem wir der Kürze wegen die reciproken Werthe von $t',\ t'',\ u',\ u'',\ v',\ v''$ durch $x',\ x'',\ y',\ y'',\ z',\ z''$ bezeichnen, statt der drei Complex-Gleichungen (10) die folgenden:

$$\left.\begin{aligned} x'\pi + y''\varkappa + 1 &= 0,\\ -z'\varkappa - x''\omega + q &= 0,\\ y'\omega - z''\pi + p &= 0. \end{aligned}\right\} \tag{34}$$

119. Wenn wir zwischen diesen drei Gleichungen und den drei Gleichungen:

$$t = pv + \pi, \qquad u = qv + \varkappa, \qquad pu - qt = \omega$$

die fünf Axen-Coordinaten $p,\ q,\ \pi,\ \varkappa,\ \omega$ eliminiren, erhalten wir die folgende Gleichung der Fläche in Plan-Coordinaten:

$$\begin{aligned} 1 + (x' + x'')\, t + (y' + y'')\, u + (z' + z'')\, v\\ + x'x''\, t^2 + y'y''\, u^2 + z'z''\, v^2\\ + (y'z' + y''z'')\, uv + (x'z' + x''z'')\, tv + (x'y' + x''y'')\, tu = 0. \end{aligned} \tag{35}$$

Diese Gleichung ergibt sich unmittelbar, wenn wir in der Gleichung (9) $t',\ t'',\ u',\ u'',\ v',\ v''$ durch $x',\ x'',\ y',\ y'',\ z',\ z''$ und $x,\ y,\ z$ durch $t,\ u,\ v$ ersetzen.

Um dieselben Complexe (34) in Strahlen-Coordinaten auszudrücken, erhalten wir:

$$\left.\begin{aligned} \eta - y''\cdot r + x'\cdot s &= 0,\\ \varrho + z'\cdot r - x'' &= 0,\\ -\sigma - z''\cdot s + y' &= 0, \end{aligned}\right\} \tag{36}$$

und wenn wir zwischen diesen drei Gleichungen und den drei folgenden:

$$x = rz + \varrho, \qquad y = sz + \sigma, \qquad ry - sx = \eta,$$

die Strahlen-Coordinaten $r,\ s,\ \varrho,\ \sigma,\ \eta$ eliminiren, kommt:

$$\frac{(x - x')\,(y - y')\,(z - z')}{(x - x'')\,(y - y'')\,(z - z'')} = 1. \tag{37}$$

Diese Gleichung erhalten wir unmittelbar, wenn wir in der Gleichung (28) $t',\ t'',\ u',\ u'',\ v',\ v''$ mit $x',\ x'',\ y',\ y'',\ z',\ z''$ und $t,\ u,\ v$ mit $x,\ y,\ z$ vertauschen.

Die beiden Gleichungen (35) und (37) stellen dieselbe Fläche in Plan- und Punct-Coordinaten dar, die in Axen- und Strahlen-Coordinaten durch die Systeme linearer Gleichungen (34) und (36) dargestellt wird.

120. Wenn wir in der Gleichung (35) nach einander v, u und t gleich Null setzen, so erhalten wir:

$$\left.\begin{array}{l} (x't + y''u + 1)(x''t + y'u + 1) = 0, \\ (z'v + x''t + 1)(z''v + x't + 1) = 0, \\ (y'u + z''v + 1)(y''u + z'v + 1) = 0. \end{array}\right\} \quad (38)$$

Während also im Allgemeinen die Tangential-Ebenen einer Fläche zweiter Ordnung und Klasse, welche einer gegebenen geraden Linie parallel sind, einen Cylinder umhüllen, artet dieser Cylinder, wenn wir für die gerade Linie nach einander die drei Coordinaten-Axen nehmen, in ein System von zwei parallelen geraden Linien aus. Die Coordinaten-Axen sind also irgend dreien Erzeugenden der Linienfläche, oder, was dasselbe ist, irgend dreien Seiten des Asymptoten-Kegels der Fläche parallel. Denn alle Ebenen, welche durch irgend eine Linie der Fläche gehen, sind Tangential-Ebenen der Fläche. Den drei Linien der ersten Erzeugung, denen die drei Coordinaten-Axen parallel genommen worden sind, sind drei Linien der zweiten Erzeugung parallel. Die beiden Puncten-Paare, in welchen die Ebenen YX, XZ, ZY von den Linien beider Erzeugungen, die bezüglich den Axen OZ, OY, OX parallel sind, getroffen werden, werden durch die Gleichungen (38) dargestellt.

121. In Uebereinstimmung hiermit erhalten wir, um die Gleichung (37) zu befriedigen, einmal die drei Gleichungen-Paare:

$$\left.\begin{array}{ll} x - x' = 0, & y - y'' = 0, \\ y - y' = 0, & z - z'' = 0, \\ z - z' = 0, & x - x'' = 0, \end{array}\right\} \quad (39)$$

welche die drei Linien zweiter Erzeugung, das andere Mal die drei Gleichungen-Paare:

$$\left.\begin{array}{ll} x - x' = 0, & z - z'' = 0, \\ y - y' = 0, & x - x'' = 0, \\ z - z' = 0, & y - y'' = 0, \end{array}\right\} \quad (40)$$

welche die drei Linien erster Erzeugung darstellen, die den drei Coordinaten-Axen, bezüglich OZ, OX, OY und OY, OZ, OX parallel sind.

123. Die drei Complexe besonderer Art, durch welche die Fläche bestimmt ist, die einmal durch die Gleichungen (34), das andere Mal durch die Gleichungen (36) dargestellt werden, haben zu Axen diejenigen Linien zweiter Erzeugung, die durch die Gleichungen-Paare (39) dargestellt werden, und andererseits dadurch bestimmt sind, dass sie den Coordinaten-Axen OX, OY,

OZ parallel sind und die bezüglichen Coordinaten-Ebenen YZ, XZ, XY in Puncten schneiden, welche in diesen Ebenen durch die Gleichungen:

$$y'u + z''v + 1 = 0, \left.\vphantom{\begin{matrix}1\\1\\1\end{matrix}}\right\}$$
$$z'v + x''t + 1 = 0, \qquad (41)$$
$$x't + y''u + 1 = 0$$

dargestellt werden.

Wenn wir drei Seiten des Asymptoten-Kegels selbst zu Coordinaten-Axen nehmen, kommt:

$$x' + x'' = 0, \qquad y' + y'' = 0, \qquad z' + z'' = 0. \qquad (42)$$

Dann nimmt die Gleichung der Fläche in Plan-Coordinaten die folgende Form an:

$$1 - x'^2 t^2 - y'^2 u^2 - z'^2 v^2 + 2y'z' \cdot uv + 2x'z' \cdot tv + 2x'y' \cdot tu = 0, \quad (43)$$

die Gleichung derselben Fläche in Punct-Coordinaten die folgende:

$$\frac{(x - x')\,(y - y')\,(z - z')}{(x + x')\,(y + y')\,(z + z')} = 1. \qquad (44)$$

124. Wir wollen endlich, zunächst unter der Voraussetzung rechtwinkliger Coordinaten-Axen, für die Complexe einer dreigliedrigen Gruppe:

$$\Omega + \mu\,\Omega' + \mu'\,\Omega'' = 0,$$

durch welche eine Linienfläche bestimmt ist, die folgenden drei nehmen:

$$\Omega \;= \sigma - k_1 r = 0, \left.\vphantom{\begin{matrix}1\\1\\1\end{matrix}}\right\}$$
$$\Omega' = \varrho + k_2 s = 0, \qquad (45)$$
$$\Omega'' = \eta + k_3 \;\;\;= 0.$$

Dann fallen die Axen der drei Complexe in die drei Coordinaten-Axen OX, OY, OZ, sind also, wie diese, auf einander senkrecht und schneiden sich im Anfangspuncte der Coordinaten. Die Parameter sind k_1, k_2, k_3. Wenn wir die drei Complexe paarweise zusammenstellen, erhalten wir drei Congruenzen (Ω', Ω''), (Ω, Ω''), (Ω, Ω'), deren Hauptaxen bezüglich in OX, OY, OZ und deren Paare von Nebenaxen bezüglich in OY und OZ, OX und OZ, OX und OY fallen.

Wenn wir, wie früher, vermittelst der drei Gleichungen:

$$x = rz + \varrho, \qquad y = sz + \sigma, \qquad rx - sy = \eta$$

σ, ϱ und η eliminiren, so kommt:

$$y - sz - k_1 r = 0,$$
$$x - rz + k_2 s = 0,$$
$$ry - sx + k_3 \;\;\;= 0.$$

Aus den beiden ersten der vorstehenden Gleichungen folgt:

$$(k_1 k_2 + z^2)\, r = \quad x z + k_2 y,$$
$$(k_1 k_2 + z^2)\, s = -\, y z + k_1 x,$$

und wenn wir zwischen diesen beiden Gleichungen und der dritten der vorhergehenden drei Gleichungen r und s eliminiren:

$$k_1 x^2 + k_2 y^2 + k_3 z^2 + k_1 k_2 k_3 = 0,$$

oder:

$$\frac{x^2}{k_2 k_3} + \frac{y^2}{k_1 k_3} + \frac{z^2}{k_1 k_2} + 1 = 0. \tag{46}$$

Diese Gleichung bleibt ungeändert dieselbe, wenn die Werthe der drei Constanten k_1, k_2, k_3 gleichzeitig ihr Zeichen ändern. Dann treten an die Stelle der drei gegebenen Complexe drei andere, deren drei Durchmesser nach wie vor in die drei Coordinaten-Axen fallen und deren drei Parameter bloss ihr Zeichen geändert haben, das heisst, die drei neuen Complexe sind entgegengesetzt gewunden, als die drei gegebenen. Darin ist die doppelte Erzeugung der Fläche ausgesprochen. Die Linien der einen Erzeugung gehören gleichzeitig den drei ursprünglichen, die der anderen gleichzeitig den drei neuen Complexen an.

125. Wenn die Parameter der drei ursprünglichen Complexe sämmtlich positiv und demnach die Parameter der drei neuen Complexe negativ sind, oder umgekehrt, wenn jene negativ und diese positiv sind, so ist die Fläche imaginär. In allen übrigen Fällen, so lange die Werthe der Parameter reell bleiben, ist die Fläche ein einschaliges Hyperboloid. Dann stimmen die Werthe zweier der drei Parameter der beiden Gruppen von Complexen im Zeichen überein, und der Werth des jedesmaligen dritten Parameters hat das entgegengesetzte Zeichen. Je nachdem der Parameter des ersten, zweiten oder dritten Complexes der Gruppe im Zeichen von den Parametern der beiden übrigen Complexe abweicht, fällt die imaginäre Axe des Hyperboloids bezüglich in die Coordinaten-Axen OX, OY, OZ. In dem ersten Falle erhalten wir:

$$\left(\frac{x}{a}\right)^2 - \left(\frac{y}{b}\right)^2 - \left(\frac{z}{c}\right)^2 = -\,1, \tag{47}$$

indem wir:

$$\left.\begin{aligned} k_2 k_3 &= \quad a^2, \\ k_1 k_3 &= -\, b^2, \\ k_1 k_2 &= -\, c^2 \end{aligned}\right\} \tag{48}$$

setzen.

Wenn wir den vorstehenden Entwickelungen statt Punct-Coordinaten

Linien-Coordinaten zu Grunde legen und demnach die Linien der Complexe, statt als Strahlen, als Axen betrachten, so erhalten wir für dieselbe Linienfläche, die nunmehr als Axenfläche auftritt, die folgende Gleichung:

$$k_2 k_3 t^2 + k_1 k_3 u^2 + k_1 k_2 v^2 + 1 = 0. \qquad (49)$$

126. Jeder gegebenen geraden Linie im Raume sind die Durchmesser eines der unendlich vielen Durchmesser einer dreigliedrigen Gruppe parallel. Wir können daher die drei Coordinaten-Axen als Durchmesser dreier Complexe betrachten, durch welche eine Linienfläche bestimmt ist. In dem Falle rechtwinkliger Coordinaten-Axen stellen die Gleichungen (45) drei Complexe dar, deren drei Axen in die drei Axen der Linienfläche fallen. Die Hauptparameter der drei Complexe sind k_1, k_2, k_3. Wenn wir als Coordinaten-Axen irgend drei zugeordnete Durchmesser derselben Linienfläche nehmen, stellt die Gleichung (45) immer noch drei Complexe der dreigliedrigen Gruppe dar. Nur sind dann k_1, k_2, k_3 nicht mehr die Hauptparameter der drei Complexe, sondern die Parameter derjenigen drei Durchmesser derselben, welche mit den drei Coordinaten-Axen zusammenfallen. Diese drei Parameter wollen wir zur Unterscheidung durch k_1^0, k_2^0, k_3^0 bezeichnen und den drei obigen Constanten ihre Bedeutung als Hauptparameter der drei Complexe lassen. Drei Complexe der dreigliedrigen Gruppe, deren Durchmesser irgend dreien zugeordneten Durchmessern der durch diese Gruppe bestimmten Linienfläche parallel sind, wollen wir, in Beziehung auf die Linienfläche, drei conjugirte Complexe nennen. Es seien ε'', ε', ε die drei Winkel XOY, XOZ, YOZ, welche die drei Coordinaten-Axen, paarweise genommen, mit einander bilden, und δ'', δ', δ, die Neigungs-Winkel von OZ gegen XY, von OY gegen XZ, von OX gegen YZ. Dann sind die drei Ausdrücke:

$$\sin \varepsilon'' \sin \delta'', \qquad \sin \varepsilon' \sin \delta', \qquad \sin \varepsilon \sin \delta$$

einander gleich. Bezeichnen wir sie, der Kürze wegen, durch γ, so erhalten wir:

$$k_1^0 = \frac{k_1}{\gamma}, \quad k_2^0 = \frac{k_2}{\gamma}, \quad k_3^0 = \frac{k_3}{\gamma},$$

und hieraus:

$$k_1^0 : k_2^0 : k_3^0 = k_1 : k_2 : k_3. \qquad (50)$$

Setzen wir, den Gleichungen (48) entsprechend,

$$\begin{aligned} k_2^0 k_3^0 &= a_0^2, \\ k_1^0 k_3^0 &= -b_0^2, \\ k_1^0 k_2^0 &= -c_0^2, \end{aligned} \right\} \qquad (51)$$

so erhalten wir für die Gleichung der Linienfläche in schiefwinkligen Coordinaten:

$$\left(\frac{x}{a_0}\right)^2 - \left(\frac{y}{b_0}\right)^2 - \left(\frac{z}{c_0}\right)^2 = -1. \tag{52}$$

Es bedeuten $a_0\sqrt{-1}$, b_0, c_0 diejenigen Halbdurchmesser der Fläche, welche mit den drei Coordinaten-Axen OX, OY, OZ zusammenfallen. Setzen wir

$$\gamma^2 \cdot a_0^2\, b_0^2\, c_0^2 = \Theta^2, \tag{53}$$

so ist bekanntlich Θ eine Grösse, welche sich nicht ändert, wenn wir statt der drei gegebenen zugeordneten Durchmesser der Fläche irgend drei andere zugeordnete Durchmesser zu Coordinaten-Axen nehmen.

127. Wenn wir gliedweise die beiden letzten Gleichungen (51) mit einander multipliciren und durch die erste dieser Gleichungen dividiren, so kommt:

$$k_1^{0\,2} = \frac{b_0^2\, c_0^2}{a_0^2},$$

und wenn wir k_1 statt k_1^0 einführen:

$$k_1^2 = \gamma^2\,\frac{b_0^2\, c_0^2}{a_0^2} = \frac{\Theta^2}{a_0^4}.$$

Hiernach ist:

$$k_1 = \pm\,\frac{\Theta}{a_0^2}. \tag{54}$$

k_1 ist der Hauptparameter desjenigen Complexes der dreigliedrigen Gruppe, dessen Durchmesser der Axe OX parallel sind und a_0^2 (mit entgegengesetztem Zeichen genommen) das Quadrat desjenigen Halbdurchmessers der Fläche, welcher in diese Axe fällt. Da wir von vorne herein als Coordinaten-Axe jeden beliebigen Durchmesser der Linien-Fläche nehmen können (wobei, je nachdem der neue Durchmesser die Fläche schneidet oder nicht, a_0^2 mit positivem oder negativem Zeichen genommen werden muss), ergibt sich der folgende Satz unmittelbar:

Der Hauptparameter desjenigen Complexes einer dreigliedrigen Gruppe, dessen Durchmesser irgend einem Durchmesser der durch die Gruppe bestimmten Linienfläche parallel sind, ist umgekehrt dem Quadrate der Länge des Durchmessers der Fläche proportional.

128. Einer beliebigen durch den Anfangspunct gelegten Ebene ist gleichzeitig ein Durchmesser der Linien-Fläche, der Hauptdurchmesser einer Congruenz, der diese Fläche angehört, und ein Durchmesser eines Complexes

der dreigliedrigen Gruppe, durch welche die Fläche bestimmt wird, zugeordnet. Dieselben Ebenen, welche dem Durchmesser der Fläche zugeordnet
sind, sind der Central-Ebene der Congruenz parallel und in dem Complexe
ebenfalls dem mit dem Durchmesser der Fläche zusammenfallenden Durchmesser zugeordnet. Es folgt dies unmittelbar aus den Gleichungen der drei
conjugirten Complexe (45), durch welche, auch in der Annahme schiefwink-
liger Coordinaten, eine Linienfläche bestimmt wird. Dem Durchmesser eines
der drei Complexe, welcher in eine der drei Coordinaten-Axen fällt, ist die
Coordinaten-Ebene, welche durch die beiden andern Coordinaten-Axen geht,
zugeordnet, und dieselbe Ebene ist einerseits die Central-Ebene derjenigen
Congruenz, welche durch die beiden übrigen Complexe bestimmt wird und
andererseits die Diametral-Ebene der Fläche, die demjenigen Durchmesser
derselben conjugirt ist, welcher mit dem Durchmesser des Complexes zusammenfällt.

Ein Complex einer dreigliedrigen Gruppe ist vollkommen bestimmt, wenn
die Richtung seiner Durchmesser gegeben ist. In der vorigen Nummer
haben wir, vermittelst der entsprechenden Linien-Fläche, in einfachster
Weise seinen Parameter erhalten. Die vorstehenden Erörterungen geben uns
für einen seiner Durchmesser die zugeordneten Ebenen. Die Construction
seiner Axe ist hiernach auf die 46. Nummer zurückgeführt.

Man trage auf demjenigen Durchmesser der Fläche, welcher die gegebene Durchmesser-Richtung des Complexes hat, vom Mittelpuncte aus den
Parameter des Complexes auf und projicire denselben auf die dem Durchmesser zugeordnete Diametral-Ebene der Fläche. Der Parameter ist nach
der vorigen Nummer, wenn wir die Länge des Halbdurchmessers der Fläche
durch r_0^2 bezeichnen, gleich $\dfrac{\Theta}{r_0^2}$, die Projection desselben, wenn wir den
Winkel, den der Durchmesser der Fläche mit der ihr conjugirten Ebene bil-
det, δ_0 nennen, gleich

$$\frac{\Theta}{r_0^2}\cos\delta_0.$$

Wenn wir dann den Durchmesser der Fläche, parallel mit sich selbst, von der
projicirenden Ebene um eine Strecke entfernen, die dieser Projection gleich
ist, so ist der verschobene Durchmesser der Fläche in der neuen Lage die
Axe des Complexes.

Diese Verschiebung kann nach entgegengesetzter Richtung vorgenommen werden. Dem entsprechend erhalten wir die beiden gleichweit vom Mittelpuncte abstehenden, unter sich parallelen Axen zweier verschiedenen Complexe. Diesen beiden Complexen gehören die beiden verschiedenen Erzeugungen der Linienfläche an.

129. Wir erhalten für die Parameter der bezüglich in OX, OY, OZ fallenden Durchmesser der drei conjugirten Complexe:

$$k_1{}^0 = \pm \frac{b^0 c^0}{a^0}, \qquad k_2{}^0 = \mp \frac{a_0 c_0}{b_0}, \qquad k_3{}^0 = \mp \frac{a_0 b_0}{c_0}, \qquad (55)$$

und für die Hauptparameter dieser Complexe:

$$k_1 = \pm \frac{\Theta}{a_0{}^2}, \qquad k_2 = \mp \frac{\Theta}{b_0{}^2}, \qquad k_3 = \mp \frac{\Theta}{c_0{}^2} \qquad (56)$$

In Gemässheit der Gleichungen (58) haben $k_2{}^0$ und $k_3{}^0$ übereinstimmende Zeichen und $k_1{}^0$ weicht von ihnen im Zeichen ab, woraus unter Berücksichtigung der Proportionen (50) folgt, dass auch k_3 und k_2 unter sich gleiche, mit k_1 entgegengesetzte Zeichen haben. Wir müssen demnach sowohl in den Gleichungen (55) als auch in den Gleichungen (56) die drei obern und die drei untern Zeichen zusammennehmen.

Wenn wir die drei Gleichungen (55) gliedweise mit einander multipliciren, so kommt:

$$k_1{}^0 \, k_2{}^0 \, k_3{}^0 = \pm \, a_0 \, b_0 \, c_0. \qquad (57)$$

Das Product der Parameter derjenigen Durchmesser dreier conjugirter Complexe, welche mit den drei zugeordneten Durchmessern der Linienfläche zusammenfallen, ist dem Producte der drei halben Durchmesser der Fläche gleich.

Wenn wir die drei Gleichungen (56) gliedweise mit einander multipliciren, so kommt:

$$k_1 \, k_2 \, k_3 = \pm \frac{\Theta^3}{a_0{}^2 b_0{}^2 c_0{}^2} = \pm \gamma^3 . \, a_0 \, b_0 \, c_0 = \pm \gamma^2 . \, abc,$$

mithin

$$\frac{k_1 \, k_2 \, k_3}{abc} = \pm \gamma^2. \qquad (58)$$

Aus denselben drei Gleichungen (56) erhalten wir ferner:

$$(a_0{}^2 - b_0{}^2 - c_0{}^2) = \pm \, \Theta \left(\frac{1}{k_1} + \frac{1}{k_2} + \frac{1}{k_3} \right)$$

und hieraus:

$$\frac{1}{k_1} + \frac{1}{k_2} + \frac{1}{k_3} = \pm \frac{a^2 - b^2 - c^2}{abc} . \qquad (59)$$

Die Summe der reciproken Werthe der Parameter irgend

dreier, in Beziehung auf eine gegebene Linienfläche zugeordneter, Complexe ist constant.

130. Wir wollen die Axen der Complexe einer dreigliedrigen Gruppe, durch welche eine Linienfläche bestimmt ist, parallel mit sich selbst verschieben, bis sie durch den Mittelpunct der Fläche gehen und dann, indem wir die Durchmesser der Fläche als Leitstrahlen betrachten, auf jedem derselben vom Mittelpuncte aus den Hauptparameter desjenigen Complexes auftragen, der diesen Durchmesser auch zu dem seinigen hat. Dann erhalten wir eine neue Fläche, welche in Beziehung auf die Linienfläche dieselbe Rolle spielt, als die characteristische Curve einer Linienfläche in Beziehung auf diese. Wir wollen die neue Fläche die characteristische Fläche der Linienfläche nennen.

Wenn wir irgend einen Leitstrahl der characteristischen Fläche durch r und den entsprechenden Leitstrahl der Linienfläche durch r_1 bezeichnen, so ist:

$$r = \pm \frac{\Theta}{r_1^2}.$$

Wir wollen die Linienfläche (47) auf ihre drei Axen als Coordinaten-Axen beziehen. Indem wir dann diejenigen drei Winkel, welche ein beliebiger Leitstrahl r_1 mit den drei Axen bildet, α, β, γ nennen, können wir die Gleichung dieser Fläche in der nachstehenden Weise schreiben:

$$\frac{\cos^2 \alpha}{a^2} - \frac{\cos^2 \beta}{b^2} - \frac{\cos^2 \gamma}{c^2} = - \frac{1}{r_1^2},$$

und erhalten die Gleichung der characteristischen Fläche, wenn wir in dieser Gleichung für $\frac{1}{r_1^2}$ seinen Werth $\pm \frac{r}{\Theta}$ einsetzen. Auf diesem Wege ergibt sich:

$$\Theta \left\{ \frac{\cos^2 \alpha}{a^2} - \frac{\cos^2 \beta}{b^2} - \frac{\cos^2 \gamma}{c^2} \right\} = \pm r,$$

und wenn wir zu den rechtwinkligen Punct-Coordinaten zurückgehen:

$$\Theta \left\{ \frac{x^2}{a^2} - \frac{y^2}{b^2} - \frac{z^2}{c^2} \right\} = \pm r^3. \tag{60}$$

Wenn wir die beiden Seiten der letzten Gleichung quadriren und für r^2 und Θ^2 bezüglich $(x^2 + y^2 + z^2)$ und $a^2 b^2 c^2$ schreiben, so kommt:

$$a^2 b^2 c^2 \left\{ \frac{x^2}{a^2} - \frac{y^2}{b^2} - \frac{z^2}{c^2} \right\}^2 = (x^2 + y^2 + z^2)^3, \tag{61}$$

oder:

$$(b^2 c^2 x^2 - a^2 c^2 y^2 - a^2 b^2 z^2)^2 = a^2 b^2 c^2 (x^2 + y^2 + z^2)^3. \tag{62}$$

131. Die vollständige characteristische Fläche zerfällt in zwei Theile, welche einzeln durch die Gleichung (60) dargestellt werden, wenn wir in dieser Gleichung r nach einander mit entgegengesetztem Vorzeichen nehmen. Es gibt immer zwei dreigliedrige Gruppen von Complexen, welche in einer solchen geometrischen Beziehung zu einander stehen, dass die Complexe der beiden Gruppen sich bloss dadurch von einander unterscheiden, dass ihre Parameter entgegengesetzte Zeichen haben. Solchen zwei Complex-Gruppen entsprechen die beiden Erzeugungen derselben Fläche. Es gibt also insbesondere auch zwei Systeme von drei conjugirten Complexen, deren Durchmesser irgend dreien zugeordneten Durchmessern der Linienfläche parallel und deren Parameter bezüglich gleich aber von entgegengesetztem Zeichen sind. Durch die beiden Gruppen zugeordneter Complexe sind die beiden Erzeugungen der Linienfläche bestimmt. **Die characteristische Fläche bezieht sich gleichmässig auf beide Erzeugungen.**

132. In Gemässheit der Relationen (48) können wir in die Gleichung der characteristischen Fläche, statt der drei Halbaxen der Linienfläche, die Hauptparameter derjenigen drei conjugirten Complexe einführen, deren Durchmesser den Axen der Linienfläche parallel sind. Auf diese Weise finden wir:

$$(k_1 x^2 + k_2 y^2 + k_3 z^2)^2 = (x^2 + y^2 + z^2)^3, \qquad (63)$$

während die Gleichung der Linienfläche selbst, nach Einführung derselben Constanten, die folgende wird:

$$k_1 x^2 + k_2 y^2 + k_3 z^2 = k_1 k_2 k_3. \qquad (64)$$

Wenn wir in der Gleichung (63) nach einander x, y, z gleich Null setzen, so erhalten wir für die Durchschnitts-Curven der characteristischen Fläche mit den drei Coordinaten-Ebenen:

$$\left.\begin{array}{l} (k_1 x^2 + k_2 y^2)^2 = (x^2 + y^2)^3, \\ (k_1 x^2 + k_3 z^2)^2 = (x^2 + z^2)^3, \\ (k_2 y^2 + k_3 z^2)^2 = (y^2 + z^2)^3. \end{array}\right\} \qquad (67)$$

Durch drei conjugirte Complexe einer Linienfläche, paarweise genommen, sind drei Congruenzen bestimmt, die wir ihrerseits als drei conjugirte Congruenzen der Linienfläche bezeichnen können. Den beiden Systemen dreier conjugirter Complexe, deren Durchmesser den drei Axen der Linienfläche parallel sind, entsprechen zwei Systeme dreier conjugirter Congruenzen, deren jede eine Axe der Linienfläche zur Hauptaxe und die jedesmaligen beiden andern Axen derselben zu Nebenaxen hat. Die drei Congruenzen eines der beiden Systeme entsprechen einer der drei Congruenzen des andern Systems der andern Erzeugung der Linienfläche. Die erste der drei Gleichungen (67) stimmt vollkommen mit der Gleichung (149) des vorigen Paragraphen überein. Daraus entnehmen wir den folgenden Satz:

Die drei Durchschnitts-Curven der characteristischen Fläche einer gegebenen Linienfläche mit den drei Hauptschnitten XY, XZ, YZ dieser letztern Fläche sind, in diesen Hauptschnitten, die Projectionen der characteristischen Curven dreier conjugirter Congruenzen, welche bezüglich OZ, OY, OX zu ihren Hauptaxen haben.[*]

Wir verweisen, was die Discussion der Durchschnitts-Curven (67) betrifft, auf den vorigen Paragraphen und bemerken bloss, dass die in XY und XZ liegenden Durchschnitts-Curven aus vier Schleifen bestehen und im Mittelpuncte der Fläche einen vierfachen Punct haben, während für die in YZ liegende Durchschnitts-Curve dieser Punct ein isolirter ist.

133. Um die Gleichung der characteristischen Fläche (63) zu befriedigen, können wir gleichzeitig:

$$\left.\begin{array}{l} k_1\,x^2 + k_2\,y^2 + k_3\,z^2 = \pm\, \varkappa \cdot k_1 k_2 k_3, \\[2mm] x^2 + \quad y^2 + \quad z^2 = \varkappa_0 \sqrt[3]{k_1{}^2\,k_2{}^2\,k_3{}^2} \end{array}\right\} \qquad (68)$$

setzen, indem wir durch $\varkappa$ und $\varkappa_0$ zwei beliebige Constanten bezeichnen, zwischen denen die folgende Relation besteht:

$$\varkappa^2 = \varkappa_0{}^3.$$

Diese Relation wird insbesondere befriedigt, wenn die beiden Constanten gleich Eins sind. Es lässt sich eine characteristische Fläche durch eine räumliche Curve beschreiben, welche der Durchschnitt einer Kugel mit zwei Flächen zweiter Ordnung ist. Diese Curve bestimmt in jeder ihrer Lagen solche Complexe, deren Parameter, abgesehen vom Zeichen, gleich sind.

In unserm Falle ist die gegebene Linienfläche ein einschaliges Hyperboloid. Führen wir in die letzten beiden Gleichungen statt der Parameter die Halbaxen-Quadrate desselben wieder ein, so erhalten wir:

$$\left.\begin{array}{l} \dfrac{x^2}{a^2} - \dfrac{y^2}{b^2} - \dfrac{z^2}{c^2} = \pm\, \varkappa, \\[3mm] x^2 + y^2 + z^2 = \varkappa_0 \sqrt[3]{a^2\,b^2\,c^2}. \end{array}\right\} \qquad (69)$$

---

[*] Den Satz des Textes können wir auf drei beliebige zugeordnete Complexe einer gegebenen Linienfläche und die drei entsprechenden zugeordneten Durchmesser ausdehnen.

Wenn wir z und z_0 gleich Eins setzen, so stellt die erste der beiden vorstehenden Gleichungen, wenn wir das untere Vorzeichen nehmen, das gegebene einschalige Hyperboloid dar, wenn wir das obere Zeichen nehmen, ein zweischaliges Hyperboloid. Die beiden Hyperboloide haben denselben Asymptoten-Kegel und die Quadrate irgend zweier gleichgerichteter Durchmesser derselben sind gleich und von entgegengesetztem Zeichen. Ein einschaliges und zweischaliges Hyperboloid, welche in dieser gegenseitigen Beziehung zu einander stehen, wollen wir überhaupt zwei zusammengehörige Hyperboloide nennen.

Die characteristische Fläche eines gegebenen einschaligen Hyperboloids geht durch die Curve, nach welcher das gegebene einschalige Hyperboloid und das mit diesem zusammengehörige zweischalige Hyperboloid von einer Kugel geschnitten wird, deren Radius der Cubik-Wurzel aus dem Producte der drei Halbaxen des gegebenen einschaligen Hyperboloids gleich ist.

Wenn wir die linearen Dimensionen der beiden Hyperboloide im quadratischen, den Radius der so bestimmten Kugel im cubischen Verhältnisse continuirlich wachsen lassen, so beschreiben die Durchschnitts-Curven die characteristische Fläche.

134. Die vollständige characteristische Fläche theilt sich in zwei Theile, die durch den Asymptoten-Kegel von einander getrennt sind. Der eine Theil besteht aus Curven-Zügen, die auf den einschaligen Hyperboloiden liegen. Durch ihn sind die Parameter solcher Complexe bestimmt, deren Durchmesser den reellen Durchmessern des gegebenen einschaligen Hyperboloids parallel sind. Der andere Theil besteht aus Curven-Zügen, die auf den zweischaligen Hyperboloiden liegen. Durch ihn sind die immer reellen Parameter derjenigen Complexe bestimmt, deren Durchmesser den (ihrer Länge nach) imaginären Durchmesser des gegebenen einschaligen Hyperboloids parallel sind. Während die Durchmesser der Fläche, durch die Seiten des Asymptoten-Kegels hindurchgehend, unendlich gross werden, werden die entsprechenden Parameter gleich Null. Diesem Durchgange entspricht der Uebergang zwischen reellen und imaginären Durchmessern der Fläche, zwischen positiven und negativen Parametern der Complexe.

135. Wir haben bisher bloss das einschalige Hyperboloid betrachtet, dessen Erzeugende reelle gerade Linien sind. Der imaginären Linienfläche, die wir imaginäres Ellipsoid nennen wollen, entspricht, dass die Para-

meter der drei Central-Complexe dasselbe Zeichen haben. Wenn wir dem entsprechend

$$k_2\,k_3 = a^2,$$
$$k_1\,k_3 = b^2, \qquad\qquad (70)$$
$$k_1\,k_2 = c^2$$

setzen, erhalten wir für das imaginäre Ellipsoid folgende Gleichung:

$$\frac{x^2}{a^2} + \frac{y^2}{b^2} + \frac{z^2}{c^2} + 1 = 0. \qquad\qquad (71)$$

Aber die Gleichung (64), welche die Linienflläche darstellt, bleibt auch dann noch reell, wenn die Parameter der drei Central-Complexe gleichzeitig imaginär werden. Wenn wir für k_1, k_2, k_3 die imaginären Werthe $k_1'\sqrt{-1}$, $k_2'\sqrt{-1}$, $k_3'\sqrt{-1}$ einsetzen, geht diese Gleichung in die folgende über:

$$k_1'x^2 + k_2'y^2 + k_3'z^2 = -k_1'k_2'k_3'. \qquad\qquad (72)$$

Hier haben wir wiederum zwei Fälle zu unterscheiden: entweder haben von den drei neuen Constanten nur zwei dasselbe Zeichen und die dritte hat das entgegengesetzte Zeichen, oder die Zeichen derselben stimmen sämmtlich überein. In dem ersteren Falle können wir

$$k_2'\,k_3' = a^2,$$
$$k_1'\,k_3' = -\,b^2, \qquad\qquad (73)$$
$$k_1'\,k_2' = -\,c^2$$

setzen und erhalten:

$$\frac{x^2}{a^2} - \frac{y^2}{b^2} - \frac{z^2}{c^2} = 1. \qquad\qquad (74)$$

Dann ist die Fläche ein **zweischaliges Hyperboloid**. In dem zweiten Falle können wir

$$k_2'\,k_3' = a^2,$$
$$k_1\,k_3 = b^2, \qquad\qquad (75)$$
$$k_1\,k_2 = c^2$$

setzen und erhalten:

$$\frac{x^2}{a^2} + \frac{y^2}{b^2} + \frac{z^2}{c^2} = 1. \qquad\qquad (76)$$

Dann ist die Fläche ein **Ellipsoid**.

In jedem Puncte des zweischaligen Hyperboloids und des Ellipsoids schneiden sich zwei imaginäre Erzeugende. Die Flächen werden in doppelter Weise von imaginären geraden Linien erzeugt, die beiden imaginären geraden Linien, welche in jedem Puncte der Flächen sich schneiden, gehören den beiden Erzeugungen derselben an.

18*

136. Die Betrachtungen über characteristische Flächen in der 133. Nummer runden sich erst dann ab, wenn wir neben der characteristischen Fläche des einschaligen Hyperboloids auch die characteristische Fläche der imaginären Linienfläche, welche reell bleibt, und die imaginären characteristischen Flächen des zweischaligen Hyperboloids und des Ellipsoids betrachten.

Das einschalige und das zweischalige Hyperboloid, welche durch die beiden Gleichungen (47) und (74) dargestellt werden, haben wir, in dem Falle, dass $k_1 = k_1'$, $k_2 = k_2'$, $k_3 = k_3'$, zwei zusammengehörige Hyperboloide genannt. Unter derselben Voraussetzung sagen wir, dass das imaginäre und reelle Ellipsoid, welche durch die Gleichungen (72) und (76) dargestellt werden, zusammengehören.

Um die Gleichung der characteristischen Fläche für das imaginäre Ellipsoid (72) zu erhalten, brauchen wir bloss in der Gleichung dieser Fläche für das einschalige Hyperboloid (47) die Zeichen von b^2 und c^2 zu ändern. Dann kommt statt (61):

$$a^2 b^2 c^2 \left\{ \frac{x^2}{a^2} + \frac{y^2}{b^2} + \frac{z^2}{c^2} \right\}^2 = (x^2 + y^2 + z^2)^3 , \qquad (77)$$

und wir erhalten statt (69) die folgenden beiden Gleichungen:

$$\left. \begin{aligned} \frac{x^2}{a^2} + \frac{y^2}{b^2} + \frac{z^2}{c^2} &= \pm z , \\ x^2 + y^2 + z^2 &= z_0 \sqrt[3]{a^2 b^2 c^2} , \end{aligned} \right\} \qquad (78)$$

wobei zwischen z und z_0 die frühere Bedingungs-Gleichung fortbesteht. Die characteristische Fläche besteht hier aus einem reellen und einem imaginären Theile. Diese beiden Theile werden bezüglich von Curven erzeugt, nach welchen zusammengehörige reelle und imaginäre Ellipsoide von Kugeln geschnitten werden. Unter den imaginären Ellipsoiden befindet sich insbesondere das gegebene. Das mit diesem zusammengehörige reelle Ellipsoid wird von der characteristischen Fläche immer in einer reellen Curve geschnitten, die gleichzeitig auf einer Kugel liegt, deren Radius der dritten Wurzel aus dem Producte der drei Halbaxen dieses Ellipsoids gleich ist.

Wenn die Gleichung der für den Fall des einschaligen Hyperboloids und des imaginären Ellipsoids reellen characteristischen Fläche (63) auf den Fall des zweischaligen Hyperboloids und des reellen Ellipsoids bezogen werden soll, so müssen wir k_1, k_2, k_3 mit $k_1'\sqrt{-1}$, $k_2'\sqrt{-1}$, $k_3'\sqrt{-1}$ vertauschen. Dann wird das Quadrat des Leitstrahles der characteristischen Fläche negativ, die Fläche selbst also imaginär. Wir erhalten aber eine neue reelle Fläche, wenn wir für den imaginären Leitstrahl $r\sqrt{-1}$ nehmen. Dann kommt:

$$(k_1' x^2 + k_2' y^2 + k_3' z^2)^2 = (x^2 + y^2 + z^2)^3,$$

und wenn insbesondere $k_1 = k_1'$, $k_2 = k_2'$, $k_3 = k_3'$, ist diese Gleichung dieselbe, von der wir ausgegangen sind.

Die characteristische Fläche eines einschaligen Hyperboloids bestimmt also zugleich die imaginären Parameter aller Complexe des zugehörigen zweischaligen Hyperboloids, so wie die characteristische Fläche eines imaginären Ellipsoids zugleich die imaginären Parameter aller Complexe des zugehörigen reellen Ellipsoids bestimmt.

137. Wir haben in der 98. Nummer vier verschiedene Arten von Congruenzen unterschieden. Jeder Durchmesser einer Fläche zweiter Ordnung und Classe, welche einen Mittelpunct hat, fällt, der Richtung und Grösse nach, mit dem Hauptdurchmesser einer Congruenz, der die Fläche angehört, zusammen. Es entspricht hierbei jedem Durchmesser des einschaligen Hyperboloids eine Congruenz der ersten oder zweiten Art, je nachdem dieser Durchmesser das Hyperboloid schneidet oder nicht schneidet. Den Uebergang bezeichnet der Fall, dass die beiden Directricen der Congruenz in einer Asymptote der Fläche zusammenfallen.

Jedem Durchmesser eines imaginären Ellipsoids entspricht eine Congruenz der zweiten Art.

Jedem Durchmesser eines zweischaligen Hyperboloids entspricht, je nachdem er die Fläche schneidet oder nicht schneidet, eine Congruenz der dritten oder vierten Art.

Jedem Durchmesser eines reellen Ellipsoids entspricht eine Congruenz der dritten Art.

138. Von den vorstehenden Entwickelungen sind diejenigen Flächen zweiter Ordnung und zweiter Classe ausgeschlossen, welche keinen Mittelpunct haben und einmal von reellen, das andere Mal von imaginären geraden Linien erzeugt werden: das hyperbolische und elliptische Paraboloid.

139. Wir haben bereits früher in der 111. Nummer eine Fläche zweiter Ordnung durch drei Complexe bestimmt, deren Parameter gleich Null sind. Es kommt dies darauf hinaus, die Axen solcher drei Complexe als Linien der zweiten Erzeugung der Fläche zu betrachten, die von den Linien ihrer ersten Erzeugung geschnitten werden. Durch die drei Linien der zwei-

ten Erzeugung haben wir drei beliebige Ebenen gelegt und diese Ebenen zu Coordinaten-Ebenen genommen. Dann berührt die Fläche diese drei Ebenen. Diese Ebenen schneiden die Fläche, ausser in den drei Linien der zweiten Erzeugung, auch noch in drei Linien der ersten Erzeugung. In jeder dieser Ebenen ist der Durchschnitt der beiden Linien der zwiefachen Erzeugung der Punct, in welchem dieselbe von der Fläche berührt wird. Unter analogen Voraussetzungen können wir auch das zweischalige Hyperboloid und das Ellipsoid bestimmen. Wir nehmen irgend drei Tangential-Ebenen einer dieser Flächen zu Coordinaten-Ebenen. Dann geht jede dieser Ebenen durch zwei conjugirt imaginäre Linien der Fläche und diese Linien schneiden sich in dem reellen Puncte, in welchem die Ebene von der Fläche berührt wird. Wir wollen in Uebereinstimmung hiermit, indem wir zur angezogenen Nummer zurückgehen,

$$\left.\begin{aligned}
t', \; t'' &= t_0 \pm t_0' \sqrt{-1}, \\
u', \; u'' &= u_0 \pm u_0' \sqrt{-1}, \\
v', \; v'' &= v_0 \pm v_0' \sqrt{-1}
\end{aligned}\right\} \tag{79}$$

setzen. Dann gehen die Gleichungen (12) und (13) dieser Nummer, welche die drei Linien der zweiten und die drei Linien der ersten Erzeugung, welche in den drei Coordinaten-Ebenen liegen, darstellen, in die folgenden über:

$$\left.\begin{aligned}
(t_0 + t_0'\sqrt{-1})x + (u_0 - u_0'\sqrt{-1})y + 1 &= 0, \\
(v_0 + v_0'\sqrt{-1})z + (t_0 - t_0'\sqrt{-1})x + 1 &= 0, \\
(u_0 + u_0'\sqrt{-1})y + (v_0 - v_0'\sqrt{-1})z + 1 &= 0,
\end{aligned}\right\} \tag{80}$$

und

$$\left.\begin{aligned}
(t_0 - t_0'\sqrt{-1})x + (u_0 + u_0'\sqrt{-1})y + 1 &= 0, \\
(v_0 - v_0'\sqrt{-1})z + (t_0 + t_0'\sqrt{-1})x + 1 &= 0, \\
(u_0 - u_0'\sqrt{-1})y + (v_0 + v_0'\sqrt{-1})z + 1 &= 0.
\end{aligned}\right\} \tag{81}$$

Die Coordinaten der drei Berührungspuncte in den drei Coordinaten-Ebenen XY, XZ, YZ sind:

$$\left.\begin{aligned}
x_1 &= \frac{-u_0'}{t_0 u_0' + t_0' u_0}, & y_2 &= \frac{-t_0'}{t_0 u_0' + t_0' u_0}, \\
x_2 &= \frac{-v_0'}{t_0 v_0' + t_0' v_0}, & z_1 &= \frac{-t_0'}{t_0 v_0' + t_0' v_0}, \\
y_1 &= \frac{-v_0'}{u_0 v_0' + u_0' v_0}, & z_2 &= \frac{-u_0'}{u_0 v_0' + u_0' v_0}. ^{*)}
\end{aligned}\right\} \tag{82}$$

---

*) Die Gleichungen (81) geben unmittelbar:

$$x_1 y_1 z_1 = x_2 y_2 z_2,$$

Wir erhalten für die Gleichung der Linienfläche aus (9):

$$1 + 2t_0x + 2u_0y + 2v_0z + (t_0^2 + t_0'^2)x^2 + (u_0^2 + u_0'^2)y^2 + (v_0^2 + v_0'^2)z^2$$
$$+ 2(u_0v_0 - u_0'v_0')yz + 2(t_0v_0 - t_0'v_0')xz + 2(t_0u_0 - t_0'u_0')xy = 0. \qquad (83)$$

Je nachdem

$$(t_0^2 + t_0'^2)^2 > (t_0v_0' - t_0'v)(t_0v_0' - t_0'v_0),$$

oder

$$(t_0^2 + t_0'^2) < (t_0v_0' - t_0'v_0)(t_0v_0' - t_0'v_0),$$

stellt diese Gleichung ein **zweischaliges Hyperboloid** oder ein **Ellipsoid** dar.*)

Setzen wir in dieser Gleichung t_0, u_0, v_0 gleich Null, so kommt:

$$1 + t_0'^2x^2 + u_0'^2y^2 - v_0'^2z^2 - 2u_0'v_0'yz - 2t_0'v_0'xz - 2t_0'u_0'xy = 0. \qquad (84)$$

Dann ist die Fläche ein zweischaliges Hyperboloid, das auf seinen Mittelpunct als Anfangspunct der Coordinaten bezogen ist.

140. Die Bestimmung des elliptischen Paraboloids ist der Bestimmung des hyperbolischen in der 114. Nummer ganz analog. Die Bedingungs-Gleichung (20) geht in die folgende über:

$$\frac{t_0}{t_0'} + \frac{u_0}{u_0'} + \frac{v_0}{v_0'} = 1. \qquad (85)$$

Mit den Linien der beiden Erzeugungen werden die beiden Ebenen, denen sie parallel sind, conjugirt imaginär. Wir erhalten für dieselben die folgenden Gleichungen, welche wir in eine einzige zusammenziehen:

$$[(t_0v_0 + t_0'v_0') \mp (t_0v_0' - t_0'v_0)\sqrt{-1}]x + [(u_0v_0 + u_0'v_0') \mp (u_0v_0' + u_0'v_0)\sqrt{-1}]y$$
$$+ (v_0^2 + v_0'^2)z = 0 \qquad (86)$$

und aus (24) zur Bestimmung der reellen Durchmesser-Richtung:

$$\frac{t_0^2 + t_0'^2}{t_0'}x = \frac{u_0^2 + u_0'^2}{u_0'}y = \frac{v_0^2 + v_0'^2}{v_0'}z. \qquad (87)$$

141. Wir haben hiermit die sämmtlichen reellen Flächen der zweiten Ordnung und Classe durch die Gleichungen dreier linearer Complexe, deren Parameter verschwinden, dargestellt und aus den Systemen solcher drei Gleichungen die Gleichungen derselben in Punct-Coordinaten abgeleitet: das einschalige Hyperboloid (9), dasselbe bezogen auf seinen Mittelpunct (17), das hyperbolische Paraboloid (9), unter Voraussetzung der Bedingungs-Glei-

---

eine geometrische Beziehung zwischen irgend drei Tangential-Ebenen einer gegebenen Fläche zweiter Ordnung und Classe, welche zu discutiren hier nicht der Ort ist.

*) Geometrie des Raumes Nr. 26.

chung (20), das zweischalige Hyperboloid und das Ellipsoid (83), ersteres auf seinen Mittelpunct bezogen (84), und endlich, unter Voraussetzung der Bedingungs-Gleichung (85), das elliptische Paraboloid (86). Ausgeschlossen bleibt hier, für den Fall des zweischaligen Hyperboloids, des elliptischen Paraboloids und des Ellipsoids, die Annahme, dass der Anfangspunct der Coordinaten innerhalb der genannten Flächen liege. Für den Fall des einschaligen Hyperboloids gibt es kein Innerhalb und kein Ausserhalb. Die imaginäre Fläche ist ganz ausgeschlossen. Die Coordinaten-Bestimmung wird illusorisch, wenn der Anfangspunct auf der Fläche angenommen wird.

142. Dieselben Flächen der zweiten Ordnung und Classe, die wir durch drei lineare Gleichungen in Strahlen-Coordinaten dargestellt haben, haben wir in analoger Weise auch durch drei Gleichungen in Axen-Coordinaten dargestellt und, wie wir aus jenen die Gleichung der Flächen in Punct-Coordinaten abgeleitet haben, aus dieser die Gleichung derselben Flächen in Plan-Coordinaten abgeleitet. Die Gleichung (28), welche wir in der 115. Nummer erhalten haben, geht für solche reelle Flächen, welche nicht durch reelle gerade Linien erzeugt werden, in die folgende über:

$$\frac{((t-t_0)-t_0'\sqrt{-1})\,((u-u_0)-u_0'\sqrt{-1})\,((v-v_0)-v_0'\sqrt{-1})}{((t-t_0)+t_0'\sqrt{-1})\,((u-u_0)+u_0'\sqrt{-1})\,((v-v_0)+v_0'\sqrt{-1})} = 1. \tag{88}$$

Wenn wir entwickeln, verschwindet aus dieser Gleichung das Imaginäre.

143. Reelle und imaginäre Kegelflächen so wenig als reelle und imaginäre ebene Curven lassen sich durch drei lineare Gleichungen, weder in Strahlen-Coordinaten noch in Axen-Coordinaten, darstellen. Jene sind nicht als Flächen zweiter Classe, diese nicht als Flächen zweiter Ordnung zu betrachten.

144. Aber die Frage, ob die Linienflächen, die wir durch das Symbol:

$$\Omega + \mu\,\Omega' + \mu'\,\Omega'' = 0$$

dargestellt haben, durch Particularisation der Complexe Ω, Ω', Ω'' nicht dennoch in andere geometrische Gebilde ausarten können, ist hiermit nicht erledigt.

Wir wollen einem der drei Complexe seine ganze Allgemeinheit lassen, aber annehmen, dass die beiden anderen Complexe von der besonderem Art seien, dass sämmtliche Linien jedes derselben einer festen geraden Linie begegnen, und dass die beiden festen geraden Linien sich schneiden, oder, was dasselbe heisst, in derselben Ebene liegen. Wir wollen die beiden

Coordinaten-Axen OZ und OY mit ihnen zusammenfallen lassen. Dann stellen die Gleichungen

$$\Omega' = \eta = r\sigma - s\varrho = 0, \qquad \Omega'' = \varrho = 0$$

die fraglichen beiden Complexe dar. Diese beiden Gleichungen haben zur Folge, dass entweder σ oder r gleich Null ist. Hiermit in Uebereinstimmung gehören einerseits alle Linien, deren Coordinaten die drei Gleichungen:

$$\left. \begin{array}{c} Ar + Bs + C = 0, \\ \varrho = 0, \qquad \sigma = 0 \end{array} \right\} \tag{89}$$

befriedigen, andererseits alle Linien, deren Coordinaten die drei Gleichungen:

$$\left. \begin{array}{c} Bs + C - D\sigma = 0, \\ \varrho = 0, \qquad r = 0 \end{array} \right\} \tag{90}$$

befriedigen, der durch die dreigliedrige Complex-Gruppe dargestellten Linienfläche an. Alle Linien, welche den drei Complexen (89) gleichzeitig angehören, liegen in der durch die Gleichung:

$$Ax + By + Cz = 0 \tag{91}$$

dargestellten Ebene und gehen, in dieser Ebene, durch den Anfangspunct der Coordinaten. Alle Linien, welche den drei Complexen (90) gleichzeitig angehören, liegen in der Coordinaten-Ebene YZ und gehen in dieser Ebene durch den Punct, der durch die Gleichung:

$$Cu - Bv + Dw = 0 \tag{92}$$

dargestellt wird. Die Ebene (91) bleibt dieselbe für alle Complexe der dreigliedrigen Gruppe:

$$(Ar - Bs + C) + \mu\varrho + \mu'\sigma = 0,$$

sie ist für alle die Ebene, welche dem Anfangspunct der Coordinaten entspricht. Der Punct (92) bleibt derselbe für alle Complexe der dreigliedrigen Gruppe:

$$(Bs + C - D\sigma) + \mu\varrho + \mu'r = 0,$$

er ist für alle der Punct, welcher der Coordinaten-Ebene YZ entspricht.

Die der so bestimmten Linienfläche angehörigen Linien liegen also in zwei Ebenen und gehen in jeder dieser beiden Ebenen durch einen festen Punct der Durchschnittslinie der beiden Ebenen. Die beiden Ebenen und die beiden Puncte entsprechen einander in allen Complexen der dreigliedrigen Gruppe.

Wir können die Linienfläche durch eine Gleichung zweiten Grades in Punct-Coordinaten darstellen. Dann erhalten wir die beiden eben bestimmten Ebenen; aber es verschwindet jede Spur der Erzeugung dieser Ebenen durch eine gerade Linie, welche innerhalb derselben um einen festen Punct sich dreht. Wenn wir uns der Plan-Coordinaten zur Darstellung der Linienfläche bedienen, so erhalten wir die beiden Puncte; es verschwindet aber jede Spur der Umhüllung dieser Puncte durch eine gerade Linie, welche in einer festen Ebene liegt.

145. Die geometrische Bestimmung der Linienfläche kommt in diesem Falle darauf hinaus, diejenigen geraden Linien zu bestimmen, welche zwei gegebene einander schneidende gerade Linien schneiden und überdiess einem gegebenen Complexe angehören. Diese Linien liegen entweder in der Ebene der beiden gegebenen geraden Linien und gehen durch den in dem Complexe dieser Ebene zugeordneten Punct, oder sie gehen durch den Durchschnittspunct der beiden gegebenen geraden Linien und liegen zugleich in derjenigen Ebene, welche in dem Complexe diesem Puncte entspricht.

Die vorstehenden geometrischen Betrachtungen ergänzen sich noch dadurch, dass unter den Complexen der Gruppe sich einer von der besondern Art befindet. Die feste Linie, die von allen Linien dieses Complexes geschnitten wird und welche im Allgemeinen den beiden gegebenen geraden Linien nicht begegnet, wird, wie diese, von den Linien der Linienfläche geschnitten. Diese Linienfläche ist im Allgemeinen ein einschaliges Hyperboloid, dessen Linien einer Erzeugung die drei gegebenen geraden Linien schneiden, artet aber, wenn zwei der drei gegebenen Linien sich schneiden, in ein System von zwei Ebenen, bezüglich in ein System von zwei Puncten aus.

Wenn die feste Linie einer der beiden gegebenen, sich schneidenden, geraden Linien begegnet, so ändert sich in den vorstehenden Beziehungen wesentlich nichts. Dann wird eine der drei Linien derselben Flächen-Erzeugung von den beiden übrigen in zwei Puncten geschnitten, oder, was dasselbe heisst, die drei Erzeugenden liegen in zwei Ebenen. Diese beiden Ebenen einerseits, die beiden Durchschnittspuncte andererseits sind diejenigen, in welche die Linienfläche ausartet.

146. Wenn insbesondere aber in den Complexen der dreigliedrigen Gruppe der Durchschnittspunct der beiden gegebenen geraden Linien der Ebene entspricht, welche durch diese Linie geht, so verschwinden die Constanten B und C in den vorstehenden analytischen Entwickelungen: dann fällt die Ebene (91) mit der Coordinaten-Ebene YZ, der Punct (92) mit dem Anfangspuncte der Coordinaten zusammen.

Die Linienfläche artet in diesem Falle in ein System von zwei zusammenfallenden Ebenen, bezüglich in ein System von zwei in diesen Ebenen zusammenfallenden Puncten aus.

147. Von dem zuletzt betrachteten Falle sind diejenigen wohl zu unterscheiden, in welchen ohne weitere Bedingung:

$$\sigma = 0, \qquad \varrho = 0, \qquad \eta = 0, \tag{93}$$

oder

$$r = 0, \qquad \varrho = 0, \qquad \eta = 0. \tag{94}$$

In dem ersten Falle befriedigen die dreigliedrige Complex-Gleichung die Coordinaten jeder durch den Anfangspunct gehenden geraden Linie, in dem zweiten Falle die Coordinaten jeder in der Ebene VZ liegenden geraden Linie.

So wie zwei zusammenfallende Directricen erst dann eine Congruenz bestimmen (Nr. 68), wenn die Bedingung hinzukommt, dass die Linien derselben einem gegebenen Complexe angehören, der eine mit den Directricen zusammenfallende Linie hat, so bestimmen drei durch denselben Punct gehende Erzeugenden eine Linienfläche erst dann, wenn noch die Bedingung hinzukommt, dass die Linien derselben einem gegebenen Complexe angehören. Wenn diese doppelte Bedingung fehlt, so erhalten wir in dem ersten Falle statt der Congruenz einen Complex von besonderer Art, dessen Linien die beiden zusammenfallenden Directricen schneiden. Im zweiten Falle bedingen zwei der drei Complex-Gleichungen:

$$\varrho = 0, \qquad \eta = r\sigma - s\varrho = 0, \tag{95}$$

dass $r\sigma$ gleich Null werde, und dieser Bedingung kann sowohl durch das Verschwinden von σ als durch das Verschwinden von r entsprochen werden. Demnach sind die beiden vorstehenden Gleichungen einmal mit den drei Gleichungen (93), das andere Mal mit den drei Gleichungen (94) gleichbedeutend. Die Congruenz besonderer Art, welche durch die beiden Gleichungen (95) dargestellt wird und die Coordinaten-Axen OZ und OV zu Directricen hat, umschliesst (Nr. 68) einmal alle Linien, welche in VZ, der Ebene der beiden Directricen liegt, das andere Mal alle Linien, welche durch O, den Durchschnitt der beiden Directricen, gehen. Kommt in der Gleichung (93) die Bedingung $\sigma = 0$ hinzu, so werden dadurch von der Congruenz alle Linien, welche in der Ebene der beiden Directricen liegen und nicht durch ihren Durchschnitt gehen, ausgeschlossen. Kommt in der Gleichung (94) die Bedingung $r = 0$ hinzu, so werden dadurch von der Congruenz alle diejenigen Linien ausgeschlossen, welche durch den Durchschnitt der beiden Directricen gehen und nicht mit ihnen in derselben Ebene liegen. Wir können also sagen, dass die beiden Gleichungen (93) und (94) zusammen die Congruenz besonderer Art darstellen. Die Linien des einen Theiles der Congruenz umhüllen einen Punct, den wir als eine Linienfläche erster Classe betrachten und durch eine Gleichung in Plan-Coordinaten darstellen können. Die Linien des anderen Theiles der Congruenz liegen in einer Ebene, die wir als Linienfläche erster Ordnung betrachten und durch eine Gleichung in Punct-Coordinaten darstellen können.*)

148. Wir haben in dem vorliegenden Paragraphen, indem wir die gerade Linie, in ihrer doppelten geometrischen Bedeutung als Strahl und Axe, statt des Punctes und der Ebene, als Raumelement eingeführt haben, durch drei lineare Gleichungen zwischen Strahlen- oder Axen-Coordinaten eine Fläche der zweiten Ordnung und der zweiten Classe bestimmt, in der Art, dass jede einzelne ihrer beiden Erzeugungen durch drei solcher Gleichungen dargestellt wird. Während die Fläche und demnach ihre Tangential-Ebenen und in diesen die Berührungspuncte reell sind, können die beiden Durchschnittslinien der Tangential-Ebene mit der Fläche, die beiden Erzeugenden, welche durch den Berührungspunct gehen, sowohl reell als imaginär sein. Unter dem so erweiterten Gesichtspuncte können wir alle Flächen zweiter Ordnung und Classe als Linienflächen ansehen. Die gesammten Eigenschaften solcher Flächen lassen sich, wozu der Weg in dem Vorstehenden angebahnt ist, in gleicher Weise aus der Discussion der drei linearen Gleichungen zwischen Strahlen- und Axen-Coordinaten ableiten, wie diess bisher aus der Discussion einer quadratischen Gleichung in Punct- oder Ebenen-Coordinaten geschehen ist.

---

*) Um bei der analytischen Discussion der fraglichen particulären Fälle möglichen Irrthümern vorzubeugen, ist es im Allgemeinen räthlich, homogene Gleichungen zwischen den sechs Linien-Coordinaten zu Grunde zu legen. Wenn wir zum Beispiel in der vorstehenden analytischen Discussion die Coordinaten-Axen OZ und OX mit einander vertauschen, könnten wir leicht zu übereilten Schlüssen inducirt werden.

Die Complexe des zweiten Grades.

Abschnitt I.

Zwiefache analytische Darstellung eines Complexes des zweiten Grades. Complex-Curven zweiter Classe, von Linien des Complexes umhüllt; Complex-Kegel zweiter Ordnung, von Linien desselben beschrieben. Complex-Flächen vierter Ordnung und Classe, einerseits von Complex-Curven beschrieben, andererseits von Complex-Kegeln umhüllt.

§ 1.

Die allgemeine Gleichung der Linien-Complexe des zweiten Grades in Strahlen- und Axen-Coordinaten.

149. Von den vier Strahlen-Coordinaten:

$$r, \quad s, \quad \varrho, \quad \sigma$$

bedeuten r und s die trigonometrischen Tangenten derjenigen Winkel, welche die beiden Projectionen des Strahles in den Coordinaten-Ebenen XZ und VZ mit der Coordinaten-Axe OZ bilden, ϱ und σ die Segmente, welche diese beiden Projectionen von den Coordinaten-Axen OX und OY abschneiden. Daraus ist die fünfte Strahlen-Coordinate:

$$\eta = r\sigma - s\varrho$$

abgeleitet.

Die allgemeine Gleichung des zweiten Grades zwischen den fünf Coordinaten sei die folgende:

$$Ar^2 + Bs^2 + C + D\sigma^2 + E\varrho^2 + F\eta^2$$
$$+ 2Gs + 2Hr + 2Jrs + 2K\varrho\eta - 2L\sigma\eta - 2M\varrho\sigma$$
$$- 2Nr\sigma + 2Os\varrho$$
$$+ 2Pr\varrho + 2Qr\eta + 2Rs\eta - 2Ss\sigma - 2T\sigma + 2U\varrho = 0. \text{*)} \qquad (I)$$

---

*) Dieselben Rücksichten, die uns bestimmten, in der allgemeinen Gleichung der Complexe

Diese Gleichung enthält neunzehn von einander unabhängige Constante. Es ist unnöthig, ein letztes Glied $+ 2\,V\eta$ hinzuzufügen: das würde darauf hinauskommen, die absoluten Werthe der Constanten N und O um V zu vermindern. Durch Einführung eines solchen überzähligen Gliedes würde die Symmetrie im Allgemeinen zwar gewinnen; allein es ist nicht räthlich, bei speciellen Untersuchungen ein derartiges Glied beizubehalten, um so weniger, als wir es eintretenden Falles ohne Weiteres hinzufügen können.

150. Von dieser allgemeinen Gleichung können wir sogleich zu der folgenden übergehen, in welcher x', y', z' und x, y, z als die Coordinaten irgend zweier Puncte einer Linie des Complexes auftreten:[*]

$$A(x-x')^2 \quad + \quad B(y-y')^2 \quad + \quad C(z-z')^2$$
$$+\; D(yz'-y'z)^2 \quad + \quad E(x'z-xz')^2 \quad + \quad F(xy'-x'y)^2$$
$$+\; 2G(y-y')(z-z') + 2H(x-x')(z-z') + 2J(x-x')(y-y')$$
$$+\; 2K(xy'-x'y)(x'z-xz') + 2L(xy'-x'y)(yz'-y'z) + 2M(x'z-xz')(yz'-y'z)$$
$$+\; 2N(x-x')(yz'-y'z) + 2O(y-y')(x'z-xz')$$
$$+\; 2P(x-x')(x'z-xz') + 2Q(x-x')(xy'-x'y)$$
$$+\; 2R(y-y')(xy'-x'y) + 2S(y-y')(yz'-y'z)$$
$$+\; 2T(z-z')(yz'-y'z) + 2U(z-z')(x'z-xz') = 0. \quad \text{[**]} \qquad \text{(II)}$$

Diese allgemeine Complex-Gleichung wird, indem wir x', y', z' als die Coordinaten irgend eines festen Punctes betrachten und demnach constant nehmen, während wir x, y, z veränderlich lassen, die Gleichung einer Kegelfläche zweiter Ordnung. Diese Kegelfläche hat den festen Punct zu ihrem Mittelpuncte, und ihre Seiten sind diejenigen Linien des Complexes, welche durch den festen Punct gehen.

151. Von den vier Axen-Coordinaten:

$$p, \quad q, \quad \pi, \quad \varkappa$$

bedeuten die beiden letzten π und $\varkappa$, reciprok und negativ genommen, das

---

ersten Grades zwischen fünf Strahlen- oder Axen-Coordinaten bezüglich die Coefficienten von σ und $\varkappa$ mit negativen Vorzeichen zu nehmen (vergleiche die Note zur 26. Nummer), veranlassen uns, in den entsprechenden Gleichungen der Complexe zweiten Grades dasselbe zu thun.

[*] Einleitende Betrachtungen Nr. 2.

[**] Den beiden Gliedern:

$$2N(x-x')(yz'-y'z) + 2O(y-y')(x'z-xz')$$

würde sich das überzählige Glied:

$$2V\eta = 2V(z-z')(xy'-x'y)$$

anschliessen. Dann aber liessen sich die drei Glieder in die folgenden beiden:

$$2(N-V)(x-x')(yz'-y'z) + 2(O-V)(y-y')(x'z-xz')$$

zusammenziehen.

x und y derjenigen beiden Puncte, in welchen die bezügliche gerade Linie die Ebene XZ und YZ schneidet. Verbindet man diese beiden Puncte mit dem Anfangspuncte der Coordinaten durch gerade Linien, so bilden diese Linien in den Coordinaten-Ebenen XZ und YZ mit der Axe OZ zwei Winkel, deren trigonometrische Tangenten, reciprok und negativ genommen, p und q sind. Daraus ist die fünfte Coordinate:

$$\omega = px - q\pi$$

abgeleitet.

Die Gleichung desselben Complexes zweiten Grades, den wir oben durch die Gleichung (I) in Strahlen-Coordinaten dargestellt haben, wird unter Anwendung der Axen-Coordinaten die folgende:

$$Dp^2 + Eq^2 + F + Ax^2 + B\pi^2 + C\omega^2$$
$$+ 2Kq + 2Lp + 2Mpq + 2G\pi\omega - 2Hx\omega - 2J\pi x$$
$$- 2Npx + 2Oq\pi$$
$$+ 2Sp\pi + 2Tp\omega + 2Uq\omega - 2Pqx - 2Ox + 2R\pi = 0.\text{*}) \qquad \text{(III)}$$

152. Von dieser allgemeinen Gleichung können wir sogleich zu derjenigen übergehen, in welcher t', u', v' und t, u, v als die Coordinaten irgend zweier Ebenen, welche in der bezüglichen Linie sich schneiden, auftreten:

$$D(t-t')^2 \qquad + \qquad E(u-u')^2 \qquad + \qquad F(v-v')^2$$
$$+ A(uv'-u'v)^2 \quad + \quad B(t'v-tv')^2 \quad + \quad C(tu'-t'u)^2$$
$$+ 2K(u-u')(v-v') + 2L(t-t')(v-v') + 2M(t-t')(u-u')$$
$$+ 2G(tu'-t'u)(t'v-tv') + 2H(tu'-t'u)(uv'-u'v) + 2J(t'v-tv')(uv'-u'v)$$
$$+ 2N(t-t')(uv'-u'v) + 2O(u-u')(t'v-tv')$$
$$+ 2S(t-t')(t'v-tv') + 2T(t-t')(tu'-t'u)$$
$$+ 2U(u-u')(tu'-t'u) + 2P(u-u')(uv'-u'v)$$
$$+ 2Q(v-v')(uv'-u'v) + 2R(v-v')(t'v-tv') = 0.\text{**}) \qquad \text{(IV)}$$

Die Gleichung (IV), welche die allgemeine Gleichung der Complexe des zweiten Grades ist, stellt, wenn wir t', u', v' auf eine beliebige feste Ebene beziehen und, dem entsprechend, als constant betrachten, eine Curve zweiter Classe dar, welche in der festen Ebene von den in derselben liegenden Linien des Complexes umhüllt wird.

153. Die Vertauschungen von

$$r, \; s, \; 1, \; -\sigma, \; \varrho, \; \eta$$

und

$$-\varkappa, \; \pi, \; \omega, \; p, \; q, \; 1,$$

so wie die entsprechenden Vertauschungen von:

$$(x-x'), \; (y-y'), \; (z-z'), \; (yz'-y'z), \; (x'z-xz'), \; (xy'-x'y)$$

und

$$(uv'-u'v), \; (t'v-tv'), \; (tu'-t'u), \; (t-t'), \; (u-u'), \; (v-v'),$$

welche wir machen müssen, um bezüglich die Gleichungen (I) und (III) und die Gleichungen (II) und (IV) aus einander abzuleiten, kommen darauf hinaus, einerseits:

$$r, \; s, \; \sigma, \; \varrho, \; \eta$$

und

$$p, \; q, \; \varkappa, \; \pi, \; \omega$$

andererseits:

$$x, \; y, \; z, \; x', \; y', \; z'$$

und

$$t, \; u, \; v, \; t', \; u', \; v',$$

so wie beides Mal:

$$A, \; B, \; C, \qquad G, \; H, \; J, \qquad P, \; Q, \; R$$

und

$$D, \; E, \; F, \qquad K, \; L, \; M, \qquad S, \; T, \; U$$

gegenseitig mit einander zu vertauschen.

154. Die Gleichung (I) wird erst dann symmetrisch, wenn wir sie durch Einführung einer sechsten Veränderlichen, wie diess bereits (Einl. Betr. Nr. 6.) angedeutet ist, homogen machen. Ist h die neue Veränderliche, und behalten wir überdiess die überzählige Constante V bei, so geht (I) über in:

$$Ar^2 + Bs^2 + Ch^2 + D\sigma^2 + E\varrho^2 + F\eta^2$$
$$+ 2Gsh + 2Hrh + 2Jrs + 2K\varrho\eta - 2L\sigma\eta - 2M\varrho\sigma$$
$$- 2Nr\sigma + 2Os\varrho + 2Vh\eta$$
$$+ 2Pr\varrho + 2Qr\eta + 2Rs\eta + 2Ss\sigma - 2Th\sigma + 2Uh\varrho = 0. \text{*)} \qquad \text{(V)}$$

---

*) Die Einführung von h kommt darauf hinaus, die beiden ersten der drei Projectionen der geraden Linie (r, ϱ, s, σ):

$$x = rz + \varrho, \qquad y = sz + \sigma, \qquad ry = sx + \eta$$

durch die folgenden beiden zu ersetzen:

$$hx = rz + \varrho, \qquad hy = sz + \sigma.$$

Hiernach können wir die gerade Linie in symmetrischer Weise durch die beiden Gleichungen je zweier ihrer drei Projectionen darstellen, durch die letzten beiden, wie durch die folgenden:

155. Einer Vertauschung der drei Coordinaten-Axen unter einander entspricht eine Vertauschung der Constanten in der allgemeinen Gleichung der Complexe zweiten Grades. Wir wollen dabei die Gleichung (II) zu Grunde legen, der Symmetrie wegen aber das Glied:

$$2 V''(z - z')(x y' - x' y)$$

hinzufügen, indem wir N und O mit N' und O' vertauschen und

$$N = N' - V', \qquad O = O' - V''$$

setzen. Wenn wir alsdann **erstens** die beiden Coordinaten-Axen OX und OY mit einander vertauschen, so vertauschen sich gegenseitig $(x - x')$ und $(y - y')$, während $(z - z')$ unverändert bleibt, sowie $(x'z - x z')$ und $-(y z' - y' z)$, während $(x y' - x' y)$ sein Zeichen wechselt. Hiernach werden von der Vertauschung in keiner Weise berührt die Coefficienten:

$$C,\ F,\ J,\ M,$$

während bezüglich

$$A,\ D,\ G,\ K$$

und

$$B,\ E,\ H,\ L$$

ohne Zeichenänderung, mit gleichzeitigem Zeichenwechsel

$$N',\ P,\ R,\ T$$

und

$$O',\ S,\ Q,\ U$$

sich gegenseitig vertauschen und V'' sein Zeichen ändert.

In der Gleichung (V) vertauschen sich hiernach gegenseitig:

$$r \text{ und } \varrho$$

bezüglich mit

$$s \text{ und } \sigma,$$

während η sein Zeichen wechselt.

Vertauschen wir **zweitens** die beiden Axen OX und OZ mit einander, so vertauschen sich in (II) die Ausdrücke $(x - x')$ und $(z - z')$, während $(y - y')$ ungeändert bleibt, ebenso $(y z' - y' z)$ und $-(x y' - x' y)$, während

---

$$s x = r y - \eta, \qquad s z = h y - \sigma,$$

und die folgenden:

$$r y = s x + \eta, \qquad r z = h x - \varrho,$$

wobei die Bedingungs-Gleichung erfüllt wird:

$$r \sigma - s \varrho = h \eta.$$

Es ist wohl kaum nothwendig, zu bemerken, dass, wenn wir $(z - z')$ für h schreiben, die Gleichung (V) in die Gleichung (II) übergeht.

$(x'z - xz')$ sein Zeichen ändert. Dem entsprechend vertauschen sich in (V)

$$r \text{ und } \varrho$$

mit

$$h \text{ und } -\eta,$$

während σ sein Zeichen wechselt. Von der Vertauschung werden hiernach nicht berührt die Coefficienten:

$$B, E, H, L,$$

während sich die Coefficienten

$$A, D, G, K$$

bezüglich mit

$$C, F, J, M$$

ohne Zeichenwechsel, mit gleichzeitiger Zeichenänderung:

$$N', P, R, T$$

bezüglich mit

$$V', U, S, Q$$

vertauschen und O' sein Zeichen wechselt.

Vertauschen wir **drittens** die beiden Axen OY und OZ mit einander, so vertauschen sich in (II) die Ausdrücke $(y-y')$ und $(z-z')$, so wie $(xy'-x'y)$ und $-(x'z-xz')$ mit einander, während $(x-x')$ unverändert bleibt und $(yz'-y'z)$ sein Zeichen wechselt. In (V) vertauschen sich:

$$s \text{ und } \sigma$$

mit

$$h \text{ und } \eta,$$

während ϱ sein Zeichen ändert. Von der Vertauschung werden hiernach nicht berührt:

$$A, D, G, K,$$

während sich die Coefficienten:

$$B, E, H, L$$

bezüglich mit

$$C, F, J, M$$

ohne Zeichenwechsel, unter gleichzeitigem Zeichenwechsel

$$O', P, R, T$$

bezüglich mit

$$V', Q, U, S$$

vertauschen und N' sein Zeichen wechselt.

Es bleiben noch die Modificationen zu erörtern, welche dann eintreten, wenn wir das überzählige Glied fortfallen lassen.

Setzen wir in der ersten Vertauschung V' gleich Null, so vertauschen sich zugleich mit den Coordinaten-Axen OX und OY die Coefficienten

$$N \text{ und } O$$

unter Zeichenänderung.

Setzen wir in der zweiten Vertauschung O' gleich Null, so kommt $V'' = -O$, $N' = N-O$; mit den Coordinaten-Axen OX und OZ vertauschen sich V'' und N' unter Zeichenwechsel, oder, was dasselbe ist,

$$O \text{ und } N-O$$

ohne Zeichenänderung.

Endlich vertauschen sich in dem dritten Falle gleichzeitig mit den Coordinaten-Axen OY und OZ unter Zeichenänderung die Coefficienten

$$N \text{ und } N-O.$$

Es ist nicht zu übersehen, dass in allen Gleichungen nach der Vertauschung die Drehungsmomente von OX nach OY, von OY nach OZ, von OZ nach OX genommen sind.

156. Da die Gleichung (III), wenn sie, auf dieselben Coordinaten-Axen bezogen, denselben Complex zweiten Grades darstellen soll, als die Gleichung (I), dieselben Constanten in anderer Reihenfolge enthält, so behalten die in der vorigen Nummer entwickelten Vertauschungs-Regeln auch für die Gleichung des Complexes in Axen-Coordinaten ihre vollständige und unmittelbare Geltung.

157. Wenn wir den Anfangspunct der Coordinaten in irgend einen Punct (x_0, y_0, z_0) verlegen, so treten, während r und s unverändert bleiben, an die Stelle von ϱ, σ, η (Einleit. Betr. Nr. 14.) die folgenden Ausdrücke:

$$\varrho + r z_0 - x_0,$$
$$\sigma + s z_0 - y_0,$$
$$\eta + s x_0 - r y_0,$$

wonach die Gleichung (I) in die folgende übergeht:

$$(A + E z_0^2 + F y_0^2 - 2K y_0 z_0 + 2P z_0 - 2Q y_0) r^2$$
$$+ (B + D z_0^2 + F x_0^2 - 2L x_0 z_0 + 2R x_0 - 2S z_0) s^2$$
$$+ (C + D y_0^2 + E x_0^2 - 2M x_0 y_0 + 2T y_0 - 2U x_0)$$
$$+ D \sigma^2 + E \varrho^2 + F \eta^2$$
$$+ 2(G - D y_0 z_0 - K x_0^2 + L x_0 y_0 + M x_0 z_0 - O x_0 + S y_0 - T z_0) s$$
$$+ 2(H - E x_0 z_0 + K x_0 y_0 - L y_0^2 + M y_0 z_0 + N y_0 - P x_0 + U z_0) r$$
$$+ 2(J - F x_0 y_0 + K x_0 z_0 + L y_0 z_0 - M z_0^2 - (N-O) z_0 + Q x_0 - R y_0) r s$$
$$+ 2K \varrho \eta - 2L \sigma \eta - 2M \varrho \sigma$$

$$- 2(N + Kx_0 - 2Ly_0 + Mz_0)r\sigma + 2(O + 2Kx_0 - Ly_0 - Mz_0)s\varrho$$
$$+ 2(P + Ez_0 - Ky_0)r\varrho + 2(Q - Fy_0 + Kz_0)r\eta$$
$$+ 2(R + Fx_0 - Lz_0)s\eta - 2(S - Dz_0 + Lx_0)s\sigma$$
$$- 2(T + Dy_0 - Mx_0)\sigma + 2(U - Ex_0 + My_0)\varrho = 0.^*) \qquad \text{(VI)}$$

158. Um die Gleichung des Complexes in Axen-Coordinaten auf den neuen Anfangspunct zu beziehen, brauchen wir bloss in der vorstehenden Gleichung dieselben Vertauschungen vorzunehmen, durch welche wir in der 153. Nummer die Complex-Gleichung (III) aus (I) abgeleitet haben. Auf diese Weise ergibt sich unmittelbar:

$$D p^2 + E q^2 + F$$
$$+ (A + Ez_0^2 + Fy_0^2 - 2Ky_0z_0 + 2Pz_0 - 2Qy_0)\varkappa^2$$
$$+ (B + Dz_0^2 + Fx_0^2 - 2Lx_0z_0 + 2Rx_0 - 2Sz_0)\pi^2$$
$$+ (C + Dy_0^2 + Ex_0^2 - 2Mx_0y_0 + 2Ty_0 - 2Ux_0)\omega^2$$
$$+ 2Kq + 2Lp + 2Mpq$$
$$+ 2(G - Dy_0z_0 - Kx_0^2 + Lx_0y_0 + Mx_0z_0 - Ox_0 + Sy_0 - Tz_0)\pi\omega$$
$$- 2(H - Ex_0z_0 + Kx_0y_0 - Ly_0^2 + My_0z_0 + Ny_0 - Px_0 + Uz_0)\varkappa\omega$$
$$- 2(J - Fx_0y_0 + Kx_0z_0 + Ly_0z_0 - Mz_0^2 - (N-O)z_0 + Qx_0 - Ry_0)\pi\varkappa$$
$$- 2(N + Kx_0 - 2Ly_0 + Mz_0)p\varkappa + 2(O + 2Kx_0 - Ly_0 - Mz_0)q\pi$$
$$+ 2(S - Dz_0 + Lx_0)p\pi + 2(T + Dy_0 - Mx_0)p\omega$$
$$+ 2(U - Ex_0 + My_0)q\omega - 2(P + Ez_0 - Ky_0)q\varkappa$$
$$- 2(Q - Fy_0 + Kz_0)\varkappa + 2(R + Fx_0 - Lz_0)\pi = 0. \qquad \text{(VII)}$$

159. Wir wollen ferner das Coordinaten-System, auf welches der Complex (I) ursprünglich bezogen war, durch ein anderes ersetzen, dessen Axen sich in dem ursprünglichen Anfangspuncte schneiden, aber beliebig ihre Richtung geändert haben. In den einleitenden Betrachtungen ist diese Coordinaten-Verwandlung auf drei successive Operationen zurückgeführt worden, in welcher jedesmal eine der drei Coordinaten-Axen beibehalten wird, während die beiden anderen in ihrer Ebene beliebig gedreht werden. Wir begnügen uns hier damit, das Resultat einer dieser drei unter sich ähnlichen Operationen hinzuschreiben. Von einem rechtwinkligen Coordinaten-System aus-

---

*) Wenn wir statt der beiden Glieder
$$- 2Nr\sigma + 2Os\varrho$$
die drei Glieder:
$$- 2Nr\sigma + 2Os\varrho + 2Vh\eta$$
einführen, so können wir die Werthe, welche wir nach der Umformung für diese Glieder erhalten, schreiben:
$$- 2(N - Ly_0 + Mz_0)r\sigma + 2(O + Kx_0 - Mz_0)s\varrho + 2(V - Kx_0 + Ly_0)\eta.$$

gehend, wollen wir die Coordinaten-Axe OZ beibehalten und die beiden anderen Coordinaten-Axen OX und OY in XY so drehen, dass sie in ihrer neuen Lage mit OX in der ursprünglichen Lage die Winkel α und α' bilden, wonach der Winkel, den die Axen OX und OY in der neuen Lage mit einander bilden, $(\alpha' - \alpha) = \vartheta$ wird. Dann geht die Gleichung (I), indem wir (Einleit. Betr. Nr. 14):

$$r \quad \text{mit} \quad r \cos\alpha + s \cos\alpha', \qquad s \quad \text{mit} \quad r \sin\alpha + s \sin\alpha',$$
$$\varrho \quad \text{mit} \quad \varrho \cos\alpha + \sigma \cos\alpha', \qquad \sigma \quad \text{mit} \quad \varrho \sin\alpha + \sigma \sin\alpha',$$
$$\eta \quad \text{mit} \quad \eta \sin\vartheta$$

vertauschen, in die folgende über:

$$(A\cos^2\alpha + B\sin^2\alpha + 2J\sin\alpha\cos\alpha)r^2 + (B\sin^2\alpha' + A\cos^2\alpha' + 2J\sin\alpha'\cos\alpha')s^2$$
$$+ C$$
$$+ (D\sin^2\alpha' + E\cos^2\alpha' - 2M\sin\alpha'\cos\alpha')\sigma^2 + (E\cos^2\alpha + D\sin^2\alpha - 2M\sin\alpha\cos\alpha)\varrho^2$$
$$+ F\sin^2\vartheta \cdot \eta^2$$
$$+ 2(G\sin\alpha' + H\cos\alpha')s + 2(H\cos\alpha + G\sin\alpha)r$$
$$+ 2(J(\sin\alpha\cos\alpha' + \sin\alpha'\cos\alpha) + A\cos\alpha\cos\alpha' + B\sin\alpha\sin\alpha')rs$$
$$+ 2(K\cos\alpha - L\sin\alpha)\sin\vartheta \cdot \varrho\eta - 2(L\sin\alpha' - K\cos\alpha')\sin\vartheta \cdot \sigma\eta$$
$$- 2(M(\sin\alpha\cos\alpha' + \sin\alpha'\cos\alpha) - D\sin\alpha\sin\alpha' - E\cos\alpha\cos\alpha')\varrho\sigma$$
$$- 2(N\sin\alpha'\cos\alpha - O\sin\alpha\cos\alpha' - P\cos\alpha\cos\alpha' + S\sin\alpha\sin\alpha')r\sigma$$
$$+ 2(O\sin\alpha'\cos\alpha - N\sin\alpha\cos\alpha' + P\sin\alpha\sin\alpha' - S\cos\alpha\cos\alpha')s\varrho$$
$$+ 2(P\cos^2\alpha - (N-O)\sin\alpha\cos\alpha - S\sin^2\alpha)r\varrho + 2(Q\cos\alpha + R\sin\alpha)\sin\vartheta \cdot r\eta$$
$$+ 2(R\sin\alpha' + Q\cos\alpha')\sin\vartheta \cdot s\eta - 2(S\sin^2\alpha' + (N-O)\sin\alpha'\cos\alpha' - P\cos^2\alpha')s\sigma$$
$$- 2(T\sin\alpha' - U\cos\alpha')\sigma + 2(U\cos\alpha - T\sin\alpha)\varrho = 0. \qquad \text{(VIII)}$$

Setzen wir

$$\vartheta = \frac{\pi}{2}, \qquad \sin\alpha' = \cos\alpha, \qquad \cos\alpha' = -\sin\alpha,$$

so ist das Coordinaten-System ein rechtwinkliges geblieben und bloss durch einen Winkel α um die Axe OZ gedreht worden.

Bei derselben Aenderung des Coordinaten-Systems geht die Gleichung (III) in die folgende über:

$$(D\sin^2\alpha' + E\cos^2\alpha' - 2M\sin\alpha'\cos\alpha')p^2 + (E\cos^2\alpha + D\sin^2\alpha - 2M\sin\alpha\cos\alpha)q^2$$
$$+ F\sin^2\vartheta$$
$$+ (A\cos^2\alpha + B\sin^2\alpha + 2J\sin\alpha\cos\alpha)\varkappa^2 + (B\sin^2\alpha' + A\cos^2\alpha' + 2J\sin\alpha'\cos\alpha')\pi^2$$
$$+ C\omega^2$$
$$+ 2(K\cos\alpha - L\sin\alpha)\sin\vartheta \cdot q + 2(L\sin\alpha' - K\cos\alpha')\sin\vartheta \cdot p$$
$$+ 2(M(\sin\alpha\cos\alpha' + \sin\alpha'\cos\alpha) - D\sin\alpha\sin\alpha' - E\cos\alpha\cos\alpha')pq$$

$$+ 2(G \sin \alpha' + H \cos \alpha') \pi \omega - 2(H \cos \alpha + G \sin \alpha) \varkappa \omega$$
$$- 2\big(J(\sin \alpha \cos \alpha' + \sin \alpha' \cos \alpha) + A \cos \alpha \cos \alpha' + B \sin \alpha \sin \alpha'\big) \pi \varkappa$$
$$- 2(N \sin \alpha' \cos \alpha - O \sin \alpha \cos \alpha' - P \cos \alpha \cos \alpha' + S \sin \alpha \sin \alpha') p \varkappa$$
$$+ 2(O \sin \alpha' \cos \alpha - N \sin \alpha \cos \alpha' + P \sin \alpha \sin \alpha' - S \cos \alpha \cos \alpha') q \pi$$
$$+ 2(S \sin^2 \alpha' + (N-O) \sin \alpha' \cos \alpha' - P \cos^2 \alpha') p \pi + 2(T \sin \alpha' - U \cos \alpha') p \omega$$
$$+ 2(U \cos \alpha - T \sin \alpha) q \omega - 2(P \cos^2 \alpha - (N-O) \sin \alpha \cos \alpha - S \sin^2 \alpha) p \varkappa$$
$$- 2(Q \cos \alpha + R \sin \alpha) \sin \vartheta \cdot \varkappa + 2(R \sin \alpha' + Q \cos \alpha') \sin \vartheta \cdot \pi = 0. \qquad \text{(IX)}$$

§ 2.

Aequatorialflächen, beschrieben von einer Complex-Curve, deren Ebene parallel mit sich selbst fortrückt.

160. Bei der grossen Complication eines Complexes des zweiten Grades müssen wir darauf Bedacht nehmen, dass wir die Uebersicht erleichtern und dadurch der Anschauung zu Hülfe kommen. Hierzu ist uns ein Mittel in den beiden Sätzen geboten, welche wir in dem vorigen Paragraphen bereits als den unmittelbaren geometrischen Ausdruck der Gleichungen (II) und (IV), die, in der zwiefachen Coordinaten-Bestimmung, die Complexe des zweiten Grades darstellen, gegeben haben. Indem wir einerseits nämlich die unendlich vielen Linien des Complexes, welche in derselben Ebene liegen, in eine einzige Gruppe zusammenfassen, können wir, statt derselben, die von ihnen umhüllte Curve zweiter Classe einführen. Indem wir andererseits die unendlich vielen Linien des Complexes, welche durch denselben Punct gehen, zu einer Gruppe vereinigen, können wir, statt derselben, in analoger Weise diejenige Kegelfläche zweiter Ordnung einführen, welche von ihnen gebildet wird.

Dann brauchen wir einerseits, weil überhaupt alle Linien des Raumes mit einem gegebenen Puncte in einer Ebene liegen, um alle Linien des Complexes zu umfassen, nur diejenigen Complex-Curven in Betracht zu ziehen, deren Ebenen durch den gegebenen Punct gehen; andererseits erhalten wir, da alle Linien des Raumes eine gegebene Ebene schneiden, alle Linien des Complexes, wenn wir nur diejenigen Kegel in Betracht ziehen, deren Mittelpuncte in der gegebenen Ebene liegen. So treten an die Stelle von unendlich vielen (∞^3) Complex-Linien, unendlich viele (∞^2) Complex-Curven, bezüglich unendlich viele (∞^2) Complex-Kegel.

161. Wir können einen Schritt weiter thun. Wenn eine Ebene sich bewegt, so beschreibt die in ihr von Linien des Complexes umhüllte, veränderliche Curve zweiter Classe eine Fläche; wenn ein Punct sich bewegt, so wird eine Fläche von dem veränderlichen Complex-Kegel, der diesen Punct zum Mittelpuncte hat, umhüllt. In der Bestimmung des Complexes vertreten diese Flächen unendlich viele (∞) Complex-Curven, bezüglich unendlich viele (∞) Complex-Kegel. Die einfachsten Flächen dieser Art entsprechen einerseits dem Falle, dass die Ebene der beschreibenden Curve um eine feste Axe sich dreht oder parallel mit sich selbst fortrückt, und andererseits dem Falle, dass der Mittelpunct des umhüllenden Kegels eine feste gerade Linie beschreibt, oder, wenn diese feste Linie unendlich weit rückt, dass die Kegel in umhüllende Cylinder ausarten, deren Axen einer gegebenen Ebene parallel sind.

Die so bestimmten Flächen wollen wir überhaupt Complex-Flächen nennen.

Indem wir diese Complex-Flächen einführen, können wir die unendlich vielen (∞^3) Complex-Linien durch unendlich viele (∞) solcher Complex-Flächen ersetzen, deren feste Axen in einer gegebenen Ebene liegen und in einem gegebenen Puncte dieser Ebene sich schneiden.

Die angegebenen Erzeugungen der Complex-Flächen wollen wir nach einander einer analytischen Discussion unterwerfen.

162. Wir wollen von der allgemeinen Gleichung:

$$
\begin{aligned}
& D(t-t')^2 \quad\quad + \quad E(u-u')^2 \quad\quad + \quad F(v-v')^2 \\
& + A(uv'-u'v)^2 \quad + \quad B(t'v-tv')^2 \quad + \quad C(tu'+t'u)^2 \\
& + 2K(u-u')(v-v') + 2L(t-t')(v-v') + 2M(t-t')(u-u') \\
& + 2G(tu'-t'u)(t'v-tv') + 2H(tu'-t'u)(uv'-u'v) + 2J(t'v-tv')(uv'-u'v) \\
& + 2N(t-t')(uv'-u'v) + 2O(u-u')(t'v-tv') \\
& + 2S(t-t')(t'v-tv') + 2T(t-t')(tu'-t'u) \\
& + 2U(u-u')(tu'-t'u) + 2P(u-u')(uv'-u'v) \\
& + 2Q(v-v')(uv'-u'v) + 2R(v-v')(t'v-tv') = 0, \quad\quad \text{(IV)}
\end{aligned}
$$

welche den Complex zweiten Grades in Axen-Coordinaten darstellt, ausgehen. Betrachten wir in dieser Gleichung t', u', v' als constant, so stellt dieselbe eine Curve zweiter Classe im Raume dar, welche von allen denjenigen Ebenen berührt wird, deren Coordinaten t, u, v die Gleichung befriedigen. Diese Curve liegt in der Ebene (t', u', v') und wird in derselben von Linien des Complexes umhüllt.

Die Projection dieser Curve auf eine der drei Coordinaten Ebenen YZ, XZ, XY ergibt sich unmittelbar, wenn wir bezüglich t, u, v gleich Null setzen. Auf diese Weise erhalten wir, wenn wir nur die Projection auf YZ berücksichtigen und zugleich die Gleichung durch Einführung von w und w' homogen machen:

$$(Dt'^2 + Eu'^2 + Fv'^2 + 2Ku'v' + 2Lt'v' + 2Mt'u')w^2$$
$$- 2(Fv'w' + Ku'w' + Lt'w' - (N-O)t'u' - Pu'^2 - Qu'v' + Rt'v' + St'^2)vw$$
$$+ (Au'^2 + Bt'^2 + Fw'^2 - 2Jt'u' - 2Qu'w' + 2Rt'w')v^2$$
$$- 2(Eu'w' + Kv'w' + Mt'w' + Nt'v' + Pu'v' + Qv'^2 - Tt'^2 - Ut'u')uw$$
$$- 2(Au'w' + Gt'^2 - Ht'u' - Jt'v' - Kw'^2 - Ot'w' + Pu'w' - Qv'w')uv$$
$$+ (Av'^2 + Ct'^2 + Ew'^2 - 2Ht'v' + 2Pv'w' - 2Ut'w')u^2 = 0. \qquad (1)$$

163. Wenn wir in der vorstehenden Gleichung t', u', v' constant nehmen und w' sich verändern lassen, so rückt die Ebene (t', u', v', w'), welche die Complex-Curve enthält, parallel mit sich selbst fort. Machen wir insbesondere die Voraussetzung, dass diese Ebene mit YZ parallel ist, so kommt:

$$u' = 0, \qquad v' = 0, \qquad \frac{w'}{t'} = -x',$$

wobei x' den Abstand der jedesmaligen Ebene der Complex-Curve von YZ bedeutet. Die Gleichung (1) verwandelt sich hiernach, wenn wir zugleich durch t'^2 dividiren, in die folgende:

$$Dw^2 + 2(Lx' - S)vw + (Fx'^2 - 2Rx' + B)v^2$$
$$+ 2(Mx' + T)uw + 2(Kx'^2 - Ox' - G)uv + (Ex'^2 + 2Ux' + C)u^2 = 0. \quad (2)$$

Diese Gleichung gibt, nachdem der Abstand x' einer mit YZ parallelen Ebene bestimmt worden ist, in gewöhnlichen Linien-Coordinaten u, v, w die Projection der in dieser Ebene liegenden Complex-Curve auf YZ, oder auch diese Curve selbst in ihrer eigenen Ebene, wenn wir die Coordinaten-Ebene YZ parallel mit sich selbst so verschieben, dass sie mit der Ebene der jedesmaligen Complex-Curve zusammenfällt. Wenn wir hiernach auch x' als veränderlich betrachten und demnach die Accente fortlassen, so stellt dieselbe Gleichung:

$$Dw^2 + 2(Lx - S)vw + 2(Fx^2 - 2Rx + B)v^2$$
$$+ 2(Mx + T)uw + 2(Kx^2 - Ox - G)uv + (Ex^2 + 2Ux + C)u^2 = 0 \quad (3)$$

in gemischten Punct- und Linien-Coordinaten x, u, v, w den Inbegriff aller Complex-Curven dar, deren Ebenen mit YZ parallel sind.

Complex-Curven in Ebenen, die unter einander parallel sind, bilden eine

Complex-Fläche, die wir eine Aequatorialfläche nennen wollen, während die einzelnen Complex-Curven Breiten-Curven heissen mögen.

Die Gleichung (3) schliesst dreizehn von einander unabhängige Constanten ein. Da die Coordinaten-Bestimmung in keiner weiteren Beziehung zu der Aequatorialfläche steht, als dass die Richtung der Coordinaten-Ebene YZ eine ausgezeichnete ist, so hängt die Aequatorialfläche im Ganzen von fünfzehn Constanten ab.

164. In bekannter Weise erhalten wir die Bestimmung des Mittelpunctes der durch ihre Gleichung in Linien-Coordinaten dargestellten Breiten-Curve in einer durch x' bestimmten Ebene. Die Coordinaten dieses Punctes sind:

$$z = \frac{Lx' - S}{D}, \qquad y = \frac{Mx' + T}{D}, \qquad (4)$$

und darnach ergibt sich, wenn wir die Accente fortlassen:

$$\left. \begin{array}{l} Dz - Lx + S = 0, \\ Dy - Mx - T = 0. \end{array} \right\} \qquad (5)$$

Indem wir x als veränderlich betrachten, stellen diese beiden Gleichungen eine gerade Linie dar, und diese gerade Linie ist der geometrische Ort für die Mittelpuncte der Complex-Curven, welche die Aequatorialfläche bilden. Wir wollen diese gerade Linie den Durchmesser der Aequatorialfläche und die Ebenen der Breiten-Curven zugeordnete Ebenen dieses Durchmessers nennen.

Jedem Systeme paralleler Ebenen entspricht im Complexe eine Aequatorialfläche mit einem Durchmesser, der die parallelen Ebenen zu seinen zugeordneten hat.

165. Die Gleichung (3) gibt jede der Breiten-Curven in ihrer Ebene, nachdem diese Ebene durch den Werth von x bestimmt worden ist, in Linien-Coordinaten u, v, w. Wir können aber auch dieselbe Curve in ihrer Ebene durch die gewöhnlichen Punct-Coordinaten y und z darstellen. Dann finden wir für ihre Gleichung in bekannter Weise:[*]

---

[*] Wenn derselbe Kegelschnitt in der Ebene YZ einmal vermittelst Punct-Coordinaten y, z, das andere Mal vermittelst Linien-Coordinaten u, v, w durch die beiden Gleichungen:

$$ay^2 + 2byz + cz^2 + 2dy + 2ez + f = 0,$$
$$Aw^2 + 2Bvw + Cv^2 + 2Duw + 2Euv + Fu^2 = 0$$

dargestellt wird, so können wir die Constanten der einen Gleichung durch die Constanten der anderen auf folgende Weise bestimmen:

Plücker. Geometrie. 21

$$[(Lx-S)^2 - D(Fx^2 - 2Rx + B)]y^2$$
$$+ 2[D(Kx^2 - Ox - G) - (Lx - S)(Mx + T)]yz$$
$$+ [(Mx + T)^2 - D(Ex^2 - 2Ux + C)]z^2$$
$$+ 2[(Mx + T)(Fx^2 - 2Rx + B) - (Lx - S)(Kx^2 - Ox - G)]y$$
$$+ 2[(Lx - S)(Ex^2 - 2Ux + C) - (Mx + T)(Kx^2 - Ox - G)]z$$
$$+ [(Kx^2 - Ox - G)^2 - (Fx^2 - 2Rx + B)(Ex^2 - 2Ux + C)] = 0. \quad (6)$$

Wenn wir in dieser Gleichung nicht nur y und z, sondern auch x als veränderlich betrachten, so stellt sie, in gewöhnlichen Punct-Coordinaten, die Aequatorialfläche dar.

Die Aequatorialflächen sind also Flächen der vierten Ordnung. Sie werden von den ihrem Durchmesser conjugirten Ebenen in Curven zweiter Ordnung geschnitten, weil in diesen Ebenen unendlich weit ein Doppelstrahl der Fläche liegt.

166. Wir erhalten die folgenden drei Gleichungen:

$$\left.\begin{aligned}
Dw^2 + 2(Lx - S)vw + (Fx^2 - 2Rx + B)v^2 \\
+ 2(Mx + T)uw + 2(Kx^2 - Ox - G)uv + (Ex^2 + 2Ux + C)u^2 = 0, \\
Ew^2 + 2(My - U)tw + (Dy^2 - 2Ty + C)t^2 \\
+ 2(Ky + P)vw + 2(Ly^2 + Ny - H)tv + (Fy^2 + 2Qy + A)v^2 = 0, \\
Fw^2 + 2(Kz - Q)uw + (Ez^2 - 2Pz + A)u^2 \\
+ 2(Lz + R)tw + 2(Mz^2 - (N-O)z - J)tu + (Dz^2 + 2Sz + B)t^2 = 0
\end{aligned}\right\} \quad (7)$$

für die Gleichungen derjenigen Aequatorialflächen, deren Breiten-Curven bezüglich YZ, XZ, XY parallel sind, in gemischten Punct- und Linien-Coordinaten. Die erste der vorstehenden drei Gleichungen ist die Gleichung (3) der 163. Nummer und aus ihr sind die beiden anderen nach den Vertauschungsregeln der 155. Nummer abgeleitet. Sie stellen, wenn wir für die drei Veränderlichen x, y, z nach einander alle möglichen Werthe einsetzen, die einzelnen Breiten-Curven in ihren Ebenen dar. Setzen wir insbesondere x, y, z gleich Null, so erhalten wir die Gleichungen der drei Complex-Curven in den drei Coordinaten-Ebenen:

$$
\begin{aligned}
a &= B^2 - AC, & A &= b^2 - ac, \\
b &= AE - BD, & B &= ae - bd, \\
c &= D^2 - AF, & C &= d^2 - af, \\
d &= CD - BE, & D &= cd - be, \\
e &= BF - DE, & E &= bf - de, \\
f &= E^2 - CF, & F &= e^2 - cf.
\end{aligned}
$$

Ich entnehme diese Ausdrücke dem 2. Bande der „Entwicklungen“, Nr. 484. und Nr. 552.

$$Dw^2 - 2Svw + Bv^2 + 2Tuw - 2Guv + Cu^2 = 0,$$
$$Ew^2 - 2Utw + Ct^2 + 2Pvw - 2Htv + Av^2 = 0, \qquad (8)$$
$$Fw^2 - 2Ouw + Au^2 + 2Rtw - 2Jtu + Bt^2 = 0.$$

§ 3.

Meridianflächen, beschrieben von einer Complex-Curve, deren Ebene um eine feste gerade Linie sich dreht.

167. Die Aequatorialflächen, welche Gegenstand der Untersuchung des vorigen Paragraphen waren, sind der geometrische Ort solcher Curven, die in parallelen Ebenen von Linien des Complexes umhüllt werden, oder, mit anderen Worten, deren Ebenen sich in einer unendlich weit entfernten geraden Linie schneiden. Sie sind als eine Particularisation solcher Complex-Flächen zu betrachten, welche der geometrische Ort für Complex-Curven sind, deren Ebenen durch eine feste Axe gehen. Wir wollen derartige Complex-Flächen als Meridianflächen bezeichnen, indem wir zugleich die Complex-Curven, welche eine Meridianfläche bilden, Meridian-Curven, die Ebenen, in welchen sie liegen, Meridian-Ebenen nennen.

Die Bestimmung der Meridianflächen knüpft sich an dieselbe Gleichung:

$$(Dt'^2 + Eu'^2 + Fv'^2 + 2Ku'v' + 2Lt'v' + 2Mt'u')w^2$$
$$- 2(Fv'w' + Ku'w' + Lt'w' - (N-O)t'u' - Pu'^2 - Qu'v' + Rt'v' + St'^2)vw$$
$$+ (Au'^2 + Bt'^2 + Fw'^2 - 2Jt'u' - 2Qu'w' + 2Rt'w')v^2$$
$$- 2(Eu'w' + Kv'w' + Mt'w' + Nt'v' + Pu'v' + Qv'^2 - Tt'^2 - Ut'u')uw$$
$$- 2(Au'v' + Gt'^2 - Ht'u' - Jt'v' - Kw'^2 - Ot'w' + Pu'w' - Qv'w')uv$$
$$+ (Av'^2 + Ct'^2 + Ew'^2 - 2Ht'v' + 2Pv'w' - 2Ut'w')u^2 = 0, \qquad (1)$$

durch welche wir im vorigen Paragraphen die Aequatorialfläche bestimmt haben.

168. Bei der willkürlichen Annahme des Coordinaten-Systems können wir, unbeschadet der Allgemeinheit, für die feste Axe, um welche die Ebene der Complex-Curve sich dreht, eine der drei Coordinaten-Axen nehmen. Wählen wir für dieselbe die Axe OZ, so müssen wir in der vorstehenden Gleichung v' und w' gleich Null setzen. Dieselbe geht alsdann in die folgende über:

$$(Dt'^2 + Eu'^2 + 2Mt'u')w^2 + 2((N-O)t'u' + Pu'^2 - St'^2)vw + (Au'^2 + Bt'^2 - 2Jt'u')v^2$$
$$+ 2(Tt' + Uu')t' \cdot uw - 2(Gt' - Hu')t'uv + Ct'^2u^2 = 0. \qquad (9)$$

Die Lage der Meridian-Ebene ist durch $\dfrac{t'}{u'}$ bestimmt; wir können sie, wenn y und x zwei der drei Coordinaten irgend eines beliebigen Punctes der Ebene sind, in gleicher Weise durch:

$$\frac{y}{x} = -\,\frac{t'}{u'}$$

bestimmen. Die letzte Gleichung wird hiernach die folgende, wenn wir zugleich nach den Potenzen von x und y ordnen:

$$(E\,x^2 - 2\,M\,xy + D\,y^2)\,w^2 + 2\,(P\,x^2 - (N-O)\,xy - S\,y^2)\,vw + (A\,x^2 + 2\,J\,xy + B\,y^2)\,v^2$$
$$-\,2\,(U\,x - T\,y)\,y\cdot uw - 2\,(H\,x + G\,y)\,y\cdot uv + C\,y^2\,u^2 = 0. \tag{10}$$

Diese Gleichung geht, wenn wir die Axen OZ und OY mit einander vertauschen, nach den Vertauschungsregeln des ersten Paragraphen in die folgende über:

$$(F\,x^2 - 2\,L\,xz + D\,z^2)\,w^2 - 2\,(Q\,x^2 - N\,xz - T\,z^2)\,uw + (A\,x^2 + 2\,H\,xz + C\,z^2)\,u^2$$
$$+\,2\,(R\,x - S\,z)\,z\cdot vw - 2\,(J\,x + G\,z)\,z\cdot uv + B\,z^2\cdot v^2 = 0, \tag{11}$$

und diese Gleichung wiederum, wenn wir die beiden Axen OY und OX mit einander vertauschen, in die folgende:

$$(F\,y^2 - 2\,K\,yz + E\,z^2)\,w^2 + 2\,(R\,y^2 - O\,yz - U\,z^2)\,tw + (B\,y^2 + 2\,G\,yz + C\,z^2)\,t^2$$
$$-\,2\,(Q\,y - P\,z)\,z\cdot vw - 2\,(J\,y + H\,z)\,z\cdot tv + A\,z^2\cdot v^2 = 0. \tag{12}$$

Die Gleichung (11) stellt die Projection auf YZ derjenigen Complex-Curven dar, deren Ebenen durch OY gehen, die Gleichung (12) die Projection auf XZ derjenigen Complex-Curven, deren Ebenen durch OX gehen. Wir wollen die letztere als die allgemeine Gleichung der Meridianflächen in gemischten Punct- und Linien-Coordinaten ansehen.

Sie enthält, wie die allgemeine Gleichung der Aequatorialflächen (3), dreizehn von einander unabhängige Constante. Während aber, im Falle der Aequatorialflächen, das Coordinaten-System nur insofern von der Fläche abhängt, als die Richtung der Coordinaten-Ebene YZ durch dieselbe gegeben ist, wird hier durch die Meridianfläche die Axe OX bestimmt. Eine Meridianfläche hängt also, ausser von den dreizehn obigen Constanten, noch von vier neuen Constanten, im Ganzen also von siebenzehn Constanten ab.

169. Wir wollen der folgenden Discussion die letzte Gleichung zu Grunde legen.

Wenn wir den Winkel, welchen eine beliebige der Meridian-Ebenen mit XZ bildet, φ nennen, so ist:

$$\operatorname{tang}\varphi = \frac{y}{z}\,.$$

Wir erhalten also die Gleichung der Projection der bezüglichen. Meridian-Curve auf XZ, wenn wir in der letzten Gleichung für die Coordinaten

$$y \quad \text{und} \quad z$$

die trigonometrischen Functionen

$$\sin \varphi \quad \text{und} \quad \cos \varphi$$

einsetzen. Dadurch geht dieselbe in die folgende über:

$$(F \sin^2 \varphi - 2K \sin \varphi \cos \varphi + E \cos^2 \varphi) w^2$$
$$+ 2(R \sin^2 \varphi - O \sin \varphi \cos \varphi - U \cos^2 \varphi) tw$$
$$+ (B \sin^2 \varphi + 2G \sin \varphi \cos \varphi + C \cos^2 \varphi) t^2$$
$$-2(Q \sin \varphi - P \cos \varphi)\cos \varphi \cdot vw - 2(J \sin \varphi + H \cos \varphi)\cos \varphi \cdot tv + A \cos^2 \varphi \cdot v^2 = 0, \quad (13)$$

und, wenn wir durch $\cos^2 \varphi$ dividiren, kommt:

$$(F \operatorname{tang}^2 \varphi - 2K \operatorname{tang} \varphi + E) w^2$$
$$+ 2(R \operatorname{tang}^2 \varphi - O \operatorname{tang} \varphi - U) tw$$
$$+ (B \operatorname{tang}^2 \varphi + 2G \operatorname{tang} \varphi + C) t^2$$
$$- 2(Q \operatorname{tang} \varphi - P) vw - 2(J \operatorname{tang} \varphi + H) tv + A v^2 = 0. \quad (14)$$

Wenn wir endlich die Coordinaten-Ebene XZ um OX durch einen Winkel φ drehen, so dass sie, nach der Drehung, in der neuen Lage XZ' mit der bezüglichen Meridian-Ebene zusammenfällt, so bleibt in der neuen Coordinaten-Bestimmung $\frac{t}{w}$ unverändert, während wir für $\frac{v}{w} \cdot \cos \varphi$ erhalten $\frac{v}{w}$, das auf OZ' als gewöhnliche Linien-Coordinate zu construiren ist. Um hiernach die Gleichung der Meridian-Curve in ihrer eigenen Ebene zu erhalten, haben wir in der Gleichung (13) v statt $v \cdot \cos \varphi$ zu schreiben, wonach dieselbe in die folgende übergeht:

$$(F \sin^2 \varphi - 2K \sin \varphi \cos \varphi + E \cos^2 \varphi) w^2$$
$$+ 2(R \sin^2 \varphi - O \sin \varphi \cos \varphi - U \cos^2 \varphi) tw$$
$$+ (B \sin^2 \varphi + 2G \sin \varphi \cos \varphi + C \cos^2 \varphi) t^2$$
$$- 2(Q \sin \varphi - P \cos \varphi) vw - 2(J \sin \varphi + H \cos \varphi) tv + A v^2 = 0. \quad (15)$$

Wenn wir φ als veränderlich betrachten, so stellen die letzten Gleichungen den Inbegriff aller Meridian-Curven dar, mit anderen Worten die Meridian-fläche selbst.

In dem Falle der Gleichungen (13) und (14) geschieht dieses in der Weise, dass, nachdem, durch die Annahme der Meridian-Ebene, φ einen bestimmten Werth erhalten hat, diese Gleichungen die Projection der Meridian-Curve auf XZ in Linien-Coordinaten t, v, w darstellen, wonach diese Curve selbst gegeben ist. Durch die letzte Gleichung (15) wird dieselbe Curve, nach Annahme von φ, in ihrer eigenen Ebene dargestellt. Dreht sich die Meridian-Ebene um OX, so ändert sich in ihr, abhängig von φ, die Meridian-Curve, welche die Meridianfläche erzeugt. In jeder ihrer Lagen ist sie bezogen auf die unverändert gebliebene Axe OX und eine veränderliche Axe OZ', die, mit und in der Meridian-Ebene, welche sie enthält, um OX sich dreht.

Wir sind somit zu einer analytischen Darstellung und Construction der Meridianflächen gelangt, welche der Darstellung und Construction der Aequatorialflächen ganz analog ist.

170. Die Gleichung des Poles der Axe OX in Beziehung auf die Curve zweiter Classe, welche, dem jedesmaligen Werthe von φ entsprechend, durch die Gleichung (14) dargestellt wird, ist die folgende:

$$(Q \tan \varphi - P)w + (J \tan \varphi + H)t - Av = 0.$$

Diese Curve (14) ist die Projection auf XZ der bezüglichen Meridian-Curve und also der fragliche Pol zugleich die Projection des Poles der Axe OX in Beziehung auf die Meridian-Curve selbst. Es sind also zwei der drei Coordinaten dieses Punctes:

$$x = \frac{J \tan \varphi + H}{Q \tan \varphi - P}, \qquad z = \frac{-A}{Q \tan \varphi - P},$$

und die dritte ist:

$$y = z \cdot \tan \varphi = \frac{-A \tan \varphi}{Q \tan \varphi - P}.$$

Zur Bestimmung des geometrischen Ortes der Pole von OX in Beziehung auf die verschiedenen Meridian-Curven haben wir φ zwischen den vorstehenden drei Gleichungen zu eliminiren. Setzen wir zu diesem Ende für $\tan \varphi$ seinen Werth $\frac{y}{z}$ in die zweite Gleichung, so kommt:

$$Qy - Pz + A = 0. \tag{16}$$

Die erste Gleichung gibt:

$$x = \frac{Jy + Hz}{Qy - Pz} = -\frac{Jy + Hz}{A},$$

woraus folgt:

$$Ax + Jy + Hz = 0. \tag{17}$$

Wir sind sonach zu dem folgenden Resultate gelangt:

Wenn eine Ebene um eine in ihr liegende feste Axe sich dreht, so ist der geometrische Ort der Pole dieser festen Axe in

Beziehung auf alle Complex-Curven, welche die Ebene während ihrer Umdrehung enthält, eine gerade Linie.

Wir wollen diese gerade Linie die Polare der Meridianfläche nennen.

171. Die vorstehende Gleichung (15) ist wiederum als die Gleichung der Complex-Fläche in gemischten Coordinaten anzusehen. Denn tang φ ist als eine dreier linearer Coordinaten $\frac{y}{z}$, $\frac{x}{z}$, $\frac{1}{z}$ eines Punctes (x, y, z) zu betrachten, während t, v, w Linien-Coordinaten in der Ebene bedeuten.

Um die in Rede stehende Meridianfläche in Punct-Coordinaten x, y, z darzustellen, gehen wir zu der mit (15) gleichbedeutenden Gleichung (12) zurück. Wir brauchen bloss statt der Linien-Coordinaten t, v, w, in welchen diese Gleichung die Projectionen der Meridian-Curven auf YZ in dieser Ebene ausdrückt, die beiden Punct-Coordinaten x und z einzuführen. Die bekannten Transformationen (Nr. 165. Note), auf den vorliegenden Fall angewandt, geben, wenn wir zugleich durch z^2 dividiren, die folgende Gleichung:

$$
\begin{aligned}
&[(Ry^2 - Oyz - Uz^2)^2 - (Fy^2 - 2Kyz + Ez^2)(By^2 + 2Gyz + Cz^2)] \\
&- 2[(Jy + Hz)(Fy^2 - 2Kyz + Ez^2) - (Qy - Pz)(Ry^2 - Oyz - Uz^2)]x \\
&\quad + [(Qy - Pz)^2 - A(Fy^2 - 2Kyz + Ez^2)]x^2 \\
&- 2[(Qy - Pz)(By^2 + 2Gyz + Cz^2) - (Jy + Hz)(Ry^2 - Oyz - Uz^2)] \\
&\quad + 2[A(Ry^2 - Oyz - Uz^2) - (Qy - Pz)(Jy + Hz)]x \\
&\quad + [(Jy + Hz)^2 - A(By^2 + 2Gyz + Cz^2)] = 0. \qquad (18)
\end{aligned}
$$

Die Meridianflächen sind also, wie die Aequatorialflächen, von der vierten Ordnung.

172. Jede durch die Axe OX gehende gerade Linie schneidet die Fläche in vier Puncten, von welchen zwei auf dieser Axe zusammenfallen. Die Axe ist also ein Doppelstrahl der Meridianfläche. Eine beliebige Ebene schneidet die Fläche in einer Curve vierter Ordnung, die auf dem Doppelstrahl derselben einen Doppelpunct hat. Dieser Punct rückt unendlich weit, wenn die schneidende Ebene dem Doppelstrahl parallel wird. Geht die Ebene durch den Doppelstrahl, so wird dieser auch eine Doppellinie der Durchschnitts-Curve. In Folge davon reducirt sich diese auf die zweite Ordnung, indem sie eine Complex-Curve wird.

§ 4.

Meridianflächen, umhüllt von Complex-Kegeln, deren Mittelpuncte in gerader Linie liegen.

173. Alle Linien eines Complexes des zweiten Grades, welche einer gegebenen geraden Linie begegnen, lassen sich in doppelter Weise zusammengruppiren; einerseits bilden sie die Gesammtheit der Tangenten unendlich vieler Complex-Curven zweiter Classe, deren Ebenen durch die gerade Linie gehen, andererseits die Gesammtheit der Seiten unendlich vieler Complex-Kegel zweiter Ordnung, deren Mittelpuncte auf der gegebenen geraden Linie liegen. Wir können hiernach dieselben Complex-Flächen, welche wir in den beiden vorhergehenden Paragraphen als durch Complex-Curven beschrieben ansahen, nunmehr von Complex-Kegeln umhüllt betrachten.

In Uebereinstimmung hiermit lassen sich von einem beliebigen Puncte einer gegebenen geraden Linie aus in jeder durch diese Linie gehenden Ebene zwei Tangenten an die in ihr liegende Complex-Curve legen. Diese beiden Linien sind Linien des Complexes und erzeugen, wenn die Ebene um die gegebene gerade Linie als Axe sich dreht, eine Kegelfläche, die dem Complexe angehört, die den angenommenen Punct zum Mittelpuncte hat und die der betreffenden Complexfläche umschrieben ist. So entspricht jedem Puncte der gegebenen geraden Linie ein Complex-Kegel, der, weil er von jeder durch seinen Mittelpunct gehenden Ebene in zwei geraden Linien geschnitten wird, von der zweiten Ordnung ist. Die Curve, in welcher ein solcher Kegel die Complex-Fläche berührt, ist im Allgemeinen keine ebene Curve, so wie die Tangential-Ebenen der Fläche in den Puncten einer Complex-Curve im Allgemeinen keine Kegelfläche umhüllen.

174. Wir wollen von der allgemeinen Gleichung:

$$\begin{aligned}
& A(x-x')^2 \quad + \quad B(y-y')^2 \quad + \quad C(z-z')^2 \\
&+ D(yz'-y'z)^2 + E(x'z-xz')^2 + F(xy'-x'y)^2 \\
&+ 2G(y-y')(z-z') + 2H(x-x')(z-z') + 2J(x-x')(y-y') \\
&+ 2K(xy'-x'y)(x'z-xz') + 2L(xy'-x'y)(yz'-y'z) + 2M(x'z-xz')(yz'-y'z) \\
&+ 2N(x-x')(yz'-y'z) + 2O(y-y')(x'z-xz') \\
&+ 2P(x-x')(x'z-xz') + 2Q(x-x')(xy'-x'y) \\
&+ 2R(y-y')(xy'-x'y) + 2S(y-y')(yz'-y'z) \\
&+ 2T(z-z')(yz'-y'z) + 2U(z-z')(x'z-xz') = 0, \qquad \text{(II)}
\end{aligned}$$

welche den Complex zweiten Grades in Strahlen-Coordinaten darstellt, ausgehen. Betrachten wir in dieser Gleichung x', y', z' als constant, so stellt dieselbe einen Kegel zweiter Ordnung dar, welcher durch alle diejenigen Puncte des Raumes geht, deren Coordinaten x, y, z die Gleichung befriedigen. Dieser Kegel hat den Punct (x', y', z') zum Mittelpunct und ist der geometrische Ort für die durch denselben gehenden Linien des Complexes.

Der Durchschnitt dieses Kegels mit einer der drei Coordinaten-Ebenen YZ, XZ, XY ergibt sich unmittelbar, wenn wir in der vorstehenden Gleichung bezüglich x, y, z gleich Null setzen. Auf diese Weise erhalten wir, wenn wir nur den Durchschnitt mit YZ berücksichtigen, die folgende Gleichung:

$$\begin{aligned}
&(A x'^2 + B y'^2 + C z'^2 + 2 G y' z' + 2 H x' z' + 2 J x' y') \\
&- 2(C z' + G y' + H x' - (N - O) x' y' + P x'^2 - S y'^2 - T y' z' + U x' z') z \\
&+ (C + D y'^2 + E x'^2 - 2 M x' y' - 2 T y' + U x') z^2 \\
&- 2(B y' + G z' + J x' + N x' z' - Q x'^2 - R x' y' + S y' z' + T z'^2) y \\
&- 2(D y' z' - G + K x'^2 - L x' y' - M x' z' - O x' + S y' - T z') y z \\
&+ (B + D z'^2 + F x'^2 - 2 L x' z' - 2 R x' + 2 S z') y^2 = 0. \qquad (19)
\end{aligned}$$

Diese Gleichung ist derjenigen analog, welche wir Nr. 162. aus der Gleichung des Complexes in Axen-Coordinaten abgeleitet haben, um die Projection der in der Ebene (t', u', v', w') liegenden Complex-Curve auf die Coordinaten-Ebene YZ darzustellen. Um die neue Gleichung aus der früheren (1) direct abzuleiten, haben wir in dieser nur w und w' gleich 1 zu setzen und dann nach den Vertauschungsregeln der 153. Nummer zu verfahren.

175. Die Gleichung (19) stellt in der Coordinaten-Ebene YZ eine Curve zweiter Ordnung dar, den Ort der Durchschnittspuncte aller Linien des Complexes, welche durch den gegebenen Punct (x', y', z') gehen, mit dieser Ebene. Der Kegel ist damit vollkommen bestimmt.

Wenn wir in dieser Gleichung neben y und z auch x', y', z' als veränderlich betrachten und als die Coordinaten des Mittelpunctes eines Complex-Kegels ansehen, so können wir sagen, dass die vorstehende Gleichung (19) den Inbegriff aller Complex-Kegel und demnach auch den Complex selbst darstelle.

Wir wollen den Punct (x', y', z') auf einer geraden Linie fortrücken lassen. Alsdann umhüllen die bezüglichen Complex-Kegel eine Complex-Fläche. Nehmen wir für diese gerade Linie insbesondere die Coordinaten-Axe OX, so ist die umhüllte Fläche dieselbe Meridianfläche, die wir im vorigen Paragraphen als den geometrischen Ort solcher Complex-Curven, deren Ebenen in derselben Axe sich schneiden, bestimmt haben.

176. Indem wir, der gemachten Voraussetzung entsprechend, y' und z' gleich Null setzen, geht die letzte Gleichung in die folgende über:

$$(Fx'^2 - 2Rx' + B)y^2 - 2(Kx'^2 - Ox' - G)yz + (Ex'^2 + 2Ux' + C)z^2$$
$$+ 2(Qx' - J)x'y - 2(Px' + H)x'z + Ax'^2 = 0. \qquad (20)$$

Diese Gleichung stellt also, wenn wir neben y und z auch x' als veränderlich betrachten, den Inbegriff aller Kegelflächen des Complexes dar, deren Mittelpuncte auf der Axe OX liegen, und ist daher, in dem oben festgestellten Sinne, als die Gleichung der von ihnen umhüllten Complex-Fläche anzusehen. Die Gleichung gibt in Punct-Coordinaten die Basis einer solchen Kegelfläche in YZ, nachdem der Mittelpunct derselben durch x' bestimmt worden ist. Jede gerade Linie, welche diesen Punct mit einem Puncte der Basis verbindet, ist eine Seite des Kegels.

Wir können die Tangential-Ebenen des Kegels direct construiren und zwar dadurch, dass wir durch seinen Mittelpunct und die Tangenten der Basis in YZ Ebenen legen. Eine Coordinate einer solchen Tangential-Ebene ist:

$$\frac{t}{w} = -\frac{1}{x'},$$

wonach wir die letzte Gleichung unter der folgenden Form schreiben können:

$$(Fw^2 + 2Rtw + Bt^2)y^2 - 2(Kw^2 + Otw - Gt^2)yz + (Ew^2 - 2Utw + Ct^2)z^2$$
$$+ 2(Qw + Jt)wy - 2(Pw - Ht)wz + Aw^2 = 0. \qquad (21)$$

Die vorstehende Gleichung stellt in gemischten Punct- und Ebenen-Coordinaten die Meridianfläche dar.

177. Es sind die Tangential-Ebenen der Umhüllungskegel zugleich Tangential-Ebenen der umhüllten Complex-Fläche. Durch die Annahme von $\frac{t}{w}$, der einen Coordinate einer solchen Ebene, ist der Mittelpunct des entsprechenden Umhüllungskegels bestimmt. Die beiden anderen Coordinaten einer solchen Tangential-Ebene sind, weil diese Ebene durch eine Tangente der Basis des Kegels in YZ geht, identisch mit den beiden Coordinaten dieser Tangente in ihrer Ebene. Führen wir also statt der beiden Punct-Coordinaten y und z in die letzte Gleichung die Linien-Coordinaten $\frac{u}{w}$ und $\frac{v}{w}$ ein, wonach diese Gleichung unter Anwendung der Transformationsformeln (Nr. 165. Note) nach Division durch w^2 in die folgende übergeht:

$$[(Kw^2 + Otw - Gt^2)^2 - (Fw^2 + 2Rtw + Bt^2)(Ew^2 - 2Utw + Ct^2)]$$
$$- 2[(Pw - Ht)(Fw^2 + 2Rtw + Bt^2) - (Qw + Jt)(Kw^2 + Otw - Gt^2)]v$$
$$+ [(Qw + Jt)^2 - A(Fw^2 + 2Rtw + Bt^2)]v^2$$
$$+ 2[(Qw + Jt)(Ew^2 - 2Utw + Ct^2) - (Pw - Ht)(Kw^2 + Otw - Gt^2)]u$$
$$- 2[A(Kw^2 + Otw - Gt^2) - (Qw + Jt)(Pw - Ht)]uv$$
$$+ [(Pw - Ht)^2 - A(Ew^2 - 2Utw + Ct^2)]u^2 = 0, \tag{22}$$

so stellt diese Gleichung in Plan-Coordinaten dieselbe Meridianfläche dar, welche wir im vorigen Paragraphen durch die Gleichung (18) in Punct-Coordinaten dargestellt haben.

Die Meridianflächen sind sowohl Flächen der vierten Ordnung als Flächen der vierten Classe.

178. Um die Polar-Ebene der Axe OX in Beziehung auf eine beliebige der Kegelflächen zu erhalten, deren Mittelpuncte auf dieser Axe liegen, brauchen wir bloss durch den jedesmaligen Mittelpunct derselben und die Polare des Anfangspunctes der Coordinaten in Bezug auf die Durchschnitts-Curve in YZ eine Ebene zu legen. Nehmen wir, nachdem x' angenommen worden ist, die Gleichung (20) für die Gleichung dieser Durchschnitts-Curve, so erhalten wir bekanntlich für die fragliche Polare, nach Hinweglassung des gemeinschaftlichen Factors x', die Gleichung:

$$(Qx' - J)y - (Px' + H)z + Ax' = 0.$$

Danach wird die Gleichung der Polarebene:

$$- Ax + (Qx' - J)y - (Px' + H)z + Ax' = 0. \tag{23}$$

Diese Gleichung wird insbesondere, unabhängig von x', befriedigt, wenn gleichzeitig:

$$Ax + Jy + Hz = 0,$$
$$Qy - Pz + A = 0.$$

Also schneiden sich die Polarebenen der Coordinaten-Axe OX in Beziehung auf alle Complex-Kegel, deren Mittelpuncte auf OX liegen, in derselben geraden Linie, die durch die letzten beiden Gleichungen dargestellt wird.

Diese beiden Gleichungen sind aber dieselben, welche wir früher (Nr. 170.) für die Polare der Meridianfläche erhalten haben.

Die Polare einer Meridianfläche steht also zu derselben in der doppelten Beziehung, dass sie einerseits der geometrische Ort ist für die Pole des Doppelstrahles der Fläche in Beziehung auf alle Meridian-Curven, und dass sie andererseits umhüllt wird von den Polarebenen derselben geraden Linie in Beziehung auf alle umhüllenden Complex-Kegel.

179. Durch jede die Axe OX schneidende gerade Linie lassen sich an die Complex-Fläche vier Tangential-Ebenen legen, von welchen zwei durch diese Axe gehen. Diese Axe ist also eine Doppelaxe der Meridianfläche. Von einem beliebigen Puncte aus lässt sich an die Fläche ein Kegel vierter Classe legen, der eine durch OX gehende Doppelebene hat. Wenn insbesondere der Punct auf der Doppelaxe der Complex-Fläche angenommen wird, so wird dieselbe auch eine Doppellinie des Berührungskegels vierter Classe, das heisst eine durch den Mittelpunct desselben gehende gerade Linie, welche von unendlich vielen Tangential-Ebenen umhüllt wird. Dadurch reducirt sich der Kegel auf die zweite Classe, indem er ein Complex-Kegel wird.

Wenn wir die in diesem und dem vorhergehenden Paragraphen erhaltenen Resultate in Verbindung bringen, so gelangen wir zu der Folgerung, dass die Coordinaten-Axe OX zugleich ein Doppelstrahl und eine Doppelaxe derselben Meridianfläche ist. Wir können also von der Doppellinie der Meridianfläche sprechen und dieselbe einmal als Doppelstrahl, das andere Mal als Doppelaxe auffassen.

§ 5.

Aequatorialflächen, von Cylinderflächen des Complexes umhüllt, deren Seiten einer festen Ebene parallel sind.

180. In die Reihe der Complex-Kegel, welche eine Meridianfläche umhüllen, gehört ein Cylinder, dessen Mittelpunct auf der Doppellinie derselben unendlich weit liegt. Es gibt unendlich viele solcher Cylinderflächen. Jeder gegebenen Richtung sind die Seiten eines solchen Cylinders so wie die Axe desselben parallel. Es ist augenscheinlich, dass nicht irgend zwei Cylinder eine gemeinsame Seite haben, dass alle Seiten aller Cylinder den Inbegriff aller Linien des Complexes bilden. Wir können die Cylinder zu Gruppen von je unendlich vielen zusammennehmen, deren Axen einer gegebenen Ebene parallel sind. Dann umhüllen solche Cylinder eine Fläche. Zur leichtern Uebersicht eines Complexes können wir also auch die unendlich vielen (∞^3) Linien desselben zu unendlich vielen (∞^2) Gruppen verbinden, deren jede aus den Seiten eines Cylinders besteht, und wiederum statt der unendlich vielen

(∞^2) Cylinder unendlich viele (∞) Flächen, deren jede von unendlich vielen (∞) solchen Cylindern umhüllt wird, einführen.

Diejenige Fläche, welche von den unendlich vielen Complex-Cylindern umhüllt wird, deren Axen einer gegebenen Ebene parallel sind, ist keine andere, als diejenige Aequatorialfläche, die von Complex-Curven in Ebenen, welche der gegebenen parallel sind, gebildet wird. Die Aequatorialfläche ist als eine der vorhin betrachteten Complex-Flächen anzusehen, deren Doppellinie unendlich weit liegt und deren Polare ihr Durchmesser ist.

181. Um durch eine einzige Gleichung den Inbegriff aller Complex-Cylinder darzustellen, brauchen wir bloss in der Gleichung (19) des vorigen Paragraphen x', y', z' unendlich gross zu nehmen. Dann erhalten wir die folgende, in Beziehung auf diese Grössen homogene Gleichung:

$$[Fx'^2 - 2Lx'z' + Dz'^2]y^2 - 2[Kx'^2 - Lx'y' - Mx'z' + Dy'z']yz + [Ex'^2 - 2Mx'y' + Dy'^2]z^2$$
$$+ 2[Qx'^2 + Rx'y' - Nx'z' - Sy'z' - Tz'^2]y - 2[Px'^2 - (N-O)x'y' - Sy'^2 + Ux'z' + Ty'z']z$$
$$+ [Ax'^2 + 2Jx'y' + By'^2 + 2Hx'z' + 2Gy'z' + Cz'^2] = 0. \qquad (24)$$

Wenn wir, unter Annahme rechtwinkliger Coordinaten-Axen, die Winkel, welche die jedesmalige Richtung der Axe des Cylinders mit den drei Coordinaten-Axen bildet, durch α, β, γ bezeichnen, so ist:

$$x' : y' : z' = \cos\alpha : \cos\beta : \cos\gamma;$$

wir können demnach $\cos\alpha$, $\cos\beta$, $\cos\gamma$ an die Stelle von x', y', z' in die letzte Gleichung einführen. Nachdem diese drei Cosinus bestimmt worden sind, stellt dann die vorstehende Gleichung diejenige Curve zweiter Ordnung dar, in welcher der bezügliche Cylinder die Coordinaten-Ebene YZ schneidet. Wenn wir die drei Cosinus $\cos\alpha$, $\cos\beta$, $\cos\gamma$, zwischen welchen die bekannte Relation besteht:

$$\cos^2\alpha + \cos^2\beta + \cos^2\gamma = 1,$$

ebenfalls als veränderlich ansehen, so können wir dieselbe Gleichung (24), welche jetzt die folgende Form angenommen hat:

$$[F\cos^2\alpha - 2L\cos\alpha\cos\gamma - D\cos^2\gamma]y^2$$
$$- 2[K\cos^2\alpha - L\cos\alpha\cos\beta - M\cos\alpha\cos\gamma + D\cos\beta\cos\gamma]yz$$
$$+ [E\cos^2\alpha - 2M\cos\alpha\cos\beta + D\cos^2\beta]z^2$$
$$+ 2[Q\cos^2\alpha + R\cos\alpha\cos\beta - N\cos\alpha\cos\gamma - S\cos\beta\cos\gamma - T\cos^2\gamma]y$$
$$- 2[P\cos^2\alpha - (N-O)\cos\alpha\cos\beta - S\cos^2\beta + U\cos\alpha\cos\gamma - T\cos\beta\cos\gamma]z$$
$$+ [A\cos^2\alpha + 2J\cos\alpha\cos\beta + B\cos^2\beta + 2H\cos\alpha\cos\gamma + 2G\cos\beta\cos\gamma + C\cos^2\gamma] = 0, \quad (25)$$

auch als die Gleichung des Complexes selbst ansehen. In ihr kommen sämmtliche Constante der allgemeinen Complex-Gleichung vor. Die hier auftretenden Grössen:

$$y,\ z,\qquad \frac{\cos\beta}{\cos\alpha},\qquad \frac{\cos\gamma}{\cos\alpha}$$

vertreten bei dieser Darstellung des Complexes die Veränderlichen r, s, ϱ, σ der Gleichung (I) oder p, q, π, $\varkappa$ der Gleichung (III).

182. Setzen wir voraus, dass die Axen aller Cylinder einer gegebenen Ebene, für welche wir die Ebene XZ nehmen wollen, parallel sind, so verschwindet y' gegen x' und z', oder $\cos\alpha$ wird gleich Null. Die vorstehende allgemeine Gleichung (24) geht alsdann in die folgende über:

$$[Fx'^2 - 2Lx'z' + Dz'^2]y^2 - 2[Kx' - Mz']x' \cdot yz + Ex'^2 \cdot z^2$$
$$+ 2[Q x'^2 - Nx'z' - Tz'^2]y - 2[Px' + Uz']x' \cdot z + [Ax'^2 + 2Hx'z' + Cz'^2] = 0. \quad (26)$$

Zum Behuf der Uebereinstimmung mit den Entwickelungen des zweiten Paragraphen wollen wir, unter Berücksichtigung der Vertauschungsregeln des ersten Paragraphen, die beiden Axen OX und OY mit einander vertauschen. Dann finden wir:

$$[Fy'^2 - 2Ky'z' + Ez'^2]x^2 - 2[Ly' - Mz']y' \cdot xz + Dy'^2 \cdot z^2$$
$$- 2[Ry'^2 - Oy'z' - Uz'^2]x + 2[Sy' + Tx']y' \cdot z + [By'^2 + 2Gy'z' + Cz'^2] = 0. \quad (27)$$

Diese Gleichung stellt den Inbegriff der Cylinder dar, deren Axen der Ebene YZ parallel sind, oder, was dasselbe heisst, die Aequatorialfläche, welche von diesen Cylindern umhüllt wird.

Die letzte Gleichung geht, wenn wir durch z^2 dividiren und nach der Division:

$$\frac{y'}{z'} = \frac{\cos\alpha}{\cos\gamma} = \operatorname{tang}\gamma$$

setzen, in die folgende über:

$$[F\operatorname{tang}^2\gamma - 2K\operatorname{tang}\gamma + E]x^2 - 2[L\operatorname{tang}\gamma - M]\operatorname{tang}\gamma \cdot xz + D\operatorname{tang}^2\gamma \cdot z^2$$
$$- 2[R\operatorname{tang}^2\gamma - O\operatorname{tang}\gamma - U]x + 2[S\operatorname{tang}\gamma + J]\operatorname{tang}\gamma \cdot z$$
$$+ [B\operatorname{tang}^2\gamma + 2G\operatorname{tang}\gamma + C] = 0. \qquad (28)$$

Wir wollen schliesslich, statt der bisher betrachteten Durchschnittscurve mit XZ, die Durchschnitts-Curve des Cylinders mit derjenigen Ebene bestimmen, welche auf der Axe des Cylinders senkrecht steht. Zu diesem Ende vertauschen wir in der vorstehenden Gleichung, während x ungeändert bleibt, z mit $z \cdot \cos\gamma$. Dann kommt, wenn wir mit $\cos^2\gamma$ multipliciren:

$$[F\sin^2\gamma - 2K\sin\gamma\cos\gamma + E\cos^2\gamma]x^2 - 2[L\sin\gamma - M\cos\gamma]\sin\gamma \cdot xz + D\sin^2\gamma \cdot z^2$$
$$- 2[R\sin^2\gamma - O\sin\gamma\cos\gamma - U\cos^2\gamma]x + 2[S\sin\gamma + T\cos\gamma]\sin\gamma \cdot z$$
$$+ [B\sin^2\gamma + 2G\sin\gamma\cos\gamma + C\cos^2\gamma] = 0. \qquad (29)$$

183. Um die Gleichung der Aequatorialfläche in Plan-Coordinaten zu erhalten, führen wir zunächst in die Gleichung (28) vermittelst der Gleichung:

$$\operatorname{tang} \gamma = -\frac{v}{u}$$

den Quotienten der beiden Coordinaten $\frac{v}{w}$ und $\frac{u}{w}$ einer Tangential-Ebene des Cylinders ein, die auch eine Tangential-Ebene der Aequatorialfläche ist. Die Gleichung (28) verwandelt sich hiernach in die folgende, wenn wir zugleich mit u^2 multipliciren:

$$[Fv^2 + 2Kuv + Eu^2]x^2 - 2[Lv + Mu]v \cdot xz + Dv^2 \cdot z^2$$
$$- 2[Rv^2 + Ouv - Uu^2]x + 2(Sv - Tu)v \cdot z + [Bv^2 - 2Guv + Cu^2] = 0. \quad (30)$$

Die Gleichung (28) stellt für einen gegebenen Werth von γ die Durchschnittscurve des bezüglichen Cylinders mit der Coordinaten-Ebene XZ in Punct-Coordinaten x und z dar. Wir wollen, statt dieser Coordinaten, die Coordinaten der Tangenten der Curve einführen und für dieselben $\frac{t}{u}$ und $\frac{w}{u}$ nehmen. Diese beiden Coordinaten der Tangente an die Durchschnittscurve sind aber zugleich zwei Coordinaten der Tangential-Ebene des Cylinders und der Aequatorialfläche, deren dritte Coordinate $\frac{v}{u}$ ist. Auf diese Weise finden wir für die Gleichung der Aequatorialfläche in Plan-Coordinaten, nach Division durch v^2:

$$[(Lv + Mu)^2 - D(Fv^2 + 2Kuv + Eu^2)]w^2$$
$$+ 2[(Sv - Tu)(Fv^2 + 2Kuv + Eu^2) - (Lv + Mu)(Rv^2 + Ouv - Uu^2)w$$
$$+ [(Rv^2 + Ouv - Uu^2)^2 - (Fv^2 + 2Kuv + Eu^2)(Bv^2 - 2Guv + Cu^2)]$$
$$- 2[D(Rv^2 + Ouv - Uu^2) - (Lv + Mu)(Sv - Tu)]tw$$
$$- 2[(Lv + Mu)(Bv^2 - 2Guv + Cu^2) - (Sv - Tu)(Rv^2 + Ouv - Uu^2)]t$$
$$+ [(Sv - Tu)^2 - D(Bv^2 - 2Guv + Cu^2)]t^2 = 0. \quad (31)$$

Die Aequatorialflächen sind also, wie die Meridianflächen, zugleich von der vierten Ordnung und der vierten Classe. Die in YZ unendlich weit liegende Doppelaxe der Fläche ist in der vorstehenden Gleichung dadurch angezeigt, dass u und v in keiner niederen Potenz vorkommen, als der zweiten. Die unendlich weit liegende Doppelaxe der Aequatorialfläche ist nach dem zweiten Paragraphen zugleich ein Doppelstrahl derselben. Wir können also sagen, dass die Aequatorialflächen eine unendlich weit liegende Doppellinie haben.

184. Die Polarebene der in YZ unendlich weit liegenden Doppellinie

in Beziehung auf einen beliebigen Complex-Cylinder, der die Ebene XZ nach der Curve (28) schneidet, geht durch denjenigen Durchmesser der Durchschnittscurve, welche der Richtung der Coordinaten-Axe OZ zugeordnet ist. Für die Gleichung dieses Durchmessers erhalten wir, indem wir die Gleichung (28) nach z differentiiren:

$$- (L \tang \gamma - M) x + D \tang \gamma \cdot z + (S \tang \gamma + T) = 0$$

und hieraus für die Gleichung der Polarebene:

$$- (L \tang \gamma - M) x - Dy + D \tang \gamma \cdot z + (S \tang \gamma + T) = 0.$$

Diese Gleichung wird insbesondere, unabhängig von $\tang \gamma$, befriedigt, wenn zugleich:

$$Dz - Lx + S = 0,$$
$$Dy - Mx - T = 0.$$

Also schneiden sich die Polarebenen der in YZ unendlich weit liegenden geraden Linie in Beziehung auf alle Complex-Cylinder, deren Axen dieser Ebene parallel sind, in einer festen geraden Linie, die durch die vorstehenden beiden Gleichungen dargestellt wird.

Diese beiden Gleichungen sind aber dieselben, welche wir früher (Nr. 164.) zur Bestimmung des Durchmessers der Aequatorialfläche erhalten haben.

Der Durchmesser einer Aequatorialfläche steht also zu derselben in der doppelten Beziehung, dass er einmal der geometrische Ort ist für die Mittelpuncte der Breiten-Curven, welche die Fläche erzeugen, andererseits dass er umhüllt wird von den Polarebenen derjenigen geraden Linie, welche in den Ebenen der Breiten-Curven unendlich weit liegt, in Beziehung auf die umhüllenden Complex-Cylinder.

185. Die folgenden drei Gleichungen stellen in YZ, XZ, XY die Basen derjenigen drei Complex-Cylinder dar, deren Axen bezüglich den drei Coordinaten-Axen OX, OY, OZ parallel sind:

$$\left.\begin{array}{l} Fy^2 - 2Kyz + Ez^2 + 2Qy - 2Pz + A = 0, \\ Fx^2 - 2Lxz + Dz^2 + 2Sz - 2Rx + B = 0, \\ Ex^2 - 2Mxy + Dy^2 + 2Ux - 2Ty + C = 0. \end{array}\right\} \qquad (32)$$

Die zweite dieser Gleichungen ergibt sich unmittelbar aus der Gleichung (30), wenn wir in dieser Gleichung U gleich Null setzen, und dann ergeben sich nach den Vertauschungsregeln der 155. Nummer die beiden übrigen.

§ 6.

Analytische Bestimmung der Doppelpuncte und Doppelebenen der Complex-Flächen.

186. Es sei

$$a\alpha^2 + 2b\alpha\beta + c\beta^2 + 2d\alpha\gamma + 2e\beta\gamma + f\gamma^2 = 0$$

eine homogene Gleichung zweiten Grades zwischen den Veränderlichen α, β, γ. Dann erhalten wir die folgende algebraische Zerlegung:

$$a(a\alpha^2 + 2b\alpha\beta + c\beta^2 + 2d\alpha\gamma + 2e\beta\gamma + f\gamma^2)$$

$$= [a\alpha + (b+\sqrt{b^2-ac})\beta + (d+\sqrt{d^2-af})\gamma] \cdot [a\alpha + (b-\sqrt{b^2-ac})\beta + (d-\sqrt{d^2-af})\gamma]$$

$$- 2[(bd-ae) - \sqrt{(b^2-ac)}\sqrt{(d^2-af)}]\beta\gamma$$

$$= [a\alpha + (b+\sqrt{b^2-ac})\beta + (d-\sqrt{d^2-af})\gamma] \cdot [a\alpha + (b-\sqrt{b^2-ac})\beta + (d+\sqrt{d^2-af})\gamma]$$

$$- 2[(bd-ae) + \sqrt{(b^2-ac)}\sqrt{(d^2-af)}]\beta\gamma.$$

Wenn also

$$(bd-ae) - \sqrt{(b^2-ac)}\sqrt{(d^2-af)} = 0, \tag{33}$$

so löst sich die gegebene Gleichung zweiten Grades in die folgenden beiden Gleichungen ersten Grades auf:

$$\left. \begin{array}{l} a\alpha + (b+\sqrt{b^2-ac})\beta + (d+\sqrt{d^2-af})\gamma = 0, \\ a\alpha + (b-\sqrt{b^2-ac})\beta + (d-\sqrt{d^2-af})\gamma = 0, \end{array} \right\} \tag{34}$$

wenn

$$(bd-ae) + \sqrt{(b^2-ac)}\sqrt{(d^2-af)} = 0, \tag{35}$$

in die folgenden beiden:

$$\left. \begin{array}{l} a\alpha + (b+\sqrt{b^2-ac})\beta + (d-\sqrt{d^2-af})\gamma = 0, \\ a\alpha + (b-\sqrt{b^2-ac})\beta + (d+\sqrt{d^2-af})\gamma = 0. \end{array} \right\} \tag{36}$$

Die beiden Bedingungs-Gleichungen (33) und (35) können wir in die folgende zusammenfassen:

$$(bd-ae)^2 - (b^2-ac)(d^2-af) = 0. \tag{37}$$

Wird also diese Bedingungs-Gleichung befriedigt, so löst sich die gegebene Gleichung zweiten Grades in zwei Gleichungen des ersten Grades auf.

In den Gleichungsformen (34) und (36) treten zwei der Veränderlichen, β und γ, in gleicher, die dritte α tritt in ausgezeichneter Weise auf. Wir erhalten also, und zwar durch blosse Buchstaben-Vertauschung, neben der vorstehenden Zerlegung noch zwei ganz analoge. Dem entsprechend können wir die Bedingungs-Gleichung (37) auch unter der folgenden Form schreiben:

$$(bc - cd)^2 - (b^2 - ac)(e^2 - cf) = 0, \\ (de - fb)^2 - (d^2 - af)(e^2 - cf) = 0. \quad \Big\} \tag{38}$$

Endlich gehen die drei vorstehenden, unter sich identischen Gleichungen wenn wir entwickeln, in die folgende über:

$$acf - ae^2 - cd^2 - fb^2 + 2bde = 0. \tag{39}$$

Die drei Gleichungsformen (37) und (38) zeigen, dass, im Falle die Zerlegung stattfindet, die drei Ausdrücke:

$$(b^2 - ac), \qquad (d^2 - af), \qquad (e^2 - cf)$$

Werthe von gleichem Zeichen haben. Sind diese Zeichen positiv, so ist die Zerlegung eine reelle, sind sie negativ, eine imaginäre. Verschwinden gleichzeitig zwei der drei Ausdrücke, was in Folge der Bedingungs-Gleichungen (37) und (38) das Verschwinden des dritten nach sich zieht, so werden die beiden Gleichungen, in welche die gegebene sich auflöst, unter sich identisch. Zugleich hat man:

$$(bd - ae) = 0, \qquad (bc - cd) = 0, \qquad (de - fb) = 0.$$

Die gegebene homogene Gleichung zweiten Grades löst sich in die beiden Gleichungen ersten Grades (34) oder in die beiden Gleichungen (36) auf, je nachdem die Bedingungs-Gleichung (33) oder die Bedingungs-Gleichung (35) befriedigt wird. Diesem entspricht, dass, im Falle einer reellen Zerlegung, der Ausdruck $(bd - ae)$ einmal positiv, das andere Mal negativ ist, umgekehrt, dass, im Falle einer imaginären Zerlegung, derselbe Ausdruck einmal negativ, das andere Mal positiv ist. Es kommt dies darauf hinaus, dass die Zerlegung (34) oder die Zerlegung (36) stattfindet, je nachdem der Ausdruck $(bd - ae)$ mit einem der drei Ausdrücke

$$(b^2 - ac), \qquad (d^2 - af), \qquad (e^2 - cf),$$

und also mit allen, im Zeichen übereinstimmt oder nicht.

An die vorstehenden Gleichungen (37) und (38) knüpfen sich noch einige Transformationen, welche in dem Folgenden ihre unmittelbare Anwendung finden.

Die Gleichung (37) gibt:

$$\frac{bd - ae}{d^2 - af} = \frac{b^2 - ac}{bd - ae} = \pm \frac{\sqrt{b^2 - ac}}{\sqrt{d^2 - af}}. \tag{40}$$

Hierbei ist das obere oder untere Vorzeichen zu nehmen, je nachdem die Zerlegung (34) oder die Zerlegung (36) stattfindet.

Ferner geben die Gleichungen (38):

$$\frac{be - cd}{de - fb} = \pm \frac{\sqrt{b^2 - ac}}{\sqrt{d^2 - af}}, \qquad (41)$$

wobei die Zeichen der Ausdrücke $(be - cd)$ und $(de - fb)$ unmittelbar das doppelte Vorzeichen bestimmen. Wenn überhaupt eine Zerlegung der gegebenen Function zweiten Grades in zwei lineare Factoren möglich ist, was durch die Bedingungs-Gleichung (39) ausgesprochen wird, so erhalten wir:

$$(bd - ac)(be - cd)(de - fb) = -(b^2 - ac)(d^2 - af)(c^2 - cf).$$

Es folgt hieraus, dass wir in der Gleichung (41) das obere oder untere Vorzeichen zu nehmen haben, jenachdem die Zerlegung (36) oder die Zerlegung (34) stattfindet.

187. Complex-Flächen in ihrer allgemeinsten Bestimmung, welche wir auch Meridianflächen genannt haben, sind solche Flächen, die einerseits durch eine veränderliche Complex-Curve, deren Ebene sich um eine feste in ihr liegende gerade Linie dreht, erzeugt, andererseits durch Complex-Kegel, deren Mittelpunct auf derselben geraden Linie fortrückt, umhüllt werden. An die erste Erzeugung der Fläche anknüpfend, haben wir zur analytischen Bestimmung der Fläche die Gleichung (15) erhalten. Setzen wir, der Kürze wegen:

$$\left.\begin{aligned}
(F \sin^2 \varphi - 2K \sin \varphi \cos \varphi + E \cos^2 \varphi) &= a, \\
(R \sin^2 \varphi - O \sin \varphi \cos \varphi - U \cos^2 \varphi) &= b, \\
(B \sin^2 \varphi + 2G \sin \varphi \cos \varphi + C \cos^2 \varphi) &= c, \\
-(Q \sin \varphi - P \cos \varphi) &= d, \\
-(J \sin \varphi + H \cos \varphi) &= e, \\
A &= f,
\end{aligned}\right\} \qquad (42)$$

so können wir die Gleichung in der folgenden Weise schreiben:

$$aw^2 + 2btw + ct^2 + 2dvw + 2etv + fv^2 = 0. \qquad (42)$$

Es ist hierbei OX für die feste gerade Linie, welche Doppellinie der Fläche wird, genommen und φ ist der Winkel, den die jedesmalige Meridianebene mit einer festen Ebene, der Coordinaten-Ebene XZ, bildet. Wenn wir in der jedesmaligen Meridianebene den Durchschnitt derselben mit YZ als Axe OZ nehmen und dieselbe als OZ' bezeichnen und die Doppellinie der Fläche als Axe OX beibehalten, so stellt die letzte Gleichung die bezügliche Complex-Curve in ihrer eigenen Ebene in gewöhnlichen Linien-Coordinaten dar.

Da die Constanten in der lezten Gleichung Functionen von φ sind, so ändert sich mit φ, das heisst mit der Lage der Meridianebene, die in derselben liegende Complex-Curve. Wenn wir zwischen diesen Constanten irgend eine Bedingungs-Gleichung statuiren und dadurch die Complex-Curve in ihr particularisiren, so gibt diese Gleichung die Meridianebene, in welcher die so particularisirte Curve liegt.

Die Complex-Curve artet insbesondere in ein System von zwei Puncten aus, wenn die Bedingungs-Gleichung (39), die wir auch so schreiben können:

$$f(b^2 - ac) + ae^2 + cd^2 - 2bde = 0, \tag{44}$$

für die Constanten in ihrer Gleichung (43) erfüllt ist.

Die vorstehende Gleichung wird, wenn wir zu den Constanten des Complexes zurückgehen und zugleich durch $\cos^2 \varphi$ dividiren:

$$\begin{aligned}
A\big[(R\,\mathrm{tang}^2\varphi - O\,\mathrm{tang}\,\varphi - U)^2 &- (F\,\mathrm{tang}^2\varphi - 2K\,\mathrm{tang}\,\varphi + E)(B\,\mathrm{tang}^2\varphi + 2G\,\mathrm{tang}\,\varphi + C)\big] \\
&+ (J\,\mathrm{tang}\,\varphi + H)^2 (F\,\mathrm{tang}^2\varphi - 2K\,\mathrm{tang}\,\varphi + E) \\
&+ (Q\,\mathrm{tang}\,\varphi - P)^2 (B\,\mathrm{tang}^2\varphi + 2G\,\mathrm{tang}\,\varphi + C) \\
- 2(J\,\mathrm{tang}\,\varphi + H)(Q\,\mathrm{tang}\,\varphi - P)&(R\,\mathrm{tang}^2\varphi - O\,\mathrm{tang}\,\varphi - U) = 0. \tag{45}
\end{aligned}$$

Diese Gleichung ist in Beziehung auf $\mathrm{tang}\,\varphi$ vom vierten Grade. Es gibt also im Allgemeinen vier Meridianebenen, in welchen die Complex-Curven in Systemen von zwei Puncten ausarten. Da diese vier Ebenen durch die feste Coordinaten-Axe OX gehen, so liegen die vier Punctenpaare in den vier Ebenen auf vier geraden Linien, welche diese Axe schneiden. Die Punctenpaare, in welche die vier Complex-Curven ausarten, sind Doppelpuncte der Fläche. Wir wollen die vier geraden Linien, auf welchen diese Punctenpaare liegen, singuläre Strahlen der Complex-Fläche nennen.

Eine Complex-Fläche hat im Allgemeinen acht Doppelpuncte und vier, die Doppellinie der Fläche schneidende, singuläre Strahlen, welche die Doppelpuncte, paarweise genommen, enthalten.

188. Den vier Werthen von $\mathrm{tang}\,\varphi$ entsprechen vier Gruppen von Werthen für die Constanten der Gleichung (43). Für jede Gruppe von Werthen gibt diese Gleichung dann die Gleichungen der beiden Puncte in ihrer Meridianebene. Diese Gleichungen können wir in der folgenden zusammenfassen:

$$aw + (b \pm \sqrt{b^2 - ac})\,t + (d \pm \sqrt{d^2 - af})\,v' = 0, \tag{46}$$

wobei wir, je nachdem die Zerlegung (34) oder (36) stattfindet, für die beiden

Puncte einmal die Wurzelausdrücke mit gleichem, das andere Mal mit ungleichem Vorzeichen nehmen müssen. Die beiden Coordinaten der beiden Puncte in der bezüglichen Meridianebene sind:

$$x = \frac{b + \sqrt{b^2 - ac}}{a}, \qquad z' = \frac{d + \sqrt{d^2 - af}}{a}, \qquad (47)$$

wobei wir, wenn wir zu dem ursprünglichen Coordinaten-Systeme zurückgehen, statt des obigen Werthes von z' erhalten:

$$z = \frac{d + \sqrt{d^2 - af}}{a} \cdot \cos \varphi, \qquad y = \frac{d + \sqrt{d^2 - af}}{a} \cdot \sin \varphi. \qquad (48)$$

Der singuläre Strahl, welcher die beiden Doppelpuncte verbindet, liegt in der durch φ bestimmten Meridianebene. Für seine Gleichung in dieser Ebene erhalten wir:

$$x = \pm \frac{\sqrt{b^2 - ac}}{\sqrt{d^2 - af}} \cdot z' + \frac{b \sqrt{d^2 - af} \mp d \sqrt{b^2 - ac}}{a \sqrt{d^2 - af}}, \qquad (49)$$

oder, mit Berücksichtigung der Gleichung (40):

$$x = \frac{bd - ae}{d^2 - af} \cdot z' + \frac{de - fb}{d^2 - af} = \frac{b^2 - ac}{bd - ae} \cdot z' + \frac{e^2 - cf}{de - fb}. \qquad (50)$$

In dieser Gleichung können wir statt z' nach einander $\dfrac{y}{\sin \varphi}$ und $\dfrac{z}{\cos \varphi}$ setzen und erhalten dann die Gleichungzn der Projectionen desselben Strahles auf XY und XZ.

Der singuläre Strahl schneidet von der Doppellinie OX ein Segment ab:

$$x_0 = \frac{de - fb}{d^2 - af} = \frac{e^2 - cf}{de - fe}, \qquad (51)$$

und bildet mit derselben einen Winkel δ, bestimmt durch:

$$\operatorname{tang} \delta = \frac{d^2 - af}{bd - ae} = \frac{bd - ae}{b^2 - ac}. \qquad (52)$$

Der jedem der gefundenen Werthe von φ entsprechende singuläre Strahl ist immer reell, mögen die Ausdrücke

$$\sqrt{b^2 - ac} \quad \text{und} \quad \sqrt{d^2 - af}$$

reell oder imaginär sein. Die beiden Doppelpuncte auf dem singulären Strahle hingegen sind zugleich mit diesen beiden Ausdrücken reell oder imaginär.

Wenn eine beliebige Linie des Raumes als Doppellinie einer Fläche eines gegebenen Complexes zweiten Grades angnommen wird, so hängt die Bestimmung der vier Meridianebenen, welche die Doppelpuncte der Fläche enthalten, von der Auflösung einer Gleichung des vierten Grades ab. Hiernach ist in dieser Meridianebene der singuläre Strahl, welcher die beiden Doppelpuncte in derselben verbindet, auf lineare Weise gegeben. Die Bestimmung der beiden Doppelpuncte auf dem singulären Strahl hängt dann schliesslich von der Auflösung einer quadratischen Gleichung ab. Die vier Meridianebenen, in welchen die singulären Strahlen der Fläche liegen, können paarweise imaginär sein; dann sind es auch die singulären Strahlen und die beiden Doppelpuncte. Aber auch wenn die singulären Strahlen reell sind, können die beiden auf ihnen liegenden Doppelpuncte sowohl imaginär als reell sein.

189. Dieselbe allgemeine Complex-Fläche, welche wir im dritten Paragraphen allgemein durch die Gleichung (15) bestimmt haben, haben wir, von der zweiten Bestimmungsweise eines Complexes ausgehend, im folgenden Paragraphen durch die Gleichung (20) dargestellt. Diese Gleichung können wir, indem wir, unter Fortlassung des Accentes von x':

$$\left.\begin{aligned}
(Fx^2 - 2Rx + B) &= a, \\
-(Kx^2 - Ox - G) &= b, \\
(Ex^2 + 2Ux + C) &= c, \\
(Qx - J) &= d, \\
-(Px + H) &= e, \\
A &= f
\end{aligned}\right\} \tag{53}$$

setzen, in folgender Weise schreiben:

$$ay^2 + 2byz + cz^2 + 2dy + 2ez + f = 0. \tag{54}$$

Sie stellt, nachdem x angenommen worden ist, in YZ die Basis derjenigen Kegelfläche dar, deren Mittelpunct auf der Doppellinie der Fläche liegt und durch die Annahme von x auf dieser Doppellinie bestimmt ist.

Die Coefficienten der vorstehenden Gleichung sind Functionen von x. Setzen wir insbesondere

$$f(b^2 - ac) + ae^2 + cd^2 - 2bde = 0, \tag{44}$$

so ist die Basis der Kegelfläche keine Curve zweiter Ordnung mehr, sondern diese Curve artet in ein System von zwei geraden Linien, die entsprechende Kegelfläche also in ein System von zwei Ebenen aus, deren Durchschnittslinie die Doppellinie der Fläche in dem durch x bestimmten Puncte trifft. Führen wir in die vorstehende Gleichung die ursprünglichen Constanten des Complexes wieder ein, so kommt, nach Fortlassung des gemeinschaftlichen Factors x^2:

$$A[(K x^2 - O x - G)^2 - (F x^2 - 2 R x + B)(E x^2 + 2 U x + C)]$$
$$+ (P x + H)^2 (F x^2 - 2 R x + B) + (Q x - J)^2 (E x^2 + 2 U x + C)$$
$$+ 2(P x + H)(Q x - J)(K x^2 - O x - G) = 0. \tag{55}$$

Diese Gleichung ist in Beziehung auf x vom vierten Grade. Es gibt also im Allgemeinen auf der Doppellinie der Meridianfläche vier Puncte, welche nicht mehr die Mittelpuncte umschriebener Complex-Kegel sind. Diese Complex-Kegel arten in Systeme von zwei Ebenen aus, deren Durchschnittslinie durch die vier Puncte geht. Diese Ebenen sind Doppelebenen der Fläche. Die Doppelebenen der Fläche ordnen sich zu vier Paaren zusammen; die beiden Doppelebenen jedes Paares schneiden sich nach vier geraden Linien, welche die Doppellinie der Fläche in den durch die Werthe von x bestimmten vier Puncten treffen. Wir nennen diese vier geraden Linien singuläre Axen der Meridianfläche.

Eine Complex-Fläche hat im Allgemeinen acht Doppelebenen, die, paarweise genommen, sich in den vier singulären Axen der Fläche schneiden. Die vier singulären Axen schneiden, wie die vier singulären Strahlen, die Doppellinie der Fläche.

190. Den vier Werthen von x entsprechen vier Gruppen von Werthen für die Constanten der Gleichung (51). Für jede Werthen-Gruppe stellt diese Gleichung ein System von zwei geraden Linien dar, in welchen die Coordinaten-Ebene VZ von zwei zusammengehörigen Doppelebenen geschnitten wird. Diese beiden Linien schneiden sich in demjenigen Puncte, in welchem die singuläre Axe, nach welcher die beiden Doppelebenen sich schneiden, die Ebene VZ trifft.

Für die Gleichung der beiden geraden Linien in VZ erhalten wir unmittelbar, nach den Entwickelungen der 185. Nummer, die folgenden:

$$a y + (b \pm \sqrt{b^2 - a c}) z + (d \pm \sqrt{d^2 - a f}) = 0, \tag{56}$$

wobei wir, jenachdem die Zerlegung (34) oder (36) stattfindet, für die beiden Linien einmal die Wurzelausdrücke mit gleichem, das andere Mal mit ungleichem Vorzeichen zu nehmen haben. Die Coordinaten der beiden geraden Linien in VZ sind:

$$\frac{v}{u} = \frac{b + \sqrt{b^2 - a c}}{a}, \qquad \frac{w}{u} = \frac{d + \sqrt{d^2 - a f}}{a}, \tag{57}$$

und für die Gleichung ihres Durchschnittspunctes erhalten wir hiernach

$$v = \pm \frac{\sqrt{b^2 - a c}}{\sqrt{d^2 - a f}} \cdot w + \frac{b \sqrt{d^2 - a f} \mp d \sqrt{b^2 - a c}}{a \sqrt{d^2 - a f}} \cdot u, \tag{58}$$

$$\text{— } 184 \text{ —}$$

oder, mit Berücksichtigung der Gleichung (40):

$$v = \frac{bd - ae}{d^2 - af} \cdot w + \frac{de - fb}{d^2 - af} \cdot u = \frac{b^2 - ac}{bd - ae} \cdot w + \frac{e^2 - cf}{de - fb} \cdot u. \qquad (59)$$

Die Coordinaten dieses Punctes sind also:

$$y = \frac{de - fb}{bd - ae} = -\frac{be - cd}{b^2 - ac} = -\frac{e^2 - cf}{be - cd}, \quad z = -\frac{d^2 - af}{bd - ae} = -\frac{bd - ae}{b^2 - ac}. \qquad (60)$$

Durch die Gleichung (58), verbunden mit der folgenden:

$$tx + w = 0, \qquad (61)$$

ist die singuläre Axe analytisch bestimmt. Der Winkel φ_0, welchen die Meridianebene, die ihn enthält, mit XZ bildet, ist durch die folgende Gleichung gegeben:

$$\operatorname{tang} \varphi_0 = \frac{be - cd}{bd - ae} = -\frac{de - fb}{d^2 - af} = -\frac{e^2 - cf}{de - fb}. \qquad (62)$$

Wir erhalten endlich zur Bestimmung desjenigen Winkels ε, welchen die singuläre Axe mit OX, der Doppellinie der Fläche, bildet:

$$x \operatorname{tang} \varepsilon = \sqrt{\frac{(bd - ae)^2 + (be - cd)^2}{(b^2 - ac)^2}}. \qquad (63)$$

Die Bestimmung der vier singulären Axen der Meridianfläche ist eine lineare, nachdem die vier Puncte, in welchen sie die Doppellinie schneiden, durch Auflösung einer Gleichung vom vierten Grade bestimmt worden sind. Die Bestimmung der beiden Doppelebenen der Fläche, welche auf einer der singulären Axen sich schneiden, hängt von der Auflösung einer Gleichung des zweiten Grades ab. Die vier Puncte, in welchen die singulären Axen die Doppellinie schneiden, können paarweise imaginär sein; dann sind es auch die singulären Axen. Aber auch, wenn die singulären Axen reell sind, können die in ihnen sich schneidenden Doppelebenen sowohl imaginär als reell sein.

191. Meridianflächen von besonderer Art haben zu ihrer Doppellinie eine Linie des Complexes selbst. In diesem Falle wird die Doppellinie von den die Fläche erzeugenden Curven in den verschiedenen Meridianebenen berührt. Zugleich ist sie gemeinschaftliche Seite der die Fläche umhüllenden Complex-Kegel.

Wenn wir wiederum die Axe OX zur Doppellinie der Meridianfläche nehmen, so erhalten wir, um auszudrücken, dass diese Linie dem Complexe angehört, die Bedingung, dass in der Gleichung desselben A verschwinde. In Folge davon verschwindet auch f in der Gleichung (43), so wie in der

Gleichung (54). Die Gleichung (45), durch welche die Lage der Meridian-
ebenen, in denen die singulären Strahlen liegen, bestimmt wird, reducirt
sich auf die folgende:

$$(J \tang \varphi + H)^2 (F \tang^2 \varphi - 2 K \tang \varphi + E)$$
$$+ (Q \tang \varphi - P)^2 (B \tang^2 \varphi + 2 G \tang \varphi + C)$$
$$- 2 (J \tang \varphi + H) (Q \tang \varphi - P) (R \tang^2 \varphi - O \tang \varphi - U) = 0. \quad (64)$$

Die Gleichung bleibt in Beziehung auf $\tang \varphi$ vom vierten Grade. Die
Meridianfläche behält also ihre vier singulären Strahlen. Die beiden Doppelpuncte auf denselben haben nach (47) die folgenden Coordinaten:

$$x = \frac{b + \sqrt{b^2 - ac}}{a}, \qquad z' = \frac{2\,d}{a}, \; 0. \quad (65)$$

Der eine der beiden Puncte fällt in die Doppellinie der Fläche. Weil diese
Bestimmung unabhängig ist von dem jedesmaligen Werthe von φ, so fällt
einer der beiden Doppelpuncte auf jedem der vier singulären Strahlen in die
Doppellinie der Fläche.

Der Werth von x_0, durch welchen auf der Doppellinie derjenige Punct,
in welchem in dieselbe der singuläre Strahl einschneidet, bestimmt wird,
reducirt sich, indem wir in (51) f verschwinden lassen, auf:

$$x_0 = \frac{e}{d} = \frac{J \tang \varphi + H}{Q \tang \varphi - P}. \quad (66)$$

192. In Folge der Voraussetzung, dass die Doppellinie der Meridianfläche selbst eine Linie des Complexes sei, reducirt sich die Gleichung (55),
vermittelst welcher die Puncte bestimmt sind, in welchen die singulären
Axen in die Doppellinie einschneiden, durch das Verschwinden von A auf:

$$(P x + H)^2 (F x^2 - 2 R x + B) + (Q x - J)^2 (E x^2 + 2 U x + C)$$
$$- 2 (P x + H) (Q x - J) (K x^2 - O x - G) = 0. \quad (67)$$

Da diese Gleichung in Beziehung auf x vom vierten Grade bleibt, behält
die Meridianfläche ihre vier singulären Axen. Für die beiden Doppelebenen,
welche durch eine der vier singulären Axen gehen, deren Durchschnitt mit
der Doppellinie durch die vorstehende Gleichung bestimmt worden ist, erhalten wir aus der Gleichung (57) die folgenden Coordinaten:

$$u = a, \qquad v = b \pm \sqrt{b^2 - ac}, \qquad w = 2\,d, \; 0. \quad (68)$$

Eine der beiden in einer der vier singulären Axen der Fläche sich schneidenden Doppelebenen der Fläche geht also durch die Doppellinie derselben.

Für den Winkel φ_0, den die durch die singuläre Axe gehende Meridian-ebene mit XZ bildet, haben wir, wenn wir in der Gleichung (62) f verschwinden lassen,

$$\operatorname{tang} \varphi_0 = - \frac{e}{d} = \frac{Px + H}{Qx - J} \cdot \tag{69}$$

193. Wir können die beiden Gleichungen

$$x_0 = \frac{J \operatorname{tang} \varphi + H}{Q \operatorname{tang} \varphi - P}, \tag{66}$$

$$\operatorname{tang} \varphi_0 = \frac{Px + H}{Qx - J} \tag{69}$$

in folgender Weise schreiben:

$$\Phi(x_0, \operatorname{tang} \varphi) = 0, \qquad \Phi(x, \operatorname{tang} \varphi_0) = 0, \tag{70}$$

indem wir mit Φ beidesmal dieselbe Function bezeichnen. Führen wir den vorstehenden Werth von x_0 in die Gleichung (64) und den Werth von $\operatorname{tang} \varphi_0$ in die Gleichung (67) ein, so kommt:

$$\left. \begin{aligned}
& x_0^2 (F \operatorname{tang}^2 \varphi - 2K \operatorname{tang} \varphi + E) + (B \operatorname{tang}^2 \varphi + 2G \operatorname{tang} \varphi + C) \\
& \quad - 2x_0 (R \operatorname{tang}^2 \varphi - O \operatorname{tang} \varphi - U) \\
& \operatorname{tang}^2 \varphi (Fx_0^2 - 2Rx_0 + B) + (Ex_0^2 + 2Ux_0 + C) \\
& \quad - 2 \operatorname{tang} \varphi (Kx_0^2 - Ox_0 - G) = 0, \\
& \operatorname{tang}^2 \varphi_0 (Fx^2 - 2Rx + B) + (Ex^2 + 2Ux + C) \\
& \quad - 2 \operatorname{tang} \varphi_0 (Kx^2 - Ox - G) - \\
& x^2 (F \operatorname{tang}^2 \varphi_0 - 2K \operatorname{tang} \varphi_0 + E) + (B \operatorname{tang}^2 \varphi_0 + 2G \operatorname{tang} \varphi_0 + C) \\
& \quad - 2x (R \operatorname{tang}^2 \varphi_0 - O \operatorname{tang} \varphi_0 - U) = 0.
\end{aligned} \right\} \tag{71}$$

Indem wir durch Ψ wiederum dieselbe Function bezeichnen, können wir die vorstehenden Gleichungen schreiben:

$$\Psi(x_0, \operatorname{tang} \varphi) = 0, \qquad \Psi(x, \operatorname{tang} \varphi_0) = 0. \tag{72}$$

Wenn wir dann zwischen den beiden ersten Gleichungen (70) und (72) x_0, zwischen den beiden zweiten Gleichungen (70) und (72) x eliminiren, erhalten wir dieselbe Gleichung vierten Grades zur Bestimmung von φ und φ_0. Wenn wir zwischen denselben beiden Gleichungen-Paaren einmal $\operatorname{tang} \varphi$, das andere Mal $\operatorname{tang} \varphi_0$ eliminiren, erhalten wir dieselbe Gleichung vierten Grades zur Bestimmung von x_0 und x.

Die vier singulären Strahlen und die vier singulären Axen schneiden sich bezüglich in denselben Puncten der Doppellinie und liegen bezüglich in denselben, durch die Doppellinie gehenden, Ebenen.

Zur Bestimmung dieser Puncte und Ebenen erhalten wir also, wenn wir zusammenfassen, dieselben beiden Gleichungen:

$$\Phi\,(x,\ \text{tang}\ \varphi) = 0,\ \Big\}$$
$$\Psi\,(x,\ \text{tang}\ \varphi) = 0,\ \Big\} \qquad\qquad (73)$$

in denen wir x und tang φ als veränderlich betrachten.*)

194. In dem Falle, dass die Doppellinie der Complex-Fläche unendlich weit liegt, haben wir diese Fläche eine **Aequatorialfläche** genannt.

---

*) Jede der beiden Gleichungen (73) drückt, einzeln für sich genommen, wenn x und tang φ $\left(= -\dfrac{v}{u}\right)$ als veränderliche Grössen betrachtet werden, eine Relation zwischen der Lage eines auf der Coordinaten-Axe OX fortrückenden Punctes und einer um diese Axe sich drehenden Ebene aus: sie stellt einen geometrischen Ort dar. Die erste Gleichung, auf welche wir uns hier beschränken wollen, bestimmt in allgemeinster Weise, wie jeder Lage des Punctes eine einzige Lage der Ebene entspricht, und umgekehrt. Das ist beispielsweise der Fall, wenn der Punct auf einer Erzeugenden einer Linienfläche des zweiten Grades fortrückt, während die entsprechende Tangential-Ebene um dieselbe Erzeugende sich dreht. Es sei, zur analytischen Bestätigung, indem wir durch p und q irgend zwei lineare Functionen bezeichnen,

$$q\,y = p\,z$$

die Gleichung einer solchen Linienfläche, welche d e Coordinaten-Axe OX zu einer ihrer Erzeugenden hat. Dann ist die Gleichung der Tangential-Ebene der Fläche in irgend einem Puncte ihrer Erzeugenden, dem die Functionen-Werthe p' und q' entsprechen, die folgende:

$$q'\,y = p'\,z.$$

Hieraus ergibt sich

$$\text{tang}\ \varphi = \frac{p'}{q'} = \frac{g\,x + h}{g'\,x + h'},$$

wenn x auf den Berührungspunct bezogen wird und g, h, g', h' gehörig zu bestimmende Constanten bedeuten. Diese Gleichung hat die fragliche Form.

Wir können bei der geometrischen Deutung der durch eine solche Gleichung ausgedrückten Abhängigkeit zwischen einer Ebene und einem in ihr liegenden Puncte zwei gerade Linien von vorne herein beliebig annehmen und, indem wir die Ebene um die eine dieser beiden Linien sich drehen lassen, ihre verschiedenen Lagen durch tang φ bestimmen, während auf der zweiten geraden Linie die Lage des auf derselben fortrückenden Durchschnittspunctes mit der sich drehenden Ebene durch x bestimmt wird. Wenn wir zum Beispiel für die beiden geraden Linien irgend zwei zugeordnete Polaren eines linearen Complexes nehmen, so dreht sich, wenn ein Punct auf einer der beiden Polaren fortrückt, die diesem Puncte in dem Complexe entsprechende Ebene um die andere. Die obige Gleichungsform gibt das Drehungsgesetz der Ebene für ein gegebenes Fortrücken des Punctes.

Dasselbe Drehungsgesetz gilt für eine Ebene, welche durch einen Punct geht, der auf einer Erzeugenden einer Linienfläche fortrückt, und zugleich um eine zweite Linie derselben Erzeugung sich dreht. Dasselbe Gesetz gilt endlich für die Drehung der Meridianebene um die Doppellinie einer Complex-Fläche, wenn die Ebene durch einen Punct gelegt wird, welcher auf der Polare der Complex-Fläche fortrückt. Die analytische Bestätigung dieser letzten geometrischen Relation entnehmen wir unmittelbar der 170. Nummer, nach welcher die Gleichung des Textes:

$$\text{tang}\ \varphi = \frac{P\,x + H}{Q\,x - J},$$

welche wir auch unter der folgenden Form schreiben können:

$$x = \frac{J\,\text{tang}\ \varphi + H}{Q\,\text{tang}\ \varphi - P},$$

für einen gegebenen Werth von φ, auf der Polaren der Complex-Fläche, durch den entsprechenden Werth von x, den Pol der Doppellinie, in Beziehung auf die Complex-Curve in der durch φ bestimmten Meridian-Ebene, gibt.

24*

Nehmen wir die Ebene YZ für diejenige, in welcher die Doppellinie unendlich weit gerückt ist, so haben wir für die Gleichung der Aequatorialfläche die folgende erhalten:

$$D w^2 + 2(Lx - S)vw + (Fx^2 - 2Rx + B)v^2$$
$$+ 2(Mx + T)uw + 2(Kx^2 - Ox - G)uv + (Ex^2 + 2Ux + C) = 0. \quad (3)$$

Wir denken uns dabei die Fläche durch eine veränderliche Complex-Curve erzeugt, deren Ebene parallel mit YZ ist und parallel mit dieser Ebene fortrückt. Die jedesmalige Ebene dieser Curve ist durch x bestimmt. In besonderen Fällen kann, wie bei den Meridianflächen, die Curve in ein System zweier Puncte ausarten. Die geraden Linien, welche solche zwei Puncte verbinden, sind singuläre Strahlen der Aequatorialfläche, die Puncte selbst Doppelpuncte derselben. Die singulären Strahlen der Aequatorialfläche sind der Coordinaten-Ebene YZ parallel, mit anderen Worten, sie schneiden die unendlich weit liegende Doppellinie derselben Fläche.

Setzen wir, der Kürze wegen:

$$\left.\begin{aligned}
D &= a, \\
(Lx - S) &= b, \\
(Fx^2 - 2Rx + B) &= c, \\
(Mx + T) &= d, \\
(Kx^2 - Ox - G) &= e, \\
(Ex^2 + 2Ux + C) &= f,
\end{aligned}\right\} \quad (74)$$

so geht die vorstehende Gleichung (3) in die folgende über:

$$a w^2 + 2 b v w + c v^2 + 2 d u w + 2 e u v + f u^2 = 0, \quad (75)$$

und um auszudrücken, dass diese Gleichung ein System von zwei Puncten darstelle, gibt die Entwickelung von (41):

$$D[(Kx^2 - Ox - G)^2 - (Fx^2 - 2Rx + B)(Ex^2 + 2Ux + C)]$$
$$+ (Mx + T)^2 (Fx^2 - 2Rx + B) + (Lx - S)^2 (Ex^2 + 2Ux + C)$$
$$+ (Lx - S)(Mx + T)(Kx^2 - Ox - G) = 0. \quad (76)$$

Da der Grad dieser Gleichung in Beziehung auf x der vierte ist, so hat auch eine Aequatorialfläche, wie eine Meridianfläche, im Allgemeinen **vier singuläre Strahlen.**

195. Der Mittelpunct der die Fläche erzeugenden Complex-Curve beschreibt bei der Erzeugung einen Durchmesser des Complexes, den wir als den Durchmesser der Aequatorialfläche bezeichnet haben (Nr. 164.). Wenn wir diesen Durchmesser für die bisher unbestimmt gebliebene Axe OX neh-

men, so verschwinden aus der Gleichung (3) diejenigen Glieder, welche x in der ersten Potenz enthalten, und damit dieses für jeden Werth von x geschehe, müssen die vier Complex-Constanten L, M, S und T verschwinden. Alsdann reducirt sich die vorstehende Gleichung auf:

$$(K x^2 - O x - G)^2 - (F x^2 - 2 R x + B)(E x^2 + 2 U x + C) = 0. \qquad (77)$$

Nachdem wir durch diese Gleichung die Ebenen bestimmt haben, welche die vier singulären Strahlen enthalten, erhalten wir, indem wir, der Coordinaten-Bestimmung gemäss, b und d gleich Null setzen, auf jedem dieser Strahlen zur Bestimmung der beiden Doppelpuncte:

$$y = \pm \sqrt{-\frac{c}{a}}, \qquad z = \pm \sqrt{-\frac{f}{a}}. \qquad (78)$$

Jenachdem die Zerlegung (34) oder (36) stattfindet, das heisst, je nachdem c und f im Zeichen übereinstimmen oder nicht, müssen wir die vorstehenden Ausdrücke für y und z für jeden der beiden Puncte mit gleichem oder entgegengesetzten Vorzeichen nehmen. Der singuläre Strahl wird von dem Durchmesser der Fläche geschnitten, und zwar so, dass die beiden Doppelpuncte auf ihm zu beiden Seiten des Durchmessers in gleichem Abstand von demselben liegen. Der Winkel δ, welchen der jedesmalige singuläre Strahl mit der Ebene XZ bildet, ist durch die Gleichung bestimmt:

$$\operatorname{tang} \delta = \pm \sqrt{\frac{c}{f}} = \frac{e}{f} = \frac{c}{e}, \qquad (79)$$

wobei in dem ersten und zweiten der beiden oben unterschiedenen Fälle das obere oder untere Vorzeichen zu nehmen ist.

196. Wenn wir dieselbe Aequatorialfläche, welche wir vorstehend durch ihre Breiten-Curven bestimmt haben, durch umhüllende Cylinder bestimmen, deren Axen der Ebene YZ parallel sind, so tritt die Gleichung (28) an die Stelle der Gleichung (3). Die neue Gleichung stellt für die durch den Winkel γ bestimmte Richtung der Cylinder-Axe den Durchschnitt dieses Cylinders mit der Ebene XZ dar. Setzen wir, der Kürze halber:

$$\left.\begin{aligned}
(F \operatorname{tang}^2 \gamma - 2 K \operatorname{tang} \gamma + E) &= a, \\
-(L \operatorname{tang} \gamma - M) \operatorname{tang} \gamma &= b, \\
D \operatorname{tang}^2 \gamma &= c, \\
-(R \operatorname{tang}^2 \gamma - O \operatorname{tang} \gamma - U) &= d, \\
(S \operatorname{tang} \gamma + T) \operatorname{tang} \gamma &= e, \\
(B \operatorname{tang}^2 \gamma + 2 G \operatorname{tang} \gamma + C) &= f,
\end{aligned}\right\} \qquad (80)$$

so wird die Gleichung der Durchschnitts-Curve:

$$a x^2 + 2 b x z + c z^2 + 2 d x + 2 e z + f = 0. \tag{81}$$

Um auszudrücken, dass diese Gleichung ein System von zwei geraden Linien darstelle und also der umhüllende Cylinder in ein System zweier Ebenen ausarte, welche die Ebene XZ nach diesen beiden geraden Linien schneiden, gibt die Entwicklung der Gleichung (39):

$$D[(R \tan g^2 \gamma - O \tan g \gamma - U)^2 - (F \tan g^2 \gamma - 2 K \tan g \gamma + E)(B \tan g^2 \gamma + 2 G \tan g \gamma + C)]$$
$$+ (S \tan g \gamma + T)^2 (F \tan g^2 \gamma - 2 K \tan g \gamma + E) + (L \tan g \gamma - M)^2 (B \tan g^2 \gamma + 2 G \tan g \gamma + C)$$
$$+ 2 (L \tan g \gamma - M)(S \tan g \gamma + T)(R \tan g^2 \gamma - O \tan g \gamma - U) = 0. \tag{82}$$

Es gibt also, den vier Werthen von $\tan g \gamma$, welche die Auflösung dieser Gleichung gibt, entsprechend, vier Paare von Doppelebenen der Aequatorialfläche, in welche sich vier der umschriebenen Cylinder auflösen; die beiden Ebenen jedes Paares schneiden sich in einer der vier singulären Axen der Fläche. Nach jeder Richtung, welche der Ebene YZ parallel ist, wird die Aequatorialfläche nach Curven zweiter Ordnung projicirt; nach den Richtungen der vier singulären Axen sind die Projectionen Systeme von zwei geraden Linien.

197. Wenn wir den der Ebene YZ zugeordneten Durchmesser des Complexes als Axe OX nehmen, so reducirt sich die vorstehende Gleichung auf:

$$(R \tan g^2 \gamma - O \tan g \gamma - U)^2 - (F \tan g^2 \gamma - 2 K \tan g \gamma + E)(B \tan g^2 \gamma + 2 G \tan g \gamma + C) = 0, \tag{83}$$

und die Gleichung der Durchschnitts-Curve des bezüglichen umhüllenden Cylinders mit der Ebene XZ auf:

$$a x^2 + c z^2 + 2 e z + f = 0. \tag{84}$$

Diese Gleichung löst sich, wenn die vorstehende Bedingung (83) erfüllt ist, in die folgenden beiden auf:

$$a x + \sqrt{- a c} \cdot z \pm \sqrt{- a f} = 0, \tag{85}$$

wobei wir, je nachdem die Bedingung (33) oder die Bedingung (35) erfüllt ist, für jede der beiden geraden Linien, welche die vorstehende Gleichung darstellt, den Wurzelausdrücken übereinstimmende oder entgegengesetzte Vorzeichen geben müssen.

Die durch die Doppelgleichung (85) dargestellten geraden Linien schneiden OX in demselben Puncte. Für diesen Schnittpunct erhalten wir:

$$x = \mp \sqrt{- \frac{f}{a}}. \tag{86}$$

Durch denselben Punct geht also auch die singuläre Axe der Aequatorialfläche, in welcher zwei Doppelebenen derselben sich schneiden. Die vier singulären Axen also, wie die vier singulären Strahlen der Fläche, schneiden einerseits, weil sie der Ebene YZ parallel sind, die unendlich weit liegende Doppellinie, andererseits den Durchmesser der Fläche, den wir als die Polare derselben betrachten können.

Zur Bestimmung des Winkels, welchen die Durchschnittslinien der beiden Doppelebenen, welche in einer singulären Axe sich schneiden, mit der Ebene XZ in dieser Ebene mit OX bilden, erhalten wir aus (85):

$$\frac{z}{x \pm \sqrt{-\dfrac{f}{a}}} = \mp \sqrt{-\frac{a}{c}}\,. \tag{87}$$

Die beiden Doppelebenen bilden also mit den zwei in derselben singulären Axe sich schneidenden Ebenen, von denen die eine durch den Durchmesser der Fläche geht und die andere demselben zugeordnet ist, vier harmonische Ebenen, und sind somit, wenn der Durchmesser auf seinen zugeordneten Ebenen senkrecht steht, gleich gegen denselben geneigt.

198. Wir begegnen einer besonderen Art von Aequatorialflächen, wenn wir eine unendlich weit liegende Linie, die dem Complexe angehört, als Doppellinie der Fläche nehmen. Es kommt das darauf hinaus, dass alle Breiten-Curven der Fläche Parabeln werden.

Nehmen wir, wie bisher, die Doppellinie in der Ebene YZ unendlich weit, so verschwindet, unter der gemachten Voraussetzung, in der Gleichung des Complexes die Constante D. Alsdann geht die Gleichung (76), durch welche wir den Abstand der singulären Strahlen, die der Coordinaten-Ebene parallel sind, von dieser Ebene bestimmt haben, in die folgende über:

$$(Mx + T)^2 (Kx^2 - Ox - G) + (Lx - S)^2 (Ex^2 + 2Ux + C)$$
$$+ (Lx - S)(Mx + T)(Fx^2 - 2Rx + B) = 0. \tag{88}$$

Die Fläche hat ihren Durchmesser, der unendlich weit gerückt ist, verloren.

Die Gleichung (3) geht, wenn wir:

$$\left.\begin{aligned}
(Ex^2 + 2Ux + C) &= a, \\
(Rx^2 - Ox - G) &= b, \\
(Fx^2 - 2Rx + B) &= c, \\
(Mx + T) &= d, \\
(Lx - S) &= e, \\
D &= f = 0
\end{aligned}\right\} \tag{89}$$

setzen, in die folgende über:

$$au^2 + 2buv + cv^2 + 2duw + 2evw = 0, \tag{90}$$

und diese Gleichung löst sich, wenn wir für x eine der vier Wurzeln der Gleichung (88) nehmen, in die folgenden beiden auf:

$$\left.\begin{array}{l} au + (b + \sqrt{b^2 - ac})v + 2dw = 0; \\ au + (b \mp \sqrt{b^2 - ac})v \qquad\;\; = 0, \end{array}\right\} \tag{91}$$

wo wir, je nachdem die Zerlegung (34) oder die Zerlegung (36) stattfindet, das obere oder untere Vorzeichen zu nehmen haben.

Ein Doppelpunct der Fläche liegt also auf dem singulären Strahl unendlich weit, der andere hat zu Coordinaten in seiner Ebene:

$$y = \frac{a}{2d}, \qquad z = \frac{b + \sqrt{b^2 - ac}}{2d}. \tag{92}$$

Der Winkel γ_0, welchen die Richtung des singulären Strahles mit OZ bildet, ist durch die Gleichung:

$$\operatorname{tang} \gamma_0 = \frac{a}{b + \sqrt{b^2 - ac}} = \frac{b \mp \sqrt{b^2 - ac}}{c} = \frac{d}{c} \tag{93}$$

bestimmt. Führen wir die Constanten des Complexes wieder ein, so kommt:

$$\operatorname{tang} \gamma_0 = \frac{Mx + T}{Lx - S}. \tag{94}$$

199. Bestimmen wir die Aequatorialfläche durch ihre umhüllenden Cylinder, so müssen wir von der Gleichung (28) ausgehen. Unter der gemachten Annahme, dass die in YZ unendlich weit liegende Linie dem Complexe angehöre, wird die Bedingung (76), durch die ausgedrückt wird, dass sich die durch (28) dargestellte Curve in ein Linienpaar auflöst, die folgende:

$$(S\operatorname{tang}\gamma + T)^2(F\operatorname{tang}^2\gamma - 2K\operatorname{tang}\gamma + E) + (L\operatorname{tang}\gamma - M)^2(B\operatorname{tang}^2\gamma + 2G\operatorname{tang}\gamma - C)$$
$$+ 2(L\operatorname{tang}\gamma - M)(S\operatorname{tang}\gamma + T)(R\operatorname{tang}^2\gamma - O\operatorname{tang}\gamma - U) = 0. \tag{95}$$

Die Gleichung (28) geht, wenn wir, der Kürze wegen, die Constanten-Bestimmung (80) wieder einführen und c verschwinden lassen, in die folgende über:

$$ax^2 + 2bxz + 2dx + 2cz + f = 0, \tag{96}$$

und diese Gleichung löst sich, wenn für $\operatorname{tang}\gamma$ eine der Wurzeln der vorstehenden Gleichung genommen wird, in die beiden folgenden auf:

$$\left.\begin{array}{l} ax + 2bz + (d \pm \sqrt{d^2 - af}) = 0, \\ ax \qquad\;\; + (d \mp \sqrt{d^2 - af}) = 0, \end{array}\right\} \tag{97}$$

wo wir die oberen, bezüglich die unteren Vorzeichen zu nehmen haben, je nachdem die Zerlegung (34) oder die Zerlegung (36) stattfindet.

Eine der beiden Doppelebenen, in die sich der die Fläche umhüllende

Complex-Cylinder auflöst, geht also immer durch die unendlich weit liegende Doppellinie der Fläche. Sie schneidet von OX ein Stück ab:

$$x_0 = - \frac{d \mp \sqrt{d^2 - af}}{a} = - \frac{f}{d \pm \sqrt{d^2 - af}} = - \frac{e}{b}, \tag{98}$$

oder, wenn wir die Constanten des Complexes wieder einführen:

$$x_0 = \frac{S \tan g\, \gamma + T}{L \tan g\, \gamma - M}. \tag{99}$$

200. Indem wir den Werth von $\tan g\, \gamma_0$ aus der Gleichung (94) in die Gleichung (88) und den Werth von x_0 aus der Gleichung (99) in die Gleichung (95) einführen, gelangen wir, wie wir es in der 193. Nummer für Meridianflächen gethan haben, nun für Aequatorialflächen der besonderen Art zu dem folgenden Satze:

Die vier singulären Strahlen und die vier singulären Axen liegen bezüglich in derselben Ebene, welche durch die unendlich weit entfernte Doppellinie der Fläche geht, und sind, in dieser Ebene, bezüglich einander parallel.

§ 7.

Allgemeine Betrachtungen über Complex-Flächen, ihre Doppellinien, Doppelpuncte und Doppelebenen.

201. Wenn eine gerade Linie im Raume sich bewegt, so erzeugt sie eine Linienfläche. Es ist hierbei gleichgültig, ob wir sie als einen Strahl oder als eine Axe betrachten. Wir können die Linienfläche durch drei Gleichungen entweder in Strahlen-Coordinaten oder in Axen-Coordinaten darstellen, die sich in dem ersten Falle auf eine einzige Gleichung in Punct-Coordinaten, in dem zweiten Falle auf eine einzige Gleichung in Plan-Coordinaten zurückführen lassen.

202. Wenn insbesondere die gerade Linie im Raume so sich bewegt, dass sie in je zwei auf einander folgenden Lagen in derselben Ebene enthalten ist, oder, was auf dasselbe hinauskommt, durch denselben Punct geht, so beschreibt sie, wenn sie als Strahl betrachtet wird, eine Abwicklungsfläche; sie umhüllt, wenn sie als Axe betrachtet wird, eine räumliche Curve. Je nach der zwiefachen Auffassung der geraden Linie geht dann die Linienfläche in die Curve oder in die Abwicklungsfläche über. Die verschiedenen Lagen

der geraden Linie werden dann durch zwei Complex-Gleichungen in Strahlen-oder Axen-Coordinaten dargestellt. Wenn wir

$$y = sz + \sigma,$$
$$x = rz + \varrho$$

für die Gleichungen zweier Projectionen der als Strahl betrachteten geraden Linie nehmen, in Beziehung auf r, s, ϱ, σ differentiiren und nach der Differentiation z [eliminiren, erhalten wir, der gemachten Voraussetzung entsprechend:

$$\frac{d\sigma}{ds} = \frac{d\varrho}{dr}. \tag{100}$$

Wenn wir andererseits die gerade Linie als Axe betrachten und

$$u = qv + \varkappa,$$
$$t = pv + \pi$$

für die Gleichungen ihrer Durchschnittspuncte mit zwei der drei Coordinaten-Ebenen nehmen, so erhalten wir, derselben Voraussetzung entsprechend, die Bedingungs-Gleichung:

$$\frac{dq}{d\varkappa} = \frac{dp}{d\pi}. \tag{101}$$

Durch jede Abwicklungsfläche ist gleichzeitig eine räumliche Curve und gegenseitig durch jede räumliche Curve eine Abwicklungsfläche bestimmt. Die Gleichung (100) ist die Differential-Gleichung der Abwicklungsflächen, die Gleichung (101) die Differential-Gleichung der räumlichen Curven.

203. Wir erhalten eine zweite Bestimmung der Abwicklungsfläche, wenn wir uns dieselbe durch eine Ebene, welche durch zwei auf einander folgende Lagen des erzeugenden Strahles geht, umhüllt denken und demnach durch zwei Gleichungen in Plan-Coordinaten darstellen. Die die Abwicklungsfläche umhüllenden Ebenen gehören· als Umhüllungsebenen zweien Flächen an.

Wir erhalten eine zweite Bestimmung der räumlichen Curve, wenn wir uns dieselbe durch einen Punct, welcher der umhüllenden Axe in zwei auf einander folgenden Lagen gemein ist, beschrieben denken und, dem entsprechend, durch zwei Gleichungen in Punct-Coordinaten darstellen. Eine räumliche Curve ist der Durchschnitt zweier durch Puncte bestimmter Flächen.

Die Abwicklungsflächen werden durch eine einzige Gleichung in Punct-Coordinaten dargestellt. Sie sind als Linienflächen zu betrachten, insofern wir uns diese durch einen Strahl erzeugt denken. Die räumlichen Curven werden durch eine einzige Gleichung in Plan-Coordinaten dargestellt. Sie sind als Linienflächen zu betrachten, insofern wir uns diese durch eine Axe erzeugt denken.

204. Die Abwicklungsfläche kann durch eine weitere Beschränkung in eine Kegelfläche ausarten. Dann gehen alle Strahlen durch einen festen Punct, den Mittelpunct der Kegelfläche. Um dieses auszudrücken, erhalten wir, wenn (x^0, y^0, z^0) der Mittelpunct der Kegelfläche ist, die drei linearen Bedingungs-Gleichungen:

$$\left. \begin{aligned} y^0 &= s\,z^0 + \sigma, \\ x^0 &= r\,z^0 + \varrho, \\ r\,y^0 - s\,x^0 &= \eta. \end{aligned} \right\} \qquad (102)$$

Von diesen Gleichungen bedingen zwei, vorausgesetzt dass r und s endliche Werthe behalten, die dritte. Nachdem der feste Punct bestimmt worden ist, wird die Kegelfläche durch eine einzige Complex-Gleichung in Strahlen-Coordinaten dargestellt. Nehmen wir für den festen Punct insbesondere den Anfangspunct der Coordinaten, so verschwinden für alle Strahlen gleichzeitig die drei Coordinaten ϱ, σ und η, und zur Bestimmung der Kegelfläche erhalten wir dann eine Gleichung zwischen den beiden übrigbleibenden Coordinaten r und s.

Die räumliche Curve kann durch eine weitere Beschränkung in eine ebene Curve ausarten. Dann liegen alle die Curve umhüllenden Axen in einer festen Ebene, was, wenn wir für diese Ebene $\left(\dfrac{t^0}{w^0}, \dfrac{u^0}{w^0}, \dfrac{v^0}{w^0} \right)$ nehmen, durch die drei linearen Bedingungs-Gleichungen:

$$\left. \begin{aligned} u^0 &= q\,v^0 + \varkappa\,w^0, \\ t^0 &= p\,v^0 + \pi\,w^0, \\ p\,u^0 - q\,t^0 &= \omega\,w^0 \end{aligned} \right\} \qquad (103)$$

ausgedrückt wird. Von diesen Gleichungen bedingen zwei, vorausgesetzt, dass q und p endlich bleiben, die dritte. Wenn die Ebene bestimmt ist, wird die Curve in ihr durch eine einzige Complex-Gleichung in Axen-Coordinaten dargestellt. Diese Gleichung reducirt sich auf eine Gleichung zwischen zwei der fünf Axen-Coordinaten, wenn wir für die Ebene der Curve insbesondere eine der drei Coordinaten-Ebenen nehmen. Ist diese Ebene YZ, so verschwinden für alle die Curve umhüllenden Axen die drei Coordinaten p, π, ω, und wir erhalten für die umhüllte Curve eine Gleichung zwischen den beiden übrigbleibenden Axen-Coordinaten q und $\varkappa$, und diese beiden

Coordinaten können wir auch als Linien-Coordinaten in der Ebene YZ construiren.

205. Wir können aber auch eine Kegelfläche als von einer Ebene umhüllt betrachten und, dem entsprechend, den Mittelpunct derselben durch die Gleichung

$$x^0 t + y^0 u + z^0 v + w = 0$$

darstellen. Dann bestimmt in Verbindung mit dieser Gleichung eine zweite Gleichung in Plan-Coordinaten die Kegelfläche. Wenn wir den Mittelpunct derselben zum Anfangspuncte nehmen, wonach die vorstehende Gleichung sich auf

$$w = 0$$

reducirt, reicht die zweite Gleichung allein zur Darstellung der Kegelfläche hin. In analoger Weise können wir uns eine ebene Curve durch einen Punct beschrieben denken und ihre Ebene durch die Gleichung

$$t^0 x + u^0 y + v^0 z + w^0 = 0$$

darstellen. Dann bestimmt, in Verbindung mit dieser Gleichung, eine zweite Gleichung in Punct-Coordinaten die ebene Curve. Wenn die Curve in einer der drei Coordinaten-Ebenen liegt, für welche wir wiederum YZ nehmen wollen, so erhalten wir statt der vorstehenden Gleichung

$$x = 0,$$

und eine einzige Gleichung zwischen den beiden übrigbleibenden Punct-Coordinaten, die wir in der Ebene YZ construiren können, ist zur Darstellung der Curve hinreichend.

206. Es kann nur von der Ordnung einer Kegelfläche die Rede sein, wenn wir uns dieselbe als von einer geraden Linie, einem Strahle, beschrieben denken. Diese Ordnung ist gleich dem Grade der Gleichung, durch welche die Kegelfläche in Punct-Coordinaten dargestellt wird. Es kann nur von der Classe einer ebenen Curve die Rede sein, wenn wir uns dieselbe von einer geraden Linie, einer Axe, umhüllt denken. Diese Classe ist gleich dem Grade der Gleichung, durch welche die Curve in Plan-Coordinaten dargestellt wird.

Indem wir in die Geometrie die gerade Linie als Raumelement einführen, und die gerade Linie einmal als Strahl, das andere Mal als Axe betrachten, müssen wir der gewöhnlichen Plan-Geometrie, als vollständig coordinirt, eine Punct-Geometrie zur Seite stellen, neben Curven, welche in der Ebene von Axen umhüllt werden, Kegelflächen, welche durch Strahlen gebildet werden, die durch den Punct gehen. Die Kegelflächen sind von gegebener Ordnung, die Curven von gegebener Classe. Die Classe einer Kegelfläche und die Ordnung einer Curve treten als secundäre Begriffe auf. Erst wenn wir uns die Kegelflächen als durch Ebenen umhüllt denken, welche durch zwei auf einander folgende erzeugende Strahlen gehen, kommt die Classe derselben zur Sprache; sie ist zugleich die Classe ihrer Durchschnittscurven und ist gleich der Anzahl der Tangential-Ebenen, welche durch eine, durch den Mittelpunct der Kegelfläche gehende, gerade Linie an diese sich legen lassen. Erst wenn wir uns die ebene Curve durch den Durchschnitt zweier auf einander folgenden umhüllenden Axen beschrieben denken, können wir von ihrer Ordnung sprechen. Diese ist dann zugleich die Ordnung der Kegelflächen, welche durch dieselbe sich legen lassen und gleich der Anzahl der Puncte, in welchen die Curve von einer in ihrer Ebene liegenden geraden Linie geschnitten wird.

207. Die folgenden Bemerkungen, welche sich an das Vorstehende anknüpfen, berühren wesentlich die Theorie der Darstellung räumlicher Gebilde vermittelst Linien-Coordinaten.

Wir müssen, um eine Kegelfläche in Strahlen-Coordinaten darzustellen, ausdrücken, dass die Strahlen, welche dieselbe bilden, durch einen festen Punct (x^0, y^0, z^0), ihren Mittelpunct, gehen. Um dieses vollständig zu erreichen, sind die Gleichungen (102) alle drei nothwendig. Wenn wir bloss zwei dieser drei Gleichungen, etwa die beiden ersten,

$$y^0 = s z^0 + \sigma,$$
$$x^0 = r z^0 + \varrho \tag{104}$$

nehmen, so drücken dieselben aus, dass der bezügliche Strahl (r, s, ϱ, σ) diejenigen beiden Linien schneidet, welche den Punct (x^0, y^0, z^0) auf die beiden Coordinaten-Eben YZ und XZ projiciren. Es schliesst dieses die doppelte geometrische Bedingung ein, dass der Strahl (r, s, ϱ, σ) entweder durch den gegebenen Punct (x^0, y^0, z^0) geht, oder in derjenigen Ebene liegt, welche die beiden projicirenden Linien enthält und also durch den Punct (x^0, y^0, z^0) geht und der Ebene XY parallel ist. Erst dadurch, dass die dritte Gleichung

$$r y^0 - s x^0 = \eta$$

hinzutritt, fällt die zweite geometrische Deutung der Gleichungen (104) hinweg und dann wird ausschliesslich ausgedrückt, dass der Strahl durch den gegebenen Punct geht.

Wir müssen, um eine ebene Curve in Axen-Coordinaten darzustellen, ausdrücken, dass die Axen, welche dieselben umhüllen, in einer festen Ebene $\left(\dfrac{t^0}{w^0}, \dfrac{u^0}{w^0}, \dfrac{v^0}{w^0}\right)$ liegen. Dazu sind die Gleichungen (103) alle drei nothwendig. Wenn wir bloss zwei dieser drei Gleichungen, etwa die beiden ersten

$$u^0 = q\,v^0 + \varkappa,$$
$$t^0 = p\,v^0 + \pi \tag{105}$$

nehmen, so wird durch dieselben ausgedrückt, dass die bezügliche Axe $(p, q, \pi, \varkappa)$ durch die Durchschnittslinien der gegebenen Ebene $\left(\dfrac{t^0}{w^0}, \dfrac{u^0}{w^0}, \dfrac{v^0}{w^0}\right)$ mit den beiden Coordinaten-Ebenen VZ und XZ geht. Diesem wird geometrisch in zwiefacher Weise entsprochen, entweder wenn die Axe $(p, q, \pi, \varkappa)$ in der gegebenen Ebene liegt, oder wenn sie durch denjenigen Punct hindurchgeht, in welcher die Coordinaten-Axe OZ von dieser Ebene geschnitten wird. Die dritte Gleichung

$$p\,u^0 - q\,t^0 = w^0$$

muss hinzukommen, um die zweite geometrische Beziehung auszuschliessen.

Wenn wir uns nach dem analytischem Grunde der vorstehenden, auf den ersten Blick paradoxen Relationen fragen, so liegt derselbe darin, dass die dritte der Gleichungen (102) und (103) dann nicht mehr eine algebraische Folge aus den beiden ersten ist, wenn r und s, bezüglich p und q unendlich gross werden.[*]

208. Wenn mit der Gleichung

$$\Omega_n = 0,$$

welche einen Linien-Complex eines beliebigen n. Grades in Strahlen-Coordinaten darstelle, die beiden Gleichungen

$$y^0 = s\,z^0 + \sigma,$$
$$x^0 = r\,z^0 + \varrho,$$

---

[*] Durch die Anwendung homogener Linien-Coordinaten wird das Unendliche vermieden. Ersetzen wir zum Beispiel die beiden ersten der Gleichungen (102) durch die folgenden:
$$y^0(z - z') = z^0(y - y') + (yz' - y'z),$$
$$x^0(z - z') = z^0(x - x') + (x'z - xz'),$$
so werden beide Gleichungen gleichzeitig befriedigt, wenn
$$x = x^0, \qquad y = y^0, \qquad z = z^0,$$
das heisst, wenn der bezügliche Strahl durch den gegebenen Punct geht.
Dieselben beiden Gleichungen werden auch dann befriedigt, wenn
$$z = z' = z^0,$$
das heisst, wenn alle Strahlen innerhalb einer mit XY parallelen Ebene liegen, deren Abstand von dieser Ebene gleich z^0 ist.

die wir als zwei lineare Complex-Gleichungen ansehen können, gleichzeitig bestehen, so befriedrigen die Coordinaten aller Strahlen, welche einerseits den Complex-Kegel der n. Ordnung bilden, dessen Mittelpunct (x^0, y^0, z^0) ist, und andererseits die Complex-Curve der n. Classe umhüllen, deren Ebene, parallel mit XY, durch den Mittelpunct des Kegels geht, die vorstehenden drei Gleichungen. Diese drei Gleichungen stellen also, neben dem Complex-Kegel, gleichzeitig auch noch eine Complex-Curve dar.

Ebenso stellt das System der Gleichung eines Complexes des n. Grades in Axen-Coordinaten

$$\Phi_n = 0$$

und der beiden linearen Gleichungen

$$u^0 = q v^0 + \varkappa w^0,$$
$$t^0 = p v^0 + \pi w^0,$$

die wir als Gleichungen zweier Complexe des ersten Grades ansehen können, gleichzeitig eine Complex-Curve, deren Ebene $\left(\dfrac{t^0}{w^0}, \dfrac{u^0}{w^0}, \dfrac{v^0}{w^0} \right)$ ist, und eine Complex-Kegelfläche dar, deren Mittelpunct in dieser Ebene liegt.

Zwischen der Kegelfläche der n. Ordnung und der Curve der n. Classe, welche in dem Vorstehenden durch die drei Complex-Gleichungen dargestellt werden, besteht die geometrische Beziehung, dass die n Seiten, nach welchen die Kegelfläche von der Ebene der Curve geschnitten wird, zugleich diejenigen n Tangenten der Curve sind, welche durch den Mittelpunct der Kegelfläche gehen.

Durch eine oder mehrere Gleichungen zwischen Linien-Coordinaten werden immer nur solche geometrische Gebilde dargestellt, die in sich selbst reciproke sind.

Wenn wir, in dem Falle der Strahlen-Coordinaten, von diesen zu Punct-Coordinaten übergehen, so führen wir in die vorstehenden Entwicklungen stillschweigend die dritte der drei linearen Gleichungen (102) ein, und in der analytischen Darstellung verschwindet jede Spur der von Strahlen umhüllten Curve.

Gehen wir in dem Falle der Axen-Coordinaten von diesen zu Plan-Coordinaten über, so führen wir stillschweigend die dritte der drei linearen Gleichungen (103) ein, und in der analytischen Darstellung verschwindet jede Spur der von Axen gebildeten Kegelfläche.

209. Wir haben bereits als characteristische Eigenschaften eines Com-

plexes des n. Grades die folgenden beiden, in Beziehung auf einander reciproken, aufgestellt (Nr. 19):

In einem Complexe des n. Grades liegen in jeder den Raum durchziehenden Ebene unendlich viele Linien desselben, welche eine Curve der n. Classe umhüllen. Durch jeden Punct des Raumes gehen unendlich viele Linien desselben, welche eine Kegelfläche der n. Ordnung bilden.

Hieran knüpft sich unmittelbar die doppelte Construction der Flächen eines Complexes der n. Ordnung. Wir können dieselben, nachdem wir irgend eine feste gerade Linie angenommen haben, einmal als durch diejenigen Complex-Curven n. Classe, deren Ebenen durch die feste Linie gehen, gebildet, das andere Mal als durch diejenigen Complex-Kegel, deren Mittelpuncte auf der festen Linie liegen, umhüllt betrachten.

Nachdem überhaupt die Existenz der Complexe des n. Grades festgestellt ist, können wir an jede der beiden obigen characteristischen Eigenschaften, die im Grunde nur eine einzige sind, die Definition solcher Complexe anknüpfen, und diese Definition, wenn es überhaupt gestattet ist, das Imaginäre in den Bereich der Geometrie hineinzuziehen, in gewöhnlicher Weise als eine geometrische bezeichnen.

Die doppelte Bestimmung eines Complexes des n. Grades würde ihre Bedeutung verlieren und wir würden vergeblich nach einem analytischen Ausdruck für den Complex suchen, wenn wir in der Definition die Worte Ordnung und Classe vertauschen wollten.

Indem wir Complex-Flächen vermittelst des Complexes, dem sie angehören, bestimmen, knüpft sich diese Bestimmung an die Betrachtung von geraden Linien und ihren Coordinaten. Die Flächen eines Complexes des n. Grades sind von gleicher Ordnung und Classe, die wir durch p bezeichnen wollen. Als Flächen der p. Ordnung betrachten wir sie als aus Puncten bestehend, als von einer geraden Linie in p Puncten, von einer Ebene in einer Curve p. Ordnung geschnitten. Als Flächen der p. Classe betrachten wir sie als von Ebenen umhüllt; durch eine gerade Linie gehen p Ebenen der Fläche und die Umhüllungskegel sind von der p. Classe. Die Complex-Flächen haben eine vielfache Linie, in der ein vielfacher Strahl und eine vielfache Axe zusammenfallen. Die Linie sei eine m fache. Dann schneiden sich nach ihr, wenn wir sie als Strahl betrachten, m Schalen der Fläche: die Fläche hat in jedem Puncte der m fachen Linie m Tangential-Ebenen. Die m fache Linie ist der geometrische Ort von m fachen Puncten der Fläche und alle Curven, nach welchen die Fläche von Ebenen geschnitten wird, haben auf dieser Linie einen $m$fachen Punct. Die $m$fache Linie, als Axe betrachtet, ist ein von $m$fachen Ebenen der Fläche umhüllter Ort. Jede durch die $m$fache Linie gehende Ebene wird von der Fläche in m auf dieser Linie liegenden Puncten berührt. Jeder Punct einer solchen Ebene ist der Mittelpunct eines Umhüllungskegels, der m Schalen hat, welche von der Ebene, die auch eine $m$fache Ebene des Kegels ist, nach m durch die m Berührungspuncte auf der Fläche gehenden Kegelseiten berührt werden.

210. Die Flächen eines Complexes des zweiten Grades haben eine Doppellinie. Sie werden von Ebenen in Curven der vierten Ordnung geschnitten und von Kegeln der vierten Classe umhüllt. Wenn die schneidende Ebene insbesondere eine Meridianebene ist und demnach durch die Doppellinie geht, so zerfällt die Durchschnitts-Curve der vierten Ordnung in eine Curve der zweiten Ordnung und zwei Strahlen, welche in die Doppellinie zusammenfallen. Betrachten wir die Curve als von Axen umhüllt und bedienen wir uns zu ihrer analytischen Darstellung der Linien-Coordinaten in ihrer Ebene, so reducirt sich die Classe derselben, indem jede Spur der beiden zusammenfallenden Strahlen, die dem Complexe fremd sind, fortfällt, auf die zweite: die Curve in der Meridianebene wird eine Curve des Complexes. Wenn wir andererseits die Mittelpuncte der Umhüllungskegel insbesondere auf der Doppellinie des Complexes zweiten Grades annehmen, so artet ein solcher Kegel, welcher im Allgemeinen von der vierten Classe ist, in einen Kegel der zweiten Classe und zwei umhüllte Axen aus, die in der Doppellinie zusammenfallen. Von diesen beiden Axen verschwindet jede Spur, wenn wir uns den Kegel durch einen Strahl beschrieben denken. Dann tritt also der Umhüllungskegel als ein Kegel zweiter Ordnung, als ein Kegel des Complexes, auf.

211. In dem allgemeinen Falle der Flächen eines Complexes des n. Grades lösen sich von ihren Durchschnitts-Curven, wenn die schneidende Ebene insbesondere durch die $m$fache Linie der Flächen geht, m Strahlen ab, welche in dieser Linie zusammenfallen. Wenn wir von diesen m Strahlen absehen, reducirt sich die Ordnung der Curve auf $(p-m)$. Von der andern Seite erhalten wir, da die Durchschnitts-Curven, deren Ebenen durch die $m$fache Linie gehen, Complex-Curven und als solche die allgemeinen der n. Classe sind, für die Ordnung dieser Curven $n(n-1)$. Wir finden auf diese Weise:

$$p = n(n-1) + m. \tag{106}$$

Wenn wir den Mittelpunct des Umhüllungskegels insbesondere auf der $m$fachen Linie der Complex-Fläche annehmen, so sondern sich von diesem Kegel m Axen ab, die in der $m$fachen Linie zusammenfallen, und wenn wir von diesen m Axen absehen, sinkt die Classe des Umhüllungskegels von p auf $(p-m)$. Dann wird er ein Kegel des Complexes und ist als solcher der allgemeine der n.Ordnung und also von der $n(n-1)$.Classe. Wir gelangen auch auf diesem Wege zu der vorstehenden Gleichung, welche eine Relation enthält zwischen n, dem Grade des Complexes, dem die Fläche angehört, p, der Ordnung und Classe dieser Fläche, und m, der Zahl, welche angibt, wie viele Strahlen einerseits und wie viele Axen andererseits in der vielfachen Linie der Fläche zusammenfallen.

212. Damit eine Complex-Fläche vollständig durch eine Complex-Curve beschrieben werde, muss sich die Meridianebene, welche diese veränderliche Curve enthält, um die beliebig angenommene vielfache Linie durch 180 Grad drehen. Bei dieser Umdrehung geht die Complex-Curve in einer bestimmten Anzahl von Lagen der Meridianebene durch irgend einen gegebenen Punct der vielfachen Linie der Complex-Fläche. Diese Anzahl ist zugleich die Anzahl der Schalen der Fläche, welche auf der vielfachen Linie sich schneiden, also gleich m.

Jeder Punct der vielfachen Linie der Complex-Fläche ist der Mittelpunct eines Complex-Kegels der n.Ordnung, an welchen sich, weil er der allgemeine dieser Ordnung ist, durch die vielfache Linie $n(n-1)$ Meridianebenen legen lassen, welche die Kegelfläche berühren. Die $n(n-1)$ Kegelseiten, nach welchen diese Berührung stattfindet, berühren zugleich, weil sie Linien des Complexes sind, die in derselben Meridianebene liegenden Meridiancurven im Mittelpuncte des Umhüllungskegels auf der vielfachen Linie. Die Zahl $n(n-1)$ bestimmt sonach die Anzahl der Meridiancurven, welche durch den auf der vielfachen Linie beliebig angenommenen Mittelpunct des Umhüllungskegels gehen, also die Anzahl der Schalen der Complex-Fläche, welche nach der vielfachen Linie sich schneiden.

Die vielfache Linie ist eine $n(n-1)$fache.

Jeder Punct der $n(n-1)$fachen Linie der Flächen eines Complexes des n.Grades ist der Mittelpunct eines Complex-Kegels der n.Ordnung, an den sich durch die $n(n-1)$fache Linie der Fläche $n(n-1)$ Ebenen legen lassen. Die $n(n-1)$ Seiten, nach welchen der Kegel durch diese Ebenen berührt wird, berühren ihrerseits die $n(n-1)$ Complex-Curven, welche im Mittelpuncte des Kegels sich schneiden in diesem Puncte.

Neben den vorstehenden Satz stellt sich sogleich der folgende:

Jede Meridianebene der Fläche eines Complexes des n. Grades enthält eine Complex-Curve, welche die $n(n-1)$ fache Linie der Fläche in dieser Ebene in $n(n-1)$ Puncten schneidet. Die Tangenten der Curve in diesen $n(n-1)$ Puncten sind Seiten von $n(n-1)$ Complex-Kegeln, die diese Puncte zu Mittelpuncten haben und die Meridianebene nach diesen Seiten berühren.

Wir können die beiden vorstehenden Sätze, die als die Aussage correlativer Eigenschaften eines Complexes gegenseitig aus einander folgen, auch unmittelbar an die obige Definition der Complexe des n. Grades anschliessen und erhalten dann den folgenden Satz:

Die Anzahl der geraden Linien (Strahlen und Axen), welche die vielfache Linie einer Complex-Fläche bilden, ist gleich der Ordnung der die Fläche erzeugenden Complex-Curven und der Classe der dieselben umhüllenden Complex-Kegel.

Wir haben

$$m = n(n-1), \tag{107}$$

mithin

$$p = 2n(n-1) = 2m. \tag{108}$$

Die Flächen eines Complexes der n. Ordnung sind von der $2n(n-1)$. Ordnung und Classe und haben eine $n(n-1)$ fache Linie.

213. An die Stelle der vorstehenden geometrischen Betrachtungen können wir eben so einfache analytische setzen. Wir wollen hierbei von den Flächen der Complexe des zweiten Grades ausgehen. Die Projectionen der einzelnen Meridian-Curven solcher Complex-Flächen auf XZ haben wir durch die folgende Gleichung dargestellt (Nr. 169.):

$$(F \tan^2 \varphi - 2K \tan \varphi + E) w^2$$
$$+ 2(R \tan^2 \varphi - O \tan \varphi - U) tw$$
$$+ (B \tan^2 \varphi + 2G \tan \varphi + C) t^2$$
$$- 2(Q \tan \varphi - P) vw - 2(J \tan \varphi + H) tv + Av^2 = 0, \tag{14}$$

und dabei die Voraussetzung gemacht, dass alle Meridianebenen durch die Coordinaten-Axe OX gehen, und dass OZ auf OX senkrecht steht. Irgend ein beliebiger Punct dieser Axe ist zum Anfangspunct der Coordinaten genommen worden. Die Ebene der jedesmaligen Meridian-Curve wird durch den Winkel φ bestimmt, den dieselbe mit einer festen Meridianebene bildet. Wenn wir unter diesen Voraussetzungen in der vorstehenden Gleichung w gleich Null setzen und durch t dividiren, erhalten wir zur Bestimmung der Richtung der Projectionen der beiden durch den Anfangspunct an die jedesmalige durch φ bestimmte Meridian-Curve gelegten Tangenten die folgende Gleichung:

$$A\left(\frac{v}{t}\right)^2 - 2\,(J\,\text{tang}\,\varphi + H)\left(\frac{v}{t}\right) + (B\,\text{tang}^2\,\varphi - 2\,G\,\text{tang}\,\varphi + C) = 0. \qquad (109)$$

Wenn die Meridian-Curve durch den Anfangspunct der Coordinaten geht, so fallen die beiden durch diesen Punct gehenden Tangenten zusammen, was analytisch dadurch ausgedrückt wird, dass die vorstehende in Beziehung auf $\left(\frac{v}{t}\right)$ quadratische Gleichung gleiche Wurzeln hat. Dieses fordert

$$A\,(B\,\text{tang}^2\,\varphi + 2\,G\,\text{tang}\,\varphi + C) - (J\,\text{tang}\,\varphi + H)^2 = 0. \qquad (110)$$

Diese Bedingungs-Gleichung ist, in Beziehung auf $\text{tang}\,\varphi$, vom zweiten Grade: es gehen also zwei der unendlich vielen Meridian-Curven der Complex-Fläche durch jeden willkürlich auf der Coordinaten-Axe OX angenommenen Punct: es ist diese Axe eine Doppellinie der Complex-Fläche.

Die letzte Gleichung wird, wenn wir in derselben

$$\frac{v}{t} = -\,\text{tang}\,\psi$$

setzen:

$$A\,\text{tang}^2\,\psi + B\,\text{tang}^2\,\varphi + C + 2\,G\,\text{tang}\,\varphi + 2\,H\,\text{tang}\,\psi + 2\,J\,\text{tang}\,\varphi\,\text{tang}\,\psi = 0. \qquad (111)$$

Diese Gleichung ist als die Gleichung einer Kegelfläche anzusehen. ψ bedeutet denjenigen Winkel, den eine Seite desselben mit der Ebene YZ, $\left(\frac{\pi}{2} - \psi\right)$ den Winkel, den sie mit OX bildet. Sie gibt, nachdem durch eine beliebige Annahme von φ die Ebene bestimmt ist, in welcher zwei Seiten des Kegels liegen, zwei Werthe von ψ, durch welche, in dieser Ebene, die Richtung der beiden Seiten gegeben ist. Zugleich aber ist φ der Winkel, den die Projection dieser Kegelseite auf YZ, und ψ der Winkel, den die Projection derselben auf XZ mit der Coordinaten-Axe OZ bildet; demnach kommt:

$$\text{tang}\,\psi = r, \qquad \text{tang}\,\varphi = s,$$

und die Gleichung der Kegelfläche geht in die folgende über:

$$A\,r^2 + B\,s^2 + C + 2\,G\,s + 2\,H\,r + 2\,J\,rs = 0. \qquad (112)$$

Dieselbe Gleichung erhalten wir, wenn wir in der allgemeinen Complex-Gleichung (I) die Linien-Coordinaten ϱ, σ und, in Folge davon, η gleich Null setzen. Sie stellt denjenigen Complex-Kegel dar, der den Anfangspunct zu seinem Mittelpuncte hat.

214. Durch die Verallgemeinerung dieser Betrachtungen erhalten wir für Complexe eines beliebigen n.Grades die Bestimmung der Ebenen der $n(n-1)$ Meridian-Curven n.Classe, welche im Anfangspuncte, einem beliebigen Puncte ihrer $n(n-1)$fachen Linie, sich schneiden, und der Tangenten dieser Curven in diesem Puncte. Die Gleichung des Complex-Kegels, dessen Mittelpunct in den Anfangspunct fällt, ergibt sich unmittelbar, wenn wir in der allgemeinen Gleichung des Complexes n.Grades, wie oben, ϱ, σ und η gleich Null setzen. Die resultirende Gleichung des n.Grades in r und s sei

$$\Phi(r, s) = \Xi_n = 0;$$

sie gibt, wenn wir differentiiren:

$$\frac{d\,\Xi_n}{d\,r} = 0.$$

Durch Elimination von r aus den beiden vorstehenden Gleichungen erhalten wir zur Bestimmung der Ebenen der $n(n-1)$ im Anfangspuncte sich schneidenden Meridian-Curven der Complex-Fläche $n(n-1)$ Werthe von s und demnach durch die entsprechenden $n(n-1)$ gleichen Wurzelwerthe r der vorletzten Gleichung die Richtung der Tangenten der Meridian-Curven im Anfangspuncte.

215. Wir haben im 6. Paragraphen dieses Abschnittes auf analytischem Wege nachgewiesen, dass die Flächen eines Complexes des zweiten Grades acht Doppelpuncte haben, welche paarweise auf den vier singulären Strahlen liegen, und acht Doppelebenen, welche paarweise nach den vier singulären Axen sich schneiden. Wie die vier singulären Strahlen die Doppellinie schneiden, liegen die vier singulären Axen mit der Doppellinie in derselben Ebene und schneiden sie also ebenfalls. Wir wollen die Ebenen, welche durch die Doppellinie und die vier singulären Strahlen sich legen lassen, die vier singulären Ebenen der Complex-Fläche nennen, jene durch S_1, S_2, S_3, S_4, diese durch E_1, E_2, E_3, E_4 bezeichnen. Wir wollen in entsprechender Weise die Durchschnittspuncte der vier singulären Axen mit der Doppellinie die vier singulären Puncte der Complex-Fläche nennen, und jene durch A_1, A_2, A_3, A_4, diese durch P_1, P_2, P_3, P_4 bezeichnen.

Jeder Strahl, welcher der Doppellinie als einem Doppelstrahle der Complex-Fläche begegnet, schneidet die Fläche, weil diese von der vierten Ordnung ist, ausserdem nur noch in zwei Puncten. Jeder der vier singulären Strahlen enthält, ausser dem Puncte, in welchem er die Doppellinie schneidet, auch noch ein Paar von Doppelpuncten, also sechs paarweise zusammenfallende Puncte der Complex-Fläche: er liegt seiner ganzen Erstreckung nach auf dieser Fläche.

Wenn wir durch die Doppellinie, als Doppelstrahl der Complex-Fläche, eine Ebene legen, die wir als Meridian-Ebene bezeichnet haben, so wird die Fläche, weil sie von der vierten Ordnung ist, von dieser Ebene, ausser in den beiden in der Doppellinie zusammenfallenden Strahlen, noch in einer Curve der zweiten Ordnung geschnitten. Die durch einen singulären Strahl gehende Meridianebene ist eine Tangential-Ebene der Fläche, weil die Curve zweiter Ordnung in ihr in zwei Strahlen ausartet, welche in dem singulären Strahle zusammenfallen. Die durch die vier singulären Strahlen gehenden Meridianebenen werden von der Fläche nach diesen Strahlen berührt. Die vollständige Durchschnitts-Curve vierter Ordnung artet in diesem Falle in vier Strahlen aus, welche, paarweise, in dem Doppelstrahle und dem singulären Strahle zusammenfallen. Betrachten wir dagegen die Meridian-Curve der vierten Ordnung als eine von Axen umhüllte Complex-Curve zweiter Classe, wobei die beiden in der Doppellinie zusammenfallenden Strahlen ganz ausser Acht bleiben, so artet diese in dem vorliegenden Falle in das System der beiden Puncte aus, mit welchen die auf dem jedesmaligen Strahle liegenden Doppelpuncte zusammenfallen. Tangential-Ebene der Fläche in jedem Puncte eines singulären Strahles ist die singuläre Ebene, welche durch diesen Strahl und die Doppellinie geht.

216. Durch jede Axe, welche mit der Doppellinie (Doppelaxe) der Complex-Fläche in einer Ebene liegt, lassen sich, da die Fläche von der vierten Classe ist, ausser der durch die Doppellinie gehenden Doppelebene nur noch zwei Ebenen an die Fläche legen. Jede der vier singulären Axen enthält, ausser der Ebene, welche durch die Doppellinie geht, auch noch ein Paar von Doppelebenen: also sechs paarweise zusammenfallende Ebenen der Complex-Fläche. In Folge davon ist jede durch dieselbe gelegte Ebene eine Ebene der Complex-Fläche.

Der Umhüllungskegel einer Complex-Fläche der vierten Classe, welcher einen Punct der Doppellinie zum Mittelpuncte hat, löst sich in zwei in die Doppellinie zusammenfallende Axen und einen Kegel der zweiten Classe auf. Die singulären Puncte, P, in welchen die singulären Axen, A, die Doppellinie schneiden, sind die Mittelpuncte von Kegeln zweiter Classe, welche in zwei Axen ausarten, die in den singulären Axen zusammenfallen und die Fläche in den singulären Puncten berühren. Der vollständige Umhüllungs-kegel artet in diesem Falle in vier Axen aus, welche paarweise in der Doppellinie und der bezüglichen singulären Axe zusammenfallen. Betrachten wir hingegen den Umhüllungskegel als einen von Strahlen beschriebenen Kegel zweiter Ordnung, so artet derselbe in das System der beiden Ebenen aus, welche mit den beiden durch die jedesmalige singuläre Axe gehenden Doppelebenen zusammenfallen. Berührungspunct auf allen Ebenen der Fläche, welche durch eine singuläre Axe gehen, ist der singuläre Punct, in welchem diese Axe die Doppellinie schneidet.

217. Eine beliebige Ebene schneidet die Complex-Fläche in einer Curve vierter Ordnung, die in ihrem Durchschnitte mit der Doppellinie einen Doppel-punct hat. In diesem Doppelpuncte schneiden sich entweder zwei reelle oder zwei imaginäre Zweige der Curve; in diesem letzteren Falle ist der Doppelpunct ein isolirter Punct der Curve. Beim Uebergange zwischen die-sen beiden Fällen wird er ein Cuspidalpunct. Diesem Uebergange entspricht, dass die Ebene der Curve durch einen der vier singulären Puncte P_1, P_2, P_3, P_4 geht, in welchen die Doppellinie der Complex-Fläche von den vier singu-lären Axen A_1, A_2, A_3, A_4 geschnitten wird. Durch diese vier Puncte wird die Doppellinie in vier Segmente P_1P_2, P_2P_3, P_3P_4, P_4P_1 getheilt, wobei wir die beiden äusseren, im Unendlichen zusammenstossenden Segmente als ein einziges rechnen. Es liegt die Doppellinie ganz in der Complex-Fläche, aber in der Weise, dass in zwei nicht an einander stossenden Segmenten zwei reelle Schalen der Fläche sich schneiden, während die beiden übrigen, eben-falls nicht an einander stossenden Segmente die reellen Durchschnitte zweier imaginären Schalen der Fläche sind. Die beiden Tangenten der Curve in ihrem Doppelpuncte sind zugleich mit den beiden Tangential-Ebenen der Complex-Fläche in diesem Puncte reell oder imaginär. Sie liegen in diesen beiden Tangential-Ebenen und drehen sich, in diesen beiden Ebenen, um den gemeinschaftlichen Doppelpunct, wenn die Ebene der Curve beliebig um die-sen Punct gedreht wird. Wenn die schneidende Ebene durch einen der vier singulären Puncte geht, so ist dieser Punct im Allgemeinen ein Cuspidal-punct der Durchschnitts-Curve. Die beiden Tangential-Ebenen der Fläche in einem solchen Puncte fallen in derjenigen Ebene zusammen, welche durch die Doppellinie und die bezügliche singuläre Axe geht. In dieser Ebene liegen

die Tangenten aller Durchschnitts-Curven in ihrem gemeinschaftlichen, mit dem singulären Puncte zusammenfallenden Cuspidalpuncte, welche Richtung die schneidende Ebene auch haben mag. Wir können die Complex-Fläche durch eine veränderliche Curve vierter Ordnung mit einem Cuspidalpunct, welche wir um die Tangente in diesem Puncte sich drehen lassen, beschreiben. Diese Tangente kann in der Tangential-Ebene der Fläche alle möglichen Richtungen haben; wenn sie insbesondere mit der singulären Axe zusammenfällt, hat die Durchschnitts-Curve, wie auch ihre Ebene um diese Axe sich drehen mag, in allen Lagen derselben zwei Zweige, welche sich auf der singulären Axe in dem singulären Puncte berühren. Wenn die um die singuläre Axe sich drehende Ebene insbesondere mit einer derjenigen beiden Ebenen zusammenfällt, in welche der umhüllende Complex-Kegel, wenn sein Mittelpunct in den singulären Punct fällt, ausartet, so löst sich die in ihr liegende Curve der vierten Ordnung in zwei Curven der zweiten Ordnung auf, welche in diejenigen Curven zweiter Ordnung zusammenfallen, nach deren ganzer Erstreckung die Fläche von der Ebene berührt wird. Diese Curve berührt die singuläre Axe in dem singulären Puncte. Wenn endlich die um die singuläre Axe sich drehende Ebene zugleich durch die Doppellinie geht, löst sich die Durchschnitts-Curve vierter Ordnung in eine Curve zweiter Ordnung und zwei in der Doppellinie zusammenfallende gerade Linien auf, die eine zweite Curve zweiter Ordnung vertreten, welche die erste im singulären Puncte berührt.

218. Jeder Punct des Raumes ist der Mittelpunct eines Kegels der vierten Classe, welcher die Complex-Fläche umhüllt und diejenige Meridian-Ebene, welche durch den Punct geht, zur Doppelebene hat. Diese Doppelebene wird entweder von zwei reellen Schalen der Kegelfläche nach zwei reellen Seiten derselben berührt, oder diese beiden Schalen sind imaginär und mit ihnen die beiden Seiten des Kegels. In diesem letztern Falle ist der Doppelcontact ein imaginärer: die Doppelebene ist eine isolirte. Die beiden Seiten, nach welchen der Umhüllungskegel die Doppelebene berührt, schneiden die Doppellinie der Complex-Fläche in zwei Puncten: in diesen beiden Puncten wird diese Fläche von der Doppelebene berührt. Zu den Meridian-Ebenen gehören die vier singulären Ebenen E_1, E_2, E_3, E_4, welche die vier singulären Strahlen S_1, S_2, S_3, S_4 der Complex-Fläche enthalten. Sie theilen den unendlichen Raum in vier Raumsegmente $E_1 E_2$, $E_2 E_3$, $E_3 E_4$, $E_4 E_1$, deren jedes durch zwei auf einander folgende singuläre Ebenen begrenzt wird und aus zwei

Theilen besteht, welche im Unendlichen zusammenstossen. Wenn der Mittelpunct des Umhüllungskegels von einem der vier Raumsegmente durch eine singuläre Ebene hindurch in das anliegende Raumsegment hinübertritt, wird der fragliche Kegel, bei einer der beiden Lagen seines Mittelpunctes, nach zweien seiner Seiten berührt, während bei der andern Lage seines Mittelpunctes die durch diesen gehende Meridian-Ebene eine isolirte Doppelebene ist. In dem Uebergangsfalle, wo der Mittelpunct des Umhüllungskegels in die singuläre Ebene selbst fällt, osculirt diese Ebene den Umhüllungskegel: sie ist eine Inflexionsebene desselben, welche ihn zugleich berührt und schneidet. Wenn der Mittelpunct des Umhüllungskegels in derselben Meridian-Ebene seine Lage ändert, so drehen sich in dieser Ebene die beiden Seiten, nach welchen der Kegel von dieser Ebene berührt wird, um zwei feste Puncte der Doppellinie, in welchen die Complex-Fläche von der Meridian-Ebene berührt wird. Wenn die Meridian-Ebene um die Doppellinie sich dreht, ändern die beiden Berührungspuncte auf dieser Linie ihre Lage. Sie fallen insbesondere, wenn der Mittelpunct des Umhüllungskegels in einer der vier singulären Ebenen angenommen wird, in demjenigen Puncte zusammen, in welchem der bezügliche singuläre Strahl in die Doppellinie einschneidet. Wir können eine Complex-Fläche durch einen veränderlichen Kegel vierter Ordnung umhüllen, der eine gegebene Ebene zur Inflexionsebene hat und dessen Mittelpunct auf einer geraden Linie in dieser Ebene fortrückt. Die gegebene Ebene wird dann die singuläre Ebene der Complex-Fläche und die gegebene Linie in ihr schneidet die Doppellinie in demselben Puncte, in welchem sie von dem bezüglichen Strahle geschnitten wird. Wenn insbesondere noch der Mittelpunct des Umhüllungskegels in der singulären Ebene auf dem singulären Strahle liegt und auf demselben fortrückt, so hat der fragliche Kegel in allen Lagen seines Mittelpunctes zwei Schalen, welche die singuläre Ebene nach dem singulären Strahle berühren. Nur dann, wenn der Mittelpunct auf diesem Strahle, der durch zwei der acht Doppelpuncte geht, in einem dieser beiden Doppelpuncte angenommen wird, löst sich der Umhüllungskegel vierter Classe in zwei Kegel zweiter Classe auf, welche in dem Berührungskegel des Doppelpunctes zusammenfallen. Dieser Kegel hat den singulären Strahl zu einer seiner Seiten, und wird nach demselben von der bezüglichen singulären Ebene berührt.

219. Jeder Punct des Raumes ist der Mittelpunct eines Umhüllungskegels der Complex-Fläche, welcher acht Doppelseiten hat, die durch die

acht Doppelpuncte der Fläche gehen. Alle Curven, nach welchen die Fläche von umschriebenen Kegeln berührt wird, haben die acht Doppelpuncte der Fläche auch zu ihren Doppelpuncten. Diese Relation besteht auch dann, wenn der Mittelpunct des Kegels in die Doppellinie der Fläche fällt. Dann aber sondern sich von der Kegelfläche, die als Kegelfläche vierter Classe mit einer durch die Doppellinie gehenden Doppelebene im Allgemeinen von der zehnten Ordnung ist, vier Paare von Ebenen, welche mit den vier singulären Ebenen der Fläche zusammenfallen, ab, wonach nur noch ein Kegel der zweiten Ordnung übrig bleibt. Die Berührungs-Curve dieses Kegels geht durch die acht Doppelpuncte der Fläche und wird von jeder der vier singulären Ebenen in zwei dieser Puncte geschnitten.

Wenn wir, in Uebereinstimmung mit dem Vorstehenden, die Fläche von einem Puncte aus, der auf ihrer Doppellinie liegt und auf dieser beliebig bis ins Unendliche fortrücken kann, auf eine beliebige Ebene projiciren (wir können zur Veranschaulichung den Schattenriss der Fläche nehmen, die wir von einem Puncte ihrer Doppellinie aus beleuchten), so erhalten wir einen Kegelschnitt, der mit der Lagen-Aenderung des Punctes auf der Doppellinie fortwährend sich ändert, und zugleich vier gerade Linien, die ihre Lage behalten. Diese sind die Projectionen der vier singulären Strahlen, oder auch, was dasselbe heisst, die Durchschnittslinien der Bildebene mit den vier singulären Ebenen der Fläche. Sie gehen sämmtlich durch denjenigen Punct, in welchem die Doppellinie der Fläche die Bildebene trifft, und schneiden den Kegelschnitt in den Projectionen der acht Doppelpuncte. Wenn der Mittelpunct des umschriebenen Kegels aus der Doppellinie herausrückt, formt sich das System des Kegelschnitts und der vier geraden Linien in eine Curve mit acht Doppelpuncten um.

Wenn insbesondere der Mittelpunct des umschriebenen Kegels zweiter Ordnung in einen der vier singulären Puncte der Complex-Fläche fällt und in Folge davon in ein System von zwei Ebenen sich auflöst, so zerfällt die räumliche Berührungs-Curve vierter Ordnung in zwei ebene Curven zweiter Ordnung. Auf diese beiden Curven vertheilen sich dann die acht Doppelpuncte der Fläche.

220. Jede Ebene schneidet die Complex-Fläche in einer Curve, welche von der vierten Ordnung und zugleich, weil sie auf der Doppellinie der Fläche einen Doppelpunct hat, von der zehnten Classe ist. Die Tangential-Ebenen der Fläche in Puncten der Durchschnitts-Curve bestimmen eine Abwicklungs-

fläche. Alle solche Abwicklungsflächen haben die acht Doppelebenen der Complex-Fläche auch zu den ihrigen. Die Durchschnitts-Curve wird von allen Axen umhüllt, nach welchen ihre Ebene von den Umhüllungsebenen der Abwicklungsfläche geschnitten wird; die Durchschnittslinien mit den acht Doppelebenen sind Doppelaxen der Durchschnitts-Curve. Diese Relationen bestehen auch dann noch fort, wenn die schneidende Ebene durch die Doppellinie der Complex-Fläche geht. Dann sondern sich von der Durchschnitts-Curve in ihr acht Puncte ab, welche paarweise in den vier auf der Doppellinie liegenden singulären Puncten zusammenfallen, und es bleibt nur noch eine Curve zweiter Classe, die zugleich der Complex-Fläche und dem Complexe angehört, übrig. Diese Curve wird von den acht Durchschnitten mit den acht Doppelebenen, welche paarweise in den vier singulären Puncten auf der Doppellinie sich schneiden, umhüllt. Wenn die schneidende Ebene insbesondere mit einer der vier singulären Ebenen der Fläche zusammenfällt, so löst sich die Curve zweiter Classe in zwei Puncte, welche mit zwei Doppelpuncten der Complex-Fläche zusammenfallen, die Abwicklungsfläche vierter Classe in die beiden Berührungskegel zweiter Classe in diesen beiden Puncten auf. Dann geht jede von zwei zusammengehörigen Doppelebenen durch einen der beiden Doppelpuncte.

221. Durch die beschränkende Bedingung, dass keine Doppelebene zwei solche Doppelpuncte enthalten kann, welche auf demselben singulären Strahle liegen, und ebenso, dass durch keinen Doppelpunct zwei solche Doppelebenen gehen können, welche nach derselben singulären Axe sich schneiden, ist unmittelbar einerseits die Vertheilung der acht Doppelpuncte zu vier und vier auf je zwei nach derselben singulären Axe sich schneidenden Doppelebenen gegeben, so wie andererseits die Vertheilung der acht Doppelebenen zu vier und vier, welche durch je zwei Doppelpuncte gehen, die auf demselben singulären Strahle liegen.

Wir wollen die vier singulären Strahlen durch die Symbole

$$(1, 2), \quad (3, 4), \quad (5, 6), \quad (7, 8)$$

und die Doppelpuncte auf ihnen durch

$$1, \quad 2, \quad 3, \quad 4, \quad 5, \quad 6, \quad 7, \quad 8$$

bezeichnen. Wir erhalten die folgenden acht Gruppen von Puncten:

$$
\begin{aligned}
&(1, 3, 5, 7), \qquad && (2, 4, 6, 8), \\
&(1, 3, 6, 8), \qquad && (2, 4, 5, 7), \\
&(1, 5, 4, 8), \qquad && (2, 6, 3, 7), \\
&(1, 7, 4, 6), \qquad && (2, 8, 3, 5).
\end{aligned}
\tag{113}
$$

27*

In keiner der Gruppen kommen zwei Doppelpuncte vor, die auf demselben Strahle liegen. Je zwei neben einander gestellte Gruppen enthalten sämmtliche acht Doppelpuncte. Die vier Doppelpuncte einer der beiden Gruppen liegen auf einer, die vier der andern auf der andern zweier Doppelebenen, welche auf einer singulären Axe sich schneiden. In derselben Aufeinanderfolge wollen wir, zur Bezeichnung der acht Doppelebenen, statt der vorstehenden die folgenden einfachern nehmen:

$$
\begin{array}{cc}
\text{I,} & \text{II,} \\
\text{III,} & \text{IV,} \\
\text{V,} & \text{VI,} \\
\text{VII,} & \text{VIII.}
\end{array}
$$

Dann sind

$$
(\text{I, II}), \qquad (\text{III, IV}), \qquad (\text{V, VI}), \qquad (\text{VII, VIII})
$$

die Symbole für die vier singulären Axen, auf welchen die acht Doppelebenen I und II, III und IV, V und VI, VII und VIII sich schneiden. Aus dem Schema (113) erhalten wir unmittelbar für die Vertheilung der acht Doppelebenen in Gruppen von vier solcher Ebenen, die durch denselben Doppelpunct gehen, das folgende Schema:

$$
\left.
\begin{array}{ll}
(\text{I, III, V, VII}), & (\text{II, IV, VI, VIII}), \\
(\text{I, III, VI, VIII}), & (\text{II, IV, V, VII}), \\
(\text{I, V, IV, VIII}), & (\text{II, VI, III, VII}), \\
(\text{I, VII, IV, VI}), & (\text{II, VIII, III, V}).
\end{array}
\right\} \qquad (114)
$$

Die vier Doppelebenen der vorstehenden acht Gruppen schneiden sich bezüglich in den acht Doppelpuncten, die wir früher durch die Symbole

$$
\begin{array}{cc}
1, & 2, \\
3, & 4, \\
5, & 6, \\
7, & 8
\end{array}
$$

bezeichnet haben. Diese acht Doppelpuncte liegen paarweise auf den vier singulären Strahlen der Complex-Fläche, deren Symbole $(1, 2)$, $(3, 4)$, $(5, 6)$, $(7, 8)$ sind.

Wenn also die acht Doppelpuncte der Fläche gegeben sind, so erhalten wir unmittelbar die acht Doppelebenen derselben und, umgekehrt, wenn diese gegeben sind, jene. Es liegt in den acht Puncten und acht Ebenen ein merkwürdiges, in sich selbst polar-reciprokes, geometrisches Gebilde vor.

222. Wenn wir durch die Doppellinie einer Complex-Fläche eine beliebige

Ebene legen und auf derselben einen Punct beliebig annehmen, so liegt in der Ebene eine Complex-Curve zweiter Classe und der Punct ist der Mittelpunct eines Complex-Kegels zweiter Ordnung. Zwei Seiten des Kegels sind zwei Tangenten der Curve. Die Polarebene der Doppellinie in Beziehung auf den Kegel geht durch den Pol derselben Doppellinie in Beziehung auf die Curve. Diese Beziehung besteht fort, wie auch die Ebene der Curve um die Doppellinie sich drehen, wie auch der Mittelpunct des Kegels auf dieser Doppellinie seine Lage ändern mag. Daraus folgt auf geometrischem Wege unmittelbar, was wir früher schon analytisch bewiesen haben, dass die Pole der Doppellinie einer Complex-Fläche in Beziehung auf alle Meridian-Curven derselben in gerader Linie liegen, und dass sich, nach derselben geraden Linie, die Polarebenen der Doppellinie in Beziehung auf alle umschriebenen Complex-Kegel schneiden. Wir haben diese Linie die Polare der Complex-Fläche genannt. Zur Bestimmung derselben brauchen wir bloss die beiden Pole der Doppellinie in Beziehung auf irgend zwei Meridian-Curven der Fläche zu construiren, oder die beiden Polarebenen der Doppellinie in Beziehung auf irgend zwei der Fläche umschriebene Complex-Kegel.

Nehmen wir einerseits statt der Meridian-Curven diejenigen beiden auf einem singulären Strahle liegenden Puncte, in welche die Curven ausarten, wenn ihre Ebene insbesondere mit einer der vier singulären Ebenen der Complex-Fläche zusammenfällt, und andererseits, statt der umschriebenen Complex-Kegel, diejenigen beiden nach einer singulären Axe sich schneidenden Ebenen, in welche die Kegel ausarten, wenn ihr Mittelpunct in einen der vier singulären Puncte der Complex-Fläche fällt, so ergeben sich unmittelbar die folgenden Sätze.

Die Polare einer Complex-Fläche schneidet, wie die Doppellinie derselben, die vier singulären Strahlen und die vier singulären Axen derselben. Jeder singuläre Strahl wird in den beiden Doppelpuncten der Fläche, welche er verbindet, und in den beiden Durchschnitten mit Doppellinie und Polaren harmonisch getheilt. Die beiden Doppelebenen, welche nach jeder singulären Axe sich schneiden, und die beiden Ebenen, welche durch diese Axe und durch Doppellinie und Polare gehen, bilden ein System von vier harmonischen Ebenen.

223. Die sämmtlichen Singularitäten einer Complex-Fläche sind in linearer Weise bestimmt, wenn wir die Doppellinie, die Polare und drei Doppel-

puncte 1, 3, 5 oder, statt derselben, drei Doppelebenen I, III, V der Fläche kennen. Vorausgesetzt wird hierbei bloss, dass nicht zwei Doppelpuncte auf demselben singulären Strahle liegen, nicht zwei Doppelebenen nach derselben singulären Axe sich schneiden.

Durch die drei gegebenen Puncte können wir drei gerade Linien legen, welche die Doppellinie und die Polare schneiden. Diese drei geraden Linien, drei singuläre Strahlen der Fläche, gehen durch die drei zugehörigen Doppelpuncte 2, 4, 6, die wir nach der vorigen Nummer unmittelbar erhalten. Es bleiben hiernach nur noch zwei der acht Doppelpuncte, deren Symbole wir zur Unterscheidung einklammern wollen, unbekannt. Die bekannten sechs Doppelpuncte genügen zur Bestimmung der sämmtlichen acht Doppelebenen (Nr. 221.):

$$(1, 3, 5, (7)) = \text{I}, \qquad (2, 4, 6, (8)) = \text{II},$$
$$(1, 3, 6, (8)) = \text{III}, \qquad (2, 4, 5, (7)) = \text{IV},$$
$$(1, 5, 4, (8)) = \text{V}, \qquad (2, 6, 3, (7)) = \text{VI},$$
$$(1, 4, 6, (7)) = \text{VII}, \qquad (2, 3, 5, (8)) = \text{VIII},$$

die sich paarweise auf den vier singulären Axen schneiden. In jeder der acht Doppelebenen erhalten wir unmittelbar und in linearer Weise die Berührungs-Curve, welche durch drei bekannte Doppelpuncte geht und überdiess die bezügliche singuläre Axe in ihrem Durchschnitte mit der Doppellinie berührt. Vier der acht Doppelebenen I, IV, VI, VII schneiden sich in einem der beiden bisher noch unbekannten Doppelpuncte, in (7), die übrigen vier II, III, V, VIII in dem andern (8). Somit ist auch der vierte singuläre Strahl bestimmt.

Wenn wir von den drei Doppelebenen I, III, V als gegeben ausgehen, so sind diejenigen drei geraden Linien, welche die Puncte verbinden, in welchen diese drei Ebenen die Doppellinie und die Polare schneiden, drei singuläre Axen der Fläche, und wir erhalten, nach der vorigen Nummer, sogleich die drei neuen Doppelebenen II, IV, VI, welche die drei gegebenen nach diesen drei singulären Axen schneiden. Die drei Paare von Doppelebenen genügen, nach der 221. Nummer, zur Bestimmung der acht Doppelpuncte und der acht Berührungskegel in den acht Doppelpuncten. Die beiden noch unbekannten Doppelebenen VII und VIII sind dadurch bestimmt, dass sie die acht Doppelpuncte zu vier und vier enthalten; ihr Durchschnitt ist die vierte singuläre Axe.

Das bereits am Ende der 221. Nummer bezeichnete merkwürdige geometrische Gebilde lässt sich hiernach vermittelst der Doppellinie und der Polare der Fläche — beide Linien stehen zu demselben in vollkommen gleicher Beziehung — und dreier Puncte oder Ebenen desselben construiren. Dieses Gebilde hängt hiernach von

$$2 \cdot 4 + 3 \cdot 3 = 17$$

Constanten ab. Von eben so vielen Constanten aber hängt die allgemeine Complex-Fläche selbst ab. Diese Fläche ist bestimmt, wenn das von ihr abhängige geometrische Gebilde es ist.

224. An das Vorstehende knüpfen sich bemerkenswerthe lineare Constructionen der allgemeinen Complex-Fläche, wenn die Doppellinie, die Polare und entweder drei Doppelpuncte oder drei Doppelebenen derselben gegeben sind.

Bestimmung der Complex-Curve in einer beliebigen Meridian-Ebene. Erste Construction. Man construire die acht Doppelebenen. Eine Meridian-Ebene schneidet diese acht Doppelebenen nach acht geraden Linien, welche von der Complex-Curve in derselben berührt werden. Fünf dieser geraden Linien sind zur linearen Bestimmung der Curve hinreichend. Zweite Construction. Man construire in den acht Doppelebenen die acht Berührungs-Curven. Eine Meridian-Ebene schneidet die acht Berührungs-Curven, abgesehen von den acht paarweise in den vier singulären Puncten zusammenfallenden Puncten, ausserdem noch in acht Puncten. Diese acht Puncte liegen auf der Complex-Curve in der Meridian-Ebene. Fünf derselben reichen zur linearen Bestimmung der Curve hin. Nach der ersten Construction erhalten wir in jeder Meridian-Ebene die acht Tangenten, welche von den vier singulären Puncten aus an die Curve sich legen lassen, nach der zweiten Construction die Berührungspuncte auf diesen Tangenten.

Bestimmung des Complex-Kegels, dessen Mittelpunct beliebig auf der Doppellinie angenommen wird. Erste Construction. Man construire die acht Doppelpuncte der Fläche. Diejenigen acht geraden Linien, welche den angenommenen Mittelpunct mit diesen acht Doppelpuncten verbinden, sind acht Seiten des Complex-Kegels, welcher durch fünf dieser Seiten auf lineare Weise bestimmt ist. Zweite Construction. Man construire in den acht Doppelpuncten die acht Berührungs-Kegel. Von dem auf der Doppellinie beliebig angenommenen Mittelpuncte aus lassen sich an jeden der acht Berührungs-Kegel zwei Tangential-Ebenen legen. Von den sechszehn Tangential-Ebenen fallen viermal zwei in den vier singulären Ebenen zusammen. Die übrigen acht nicht durch die Doppellinie gehenden Tangential-Ebenen der acht Berührungs-Kegel werden von dem Complex-Kegel berührt, der durch fünf dieser Ebenen in linearer Weise bestimmt ist. In der ersten Construction wird der Complex-Kegel durch acht seiner Seiten, die paarweise in den vier singulären Ebenen liegen, in der zweiten Construction durch die Ebenen, welche denselben nach diesen Seiten berühren, bestimmt.

Um hiernach die Fläche selbst zu beschreiben, brauchen wir bloss die für jede beliebige Lage der Meridian-Ebene bestimmte Curve zweiter Classe und Ordnung um die Doppellinie sich drehen zu lassen. Um dieselbe Fläche durch einen Complex-Kegel zweiter Ordnung und Classe zu umhüllen, der für jede Lage seines Mittelpunctes bestimmt ist, brauchen wir bloss diesen Mittelpunct auf der Doppellinie fortrücken zu lassen.

225. Die vorstehenden Erörterungen über die Singularitäten der Complex-Flächen der allgemeinen Art übertragen sich sogleich auf den besondern Fall, dass irgend eine Linie, die dem Complexe angehört, zur Doppellinie der Fläche genommen wird. Dann wird einerseits die Doppellinie von allen Meridian-Curven der Fläche berührt und andererseits fällt eine gemeinschaftliche Seite aller umschriebenen Complex-Kegel in die Doppellinie. Doppellinie und Polare der Fläche fallen in einer geraden Linie zusammen.

In dem allgemeinen Falle gibt es keinen directen Uebergang von Meridian-Curven, welche die Doppellinie schneiden, zu solchen, welche sie nicht schneiden; gäbe es eine einzige solcher Curven, welche die Doppellinie berührte, so gehörte diese Linie dem Complex an und würde dann von allen Meridian-Curven berührt. Ebensowenig gibt es einen directen Uebergang von umschriebenen Complex-Kegeln, ausserhalb welcher die Doppellinie liegt, zu Complex-Kegeln, innerhalb welcher dieselbe liegt. In den Flächen der besondern Art sind alle Meridian-Curven reell und keiner der umschriebenen Complex-Kegel reducirt sich auf einen Punct.

226. Während die Doppellinie von einer um dieselbe sich drehenden Meridian-Ebene umhüllt wird, wird sie zugleich beschrieben von dem Puncte, in welchem sie von der in der Meridian-Ebene liegenden Complex-Curve berührt wird. Jede Linie, welche in einer beliebigen Lage der Meridian-Ebene durch den Berührungspunct geht, schneidet die Fläche in vier Puncten, von welchen drei auf der Doppellinie zusammenfallen. Jede beliebige Ebene, welche durch eine solche Linie der Meridian-Ebene geht, schneidet die Fläche

in einer Curve vierter Ordnung, die in dem Berührungspuncte einen Cuspidal-
punct und die fragliche Linie zur Tangente in demselben hat. Die Meridian-
Ebene ist der geometrische Ort für die Cuspidal-Tangenten aller Durchschnitts-Curven, deren Ebenen durch den Berührungspunct der Complex-Curve
auf der Doppellinie gehen: in ihr fallen die beiden Tangential-Ebenen der
Fläche in diesem Puncte zusammen. Wenn der Punct auf der Doppellinie
fortrückt, dreht sich die Tangential-Ebene der Fläche in demselben um diese
Linie. Die Doppellinie ist ein Cuspidal-Strahl der Complex-Fläche.
Sie besteht nicht mehr aus Segmenten, welche die immer reellen Durchschnitte abwechselnd reeller und imaginärer Schalen der Fläche sind: in der
Cuspidal-Kante stossen zwei reelle Schalen der Fläche zusammen.

227. Ein Complex-Kegel, dessen Mittelpunct beliebig auf der Doppellinie angenommen wird, hat eine durch diese Doppellinie gehende Ebene zur
Tangential-Ebene. Wenn wir durch den Mittelpunct des Kegels in dieser
Tangential-Ebene eine beliebige gerade Linie legen und irgend einen Punct
derselben zum Mittelpuncte eines umhüllenden Kegels vierter Classe nehmen,
so ist für diesen Kegel die Tangential-Ebene des Complex-Kegels eine Inflexions-Ebene, welche von demselben nach der angenommenen geraden Linie
(einer Inflexionsseite des Kegels) osculirt wird. Es folgt hieraus, dass eine
beliebige Meridian-Ebene gemeinschaftliche Inflexions-Ebene aller umschriebenen Kegel vierter Classe ist, deren Mittelpuncte in ihr liegen. Wenn die
Meridian-Ebene um die Doppellinie sich dreht, rückt der Mittelpunct des
Complex-Kegels, der sie berührt, auf der Doppellinie fort. Wenn wir irgend
einen umschriebenen Kegel vierter Classe, dessen Mittelpunct in einer beliebigen Meridian-Ebene liegt, durch irgend eine zweite Meridian-Ebene schneiden, so ist die Durchschnitts-Curve von der vierten Classe, hat die Doppellinie zur Inflexionslinie und auf derselben denjenigen Punct zum Inflexions-
puncte, welcher Mittelpunct desjenigen Complex-Kegels ist, der die erste
Meridian-Ebene berührt. Wenn mit dieser Meridian-Ebene der Mittelpunct
des Kegels vierter Classe sich um die Doppellinie dreht, bleibt die Doppellinie fortwährend Inflexionslinie der Durchschnitts-Curve, während der In-
flexionspunct auf ihr fortrückt. Die Doppellinie, welche in der vorigen Nummer als ein Cuspidal-Strahl der Fläche auftrat, tritt in dieser Nummer
als eine Inflexions-Axe derselben auf.

228. Zwischen dem Fortrücken des Berührungspunctes der Complex-
Curven einer Complex-Fläche der besondern Art auf der Doppelinie und der

Drehung ihrer Ebene um diese Linie besteht identisch dieselbe Relation als zwischen dem Fortrücken des Mittelpunctes der Complex-Kegel der Fläche auf der Doppellinie und der Drehung der Tangential-Ebene derselben um diese Linie. Indem wir, von der allgemeinen Complex-Gleichung ausgehend, diejenige Complex-Fläche nahmen, welche OX zur Doppellinie hat, gelangten wir in der 170. Nummer, unter Voraussetzung rechtwinkliger Coordinaten, zu der folgenden Gleichung:

$$\operatorname{tang} \varphi = \frac{Px + H}{Qx - J},$$

wo φ in dem allgemeinen Falle, den wir bereits in der Note zur 193. Nummer betrachtet haben, den Winkel bedeutet, den eine beliebige Meridian-Ebene mit der Coordinaten-Ebene XZ bildet und x dem Pole der Doppellinie in Beziehung auf die in der Meridian-Ebene liegende Complex-Curve entspricht. In dem Falle der Complex-Flächen besonderer Art, wo die Doppellinie eine Linie des Complexes ist und demnach in der Gleichung desselben die Constante A verschwindet, ist durch x die Lage des Berührungspunctes der Complex-Curven auf der Doppellinie gegeben. Die vorstehende Gleichung drückt also, wenn die Complex-Fläche besonderer Art einmal durch eine Complex-Curve beschrieben, das andere Mal durch einen Complex-Kegel umhüllt wird, die fragliche Relation aus, die zwischen dem Fortrücken des Berührungspunctes der Complex-Curve, bezüglich des Mittelpunctes des Complex-Kegels, auf der Doppellinie und der Drehung der Ebene der Complex-Curve, bezüglich der Tangential-Ebene des Complex-Kegels, um diese Doppellinie stattfindet.

Indem wir von der Entstehung der Fläche absehen, können wir, in der vorstehenden Gleichung, x auf einen beliebigen auf der Doppellinie liegenden Punct der Fläche und φ auf die Tangential-Ebene derselben in diesem Puncte beziehen. Rückt der Berührungspunct auf der Doppellinie (dem Cuspidal-Strahle der Fläche) fort, so dreht sich die Tangential-Ebene der Fläche in diesem Puncte um die Doppellinie (der Inflexions-Axe der Fläche), ähnlich wie, wenn auf einer Erzeugenden einer Linienfläche zweiten Grades der Berührungspunct fortrückt, die Tangential-Ebene um dieselbe sich dreht. In beiden Fällen ist das Gesetz, nach welchem sich Berührungspunct und Tangential-Ebene gegenseitig bestimmen, dasselbe (Note zur 193. Nummer).

229. In den Complex-Flächen besonderer Art, welche wir hier betrachten, wo alle Complex-Curven die Doppellinie berühren und diese Doppellinie

zugleich eine gemeinschaftliche Seite aller Complex-Kegel ist, fällt einerseits, wenn in jeder der vier singulären Ebenen die Complex-Curve in ein System von zwei Puncten ausartet, einer dieser beiden Puncte mit dem Durchschnitte des bezüglichen Strahles und der Doppellinie zusammen, während andererseits, wenn der Mittelpunct des Complex-Kegels einer der vier singulären Puncte ist und demnach der Kegel in ein System von zwei Ebenen ausartet, eine dieser beiden Ebenen durch die Doppellinie und die singuläre Axe geht.

Complex-Curven und Complex-Kegel ordnen sich in den fraglichen Complex-Flächen paarweise so zusammen, dass der Punct, in welchem die Curve die Doppellinie berührt, Mittelpunct des Kegels ist und die Ebene der Curve den Kegel nach der Doppellinie berührt. Derjenige Complex-Kegel, welcher sich hiernach mit einer Complex-Curve, die in zwei Puncte ausartet, zusammenordnet, artet seinerseits in zwei Ebenen aus. Denn, in der gemachten Voraussetzung, muss der Complex-Kegel die singuläre Ebene nach der Doppellinie berühren; er muss ferner den singulären Strahl enthalten, der in dieser Ebene liegt, weil derselbe ganz der Fläche angehört und durch seinen Mittelpunct geht. Diese beiden Bedingungen können gleichzeitig nur dann bestehen, wenn der Kegel in ein System von zwei Ebenen ausartet, von welchen eine die singuläre Ebene ist. Damit ist also bewiesen, dass die vier singulären Axen der Fläche in den vier singulären Ebenen liegen und die vier singulären Strahlen durch die vier singulären Puncte gehen.

229. Um, in dem Falle der fraglichen Complex-Flächen, deren Doppellinie in eine Linie des Complexes fällt, die acht Doppelpuncte nach dem Schema (113) der 221. Nummer zu vier auf die acht Doppelebenen zu vertheilen, nehmen wir für die in diesem Schema durch

$$1, \quad 3, \quad 5, \quad 8,$$

bezeichneten Puncte diejenigen vier dieser Puncte, welche auf der Doppellinie mit den vier singulären Puncten

$$P_1, \quad P_2, \quad P_3, \quad P_4$$

zusammenfallen. Die vier übrigen Doppelpuncte

$$2, \quad 4, \quad 6, \quad 7,$$

welche die vier Eckpuncte eines Tetraeders sind, wollen wir nun bezüglich durch

$$Q_1, \quad Q_2, \quad Q_3, \quad Q_4$$

darstellen, so dass

$P_1 Q_1, \quad P_2 Q_2, \quad P_3 Q_3, \quad P_4 Q_4$

die vier singulären Strahlen sind. Das angeführte Schema gibt dann für die acht Doppelebenen:

I,   II,

III,   IV,

V,   VI,

VIII,   VII

die folgende Symbole:

$P_1 P_2 P_3 Q_4, \qquad Q_1 Q_2 Q_3 P_4,$

$P_1 P_2 P_4 Q_3, \qquad Q_1 Q_2 Q_4 P_3,$

$P_1 P_3 P_4 Q_2, \qquad Q_1 Q_3 Q_4 P_2,$

$P_2 P_3 P_4 Q_1, \qquad Q_2 Q_3 Q_4 P_1.$

Die vier Ebenen I, III, V, VIII gehen durch die vier Eckpuncte des Tetraeders $Q_1 Q_2 Q_3 Q_4$ und schneiden sich sämmtlich nach der Doppellinie $P_1 P_2 P_3 P_4$. Es sind also die vier singulären Ebenen:

$E_4, \quad E_3, \quad E_2, \quad E_1.$

Die vier Ebenen II, IV, VI, VII fallen mit den vier Seitenebenen des Tetraeders zusammen und schneiden überdiess die Doppellinie bezüglich in den vier singulären Puncten $P_4 P_3 P_2 P_1$. Die vier singulären Axen sind:

(I, II),   (III, IV),   (V, VI),   (VIII, VII).

Aus dem Vorstehenden entnehmen wir die folgenden Relationen.

Jeder Eckpunct des Tetraeders ist ein Doppelpunct der Fläche, die gegenüberliegende Seitenebene desselben eine Doppelebene. Diese schneidet die Doppellinie in einem der vier singulären Puncte, durch jenen geht eine der vier singulären Ebenen. Die gerade Linie, welche den Eckpunct des Tetraeders mit dem singulären Puncte verbindet, ist einer der vier singulären Strahlen, die Durchschnittslinie der gegenüberliegenden Seitenebenen des Tetraeders mit der singulären Ebene eine der vier singulären Axen der Fläche.

In jeder der vier singulären Ebenen, die Meridian-Ebenen sind, liegen ein singulärer Strahl und eine singuläre Axe; beide schneiden sich in dieser Ebene auf der Doppellinie in dem entsprechenden singulären Puncte.

230. Die Complex-Flächen hängen im Allgemeinen von siebenzehn von einander unabhängigen Constanten ab, Complex-Flächen, welche eine Linie des Complexes zu ihrer Doppellinie haben, von einer Constanten weniger. Diese

Complex-Flächen sind vollkommen bestimmt, wenn ihre Doppellinie und das-jenige Tetraeder, welches ihre vier Doppelpuncte zu Eckpuncten, ihre vier Doppelebenen zu Seitenflächen hat, gegeben sind. Doppellinie und Tetraeder können hierbei von vorne herein beliebig angenommen werden.

Aus dem Vorstehenden ergeben sich die folgenden einfachen Constructionen.

Eine beliebige Seitenebene des Tetraeders (Q_2, Q_3, Q_4) ist eine Doppelebene der Fläche, der Punct, in welchem sie die Doppellinie schneidet, ist ein singulärer Punct P_1, die gerade Linie $P_1 Q_1$, welche diesen Punct mit dem gegenüberstehenden Eckpuncte Q_1 des Tetraeders verbindet, ein singulärer Strahl der Fläche, S_1. Projiciren wir diesen singulären Strahl auf die Doppelebene (Q_2, Q_3, Q_4), parallel mit der Doppellinie, so ist die Projection die ebenfalls durch den singulären Punct P_1 gehende singuläre Axe A_1 und die projicirende Ebene die singuläre Ebene E_1 der Fläche. Die Berührungs-Curve in der Doppelebene ist dadurch bestimmt, dass sie, in dieser Ebene, durch die drei Eckpuncte Q_2, Q_3, Q_4 und den singulären Punct P_1 geht und, in dem letztgenannten Puncte, die singuläre Axe A_1 berührt. Der Berührungs-Kegel in Q_1 ist dadurch bestimmt, dass er von den drei Seitenebenen des Tetraeders, welche in diesem Puncte sich schneiden, berührt wird, so wie auch von der singulären Ebene E_1, und zwar nach dem singulären Strahle S_1. Dieser Kegel hat in der Doppelebene (Q_2, Q_3, Q_4) zur Basis einen Kegelschnitt, der die drei in dieser Ebene liegenden Tetraeder-Kanten $Q_2 Q_3$, $Q_3 Q_4$, $Q_4 Q_2$ und ausserdem die singuläre Axe A_1 und zwar in ihrem Durchschnitte P_1 mit der Doppellinie berührt. Die singuläre Axe A_1 ist also eine gemeinschaftliche Tangente dieser Basis und der Berührungs-Curve in dem singulären Puncte P_1, in welchen beide die Doppellinie schneiden; während die Berührungs-Curve durch die drei Eckpuncte des Dreiecks $Q_2 Q_3 Q_4$ geht, berührt die Basis des Berührungskegels die drei Seiten desselben. In Gemässheit der Reciprocität erhalten wir zwei Kegel, den Berührungskegel in dem Doppelpuncte Q_1 und einen Kegel mit demselben Mittelpuncte, der die Berührungs-Curve in der gegenüberliegenden Seitenfläche des Tetraeders umhüllt. Beide Kegel haben den singulären Strahl S_1 zur gemeinschaftlichen Seite und berühren nach derselben die durch die Doppellinie gehende singuläre Ebene E_1. Während der Berührungskegel die in Q_1 sich schneidenden Seitenebenen des Tetraeders berührt, enthält der die Berührungs-Curve umhüllende Kegel die in demselben Puncte zusammenstossenden drei Kanten des Tetraeders.

Dieselben Constructionen können wir noch dreimal wiederholen und erhalten dann die sämmtlichen Singularitäten der Complex-Fläche.

Hiernach können wir die Complex-Fläche selbst in doppelter Weise bestimmen: einmal durch ihre Meridian-Curven, das andere Mal durch ihre Umhüllungskegel, deren Mittelpuncte auf der Doppellinie liegen. Zum Behuf der ersten Bestimmungsweise, auf die wir uns hier beschränken, legen wir durch die Doppellinie irgend eine Meridian-Ebene, welche die Berührungs-Curven in den vier Doppelebenen ausser in den vier singulären Puncten auf der Doppellinie noch in irgend vier Puncten schneidet. Die Curve, nach welcher die Fläche von der Meridian-Ebene geschnitten wird, geht durch diese vier Puncte und berührt überdiess die Doppellinie. Es gibt solcher Meridian-Curven zwei, und folglich gibt es auch zwei Complex-Flächen der besondern Art, welche die sämmtlichen Singularitäten: die Doppellinie, auf ihr die vier singulären Puncte, die durch sie gehenden vier singulären Ebenen, endlich die vier Doppelpuncte mit ihren Berührungskegeln, sowie die vier Doppelebenen mit ihren Berührungs-Curven, gemeinschaftlich haben.*)

231. Die Discussion der Singularitäten der allgemeinen Complex-Flächen überträgt sich unmittelbar auf den besonderen Fall der Aequatorial-flächen, wenn wir die Doppellinie der Fläche unendlich weit rücken lassen. Die Ebenen aller Complex-Curven (Breitenebenen der Fläche) sind unter einander parallel, die Mittelpuncte derselben liegen auf dem Durchmesser der Fläche, der hier an die Stelle der Polaren tritt. Die umschriebenen Complex-Kegel werden Complex-Cylinder, deren Axen in Breitenebenen liegen. Es gibt vier Breitenebenen, die vier singulären Ebenen der Fläche, in welchen die Complex-Curve, als Curve zweiter Classe betrachtet, in zwei Puncte, als Curve zweiter Ordnung betrachtet, in zwei zusammenfallende gerade Linien ausartet. Die vier Linien, welche die vier Paare von

---

*) Wenn bloss die Singularitäten einer Complex-Fläche gegeben sind, so bleibt es unentschieden, welche von den beiden geraden Linien, die die sämmtlichen vier singulären Strahlen und vier singulären Axen schneiden, die Doppellinie der Fläche und welche die Polare derselben ist. Bei dieser Unentschiedenheit entsprechen denselben Singularitäten zwei verschiedene Complex-Flächen, welche zwei verschiedenen Complexen zweiten Grades angehören. In dem allgemeinen Falle hängt die Bestimmung der Doppellinie und Polaren der Fläche von der Auflösung einer quadratischen Gleichung ab. In dem besondern Falle, wo Doppellinie und Polare der Fläche in einer Linie des Complexes zusammenfallen und sich von einander nicht trennen lassen, liegt der Construction der Fläche aus ihren Singularitäten nothwendig die Auflösung einer quadratischen Gleichung zu Grunde, während, in dem allgemeinen Falle, die Construction der Fläche eine lineare wird, sobald wir annehmen, dass von den beiden geraden Linien, deren Bestimmung von einer quadratischen Gleichung abhängt, eine beliebige die Doppellinie und demnach die andere die Polare der Fläche ist (224).

Puncten verbinden, sind die vier, ganz in die Fläche fallenden, singulären Strahlen. Die vier singulären Ebenen berühren die Fläche nach der ganzen Erstreckung ihrer vier singulären Strahlen. Der Durchmesser der Fläche schneidet diese Strahlen in der Mitte der beiden auf ihnen liegenden Doppelpuncte. Vier der umschriebenen Complex-Cylinder arten in Systeme von zwei Ebenen aus, welche Doppelebenen der Fläche sind. Die die Axen der Cylinder vertretenden Durchschnittslinien der vier Ebenenpaare sind die vier singulären Axen der Fläche; sie liegen in Breitenebenen und schneiden den Durchmesser der Fläche. Die Durchschnittscurve eines der Fläche umschriebenen Complex-Cylinders mit einer gegebenen Ebene ist als die Projection der Fläche auf diese Ebene, nach der Richtung der Cylinder-Axe, zu betrachten. Wenn wir in den Breitenebenen die Axen der projicirenden Cylinder um die Doppellinie sich drehen lassen, so fallen sie in vier besonderen Lagen mit den singulären Axen der Fläche zusammen. Dann gehen die Projectionen durch zwei sich schneidende gerade Linien, den Durchschnitten der Bildebene mit den bezüglichen beiden Doppelebenen, hindurch. Diesem entspricht ein Uebergang von Hyperbel zu Hyperbel, deren reelle und imaginäre Axen, durch Null hindurchgehend, sich vertauschen.*) Die Berührungs-Curven in den beiden nach derselben singulären Axe sich schneidenden Doppelebenen haben diese Axe zur gemeinschaftlichen Asymptote und sind dadurch bestimmt, dass sie überdiess die acht Doppelpuncte zu vier und vier enthalten. Die Berührungskegel in jedem der beiden auf demselben singulären Strahle liegenden Doppelpuncte werden nach diesem Strahle von der durch denselben gehenden singulären Ebene berührt und sind dadurch bestimmt, dass sie acht Doppelebenen zu vier und vier berühren.

232. Wenn wir endlich, weiter particularisirend, denjenigen Fall betrachten, dass eine Linie des Complexes, die unendlich weit liegt, zur Doppellinie der Complex-Fläche genommen wird, so liegen von den acht Doppel-

---

*) Wir dürfen hieraus nicht den Schluss ziehen, dass in dem Falle acht reeller Doppelpuncte und acht reeller Doppelebenen der Fläche — dieser Voraussetzung ist unsere Ausdrucksweise angepasst — die Complex-Cylinder sämmtlich hyperbolische, die Projectionen sämmtlich Hyperbeln sind. Es kann auch zwei parabolische Cylinder geben (Nr. 182.), und diese bezeichnen dann den Uebergang von hyperbolischen zu elliptischen Complex-Cylindern. Zwei Projectionen sind dann Parabeln — Projections-Richtungen entsprechend, welche beide innerhalb der Richtungen zweier auf einander folgenden singulären Axen liegen — durch welche Hyperbeln in Ellipsen und diese wieder in Hyperbeln übergehen.

Die Meridian-Curven sind, unter der gemachten Voraussetzung, zwischen je zwei auf einander folgenden singulären Ebenen entweder sämmtlich Ellipsen oder sämmtlich Hyperbeln. Bei dem Durchgange durch jede der vier singulären Ebene gehen Ellipsen und Hyperbeln in einander über.

puncten auf der Doppellinie, mit dieser zugleich, vier unendlich weit, vier Doppelebenen fallen, mit den vier singulären Ebenen zusammen. In jeder der letztgenannten Ebenen liegt einer der vier singulären Strahlen und, parallel mit demselben, eine der vier singulären Axen. Die Complex-Curven in allen Breitenebenen sind Parabeln, weil sie die unendlich weit liegende Doppellinie berühren. Wenn die Ebene derselben parallel mit sich selbst fortrückt, so ändern die Parabeln beim Durchgang durch eine singuläre Ebene, in der sie in zwei Puncte ausarten, von welchen einer unendlich weit liegt, den Sinn ihrer Erstreckung. Die umschriebenen Complex-Cylinder haben die unendlich weit liegende Doppellinie zur gemeinschaftlichen Seite und berühren nach derselben eine Breitenebene. Es sind hyperbolische Cylinder, welche Breitenebenen zu einer ihrer Asymptotenebenen haben. Diese Hyperbeln, in welchen sie von einer beliebigen Ebene geschnitten werden, sind als die Projectionen der Fläche selbst anzusehen; wenn wir der Axe des projicirenden Complex-Cylinders nach einander alle möglichen Richtungen geben, so rückt eine der beiden Asymptoten der Hyperbeln parallel mit sich selbst fort. Wenn wir insbesondere nach der Richtung einer singulären Axe (der ein singulärer Strahl parallel ist) projiciren, so artet die Hyperbel in ein System von zwei geraden Linien aus, in die Durchschnitte der Bildebene mit der singulären Ebene und der Doppelebene, welche durch die jedesmalige singuläre Axe geht.*)

Die vier nicht unendlich weit liegenden Doppelpuncte sind die Eckpuncte eines Tetraeders, dessen Seitenebenen die nicht durch die unendlich weit liegende Doppellinie gehenden Doppelebenen sind. Eine Seitenebene des Tetraeders und die singuläre Breitenebene, welche durch den gegenüberliegenden Eckpunct desselben geht, schneiden sich nach einer singulären Axe und parallel mit dieser geht, in der singulären Ebene, durch den Eckpunct des Tetraeders der bezügliche singuläre Strahl. Die Berührungs-Curve in der Doppelebene hat die singuläre Axe zur Asymptote und geht durch die drei Doppelpuncte in dieser Ebene. Der Berührungskegel in dem gegenüberliegenden Doppelpuncte schneidet dieselbe Doppelebene nach einer Hyperbel,

---

*) Während bei den Aequatorialflächen überhaupt zwei parabolische Complex-Cylinder auftreten, die, wenn sie reell sind, die Gränzen elliptischer Complex-Cylinder bezeichnen, fallen hier die beiden parabolischen Cylinder zusammen und elliptische Cylinder existiren nicht. In besondern Fällen können, bei Aequatorialflächen überhaupt und insbesondere bei parabolischen, alle Complex-Cylinder parabolische sein.

welche ebenfalls die in ihr liegende singuläre Axe zur Asymptote und die drei in ihr liegenden Kanten des Tetraeders zu Tangenten hat.

233. Die Complex-Flächen, deren allgemeiner Discussion der vorliegende erste Abschnitt vorzugsweise gewidmet ist, bilden eine merkwürdige Familie von Flächen vierter Ordnung und Classe, die wir auch unabhängig von der Betrachtung der Complexe selbstständig für sich als solche Flächen dieser Ordnung und Classe definiren können, welche neben einer Doppellinie, sich gegenseitig bedingend, acht Doppelpuncte und acht Doppelebenen haben. Die Discussion dieser Flächen erhält dadurch, dass wir ihre Entstehung an die Betrachtung der Complexe knüpfen, ungeachtet der unendlichen Mannigfaltigkeit ihrer Formen und der grossen Anzahl ihrer Constanten, eine überraschende Einfachheit und Symmetrie. Andererseits bieten diese Flächen ein unschätzbares Hülfsmittel zur analytischen Discussion und geometrischen Veranschaulichung der Complexe. Wir werden im nächsten Abschnitte zur Discussion der Complexe selbst übergehen, um später auf die Discussion ihrer Flächen zurückzukommen.

Aber es gibt noch einen neuen allgemeinen Gesichtspunct, unter welchem Complex-Flächen betrachtet werden können, den ich hier schon zu bezeichnen nicht unterlasse. Die von uns betrachteten Complex-Flächen werden von Linien umhüllt, die einer Congruenz angehören und zwar einer solchen, die aus den zusammenfallenden Linien zweier Complexe besteht, von welchen einer der allgemeine des zweiten Grades, der andere ein Complex des ersten Grades von der besondern Art ist, dass alle Linien desselben eine feste gerade Linie schneiden. Complex-Curven und Complex-Kegel werden von auf einander folgenden Linien der Congruenz, die sich schneiden, bezüglich umhüllt und beschrieben.

In analoger Weise steht jede Congruenz zu einer bestimmten Fläche in gegenseitiger Beziehung. Zwei auf einander folgende sich schneidende gerade Linien einer Congruenz bestimmen den Durchschnitt der beiden Linien und eine Ebene, welche beide enthält. Der Punct ist ein Punct der Fläche, die Ebene eine Ebene derselben.

Der allgemeine Ausdruck

$$2n(n-1),$$

den wir für die Ordnung und Classe der Flächen der Complexe eines beliebigen n.Grades erhalten haben (Nr. 212.), reducirt sich für einen Complex des ersten Grades auf Null. Es gibt in diesem Falle keine von den Linien der

Congruenz umhüllte Fläche: diese Fläche wird durch zwei gerade Linien vertreten, und solche zwei gerade Linien können wir weder in Punct- noch in Plan-Coordinaten durch eine einzige Gleichung darstellen. Die beiden geraden Linien sind zur Bestimmung der Congruenz hinreichend, und umgekehrt, wenn die Congruenz gegeben ist, erhalten wir in den beiden Directricen derselben die beiden fraglichen geraden Linien.

NEUE

GEOMETRIE DES RAUMES

GEGRÜNDET AUF DIE BETRACHTUNG

DER GERADEN LINIE ALS RAUMELEMENT.

VON

JULIUS PLUECKER.

ZWEITE ABTHEILUNG.

HERAUSGEGEBEN VON FELIX KLEIN.

LEIPZIG,
DRUCK UND VERLAG VON B. G. TEUBNER.
1869.

Indem ich hiermit die zweite Abtheilung von Plücker's „Neuer Geometrie" der Oeffentlichkeit übergebe, erfülle ich eine Pflicht der Pietät gegen meinen unvergesslichen Lehrer. Ich habe versucht, Alles, was sich in dem mir von der Familie übergebenen Manuscripte Plücker's vorfand, so wie dasjenige, was mir aus mündlichen Mittheilungen des Verewigten in Erinnerung war, im Zusammenhange darzustellen. Zu diesem Zwecke musste ich auch bei ausgearbeiteten Theilen des Manuscripts, für welche Plücker selbst im Laufe der Arbeit neue Gesichtspuncte gewonnen hatte, vielfache Umstellungen und Aenderungen vornehmen. Indess ist das gegebene Material dabei vollständig zur Verwerthung gekommen. Eine Erweiterung desselben durch eigene Untersuchungen schien mir möglichst vermieden werden zu müssen und hat sich auch nur an äusserst wenigen unten angeführten Stellen nöthig gezeigt.

Die vorliegende Abtheilung des Werkes bringt zunächst die Fortsetzung der bereits in der ersten Abtheilung begonnenen Theorie der Complexe des zweiten Grades. In Bezug auf einen solchen Complex ist jedem Puncte eine Ebene, jeder Ebene ein Punct, jeder geraden Linie eine zweite gerade Linie zugeordnet. Wenn die Linien des gegebenen Complexes insbesondere eine Fläche des zweiten Grades umhüllen, wird dieses Entsprechen ein gegenseitiges.

Auf diese Erörterungen folgt, im Anschluss an die beiden letzten Paragraphen der ersten Abtheilung, eine eingehende Discussion der Aequatorial-flächen, solcher Flächen, die von den einer festen Ebene parallelen Complex-Linien umhüllt werden. Der Haupt-Gesichtspunct dabei ist der, die mannig-faltigen Formen dieser Flächen und damit die Anordnung der Linien in einem Complexe des zweiten Grades der unmittelbaren Anschauung nahe zu bringen.

Der erste und zweite Paragraph des ersten Abschnitts dieser Abtheilung sind von Plücker im Manuscripte vollendet und der erste Paragraph unter seiner eigenen Aufsicht gedruckt worden. Auch von dem dritten Paragraphen lag mir ein grosser Theil druckfertig vor. Dagegen konnte ich bei dem vierten und fünften Paragraphen nur wenig, bei dem sechsten Paragraphen überhaupt kein handschriftliches Material benutzen. Glücklicherweise war ich bei diesen Paragraphen durch eingehende Besprechung über Plücker's Absichten genau unterrichtet. Bei der Ausarbeitung habe ich hin und wieder, wo dies der Zusammenhang zu fordern schien, selbstständige Einschaltungen gemacht. Ich erwähne insbesondere die Nummern 320, 322—323, 330.

Der letzte Abschnitt, welcher die Discussion der Aequatorialflächen enthält, war in Plücker's Manuscript vollständig ausgeführt. Um denselben mit den vorhergehenden Paragraphen in Verbindung zu bringen, habe ich die Nummern 342—344 hinzugefügt.

Ich bemerke noch, dass ich den inhaltreichen Aufsatz des Herrn Battaglini über Complexe des zweiten Grades*), von welchem ich genaue Kenntniss genommen, bei der vorliegenden Ausarbeitung nicht als massgebend betrachten konnte, insofern Herr Battaglini eine vereinfachte Gleichungsform für den Complex zweiten Grades annimmt, welche eine zweifache Particularisation desselben veraussetzt: ein Gegenstand, auf welchen ich bei einer anderen Gelegenheit ausführlicher zurückzukommen gedenke.

Zum Schlusse bleibt mir die angenehme Pflicht, Herrn Professor Clebsch für die freundliche Aufmunterung und thätige Unterstützung, die er mir bei meiner Arbeit hat zu Theil werden lassen, meinen Dank auszusprechen.

Göttingen, den 25. Mai 1869.

Dr. Felix Klein.

---

*) Intorno ai sistemi di rette di secondo grado; Atti della R. Accademia di Napoli, III, 1866.

ZWEITE ABTHEILUNG.

Discussion der allgemeinen Gleichung der Complexe des zweiten Grades.

---

§ 1.

Durchmesser der Complexe. Systeme dreier zugeordneter Durchmesser. Die drei Axen Systeme zugeordneter Complex-Cylinder. Central-Parallelepipede. Mittelpunct des Complexes.

234. Die Gleichung (IV) gibt unmittelbar für jede gegebene Ebene (t', u', v'), indem wir t', u', v' als constant, t, u, v als veränderlich betrachten, die Complex-Curve, welche diese Ebene enthält, im Raume durch Plan-Coordinaten dargestellt. Wenn wir $\frac{t'}{w'}, \frac{u'}{w'}, \frac{v'}{w'}$, statt t', u', v' und $\frac{t}{w}, \frac{u}{w}, \frac{v}{w}$ statt t, u, v einführen, so können wir die angezogene Gleichung unter der folgenden Form schreiben:

$$(Dt'^2 + Eu'^2 + Fv'^2 + 2Ku'v' + 2Lt'v' + 2Mt'u')w^2$$
$$-2(Dt'w' + Lv'w' + Mu'w' - Ou'v' - Rv'^2 - St'v' + Tt'u' + Uu'^2)tw$$
$$-2(Eu'w' + Kv'w' + Mt'w + Nt'v' + Pu'v' + Qv'^2 - Tt'^2 - Ut'u')uw$$
$$-2(Fv'w' + Ku'w' + Lt'w' - (N-O)t'u' - Pu'^2 - Qu'v' + Rt'v' + St'^2)vw$$
$$-2(Au'v' - Kw'^2 + Gt'^2 - Ht'u' - Jt'v' - Ot'w' + Pu'w' - Qv'w')uv$$
$$-2(Bt'v' - Lw'^2 - Gt'u' + Hu'^2 - Ju'v' + Nu'w' + Rv'w' - St'w')tv$$
$$-2(Ct'u' - Mw'^2 - Gt'v' - Hu'v' + Jv'^2 - (N-O)v'w' + Tt'w' - Uu'w')tu$$
$$+(Dw'^2 + Bv'^2 + Cu'^2 - 2Gu'v' - 2Sv'w' + 2Tu'w')t^2$$
$$+(Ew'^2 + Av'^2 + Ct'^2 - 2Ht'v' + 2Pv'w' - 2Ut'w')u^2$$
$$+(Fw'^2 + Au'^2 + Bt'^2 - 2Jt'u' - 2Qu'w' + 2Rt'w')v^2 = 0. \qquad (X)$$

Für die Gleichung des Mittelpunctes der Curve erhalten wir, indem wir die Gleichung der Curve in Beziehung auf w differentiiren, die folgende:

$$(Dt'^2 + Eu'^2 + Fv'^2 + 2Ku'v' + 2Lt'v' + 2Mt'u')w$$
$$-(Dt'w' + Lv'w' + Mu'w' - Ou'v' - Rv'^2 - St'v' + Tt'u' + Uu'^2)t$$
$$-(Eu'w' + Kv'w' + Mt'w' + Nt'v' + Pu'v' + Qv'^2 - Tt'^2 - Ut'u')u$$
$$-(Fv'w' + Ku'w' + Lt'w' - (N-O)t'u' - Pu'^2 - Qu'v' + Rt'v' + St'^2)v = 0. \text{*}) \qquad (1)$$

Die drei Coordinaten des Mittelpunctes der Curve sind hiernach, wenn wir zugleich, der Kürze wegen,

$$Dt'^2 + Eu'^2 + Fv'^2 + 2Ku'v' + 2Lt'v' + 2Mt'u' = \Xi'$$

setzen:

$$\left. \begin{aligned}
x &= -\frac{Dt' + Lv' + Mu'}{\Xi'} \cdot w' + \frac{Ou'v' + Rv'^2 + St'v' - Tt'u' - Uu'^2}{\Xi'}, \\
y &= -\frac{Eu' + Kv' + Mt'}{\Xi'} \cdot w' + \frac{-Nt'v' - Pu'v' - Qv'^2 + Tt'^2 + Ut'u'}{\Xi'}, \\
z &= -\frac{Fv' + Ku' + Lt'}{\Xi'} \cdot w' + \frac{(N-O)t'u' + Pu'^2 + Qu'v' - Rt'v' - St'^2}{\Xi'}.
\end{aligned} \right\} \qquad (2)$$

Die Gleichung der Ebene $\left(\dfrac{t'}{w'}, \dfrac{u'}{w'}, \dfrac{v'}{w'}\right)$ ist:

$$t'x + u'y + v'z + w' = 0, \qquad (3)$$

und wird durch die vorstehenden Coordinaten-Werthe befriedigt.

235. Wenn wir t', u', v' als constant, w' als veränderlich betrachten, rückt die Ebene (3) parallel mit sich selbst fort, während in ihr die Complex-Curve sich fortwährend ändert. Lassen wir insbesondere w' verschwinden, so erhalten wir für den Mittelpunct der Curve in der bezüglichen durch den Anfangspunct gehenden Ebene von der gegebenen Richtung, deren Gleichung ist:

$$t'x + u'y + v'z = 0,$$

die folgenden Coordinaten-Werthe, die wir zur Unterscheidung accentuiren wollen:

$$\left. \begin{aligned}
x' &= \frac{Ou'v' + Rv'^2 + St'v' - Tt'u' - Uu'^2}{\Xi'}, \\
y' &= \frac{-Nt'v' - Pu'v' - Qv'^2 + Tt'^2 + Ut'u'}{\Xi'}, \\
z' &= \frac{(N-O)t'u' + Pu'^2 + Qu'v' - Rt'v' - St'^2}{\Xi'}.
\end{aligned} \right\} \qquad (4)$$

---

*) Die Complex-Curve tritt in der Darstellungsweise des Textes als Fläche zweiter Classe auf, und ihr Mittelpunct wird wie der Mittelpunct einer solchen Fläche bestimmt. Geometrie des Raumes. S. 192.

Wir können hiernach die früheren allgemeinen Coordinaten-Werthe (2) in der folgenden Weise schreiben:

$$x - x' = \frac{D\,t' + L\,v' + M\,u'}{\Xi'},$$
$$y - y' = \frac{E\,u' + K\,v' + M\,t'}{\Xi'},$$
$$z - z' = \frac{F\,v' + K\,u' + L\,t'}{\Xi'}.$$
\hfill (5)

Hiernach ergibt sich die nachstehende Doppel-Gleichung:

$$\frac{x - x'}{D\,t' + L\,v' + M\,u'} = \frac{y - y'}{E\,u' + K\,v' + M\,t'} = \frac{z - z'}{F\,v' + K\,u' + L\,t'},$$
\hfill (6)

der wir auch die folgende Form geben können:

$$\frac{x - x'}{\dfrac{d\,\Xi'}{d\,t}} = \frac{y - y'}{\dfrac{d\,\Xi'}{d\,u}} = \frac{z - z'}{\dfrac{d\,\Xi'}{d\,v}}.$$
\hfill (7)

Die vorstehenden Doppel-Gleichungen stellen, wenn wir in ihnen x, y, z als veränderlich betrachten, eine gerade Linie dar. Aus ihnen ist w' eliminirt. Die dargestellte gerade Linie ist also der geometrische Ort für die Mittelpuncte der Complex-Curven in parallelen Ebenen, welche, bei willkürlicher Annahme von w', durch die Gleichung (3) dargestellt werden. Wir nennen diese Linie einen Durchmesser des Complexes und sagen, dass er, in dem Complexe, dem Systeme der parallelen Ebenen und insbesondere jeder dieser Ebenen zugeordnet sei.

In einem Complexe des zweiten Grades ist jedem Systeme paralleler Ebenen im Allgemeinen ein einziger Durchmesser zugeordnet, welcher die Mittelpuncte aller Curven zweiter Classe enthält, die in den parallelen Ebenen liegen.

Die Complex-Curven in parallelen Ebenen bilden eine Aequatorialfläche: der Durchmesser der Fläche ist ein Durchmesser des Complexes.

236. Wenn der durch (6) dargestellte Durchmesser des Complexes auf der Ebene (3), welcher er conjugirt ist, senkrecht stehen soll, so erhalten wir die folgenden beiden Bedingungs-Gleichungen:

$$\frac{D\,t' + L\,v' + M\,u'}{F\,v' + K\,u' + L\,t'} = \frac{t'}{v'},$$
$$\frac{E\,u' + K\,v' + M\,t'}{F\,v' + K\,u' + L\,t'} = \frac{u'}{v'},$$
\hfill (8)

welche wir in der Doppel-Gleichung:

$$\frac{t'}{\dfrac{d\Xi'}{dt'}} = \frac{u'}{\dfrac{d\Xi'}{du'}} = \frac{v'}{\dfrac{d\Xi'}{dv'}} \tag{9}$$

zusammenfassen können. Der Durchmesser ist in diesem Falle eine Axe des Complexes. Die letzte Doppel-Gleichung ist mit derjenigen identisch, die wir zur Bestimmung der Richtung der drei Hauptschnitte einer Fläche zweiter Classe erhalten, welche, indem wir $\frac{t'}{w'}$, $\frac{u'}{w'}$, $\frac{v'}{w'}$ als Plan-Coordinaten und als veränderlich betrachten und durch k eine willkürliche Constante bezeichnen, durch die Gleichung

$$\Xi' + kw'^2 = 0$$

dargestellt wird.[*]

237. Diese Fläche hängt lediglich von den sechs Complex-Constanten D, E, F, K, L, M ab. Da diese Constanten dieselben bleiben, wenn der Anfangspunct der Coordinaten seine Lage beliebig ändert (Nr. 157.), so können wir die Fläche, parallel mit sich selbst, verschieben, ohne ihre Beziehung zum Complexe zu ändern. Der willkürlichen Annahme von k entsprechend, können sich die Dimensionen derselben in jedem beliebigen Verhältnisse ändern. Wenn wir den Coordinaten-Axen eine andere Richtung geben, so erhalten in dem neuen Coordinaten-Systeme die obigen sechs Complex-Constanten andere Werthe und dieselben Werthe entsprechen den sechs Constanten der Fläche, wenn wir auch diese auf die neuen Coordinaten-Axen beziehen.

Die so definirte Fläche, deren Mittelpunct und deren Dimensionen beliebig angenommen werden können, wollen wir die Characteristik des Complexes nennen. Die Gleichung des Complexes wollen wir wieder in folgender Weise schreiben:

$$Ar^2 + Bs + C + D\sigma^2 + E\varrho^2 + F\eta^2$$
$$+ 2Gs + 2Hr + 2Jrs + 2Ks\eta - 2L\sigma\eta - 2M\varrho\sigma$$
$$- 2Nr\sigma + 2Os\varrho$$
$$+ 2Pr\varrho + 2Qr\eta + 2Rs\eta - 2Ss\sigma - 2T\sigma + 2U\varrho = 0. \tag{I}$$

Für die Gleichung der Characteristik des Complexes erhalten wir, wenn wir den Anfangspunct zum Mittelpuncte dieser Fläche nehmen, nach Unterdrückung der Accente die folgende:

---

[*] Siehe Geometrie des Raumes Nr. 103 und Nr. 152.

$$D t^2 + E u^2 + F v^2 + 2 K u v + 2 L t v + 2 M t u + w^2$$
$$\Xi + w^2 = 0. \tag{10}$$

Wir haben in dieser Gleichung, unbeschadet der Allgemeinheit, k der Einheit gleich gesetzt.

Die Characteristik eines Complexes überhebt uns jeder analytischen Discussion über die Richtung der Durchmesser desselben. Einem Systeme paralleler Ebenen ist ein Durchmesser der Characteristik zugeordnet und diesem Durchmesser ist derjenige parallel, welcher in dem Complexe denselben Ebenen zugeordnet ist. Dreien zugeordneten Durchmessern der Characteristik sind drei Durchmesser des Complexes parallel, die wir ihrerseits als drei zugeordnete Durchmesser des Complexes bezeichnen wollen. Wir können jeden gegebenen Durchmesser des Complexes für einen dreier zugeordneter Durchmesser desselben nehmen, dann sind die beiden andern denjenigen Ebenen parallel, denen der gegebene zugeordnet ist. Jeder von drei zugeordneten Durchmessern ist denjenigen Ebenen zugeordnet, welchen die jedesmaligen beiden andern parallel sind.

Ein Complex hat im Allgemeinen ein einziges System von drei Axen, die auf einander senkrecht stehen. Die Ebenen, welche diesen Axen, paarweise genommen, parallel sind, wollen wir als Hauptschnitte des Complexes bezeichnen. Die Axen sind den Hauptschnitten zugeordnet.

Zum Behuf der Bestimmung der zugeordneten Durchmesser eines Complexes können wir an die Stelle der Characteristik den Asymptotenkegel derselben setzen, und diesen Kegel, parallel mit sich selbst, beliebig verschieben. Nehmen wir den Anfangspunct der Coordinaten als seinen Mittelpunct, so wird derselbe in Plan-Coordinaten durch die beiden Gleichungen:

$$\Xi = 0, \qquad w = 0$$

dargestellt, in Punct-Coordinaten durch die einzige Gleichung:

$$(K^2 - EF) x^2 + (L^2 - DF) y^2 + (M^2 - DE) z^2$$
$$+ 2(DK - LM) yz + 2(EL - KM) xz + 2(FM - KL) xy = 0. \tag{11}$$

Drei zugeordnete Durchmesser eines Complexes haben gegen einander eine wesentlich verschiedene Richtung, je nachdem die Characteristik des Complexes ein (ein- oder zweischaliges) Hyperboloid mit reellem Asymptotenkegel oder ein (reelles oder imaginäres) Ellipsoid ist, dessen Asymptotenkegel auf einen ellipsoidischen Punct sich reducirt. Der letztere Fall ist dadurch angezeigt, dass die drei Ausdrücke

$$K^2 - EF, \qquad L^2 - DF, \qquad M^2 - DE \tag{12}$$

im Zeichen übereinstimmen, während im erstern Falle diese Uebereinstimmung nicht stattfindet.

238. Wenn insbesondere die Characteristik eine Umdrehungsfläche ist, so hat der Complex, wie diese Fläche, eine Hauptaxe und daneben unendlich viele Axen, die sämmtlich gegen die Hauptaxe und, paarweise genommen, auch gegen einander senkrecht gerichtet sind. Dieser besondere Fall ist, unter Voraussetzung rechtwinkliger Coordinaten-Axen, dadurch bezeichnet, dass

$$D - \frac{LM}{K} = E - \frac{KM}{L} = F - \frac{KL}{M}, \tag{13}$$

und dann bestimmt die folgende Doppel-Gleichung:

$$Kx = Ly = Mz \tag{14}$$

die Richtung der Hauptaxe.*)

Ein mehr untergeordneter Fall ist derjenige, dass die Characteristik in eine Kugel übergeht, dem entsprechend, dass die doppelte Bedingungs-Gleichung (13) in die folgenden Gleichungen sich auflöset:

$$K = 0, \qquad L = 0, \qquad M = 0,$$
$$D = E = F.$$

Dann sind alle den Raum durchziehenden Ebenen Hauptschnitte des Complexes, auf welchen die zugeordneten Durchmesser senkrecht stehen. Jeder Durchmesser des Complexes ist eine Axe desselben.

239. Wenn wir die Coordinaten-Axen, auf welche die allgemeine Gleichung (I) des Complexes zweiten Grades bezogen ist, irgend dreien zugeordneten Durchmessern des Complexes parallel nehmen, so verschwinden aus dieser allgemeinen Gleichung, wie aus der Gleichung der Characteristik, drei Constanten. Dann ist nämlich:

$$K = 0, \qquad L = 0, \qquad M = 0.$$

Es geschieht dieses insbesondere, wenn rechtwinklige Coordinaten-Axen den Axen des Complexes parallel genommen werden. Es kann diess unendlich oft geschehen, wenn die Characteristik eine Rotationsaxe, der Complex eine Hauptaxe hat. Eine der drei Coordinaten-Axen ist dann der Hauptaxe parallel zu nehmen, während irgend zwei gerade Linien, welche auf einander und auf der Hauptaxe senkrecht sind, für die beiden anderen Coordinaten-Axen genommen werden können. Wenn nach einander OX, OY, OZ der

---

*) Geometrie des Raumes. Nr. 154.

Hauptaxe parallel genommen werden, so werden bezüglich die Coefficienten E und F, D und F, D und E einander gleich. Aus der Gleichung eines Complexes, welcher nur rechtwinklige zugeordnete Durchmesser hat und auf ein beliebiges System rechtwinkliger Coordinaten-Axen bezogen wird, verschwinden K, L, M und die drei Coefficienten D, E, F werden einander gleich.

Wir wollen uns in diesem Paragraphen auf den allgemeinen Fall beschränken, dass die Characteristik eine Fläche zweiter Classe mit einem Mittelpuncte ist. Diejenigen Fälle, wo das Verschwinden von K, L, M das gleichzeitige Verschwinden einer der drei Constanten D, E, F zur Folge hat, bleiben hiernach einstweilen von der Discussion noch ausgeschlossen.

240. Wir haben für denjenigen Durchmesser, der solchen Ebenen, die einer gegebenen Ebene:

$$t'x + u'y + v'z = 0$$

parallel sind, zugeordnet ist, die folgende Doppel-Gleichung:

$$\frac{x - x'}{Dt' + Lv' + Mu'} = \frac{y - y'}{Eu' + Kv' + Mt'} = \frac{z - z'}{Fv' + Ku' + Lt'} \tag{6}$$

erhalten. Der successiven Annahme entsprechend, dass

$$u' = 0 \quad \text{und} \quad v' = 0,$$
$$t' = 0 \quad - \quad v' = 0,$$
$$t' = 0 \quad - \quad u' = 0,$$

ist nach der 234. Nummer bezüglich:

$$\Xi' = Dt'^2, \qquad x' = 0, \qquad y' = \frac{T}{D}, \qquad z' = -\frac{S}{D},$$

$$\Xi' = Eu'^2, \qquad x' = -\frac{U}{E}, \qquad y' = 0, \qquad z' = \frac{P}{E}, \tag{15}$$

$$\Xi' = Fv'^2, \qquad x' = \frac{R}{F}, \qquad y' = -\frac{Q}{F}, \qquad z' = 0.$$

Hiernach löst sich die vorstehende Doppel-Gleichung nach einander in die folgenden drei Paare von Gleichungen auf:

$$\begin{aligned} Mx - Dy + T = 0, &\qquad Lx - Dz - S = 0, \\ My - Ex - U = 0, &\qquad Ky - Ez + P = 0, \\ Lz - Fx + R = 0, &\qquad Kz - Fy - Q = 0, \end{aligned} \tag{16}$$

welche diejenigen Durchmesser des Complexes darstellen, die bezüglich den mit YZ, XZ, XY parallelen Ebenen zugeordnet sind.

Wenn wir die drei Coordinaten-Axen insbesondere so annehmen, dass sie irgend dreien zugeordneten Durchmessern des Complexes parallel sind, so verschwinden die drei Constanten K, L, M und wir erhalten zur Bestimmung der absoluten Lage dieser drei den Coordinaten-Axen OX, OY, OZ parallelen Durchmesser die folgenden drei Gleichungen-Paare:

$$y = + \frac{T}{D}, \qquad z = - \frac{S}{D},$$
$$x = - \frac{U}{E}, \qquad z = + \frac{P}{E}, \qquad (17)$$
$$x = + \frac{R}{F}, \qquad y = - \frac{Q}{F}.$$

Drei zugeordnete Durchmesser schneiden sich also, paarweise genommen, im Allgemeinen nicht. Sie bestimmen aber, wie überhaupt irgend drei gerade Linien, welche sich nicht schneiden, ein Parallelepiped, das wir hier, weil es für den Complex bezeichnend ist, näher betrachten und ein Central-Parallelepiped des Complexes nennen wollen.

Die vorstehenden sechs Gleichungen (17) stellen, einzeln genommen, die sechs Seitenebenen eines Central-Parallelepipeds dar. Jede von zwei gegenüberliegenden Seitenebenen geht durch einen von zwei der drei zugeordneten Durchmesser und ist dem anderen der zwei parallel. Drei sich nicht schneidende Kanten des Parallelepipeds sind die drei zugeordneten Durchmesser, für welche wir in der 12. Figur AB, CD, EF nehmen wollen. Wir können dieselben sechs Gleichungen (17), die,

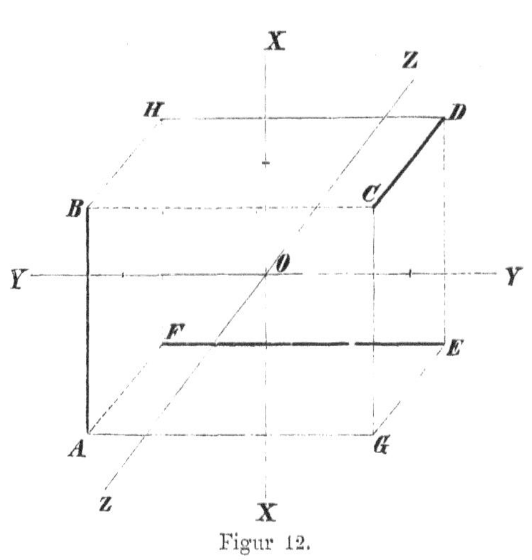

Figur 12.

paarweise genommen, die drei zugeordneten Durchmesser des Complexes darstellen, auch noch in folgender Weise zusammenordnen:

$$y = - \frac{Q}{F}, \qquad z = + \frac{P}{E},$$
$$x = + \frac{R}{F}, \qquad z = - \frac{S}{D}, \qquad (18)$$
$$x = - \frac{U}{E}, \qquad y = + \frac{T}{D}.$$

Dann stellen die drei Paare von Gleichungen diejenigen drei Kanten des Parallelepipeds dar, welcher den drei zugeordneten Durchmessern gegenüberstehen. Diese drei Kanten DE, FA, BC, die auch ihrerseits sich nicht schneiden, bilden mit den drei in die zugeordneten Durchmesser fallenden Kanten ein räumliches Sechseck ABCDEF. Die Eckpuncte des Sechsecks sind sechs der acht Eckpuncte des Parallelepipeds. Drei Diagonalen des Parallelepipeds sind die drei Diagonalen des Sechsecks, die beiden Puncte G, H, welche die vierte Diagonale verbindet, haben zu Coordinaten

$$x = + \frac{R}{F}, \qquad y = + \frac{T}{D}, \qquad z = + \frac{P}{E},$$
$$x = - \frac{U}{E}, \qquad y = - \frac{Q}{F}, \qquad z = - \frac{S}{D}. \tag{19}$$

Für die Längen der Kanten, welche bezüglich den drei Coordinaten-Axen OX, OY, OZ parallel sind, ergibt sich

$$\frac{ER + FU}{EF}, \qquad \frac{DQ + FT}{DF}, \qquad \frac{DP + ES}{DE}, \tag{20}$$

und für den Mittelpunct des Parallelepipeds, dessen Coordinaten wir, zur Unterscheidung, durch x^0, y^0, z^0 bezeichnen wollen:

$$x^0 = \frac{ER - FU}{EF}, \qquad y^0 = - \frac{DQ - FT}{DF}, \qquad z^0 = \frac{DP - ES}{DE}. \tag{21}$$

241. Die durch die Gleichungen-Paare (18) dargestellten Kanten des Central-Parallelepipeds stehen zu dem Complexe in einer einfachen geometrischen Beziehung, die wir unmittelbar erhalten, wenn wir zu den Gleichungen derjenigen drei Complex-Cylinder zurückgehen, deren Seiten den drei Coordinaten-Axen parallel sind. Die Gleichungen dieser Cylinder werden (Abschnitt I. § 5 Gl. 32), wenn wir, wie in der vorigen Nummer, die Coordinaten-Axen OX, OY, OZ irgend dreien zugeordneten Durchmessern des Complexes parallel nehmen und demnach K, L, M gleich Null setzen, die folgenden:

$$\begin{aligned} Fy^2 + Ez^2 + 2Qy - 2Pz &= 0, \\ Fx^2 + Dz^2 - 2Rx + 2Sz &= 0, \\ Ex^2 + Dy^2 + 2Ux - 2Ty &= 0. \end{aligned} \right\} \tag{22}$$

Die drei Axen dieser Cylinder werden durch die drei Gleichungen-Paare (18) dargestellt. Während drei Kanten des Central-Parallelepipeds, AB, CD, EF, in drei zugeordnete Durchmesser des Complexes fallen, fallen die drei gegenüberliegenden Kanten desselben, DE, FA, BC, in die Axen derjenigen drei Cylinder, deren Seiten den drei zugeordneten Durchmessern parallel sind.

242. Wenn ein Complex zweiten Grades gegeben ist und wir eine Ebenen-

richtung willkürlich annehmen, so ist jeder Linienrichtung, die dieser Ebenenrichtung parallel ist, eine zweite solche Linienrichtung zugeordnet. Jeder
gegebenen Ebenenrichtung (jedem Systeme paralleler Ebenen) ist eine einzige
Linienrichtung zugeordnet und gegenseitig jeder gegebenen Linienrichtung
eine einzige Ebenenrichtung. Jeder gegebenen Linienrichtung sind unendlich
viele Paare von Linienrichtungen zugeordnet, welche der der gegebenen
Linienrichtung zugeordneten Ebenenrichtung parallel sind. So gibt es unendlich viele Systeme dreier zugeordneter Linienrichtungen, in der Art, dass
jeder gegebenen Linienrichtung einerseits unendlich viele Paare zugeordneter
Linienrichtungen entsprechen, welche der zugeordneten Ebenenrichtung parallel sind, und andererseits die Ebenenrichtung, welche irgend zweien dreier
zugeordneter Linienrichtungen parallel ist, der dritten dieser Richtungen zugeordnet ist. Es gibt endlich unendlich viele Systeme dreier zugeordneter
Ebenenrichtungen: sie sind je zweien von drei zugeordneten Linienrichtungen
parallel.

Es gibt einerseits drei zugeordnete Durchmesser des Complexes, welche
die Richtung dreier zugeordneter Linienrichtungen haben, andrerseits drei
Axen von Complex-Cylindern, welche dieselben Richtungen haben, und die
wir ihrerseits als drei conjugirte Cylinderaxen bezeichnen können. Die
drei zugeordneten Durchmesser und die drei zugeordneten Cylinderaxen bilden ein räumliches Sechseck, dessen gegenüberliegende Seiten parallel sind.
Die Seiten desselben sind abwechselnd Durchmesser und Cylinderaxen. Jeder
Durchmesser wird von zwei Cylinderaxen geschnitten, welche derjenigen
Ebenenrichtung parallel sind, die der Richtung des Durchmessers zugeordnet
ist. Jede Cylinderaxe wird von zwei Durchmessern geschnitten, welche derjenigen Ebenenrichtung parallel sind, die der Richtung der Cylinderaxe zugeordnet ist.

Einer gegebenen Ebene sind unendlich viele Durchmesser des Complexes
und die Axen unendlich vieler Complex-Cylinder parallel. Einerseits bilden
jene Durchmesser, andrerseits diese Cylinderaxen eine Linienfläche. Der gegebenen Ebene ist ein Durchmesser des Complexes zugeordet, so wie ihr die
Axe eines Complex-Cylinders zugeordnet ist. Jener Durchmesser ist dieser
Cylinderaxe parallel. Die Axen aller Complex-Cylinder, welche der gegebenen Ebene parallel sind, schneiden die zugeordneten Durchmesser, alle Durchmesser des Complexes, welche der Ebene parallel sind, schneiden die zugeordnete Cylinderaxe.

30*

243. Es erscheint zweckmässig, die vorstehenden geometrischen Betrachtungen durch einige analytische Entwicklungen zu bestätigen und zu vervollständigen.

Die Gesammtheit aller Curven, welche in Ebenen liegen, welche der Ebene YZ parallel sind und somit eine Aequatorialfläche bilden, wird (Abschn. I, § 2 Nr. 163) durch die folgende Gleichung dargestellt:

$$Dw^2 + 2(Lx - S)vw + (Fx^2 - 2Rx + B)v^2$$
$$+ 2(Mx + T)uw + 2(Kx^2 - Ox - G)uv + (Ex^2 + 2Mx + C)u^2 = 0. \quad (23)$$

Die Ebene der Curve ist durch x bestimmt und dann die Curve in ihrer Ebene durch die Linien-Coordinaten $\dfrac{u}{w}$ und $\dfrac{v}{w}$. Wenn die Axe OX die der Ebene YZ zugeordnete Richtung haben soll, so verschwindet L und M; wenn sie mit dem dieser Ebene zugeordneten Durchmesser des Complexes zusammenfallen soll, so müssen auf ihr die Mittelpuncte aller Curven liegen. Diess fordert, neben:

$$L = 0, \qquad M = 0,$$

überdiess noch:

$$S = 0, \qquad T = 0.$$

Dann vereinfacht sich die vorstehende Gleichung folgendergestalt:

$$Dw^2 + (Fx^2 - 2Rx + B)v^2 + 2(Kx^2 - Ox - G)uv + (Ex^2 + 2Ux + C)u^2 = 0. \quad (24)$$

Dieselbe Aequatorialfläche, welche durch die vorstehende Gleichung vermittelst ihrer Breitencurven dargestellt wird, wird (Abschn. I, § 5 Gl. 30) unter Berücksichtigung, dass L, M, S und T verschwinden, durch die folgende Gleichung:

$$(Fv^2 + 2Kuv + Eu^2)x^2 + Dv^2z^2$$
$$+ 2(Rv^2 + Ouv - Uu^2)x + (Bv^2 - 2Guv + Cu^2) = 0 \quad (25)$$

vermittelst ihrer umschriebenen Complex-Cylinder, deren Axen der Coordinaten-Ebene YZ parallel sind, dargestellt. Nachdem wir durch willkürliche Annahme von $\dfrac{v}{u}$ die Axenrichtung eines dieser umschriebenen Complex-Cylinder bestimmt haben, stellt die letzte Gleichung in XZ die Curve zweiter Ordnung dar, nach welcher der bezügliche Cylinder diese Coordinaten-Ebene schneidet. Die mit YZ parallele Axe des Cylinders geht durch den Mittelpunct dieser Durchschnitts-Curve, welcher auf der Coordinaten-Axe OX liegt, und auf dieser Axe durch den Coordinaten-Werth

$$x = \frac{Rv^2 + Ouv - Uu^2}{Fv^2 + 2Kuv + Eu^2} \qquad (26)$$

bestimmt ist. Beziehen wir die Coordinaten y und z auf irgend einen Punct irgend einer mit YZ parallelen Cylinderaxe, so ist

$$\frac{v}{u} = -\frac{y}{z},$$

und wir erhalten

$$x = \frac{R y^2 - O y z - U z^2}{F y^2 - 2 K y z + E z^2}, \tag{27}$$

als Gleichung des geometrischen Ortes für die der Ebene YZ parallelen Axen von Complex-Cylindern.

In der letzten Gleichung ist ausgesprochen, dass in jeder durch einen gegebenen Durchmesser gelegten Ebene eine einzige Cylinderaxe liegt, welche der dem Durchmesser zugeordneten Ebenenrichtung parallel ist; während in jeder Ebene, welche diese Richtung hat, zwei auf dem Durchmesser sich schneidende Cylinderaxen liegen.

244. Es gibt einen andern Weg zur Bestimmung der beiden Cylinderaxen, die in einer gegebenen Ebene, welche wir hier der Coordinaten-Ebene YZ parallel genommen haben, enthalten sind. Wenn wir nämlich die Gleichung (24) in Beziehung auf x differentiiren, kommt:

$$(Fx - R)v^2 + (2Kx - O)uv + (Ex + U)u^2 = 0.$$

Diese Gleichung gibt sofort den eben gefundenen Werth von x in v und u (26). Die Richtung der beiden Cylinderaxen in der Ebene YZ selbst ist durch die Wurzeln der folgenden Gleichung gegeben:

$$R v^2 + O u v - U u^2 = 0.$$

Ein Complex-Cylinder, dessen Axe in einer gegebenen Ebene liegt, hat zu zweien seiner Seiten zwei parallele Tangenten derjenigen Complex-Curve zweiter Classe, welche in dieser Ebene liegt. Die Axe des Cylinders geht also durch den Mittelpunct der Complex-Curve. Projiciren wir auf die gegebene Ebene die Complex-Curve in der ihr parallelen benachbarten Ebene nach derjenigen Richtung, die diesen Ebenen conjugirt ist, so wird auch diese Projection von den beiden Cylinderseiten berührt; mit andern Worten, die beiden unter sich parallelen Ebenen, welche den Cylinder nach diesen Seiten berühren, berühren gleichzeitig die Aequatorialfläche, welche OX zum Durchmesser hat. Es handelt sich hiernach darum, diejenigen Puncte der Complex-Curve in der gegebenen Ebene zu bestimmen, in welchen die Aequatorialfläche von solchen Ebenen berührt wird, die dem Durchmesser dieser Fläche parallel sind. Der der Aequatorialfläche umschriebene Cylinder, dessen Seiten dem Durchmesser derselben parallel sind, berührt die

Fläche nach einer räumlichen Curve, welche von einer Ebene in vier Puncten geschnitten wird. Sie wird insbesondere von der gegebenen Ebene, welche eine Breitenebene der Fläche ist, in solchen vier Puncten geschnitten, welche die Scheitel zweier Durchmesser der Complex-Curve in der gegebenen Ebene sind. Die beiden, diesen Durchmessern zugeordneten Durchmesser der Complex-Curve sind die beiden zu construirenden, in der gegebenen Ebene liegenden Cylinderaxen.

245. Wir wollen die Axe OX, welche nach der bisherigen Annahme mit irgend einem Durchmesser des Complexes zusammenfiel, nunmehr so verschieben, dass sie mit der diesem Durchmesser parallelen Axe eines Complex-Cylinders zusammenfällt. Die Gleichung desjenigen Cylinders, dessen Axe der Coordinaten-Axe OX parallel ist, hat überhaupt zur Gleichung (Nr. 249):

$$Fy^2 - 2Kyz + Ez^2 + 2Qy - 2Pz + A = 0.$$

Damit die Axe des Cylinders mit OX zusammenfalle, erhalten wir die beiden Bedingungen:

$$P = 0, \qquad Q = 0.$$

Die allgemeine Gleichung der Complex-Curven in Plan-Coordinaten (X), welche wir an die Spitze der Entwicklungen dieses Paragraphen gestellt haben, stellt dann insbesondere die in einer beliebigen, durch die Cylinderaxe gelegten Ebene:

$$u'y + v'z = 0,$$

enthaltene Complex-Curve dar, wenn wir in derselben t' und w' gleich Null setzen. Unter Berücksichtigung, dass P und Q verschwinden, erhalten wir für diese Curve die Gleichung:

$$\begin{aligned}
(Eu'^2 + 2Ku'v' + Fv'^2)w^2 &- 2(Cu'^2 - Ou'v' - Rv'^2)tw \\
&- 2(Hu'^2 - Ju'v')tv + 2(Hu'v' - Jv'^2)tu \\
&+ (Cu'^2 - 2Gu'v' + Bv'^2)t^2 \\
&+ A(u'v - v'u)^2 = 0.
\end{aligned} \tag{28}$$

Der Mittelpunct dieser Curve liegt auf der Coordinaten-Axe OX, und ist auf dieser Axe durch den Coordinaten-Werth:

$$x = \frac{Rv'^2 + Ou'v' - Uu'^2}{Fv'^2 + 2Ku'v' + Eu'^2} \tag{29}$$

bestimmt.

Die vorstehende Gleichung (28) stellt, wenn wir in derselben $\frac{v'}{u'}$ als veränderlich betrachten, eine Meridianfläche dar, welche die Axe eines Complex-

Cylinders zu ihrer Doppellinie hat. Sie ist dadurch characterisirt, dass die Mittelpuncte ihrer sämmtlichen Meridiancurven auf der Doppellinie liegen.

246. Nach Vertauschung von $\dfrac{v'}{u'}$ und $\dfrac{v}{u}$ werden die beiden Gleichungen (27) und (29) identisch. Wenn wir daher durch $\dfrac{v'}{u'}$ die Richtung einer Cylinderaxe bestimmen, welche der Ebene YZ parallel ist und demnach denjenigen Durchmesser des Complexes, der mit OX parallel ist, schneidet, so liegt diese in einer Ebene, welche die Cylinderaxe OX in dem durch (29) bestimmten Puncte schneidet. Diejenige gerade Linie, welche in dieser Ebene liegt und durch diesen Punct geht und deren Richtung der Richtung der durch $\dfrac{v'}{u'}$ bestimmten Ebene der Complex-Curve und also auch der Richtung der durch $\dfrac{v}{u}$ bestimmten Cylinderaxe conjugirt ist, ist der gesuchte Durchmesser des Complexes.

Um hiernach den fraglichen durch den Mittelpunct der Curve (28) gehenden Durchmesser des Complexes zu construiren, bedienen wir uns der Characteristik der Fläche. Wir wollen die bisher unbestimmt gebliebenen Richtungen der beiden Coordinaten-Axen OY und OZ, der Einfachheit wegen, mit irgend zwei zugeordneten Durchmessern der Durchschnitts-Curve der Characteristik mit der Coordinaten-Ebene YZ zusammenfallen lassen. Dann verschwindet K aus der Gleichung des Complexes, und die Gleichung dieser Durchschnitts-Curve wird:

$$Fv^2 + Eu^2 + kw^2 = 0.$$

Zur Bestimmung der Richtung, welche der Richtung $\dfrac{v'}{u'}$ zugeordnet ist, die wir durch $\dfrac{v}{u}$ bezeichnen wollen, erhalten wir die Gleichung:

$$\frac{v'}{u'} \cdot \frac{v}{u} + \frac{E}{F} = 0. \tag{30}$$

Wenn wir vermittelst dieser Gleichung in (29) $\dfrac{v}{u}$ statt $\dfrac{v'}{u'}$ einführen, kommt:

$$x = - \frac{F^2 U v^2 + E F O u v - E^2 R u^2}{E F (F v^2 + E u^2)}. \tag{31}$$

Wenn wir endlich y und z auf irgend einen Punct des fraglichen mit YZ parallelen Durchmessers des Complexes beziehen, erhalten wir:

$$\frac{v}{u} = - \frac{y}{z},$$

und hiernach

$$x = \frac{-F^2 U y^2 + EF O yz + E^2 R z^2}{EF(Fy^2 + Ez^2)}.\qquad (32)$$

Diese Gleichung stellt, wenn wir x, y, z als veränderlich betrachten, den geometrischen Ort für diejenigen Durchmesser des gegebenen Complexes dar, welche der Ebene YZ parallel sind.

Sie sagt aus, dass in jeder durch die Axe eines gegebenen Complex-Cylinders gelegten Ebene ein einziger Durchmesser des Complexes liegt, welcher der der Cylinderaxe zugeordneten Ebenenrichtung parallel ist, während in jeder Ebene von dieser Richtung zwei Durchmesser liegen, welche auf der Axe des gegebenen Cylinders sich schneiden.

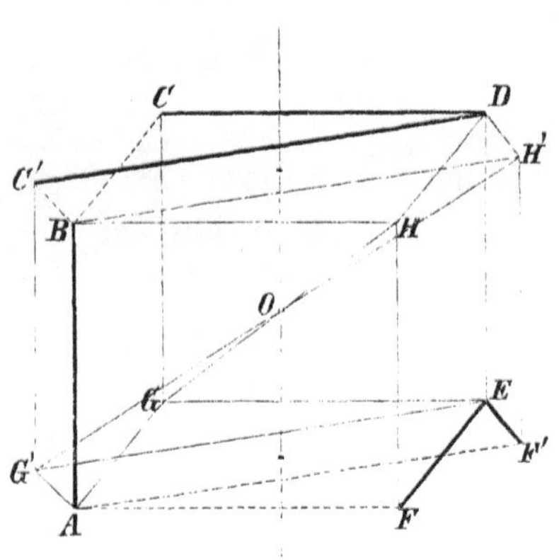

Figur 13.

Eine beliebige Ebene $A F F' E G G' A$ schneidet den Durchmesser AB des Complexes und die Axe DE des Complex-Cylinders, deren Richtung ihr zugeordnet ist, in zwei Puncten A und E. In dieser Ebene liegen zwei Cylinderaxen AF und AF', die den Durchmesser AB in A, und zwei Complex-Durchmesser EF und EF', welche die Cylinderaxe DE in E schneiden. Die Richtungen der beiden Durchmesser in dieser Ebene sind bezüglich den Richtungen der beiden Cylinderaxen in derselben conjugirt. Die Ebene gehört gleichzeitig zweien Central-Parallelepipeden an, welche zwei gegenüberliegende Kanten, die in den Durchmesser AB und die ihm parallele Cylinderaxe DE fallen, gemein haben. Die gegenüberliegenden Seitenflächen des Parallelepipeds fallen in dieselbe Ebene $BC'CDH'HB$. Die beiden in dieser zweiten Ebene liegenden Durchmesser des Complexes, CD und CD', sind die den beiden Cylinderaxen in der ersten Ebene, so wie die beiden Cylinderaxen in der zweiten, BC und BC', die den beiden Durchmessern in der ersten Ebene gegenüberliegenden Kanten der beiden Parallelepipede. Der gemeinsame Mittelpunct der beiden Central-Parallelepipede liegt in einer Ebene, welche parallel mit den beiden gegenüberliegenden Seitenflächen, die wir ihrerseits, wie bisher, der Coordinaten-Ebene YZ parallel nehmen wollen, in der Mitte zwischen beiden hindurchgeht. Sie halbirt also den Abstand eines Durchmessers und einer Cylinderaxe des Complexes, welche unter sich und mit YZ parallel sind. Dadurch, dass wir, parallel mit YZ, die gemeinschaftliche Richtung beider von vorneherein annehmen, sind die beiden gegenüberliegenden Seitenflächen eines Parallelepipeds in linearer Weise bestimmt.

Wenn wir die Gleichung (27), wie die Gleichung (32), auf Coordinaten-Axen OY und OZ beziehen, welche zweien zugeordneten Durchmessern des Complexes oder, was dasselbe heisst, zweien zugeordneten Cylinderaxen desselben parallel sind, so verschwindet auch aus ihr K und es kommt:

$$x = \frac{Ry^2 - Oyz - Uz^2}{Fy^2 + Ez^2}.\qquad(33)$$

Unter der Voraussetzung, dass $\frac{y}{z}$ in der vorstehenden Gleichung (33) und der Gleichung (32) derselbe Werth beigelegt werde, bedeutet x in den beiden Gleichungen die Abstände einer Cylinderaxe des Complexes und eines Durchmessers desselben, deren Richtung dieselbe und durch $\frac{y}{z}$ gegeben ist, von der Coordinaten-Ebene YZ. Die halbe Summe dieser Abstände, welche wir durch x^0 bezeichnen wollen, gibt also den Abstand des Mittelpunctes des bezüglichen Central-Parallelepipeds von derselben Coordinaten-Ebene. Wenn wir die fraglichen Gleichungen (32) und (33) addiren, so kommt in Uebereinstimmung mit (21):

$$x^0 = \tfrac{1}{2}\left\{\frac{R}{F} - \frac{U}{E}\right\}.\qquad(34)$$

Der Werth von x^0 ist unabhängig von dem beliebig angenommenen Werth von $\frac{y}{z}$. Ueberdiess liegen die Mittelpuncte aller Central-Parallelepipede, deren gegenüberliegende Kanten in den YZ zugeordneten Durchmesser und die dieser Ebene zugeordneten Cylinderaxen fallen, auf der Mittellinie zwischen dieser Cylinderaxe und jenem Durchmesser. Wir ziehen hieraus den Schluss, dass alle Central-Parallelepipede, deren eine Kante in einen gegebenen Durchmesser des Complexes und deren gegenüberliegende Kante demnach in die dem Durchmesser parallele Cylinderaxe fällt, einen gemeinschaftlichen Mittelpunct haben.

Der vorstehende Satz gibt uns unmittelbar neue Reihen von Central-Parallelepipeden, welche unter sich und mit den Parallelepipeden der ersten Reihe denselben Punct zum Mittelpuncte haben. Wir brauchen bloss zu diesem Ende an die Stelle des gegebenen Durchmessers irgend einen neuen zu setzen, der demselben zugeordnet ist, und, so fortfahrend, den jedesmaligen neuen durch irgend einen ihm zugeordneten zu ersetzen. Einem gegebenen Durchmesser der Characteristik des Complexes ist aber jeder Durchmesser, welcher in der gegebenen zugeordneten Diametralebene liegt, zugeordnet. Zwei gegebene Durchmesser haben also beide denjenigen zum zugeordneten Durchmesser, nach welchem die beiden Diametralebenen, welche den beiden gegebenen Durchmessern zugeordnet sind, sich schneiden. So können wir also auch von jedem gegebenen Durchmesser eines Complexes zu jedem zweiten gegebenen Durchmesser desselben in der Art übergehen, dass wir an die Stelle des ersten gegebenen Durchmessers zunächst einen demselben zugeordneten dritten Durchmesser setzen und dann, an die Stelle dieses dritten, den zweiten gegebenen, der seinerseits diesem zugeordnet ist. Wir gelangen somit zu dem folgenden Satze:

Alle Central-Parallelepipede eines gegebenen Complexes haben denselben Punct zu ihrem Mittelpuncte.

Den gemeinschaftlichen Mittelpunct aller Central-Parallelepipede wollen wir den Mittelpunct des Complexes, jede Ebene, welche durch denselben geht, eine Centralebene, jede durch ihn gehende gerade Linie eine Centrallinie desselben nennen.

Ein Complex des zweiten Grades hat im Allgemeinen einen Mittelpunct.

Eine Ebene, welche parallel mit irgend zweien zugeordneten Durchmessern oder mit irgend zweien zugeordneten Cylinderaxen eines Complexes in der Mitte zwischen denselben hindurchgeht, ist eine Centralebene des Complexes.

Jedem Durchmesser eines Complexes ist die Axe eines Cylinders desselben parallel: die Mittellinie zwischen beiden ist eine Centrallinie des Complexes.

247. Wenn wir für VZ eine Centralebene des Complexes und für die Axe OX einmal den ihr zugeordneten Durchmesser, das andere Mal die ihr zugeordnete Cylinderaxe nehmen, so werden die beiden Linienflächen, von welchen die eine alle durch den zugeordneten Durchmesser gehenden, mit VZ parallelen Cylinderaxen, die andere alle durch die zugeordnete Cylinderaxe gehenden, mit VZ parallelen Durchmesser des Complexes enthält, durch folgende beide Gleichungen dargestellt:

$$x = \frac{Ry^2 - Oyz - Uz^2}{Fy^2 + Ez^2},$$

$$x = -\frac{Ry^2 - Oyz - Uz^2}{Fy^2 + Ez^2}$$

Wenn wir die beiden Linienflächen und mit ihnen zugleich die bezügliche Coordinaten-Axe OX parallel mit sich selbst und mit der Centralebene verschieben, ändern sich ihre beiden Gleichungen nicht. Wenn, nach der Verschiebung, der conjugirte Durchmesser mit der conjugirten Cylinderaxe zusammenfällt, stellen die vorstehenden Gleichungen die beiden Flächen, auf dasselbe Coordinaten-System bezogen, dar. In ihnen ist dann die geometrische Beziehung derselben zu einander unmittelbar ausgesprochen.

Wir können hierbei immer voraussetzen, dass in YZ die beiden Coordinaten-Axen OY und OZ, welche irgend zweien zugeordneten Durchmessern des Complexes parallel sind, auf einander senkrecht stehen. Wenn wir insbesondere für die gegebene Centralebene einen der drei Hauptschnitte des Complexes, die durch den Mittelpunct desselben gehen, nehmen, so steht auch OX auf OY und OZ senkrecht. Dann ist, wenn wir die Centalebene als spiegelnde Ebene betrachten, eine der beiden Linienflächen, nach schicklicher gegenseitiger Verschiebung derselben, das Spiegelbild der andern.

248. Wenn wir den Mittelpunct des Complexes zum Anfangspuncte der Coordinaten nehmen und durch denselben die drei Coordinaten-Axen parallel mit irgend dreien zugeordneten Durchmessern und Cylinderaxen legen, so wird die Gleichung des Complexes, indem wir K, L, M gleich Null setzen:

$$Ar^2 + Bs^2 + C + D\sigma^2 + E\varrho^2 + F\eta^2$$
$$+ 2Gs + 2Hr + 2Jrs$$
$$- 2Nr\sigma + 2Os\varrho$$
$$+ 2Pr\varrho + 2Qr\eta + 2Rs\eta - 2Ss\sigma - 2T\sigma + 2U\varrho = 0, \qquad (35)$$

wobei die folgenden drei Bedingungs-Gleichungen (Nr. 240) erfüllt sind:

$$\frac{R}{F} = \frac{U}{E}, \qquad \frac{Q}{F} = \frac{T}{D}, \qquad \frac{P}{E} = \frac{S}{D}, \qquad (36)$$

aus welchen die folgende sich ableitet:

$$PRT = QSU. \qquad (36a)$$

Dann bestimmen die drei Coordinaten-Paare:

$$y = \frac{T}{D} = \frac{Q}{F}, \qquad z = -\frac{S}{D} = -\frac{P}{E},$$
$$x = -\frac{U}{E} = -\frac{R}{F}, \qquad z = \frac{P}{E} = \frac{S}{D}, \qquad (37)$$

$$x = \frac{R}{F} = \frac{U}{E}, \qquad y = -\frac{Q}{F} = -\frac{T}{D} \quad \Bigg|$$

die Lage der drei zugeordneten Durchmesser, und dieselben drei Coordinaten-Paare, mit entgegengesetztem Vorzeichen genommen, die Lage der drei zugeordneten Cylinderaxen.

Die Coordinaten-Axen werden rechtwinklige, wenn wir sie den drei Axen des Complexes parallel nehmen. Dann ist auch das durch diese bestimmte Central-Parallelepiped ein rechtwinkliges. Die Quadratlänge der Hälfte seiner vier Diagonalen ist:

$$\left(\frac{R}{F}\right)^2 + \left(\frac{P}{E}\right)^2 + \left(\frac{T}{D}\right)^2 = \left(\frac{Q}{F}\right)^2 + \left(\frac{U}{E}\right)^2 + \left(\frac{S}{D}\right)^2. \tag{38}$$

Unter diesen vier Diagonalen ist eine ausgezeichnete, welche keine der drei Axen des Complexes und keine der drei zu denselben parallelen Cylinderaxen schneidet. Wenn wir die Winkel, welche dieselbe mit den drei Coordinaten-Axen OX, OY, OZ bildet, durch α, β, γ bezeichnen, ist:

$$\cos \alpha : \cos \beta : \cos \gamma = \frac{U}{E} : \frac{Q}{F} : \frac{S}{D} = \frac{R}{F} : \frac{T}{D} : \frac{P}{E}. \tag{39}$$

Der achte Theil des Inhaltes des Centralparallelepipeds ist:

$$\frac{PRT}{DEF} = \frac{QSU}{DEF}. \tag{40}$$

249. Nachdem wir die sechs Constanten der Lage in Abrechnung gebracht haben, beträgt die Anzahl der Constanten des Complexes nur noch dreizehn, die sich, wenn wir die Bedingungs-Gleichungen (36) berücksichtigen, in der Gleichung (35) wiederfinden. Die einzige Bedingung, die befriedigt werden muss, wenn wir der Gleichung des Complexes die vorstehende Form geben wollen, besteht darin, dass keine der drei Constanten D, E, F gleichzeitig mit K, L und M verschwindet. Dann können wir, unter der Voraussetzung rechtwinkliger Coordinaten-Axen, im Allgemeinen in einziger Weise den Complex durch die Gleichung (35) darstellen.

Die besonderen Fälle, dass eine oder mehrere der drei Constanten D, E, F gleichzeitig mit K, L, M verschwinden, werden wir später (§ 3) behandeln.

§ 2.

Particularisirung der Complexe, die einen Mittelpunct haben. Complexe, deren Linien eine Fläche zweiten Grades umhüllen.

250. Die zwanzig Constanten der allgemeinen Complex-Gleichung (I):

$$A r^2 + B s^2 + C + D \sigma^2 + E \varrho^2 + F \eta^2$$
$$+ 2 G s + 2 H r + 2 J r s + 2 K \varrho \eta - 2 L \sigma \eta - 2 M \varrho \sigma$$
$$- 2 N r \sigma + 2 O s \varrho$$
$$+ 2 P r \varrho + 2 Q r \eta + 2 R s \eta - 2 S s \sigma - 2 T \sigma + 2 U \varrho = 0,$$

welche, wenn wir durch eine beliebige derselben die übrigen dividiren, die neunzehn Constanten geben, welche zur Bestimmung des Complexes und seiner Lage nothwendig sind, ordnen sich zu den folgenden sechs Gruppen zusammen:

$$A, \; B, \; C \quad \text{und} \quad G, \; H, \; J,$$
$$D, \; E, \; F \quad - \quad K, \; L, \; M,$$
$$N, \; O,$$
$$P, \; Q, \; R, \; S, \; T, \; U.$$

Die sechs Constanten der letzten Gruppe ordnen sich ihrerseits wieder in verschiedener Weise zusammen, zweimal zu drei Paaren:

$$P \; \text{und} \; Q, \qquad R \; \text{und} \; S, \qquad T \; \text{und} \; U,$$
$$P \; - \; U, \qquad R \; - \; Q, \qquad T \; - \; S,$$

und einmal zu zwei Gruppen von drei:

$$P, \; R, \; T \quad \text{und} \quad Q, \; S, \; U.$$

251. Wir haben im ersten Paragraphen nachgewiesen, dass, wenn die drei Constanten K, L, M verschwinden, die drei Coordinaten-Axen dreien zugeordneten Durchmessern des Complexes parallel sind. Dann können wir durch schickliche Verlegung des Anfangspunctes der Coordinaten überdiess noch drei neue Constanten aus der Gleichung des Complexes ausfallen lassen. Wenn x_0, y_0, z_0 die Coordinaten des neuen Anfangspunctes sind, so erhalten die sechs Constanten der letzten Gruppe die folgenden neuen Werthe, die wir durch P_0, Q_0, R_0, S_0, T_0, U_0 unterscheiden wollen (Nr. 157):

$$P_0 = P + E z_0, \qquad Q_0 = Q - F y_0,$$
$$R_0 = R + F x_0, \qquad S_0 = S - D z_0, \tag{41}$$
$$T_0 = T + D y_0, \qquad U_0 = U - E x_0.$$

Wenn wir eine der acht Ecken des bezüglichen Central-Parallelepipeds zum Anfangspuncte nehmen, verschwinden drei der neuen Constanten. Je nachdem (Fig. 12) diese Ecke eine derjenigen sechs ist, in welcher sich ein Durchmesser und eine Cylinderaxe schneiden, oder eine der beiden noch übrigen Ecken, durch welche weder einer der drei conjugirten Durchmesser, noch eine der drei, denselben parallelen, conjugirten Cylinderaxen gehen, verschwinden bezüglich:

$$S_0, \ T_0, \ U_0, \qquad R_0, \ S_0, \ T_0, \qquad Q_0, \ R_0, \ S_0,$$
$$P_0, \ Q_0, \ R_0. \qquad U_0, \ P_0, \ Q_0. \qquad T_0, \ U_0, \ P_0.$$

und
$$S_0, \ Q_0, \ U_0, \qquad P_0, \ R_0, \ T_0.$$

Die sechs neuen Constanten können nur dann gleichzeitig verschwinden, wenn zwischen den ursprünglichen die folgenden drei Relationen bestehen:

$$\frac{R}{F} + \frac{U}{E} = 0, \qquad \frac{T}{D} + \frac{Q}{F} = 0, \qquad \frac{P}{E} + \frac{S}{D} = 0. \qquad (42)$$

Die Folge des Verschwindens der neuen Constanten ist, dass die drei neuen Coordinaten-Axen mit drei zugeordneten Durchmessern des Complexes zusammenfallen. Der neue Anfangspunct ist der Mittelpunct des Complexes. Die Complex-Curven in den drei Coordinaten-Ebenen haben denselben auch zu ihrem gemeinschaftlichen Mittelpuncte, und zugleich sind die drei Coordinaten-Axen die Axen dreier Complex-Cylinder. Weil das Coordinaten-System noch von drei willkürlichen Constanten abhängt, so gibt es, im Allgemeinen, in jedem Complexe ein System dreier zugeordneter Durchmesser, welche sich im Mittelpuncte desselben schneiden. Wenn wir den Complex auf die drei sich schneidenden Durchmesser als Coordinaten-Axen beziehen, wird seine Gleichung:

$$A r^2 + B s^2 + C + D \sigma^2 + E \varrho^2 + F \eta^2$$
$$+ 2 G s + 2 H r + 2 J r s$$
$$- 2 N r \sigma + 2 O s \varrho = 0. \qquad (43)$$

Diese Gleichung enthält zehn von einander unabhängige Constante, indem das Coordinaten-System durch neun Bedingungen particularisirt ist.

Die Coordinaten des Mittelpunctes der Complex-Curve in einer beliebigen durch den Mittelpunct des Complexes gehenden Ebene:

$$t' x + u' y + v' z = 0$$

sind in Gemässheit der Gleichungen (2):

$$\left. \begin{aligned} x &= \frac{O u' v'}{D t'^2 + E u'^2 + F v'^2}, \\[4pt] y &= \frac{- N t' v'}{D t'^2 + E u'^2 + F v'^2}, \\[4pt] z &= \frac{(N - O) t' u'}{D t'^2 + E u'^2 + F v'^2}. \end{aligned} \right\} \qquad (44)$$

Da die Werthe der drei Coordinaten x, y, z nur dann gleichzeitig verschwinden, wenn gleichzeitig zwei der drei Coordinaten der Ebene t', u', v' verschwinden, so gibt es, ausser den drei zugeordneten Durchmessern, die zu Coordinaten-Axen genommen worden sind, im Allgemeinen sonst keinen Durchmesser des Complexes, der durch den Mittelpunct desselben geht.

Die drei vorstehenden Gleichungen geben, wenn wir zwischen denselben t', u', v' eliminiren:

$$D\,O^2 y^2 z^2 + E\,N^2 x^2 z^2 + F(N-O)^2 x^2 y^2 - NO(N-O)xyz = 0. \qquad (45)$$

Diese Gleichung stellt den geometrischen Ort für den Mittelpunct der Complex-Curve in einer Ebene dar, welche durch den Durchschnitt der drei zugeordneten Durchmesser geht und um diesen Punct beliebig gedreht wird.*)

252. Eine Particularisirung des Complexes tritt ein, wenn wir neben den sechs Constanten der letzten Gruppe eine der drei Constanten:

$$N, \qquad O, \qquad N-O$$

verschwinden lassen. Ist O die verschwindende Constante, so geben die drei Gleichungen (44):

$$x = 0, \qquad u'y + v'z = 0.$$

Dann liegt also in jeder durch den Anfangspunct gehenden Ebene:

$$t'x + u'y + v'z = 0,$$

der Mittelpunct der Complex-Curve auf derjenigen geraden Linie, in welcher die Coordinaten-Ebene YZ von dieser Ebene geschnitten wird, und rückt auf dieser Linie fort, wenn die Ebene um diese Linie sich dreht. Wenn diese Ebene insbesondere durch die Coordinaten-Axe OX geht, verschwindet t', und in Folge davon werden y und z gleichzeitig mit x gleich Null: der Mittelpunct der Curve fällt also mit dem Anfangspuncte zusammen, oder, mit andern Worten, alle der Coordinaten-Axe OX zugeordneten Durchmesser gehen durch den Anfangspunct, und liegen in der Ebene YZ. Jede Linie dieser Ebene, welche durch den Anfangspunct geht, ist ein Durchmesser des Complexes, so wie sie die Axe eines Complex-Cylinders ist.

Wenn neben den sechs Constanten der letzten Gruppe gleichzeitig die beiden Constanten N und O der vorhergehenden Gruppe verschwinden, so ver-

---

*) Die durch die Gleichung (45) dargestellte Fläche ist eine Complexfläche, die sich in der Art particularisirt hat, dass sie drei, sich in einem Puncte schneidende Doppellinien besitzt: die drei Coordinaten-Axen OX, OY, OZ. Dem entsprechend kann dieselbe auf dreifache Weise durch Drehung eines veränderlichen Kegelschnitts um eine feste Axe erzeugt werden.

schwinden die Werthe von x, y, z in den Gleichungen (44). Dann gehen alle Durchmesser des Complexes durch den Mittelpunct desselben. Sie sind zugleich die Axen der Complex-Cylinder. Jede Complex-Curve, deren Ebene durch den Mittelpunct des Complexes geht, hat diesen Punct auch zu ihrem Mittelpuncte.

Die allgemeine Gleichung (I) wird in diesem Falle:

$$A r^2 + B s^2 + C + D \sigma^2 + E \varrho^2 + F \eta^2$$
$$+ 2 G s + 2 H r + 2 J r s = 0. \tag{45}$$

Sie stellt einen Complex dar, der dadurch, dass sämmtliche Durchmesser desselben in seinem Mittelpuncte sich schneiden, fünf seiner Constanten verloren hat und nur noch, ausser von den sechs Constanten der Lage, von acht Constanten abhängt, die in seiner Gleichung sich wiederfinden. Er ist auf irgend drei zugeordnete Durchmesser als Coordinaten-Axen bezogen, für welche wir, unbeschadet der Allgemeinheit, auch die drei Axen desselben nehmen können.

253. Wenn alle Durchmesser des Complexes in dem Mittelpuncte desselben sich schneiden und irgend drei dieser Durchmesser, welche einander zugeordnet sind, zu Coordinaten-Axen genommen werden, gehen die Gleichungen (3), (30), (12), (21) des vorigen Abschnitts in die folgenden über:

$$D w^2 + (F x^2 + B) v^2 - 2 G u v + (E x^2 + C) u^2 = 0, \tag{46}$$

$$\left(E \frac{u^2}{v^2} + F \right) x^2 + D z^2 + \left(C \frac{u^2}{v^2} - 2 G \frac{u}{v} + B \right) = 0, \tag{47}$$

$$\left(F \frac{y^2}{z^2} + E \right) w^2 + \left(B \frac{y^2}{z^2} + 2 G \frac{y}{z} + C \right) t^2 - 2 \left(J \frac{y}{z} + H \right) t v + A v^2 = 0, \tag{48}$$

$$\left(B \frac{t^2}{w^2} + F \right) y^2 + \left(C \frac{t^2}{w^2} + E \right) z^2 + 2 J \frac{t}{w} y + 2 H \frac{t}{w} z + A = 0. \tag{49}$$

Durch die beiden ersten der vorstehenden Gleichungen, (46) und (47), wird in gemischten Coordinaten diejenige Aequatorialfläche dargestellt, welche OX zu ihrem Durchmesser hat, einmal vermittelst ihrer Breiten-Curven, deren jedesmalige Ebene durch x bestimmt ist, das andere Mal vermittelst ihrer umhüllenden Complex-Cylinder, deren Axen mit XZ Winkel bilden, deren trigonometrische Tangenten gleich $\left(-\frac{u}{v} \right)$ sind. Aus der Gleichung (47) folgt, dass die Axen sämmtlicher umhüllender Complex-Cylinder in YZ liegen und die Coordinaten-Axe OX im Anfangspuncte schneiden.

Die beiden letzten der vorstehenden Gleichungen, (48) und (49), stellen in gemischten Coordinaten diejenige Meridianfläche dar, welche die Coordinaten-

Axe OX zur Doppellinie hat, einmal vermittelst ihrer Meridian-Curven, deren jedesmalige Ebene durch $-\dfrac{y}{z}$, die trigonometrische Tangente desjenigen Winkels, den sie mit XZ bildet, bestimmt ist; das andere Mal vermittelst ihrer umhüllenden Complex-Kegel, deren jedesmaliger Mittelpunct auf OX liegt, in einem Abstande $\left(-\dfrac{w}{t}\right)$ vom Anfangspuncte der Coordinaten. Wie die Gleichung (48) zeigt, haben alle Meridian-Curven einen Mittelpunct, der mit dem Mittelpuncte des Complexes zusammenfällt und als ein Mittelpunct der Fläche selbst zu betrachten ist.

254. Wenn zugleich mit den früheren elf Constanten auch noch die Constante G der Gruppe

$$G,\ H,\ I$$

verschwindet, so zeigt die Gleichung (46), dass alle Breiten-Curven der bezüglichen Aequatorialfläche, deren Durchmesser OX ist, zwei zugeordnete Durchmesser haben, die zweien zugeordneten Durchmessern des Complexes parallel sind. Durch das Verschwinden von H und I particularisiren sich die Aequatorialflächen, deren Durchmesser OY und OZ sind, in gleicher Weise, wie sich durch das Verschwinden von G die Aequatorialfläche particularisirt, deren Durchmesser OX ist.

Wenn H und I gleichzeitig verschwinden, schneiden alle Complex-Kegel, deren Mittelpunkte auf der Doppellinie der Fläche liegen, die ihr conjugirte Diametral-Ebene in Curven, deren Mittelpuncte mit dem Mittelpuncte des Complexes zusammenfallen (49).

Wenn die drei Constanten $G,\ H,\ I$ gleichzeitig verschwinden, so sind solche drei zugeordnete Durchmesser des Complexes zu Coordinaten-Axen gewählt worden, dass alle Kegel des Complexes, deren Mittelpuncte auf einem dieser drei zugeordneten Durchmesser liegen, die Ebene der jedesmaligen beiden anderen in Curven zweiter Ordnung schneiden, deren Mittelpuncte sämmtlich mit dem Mittelpuncte des Complexes zusammenfallen.

255. Die sechs Constanten

$$G,\ H,\ I,\ K,\ L,\ M$$

verschwinden gleichzeitig, wenn zu Coordinaten-Axen solche drei Durchmesser des Complex-Kegels, dessen Mittelpunkt in den Anfangspunct fällt, genommen werden, welche dreien zugeordneten Durchmessern des Complexes parallel sind. Dieser Bedingung kann, für einen gegebenen Complex, im Allgemeinen in einziger Weise entsprochen werden. Denn je zwei concentrische Flächen zweiter Ordnung, insbesondere zwei Kegel mit demselben Mittelpuncte, haben ein einziges System dreier zugeordneter Durchmesser gemein[*]). Für die beiden Kegel nehmen wir den Kegel des Complexes:

$$Ax^2 + By^2 + Cz^2 + 2Gyz + 2Hxz + 2Ixy = 0, \qquad (50)$$

dessen Mittelpunct in den Anfangspunct fällt, und den Asymptotenkegel der Characteristik, dessen Mittelpunct wir ebenfalls in den Anfangspunct legen (11):

$$(K^2 - EF)x^2 + (L^2 - DF)y^2 + (M^2 - DE)z^2$$
$$+ 2(DK - LM)\,yz + 2(EL - KM)\,xz + 2(FM - KL)xy = 0. \quad (51)$$

Das System der beiden gemeinschaftlichen drei conjugirten Durchmesser ist das zu bestimmende Coordinaten-System.

256. In dem Falle, dass alle Durchmesser des Complexes in dem Mittelpuncte desselben sich schneiden, und wir diejenigen drei Durchmesser desselben, welche sowohl in Beziehung auf den Complex als auch in Beziehung auf den Complex-Kegel, der den Mittelpunct des Complexes zu seinem Mittelpuncte hat, einander zugeordnet sind, zu Coordinaten-Axen nehmen, wird die Gleichung des Complexes:

$$Ar^2 + Bs^2 + C + D\sigma^2 + E\varrho^2 + F\eta^2 = 0. \qquad (52)$$

Diese Gleichung enthält fünf von einander unabhängige Constanten, die mit den neun Constanten der Lage die vierzehn Constanten geben, von denen der Complex nur noch abhängt.

257. Nach dem Verschwinden von G, H, I gehen die Gleichungen der Aequatorialfläche in gemischten Coordinaten, (46) und (47), in die folgenden über:

$$w^2 + \frac{Fx^2 + B}{D} \cdot v^2 + \frac{Ex^2 + C}{D} \cdot u^2 = 0, \qquad (53)$$

$$\frac{E\dfrac{u^2}{v^2} + F}{C\dfrac{u^2}{v^2} + B} \cdot x^2 + \frac{D}{C\dfrac{u^2}{v^2} + B} \cdot z^2 + 1 = 0, \qquad (54)$$

und lassen sich unmittelbar in die folgenden verwandeln, welche dieselbe Aequatorialfläche bezüglich in Punct- und Plan-Coordinaten darstellen:

$$\frac{Dz^2}{Fx^2 + B} + \frac{Dy^2}{Ex^2 + C} + 1 = 0, \qquad (55)$$

$$\frac{C\dfrac{u^2}{v^2} + B}{E\dfrac{u^2}{v^2} + F} \cdot t^2 + \frac{C}{D}\,u^2 + \frac{B}{D}\,v^2 + w^2 = 0. \qquad (56)$$

---

[*]) Siehe Geometrie des Raumes. Nr. 262.

— 251 —

Die Meridianfläche, deren Doppellinie OX ist, wird in dem fraglichen Falle durch die folgenden Gleichungen in gemischten Coordinaten dargestellt:

$$w^2 + \frac{B\,\frac{y^2}{z^2}+C}{F\,\frac{y^2}{z^2}+E}\cdot t^2 + \frac{A}{F\,\frac{y^2}{z^2}+E}\cdot v^2 = 0. \tag{57}$$

$$\frac{B\,\frac{t^2}{w^2}+F}{A}\cdot y^2 + \frac{C\,\frac{t^2}{w^2}+E}{A}\cdot z^2 + 1 = 0. \tag{58}$$

Aus diesen Gleichungen erhalten wir unmittelbar die Gleichungen derselben Meridianfläche bezüglich in Punct- und Plan-Coordinaten:

$$\frac{F\,\frac{y^2}{z^2}+E}{B\,\frac{y^2}{z^2}+C}\cdot x^2 + \frac{F}{A}\cdot y^2 + \frac{E}{A}\cdot z^2 + 1 = 0. \tag{59}$$

$$\frac{A}{B\,\frac{t^2}{w^2}+F}\cdot u^2 + \frac{A}{C\,\frac{t^2}{w^2}+E}\cdot v^2 + w^2 = 0. \tag{60}$$

Die Aequatorialfläche, die OX zum Durchmesser, und die Meridianfläche, die OX zur Doppellinie hat, bleiben auch nach der Particularisation von der vierten Ordnung und der vierten Classe.

258. Wenn die neue Bedingungs-Gleichung:

$$BE = CF \tag{61}$$

besteht, wonach:

$$\frac{Fx^2 + B}{Ex^2 + C} = \frac{F}{E} = \frac{B}{C},$$

werden alle Breiten-Curven der Aequatorialfläche (55) ähnliche und ähnlich-liegende Curven des zweiten Grades. Die Gleichung derselben:

$$D(Fx^2 + B)\,y^2 + D\,(Ex^2 + C)\,z^2 + (Fx^2 + B)\,(Ex^2 + C) = 0$$

verwandelt sich, wenn wir den gemeinschaftlichen Factor

$$DE\,(Fx^2 + B) \qquad DF\,(Ex^2 + C)$$

vernachlässigen, in die folgende:

$$\frac{x^2}{D} + \frac{y^2}{E} + \frac{z^2}{F} + \frac{C}{DE} = 0. \tag{62}$$

Die Aequatorialfläche reducirt sich also, indem wir von den beiden Ebenen:

$$E\,(Fx^2 + B) \qquad F\,(Ex^2 + C) = 0. \tag{63}$$

die sich auf der unendlich weit liegenden Doppellinie der Fläche schneiden und die Fläche auf der Axe OX berühren, absehen, auf eine Fläche des zweiten Grades und verliert ihren, in YZ unendlich weit liegenden Doppelstrahl.

Die beiden Ebenen, welche durch die Gleichung (63) dargestellt werden, sind solche zwei Ebenen, in denen sich die von Linien des Complexes umhüllte Curve der zweiten Classe in zwei Puncte aufgelöst hat, die in einen zusammenfallen.

In ähnlicher Weise verwandelt sich die Gleichung (56), wenn wir dieselbe mit $\dfrac{DE}{C}$ multipliciren und berücksichtigen, dass in Folge der Bedingungs-Gleichung (61):

$$\frac{C\,\dfrac{u^2}{v^2} + B}{E\,\dfrac{u^2}{v^2} + F} = \frac{C}{E} = \frac{B}{F},$$

in die folgende:

$$Dt^2 + Eu^2 + Fv^2 + \frac{DE}{C}\cdot w^2 = 0, \tag{64}$$

die Gleichung derselben Fläche des zweiten Grades in Ebenen-Coordinaten, welche wir eben (62) durch ihre Gleichung in Punct-Coordinaten dargestellt haben.

Wir vernachlässigen hierbei zwei Puncte:

$$Eu^2 + Fv^2 = 0, \tag{65}$$

welche auf der unendlich weit liegenden Doppelaxe liegen, die dadurch ebenfalls verschwindet. Diese beiden Puncte sind solche zwei, für welche sich der von Complexlinien gebildete Kegel der zweiten Ordnung in zwei Ebenen aufgelöst hat, die in eine zusammenfallen.

Die Gleichung der Meridianfläche in Punct-Coordinaten (59) reducirt sich, wenn wir mit $\dfrac{A}{EF}$ multipliciren, in Folge der Bedingungs-Gleichung (61), auf:

$$\frac{A}{CF}\,x^2 + \frac{y^2}{E} + \frac{z^2}{F} + \frac{A}{EF} = 0. \tag{66}$$

Die Gleichung derselben Fläche in Plan-Coordinaten (60) geht, wenn wir mit

$$\frac{F}{A}\,(Ct^2 + Ew^2) = \frac{E}{A}\,(Bt^2 + Fw^2)$$

multipliciren, in die folgende über:

$$\frac{CF}{A}\,t^2 + Eu^2 + Fv^2 + \frac{EF}{A}\,w^2 = 0. \tag{67}$$

Die Meridianfläche reducirt sich, in Folge der Bedingungs-Gleichung (61), auf den zweiten Grad und verliert ihre Doppellinie. Wenn wir sie als den geometrischen Ort von Puncten betrachten und demgemäss, nach der Reduction, durch die Gleichung (66) darstellen, liegt der Grund dieser Reduction darin, dass wir von den beiden Ebenen:

$$B\,(Fy^2 + Ez^2) = F\,(By^2 + Cz^2) = 0, \tag{68}$$

die dem vernachlässigten Factor entsprechen, absehen. Diese beiden Ebenen schneiden sich auf OX und sind diejenigen beiden Tangential-Ebenen der Fläche, welche sich durch OX an dieselbe legen lassen. Die Complex-Curve in jeder derselben hat sich in ein System zweier Puncte aufgelöst, die in einen zusammenfallen. Wenn wir die Meridianfläche als von Ebenen umhüllt betrachten und nach der Reduction durch die Gleichung (67) darstellen, ist diese Reduction Folge davon, dass wir von den beiden Puncten:

$$E\,(Bt^2 + Fw^2) = F\,(Ct^2 + Ew^2) = 0 \tag{69}$$

absehen, welchen der vernachlässigte Factor entspricht. Diese beiden Puncte sind diejenigen beiden, in welchen die Fläche von der Axe OX geschnitten wird. Der Complex-Kegel, welcher einen beliebigen dieser beiden Puncte zum Mittelpuncte hat, artet in ein System zweier Ebenen aus, die in eine zusammenfallen.

259. Indem wir eine Fläche des zweiten Grades als Aequatorialfläche betrachten, ist zugleich ein Durchmesser derselben bestimmt, der einer gegebenen Ebenen-Richtung zugeordnet ist; indem wir sie als Meridianfläche betrachten, ist unmittelbar ein Durchmesser derselben, der früheren Doppellinie entsprechend, gegeben.

260. In Folge der Bedingungs-Gleichung (61):

$$BE = CF$$

gehen die Aequatorial- und die Meridian-Fläche, welche OX bezüglich zum Durchmesser und zur Doppellinie haben, beide in Flächen zweiten Grades über. Wenn die doppelte Bedingungs-Gleichung:

$$AD = BE = CF \tag{70}$$

befriedigt wird, werden diese beiden Flächen identisch dieselben. Für ihre gemeinschaftliche Gleichung in Punct-Coordinaten können wir die folgende nehmen:

$$\frac{x^2}{D} + \frac{y^2}{E} + \frac{z^2}{F} + \frac{A}{EF} = 0 \tag{71}$$

und $\dfrac{A}{EF}$ auch mit $\dfrac{B}{DF}$ und $\dfrac{C}{DE}$ vertauschen.

Die doppelte Bedingungs-Gleichung (70) sagt in Verbindung damit, dass G, H, I, K, L, M verschwinden, aus, dass der Complex-Kegel und der Asymptoten-Kegel der Charakteristik, welche den Mittelpunct des Complexes zu ihrem gemeinschaftlichen Mittelpuncte haben, identisch werden. Allgemeiner, wenn die obigen sechs Constanten nicht verschwinden, erhalten wir aus den beiden Gleichungen (50) und (51), um diese Identität auszudrücken, die folgende fünffache Bedingungs-Gleichung:

$$K^2 - EF : L^2 - DF : M^2 - DE : DK - LM : EL - KM : FM - KL$$
$$= A : B : C : G : H : I. \quad (72)$$

Wenn aber die beiden genannten Kegel identisch werden, können wir jedes System zugeordneter Durchmesser derselben zu Coordinaten-Axen, jeden beliebigen Durchmesser als Axe OX nehmen. Die Aequatorialfläche und die Meridianfläche, welche einen beliebigen Durchmesser des Complexes bezüglich zu ihrem Durchmesser oder zu ihrer Doppellinie hat, sind identische Flächen des zweiten Grades.

Betrachten wir diejenigen beiden Meridianflächen, welche, bei der gewählten Coordinaten-Bestimmung, bezüglich OX und OY zur Doppellinie haben, so sind die Durchschnitte dieser beiden Flächen mit den drei Coordinaten-Ebenen identisch. Zunächst ist beiden Flächen die in XY liegende Complex-Curve gemeinsam. Aber auch die Durchschnitts-Curven in XZ und in YZ fallen zusammen, insofern die in jeder der beiden Coordinaten-Ebenen liegende Complex-Curve einmal Meridian-Curve der einen Meridianfläche, dann aber auch Breiten-Curve der mit der anderen Meridianfläche identischen Aequatorialfläche ist. In Folge dessen fallen sämmtliche Meridianflächen und Aequatorialflächen, welche einen beliebigen Durchmesser des Complexes bezüglich zu ihrer Doppellinie oder zu ihrem Durchmesser haben, in dieselbe Fläche zweiten Grades zusammen.

Alle Linien eines so particularisirten Complexes zweiten Grades, der nunmehr nur noch von neun Constanten abhängt, umhüllen eine Fläche des zweiten Grades. Wir können sagen, dass diese Fläche durch die Gleichung des Complexes dargestellt werde.

Erst dadurch, dass der allgemeine Complex einer zehnfachen Beschränkung unterworfen wird, geht derselbe in einen solchen über, dessen Linien eine Fläche zweiten Grades umhüllen. Diese Beschränkungen können wir geometrisch darin zusammenfassen, dass erstens alle Durchmesser des Complexes in demselben Puncte sich schneiden, und dass zweitens der

Complex-Kegel und der Asymptoten-Kegel der Charakteristik des Complexes, die diesen Punct zum gemeinschaftlichen Mittelpuncte haben, identisch dieselben sind. Der ersten Voraussetzung entsprechen fünf Bedingungs-Gleichungen, die sich in allgemeinster Form ergeben, wenn wir zwischen den acht Gleichungen, die wir durch Annullirung der acht letzten Coefficienten der auf den neuen Anfangspunct (x^0, y^0, z^0) bezogenen Complex-Gleichung (VI) erhalten, die drei Coordinaten x^0, y^0, z^0 eliminiren. Der zweiten Voraussetzung entsprechen die fünf Bedingungs-Gleichungen (72).

Wenn wir, in anderer Reihenfolge, dieselben Bedingungs-Gleichungen befriedigen, gelangen wir, durch andere Particularisationen, zu demselben Resultate.

261. Wir wollen uns nochmals zu der Gleichung (52) zurückwenden und diejenigen halben Durchmesser der Curven des Complexes in den drei Coordinaten-Ebenen YZ, ZX, XY, welche bezüglich in OY und OZ, OX und OZ, OZ und OY fallen, durch b_1 und c_1, a_2 und c_2, a_3 und b_3 bezeichnen. Dann ist:

$$b_1^2 = - \frac{C}{D} \,, \quad c_1^2 = - \frac{B}{D} \,,$$
$$a_2^2 = - \frac{C}{E} \,, \quad c_2^2 = - \frac{A}{E} \,, \qquad (73)$$
$$a_3^2 = - \frac{B}{F} \,, \quad b_3^2 = - \frac{A}{F} \,.$$

Dieselben sechs Grössen, in folgender Weise zusammengestellt:

$$b_3 \text{ und } c_2, \quad a_3 \text{ und } c_1, \quad a_2 \text{ und } b_1,$$

sind zugleich die, bezüglich in OY und OZ, OX und OZ, OX und OY fallenden Halbdurchmesser der Basen in YZ, XZ, XY derjenigen drei Complex-Cylinder, deren Seiten mit OX, OY, OZ parallel sind. Wir erhalten:

$$a_3^2 \, b_1^2 \, c_2^2 = a_2^2 \, b_3^2 \, c_1^2 \,. \qquad (74)$$

Wenn zwischen den sechs Constanten der Gleichung (69) die doppelte Bedingungs-Gleichung (70):

$$AD = BE = CF$$

besteht, schneiden die drei Complex-Curven in den drei Coordinaten-Ebenen die drei Coordinaten-Axen in denselben Puncten. Diese drei Complex-Curven fallen mit den Basen der drei Complex-Cylinder zusammen. Dann erhalten wir, wenn wir die Marken von a, b, c unterdrücken:

$$\left. \begin{aligned} \frac{C}{E} = \frac{B}{F} = -a^2, \\ \frac{C}{D} = \frac{A}{F} = -b^2, \\ \frac{B}{D} = \frac{A}{E} = -c^2. \end{aligned} \right\} \tag{75}$$

Wir können eine der sechs Constanten der Complex-Gleichung (52) beliebig annehmen. Setzen wir:

$$C = a^2 b^2,$$

so geben die letzten Gleichungen:

$$A = b^2 c^2, \; B = a^2 c^2,$$
$$D = -a^2, \; E = -b^2, \; F = -c^2.$$

Die fragliche Gleichung geht alsdann in die folgende über:

$$b^2 c^2 r^2 + a^2 c^2 s^2 + a^2 b^2 = a^2 \sigma^2 + b^2 \varrho^2 + c^2 \eta^2. \tag{76}$$

Sie stellt einen Complex dar, dessen Linie eine Fläche zweiten Grades mit einem Mittelpunct umhüllen; sie stellt diese Fläche selbst dar.

Die Gleichung derselben Fläche in Punct-Coordinaten ist:

$$\frac{x^2}{a^2} + \frac{y^2}{b^2} + \frac{z^2}{c^2} = 1, \tag{77}$$

und in Ebenen-Coordinaten:

$$a^2 t^2 + b^2 u^2 + c^2 v^2 = w^2. \tag{78}$$

262. Um eine gegebene Fläche des zweiten Grades, für deren allgemeine Gleichung in Punct-Coordinaten wir die folgende nehmen wollen:

$$a x^2 + a' y^2 + a'' z^2 + 2 b'' xy + 2 b' xz + 2 b yz + 2 c x$$
$$+ 2 c' y + 2 c'' z + d = 0, \tag{79}$$

durch eine Complex-Gleichung darzustellen, brauchen wir bloss die Gleichung des der Fläche umschriebenen Kegels zu bestimmen, welcher irgend einen gegebenen Punct (x', y', z') zu seinem Mittelpuncte hat. Für diese Gleichung erhalten wir, wie bekannt[*]):

---

[*]) Die Gleichung des Textes leitet sich auf die folgende Weise ab.

Die Gleichung einer jeden Fläche zweiten Grades, die eine gegebene Fläche zweiten Grades:

$$\Omega = 0$$

längs der Durchschnitts-Curve mit einer Ebene:

$$p = 0$$

berührt, fällt unter die Form

$$\lambda \Omega - p^2 = 0,$$

wo λ eine willkürliche Constante bezeichnet. Für p ist hier die Polar-Ebene des Punctes (x', y', z') mit Bezug auf die gegebene Fläche (Ω) genommen, und λ ist so bestimmt, dass die neue Fläche durch den Punct (x', y', z') hindurch geht.

$$(a x^2 + a' y^2 + a'' z^2 + 2 b'' xy + 2 b' xz + 2 byz + 2 cx + 2 c'y + 2 c''z + d)$$
$$(a x'^2 + a' y'^2 + a'' z'^2 + 2 b'' x'y' + 2 b' x'z' + 2 by'z' + 2 cx' + 2 c'y' + 2 c''z' + d)$$
$$= [(a x + b''y + b'z + c)x' + (b''x + a'y + bz + c')y' + (b'x + by + a''z + c'')z'$$
$$+ (cx + c'y + c''z + d)]^2 \qquad (80)$$

Die Gleichung dieses Kegels ist, wenn wir x', y', z' neben x, y, z als veränderlich betrachten, die Complex-Gleichung der Fläche. Wir können sie wirklich unter der allgemeinen Form schreiben:

$$A(x - x')^2 + B(y - y')^2 + C(z - z')^2$$
$$+ D(yz' - y'z)^2 + E(x'z - xz')^2 + F(xy' - x'y)^2$$
$$+ 2G(y - y')(z - z') + 2H(x - x')(z - z') + 2I(x - x')(y - y')$$
$$+ 2K(xy' - x'y)(x'z - xz') + 2L(xy' - x'y)(yz' - y'z) + 2M(x'z - xz')(yz' - y'z)$$
$$+ 2N(x - x')(yz' - y'z) + 2O(y - y')(x'z - xz') + 2V(z - z')(xy' - x'y)$$
$$+ 2P(x - x')(x'z - xz') + 2Q(x - x')(xy' - x'z)$$
$$+ 2R(y - y')(xy' - x'y) + 2S(y - y')(yz' - y'z)$$
$$+ 2T(z - z')(yz' - y'z) + 2U(z - z')(x'z - xz') = 0,$$

indem wir

$$
\begin{aligned}
ad - c^2 &= A, & a'd - c'^2 &= B, & a''d - c''^2 &= C, \\
a'a'' - b^2 &= D, & aa'' - b'^2 &= E, & aa' - b''^2 &= F, \\
bd - c'c'' &= G, & b'd - cc'' &= H, & b''d - cc' &= I, \\
b'b'' - ab &= K, & bb'' - a'b' &= L, & bb' - a''b'' &= M, \\
b''c'' - b'c' &= N, & bc - b''c'' &= O, & b'c' - bc &= V, \\
b'c - ac'' &= P, & ac' - b''c &= Q, & \\
b''c' - a'c &= R, & a'c'' - bc' &= S, & \\
bc'' - a''c' &= T, & a''c - b'c'' &= U & \\
\end{aligned}
\qquad (81)
$$

setzen.

Dabei ist:

$$N + O + V = 0, \qquad (82)$$

und:

$$
\begin{aligned}
N &= N - V = b''c'' - 2b'c' + bc, \\
O &= O - V = -b''c'' + 2bc - b'c'.
\end{aligned}
\qquad (83)
$$

263. Um die Fläche zweiten Grades zu bestimmen, wenn ihre Complex-Gleichung gegeben ist, erhalten wir aus den vorstehenden Gleichungen (81) unmittelbar eine Reihe solcher Relationen, in welche die Constanten der Gleichung des Complexes und der Fläche linear eingehen. Beispielsweise ergeben sich aus den sechs Gleichungen:

$$a'a'' - b^2 = D, \qquad aa'' - b'^2 = E, \qquad aa' - b''^2 = F,$$
$$b'b'' - ab = K, \qquad bb'' - a'b' = L, \qquad bb' - a''b'' = M$$

die folgenden sechs zur Bestimmung der Verhältnisse von a, a', a'', b, b', b'':

$$\left.\begin{aligned}
aL + b'F + b''K &= 0, \\
aM + b'K + b''E &= 0, \\
a'M + b''D + bL &= 0, \\
a'K + b''L + bF &= 0, \\
a''K + bE + b'M &= 0, \\
a''L + bM + b'D &= 0.
\end{aligned}\right\} \qquad (84)$$

Wir unterlassen es, diese Relationen, aus denen sich durch Elimination der Grössen a, a' u. s. w. auch unmittelbar die Bedingungen ergeben, welche die Constanten der allgemeinen Complex-Gleichung zu erfüllen haben, damit die Complexlinien eine Fläche des zweiten Grades umhüllen, vollständig hinzuschreiben.

264. So wie, wenn wir uns der Punct-Coordinaten x, y, z bedienen, die Gleichung der einer gegebenen Fläche zweiten Grades umschriebenen Kegelfläche, indem wir die Coordinaten x', y'. z' seines Mittelpunctes ebenfalls als veränderlich betrachten, die Complex-Gleichung der Fläche in Strahlen-Coordinaten ist, so ist, wenn wir uns der Plan-Coordinaten t. u, v bedienen, die Gleichung der Durchschnitts-Curve einer Fläche zweiten Grades mit einer beliebigen schneidenden Ebene (t', u', v'), wenn wir die Coordinaten derselben ebenfalls als veränderlich betrachten, die Complex-Gleichung dieser Fläche in Axen-Coordinaten. In ganz analoger Weise, wie wir von der Complex-Gleichung einer gegebenen Fläche zweiten Grades in Strahlen-Coordinaten zu ihrer gewöhnlichen Gleichung in Punct-Coordinaten übergehen, können wir von der Complex-Gleichung derselben Fläche in Axen-Coordinaten sogleich zur Gleichung der Fläche in Plan-Coordinaten übergehen. Da überhaupt, wenn eine der beiden Gleichungen eines Complexes in Strahlen- und in Axen-Coordinaten gegeben ist, es beide zugleich sind, so ist in dem Vorstehenden auch der einfachste Weg angezeigt, um von einer der beiden Gleichungen einer Fläche zweiten Grades in Punct- und in Plan-Coordinaten zu der anderen derselben überzugehen.

265. Der Grund der Darstellbarkeit einer Fläche zweiten Grades durch eine Complex-Gleichung liegt in der Eigenschaft dieser Flächen, dass jede Ebene dieselbe in einer Curve der z w e i t e n C l a s s e schneidet und jeder

Punct für dieselbe der Mittelpunct eines Umhüllungs-Kegels der zweiten Ordnung ist.

Die Fläche kann einerseits in eine Kegelfläche, andererseits in eine ebene Curve ausarten. In beiden Fällen lässt sich dieselbe durch eine Gleichung zwischen Linien-Coordinaten darstellen.

In dem ersten Falle arten sämmtliche Complex-Kegel in Systeme von zwei Ebenen aus, welche die dargestellte Kegelfläche berühren. Alle durch den Mittelpunct der Fläche gehenden geraden Linien gehören dem Complexe an.

In dem zweiten Falle artet die Complex-Curve in einer beliebigen Ebene in ein System zweier Puncte aus, in denen die dargestellte Curve von der gegebenen Ebene geschnitten wird. Alle in der Ebene der Curve liegenden geraden Linien sind Linien des Complexes.

Während in Punct-Coordinaten sich eine ebene Curve, in Ebenen-Coordinaten sich eine Kegelfläche nicht durch eine Gleichung darstellen lässt, finden beide geometrische Gebilde ihre Darstellung in Linien-Coordinaten. Während aber eine Kegelfläche, durch eine Gleichung zweiten Grades zwischen Punct-Coordinaten bestimmt, von der zweiten Ordnung, und eine ebene Curve, durch eine Gleichung zwischen Ebenen-Coordinaten gegeben, von der zweiten Classe ist, kann ein Complex zweiten Grades nur einen Kegel der zweiten Classe und eine Curve der zweiten Ordnung darstellen.

Ein Kegel zweiter Classe kann sich auflösen in zwei sich in seinem Mittelpuncte schneidende Axen; eine Curve zweiter Ordnung in zwei in ihrer Ebene liegende Strahlen. Kegel und Curve sind nach dieser Particularisation identisch dasselbe und finden, nach wie vor, ihre Darstellung in einer Gleichung zwischen Linien-Coordinaten.

Noch von einer anderen Seite kommen wir auf dieselbe Particularisation des Complexes zweiten Grades. Die Gleichung desselben kann sich in lineare Factoren auflösen und diese Factoren wiederum können der Bedingung genügen, Complexe ersten Grades von der besonderen Art darzustellen, deren sämmtliche Linien eine feste gerade Linie schneiden. Wenn die beiden auf diese Art dargestellten geraden Linien durch denselben Punct hindurchgehen, oder, was dasselbe heisst, in derselben Ebene liegen, so haben wir einmal den particularisirten Kegel zweiter Classe, das andere Mal die particularisirte Curve zweiter Ordnung.

33*

§ 3.

Die unendlich weit liegenden Linien des Complexes.
Eintheilung der Complexe nach diesen Linien.

266. Wenn wir in einer gegebenen Ebene eine gerade Linie beliebig annehmen und, parallel mit sich selbst, immer weiter fortrücken lassen, so verliert sie in unendlicher Entfernung jede Spur ihrer ursprünglichen Richtung in der Ebene. Auch können wir an die Stelle der gegebenen Ebene, welche die unendlich weit gerückte Linie enthielt, jede andere Ebene setzen, die derselben parallel ist. Alle in parallelen Ebenen unendlich weit liegenden geraden Linien fallen im Unendlichen in eine einzige zusammen. Die unendlich weit gerückte gerade Linie ist der Durchschnitt unendlich vieler parallelen Ebenen. Sie hat, im Unendlichen, keine andere Beziehung zum Endlichen behalten, als dass sie einer gegebenen Ebenen-Richtung, einer gegebenen Ebene, parallel ist.

Wenn eine gegebene Ebene, parallel mit sich selbst, immer weiter fortrückt, so verliert sie ihrerseits ihre Richtung. Eine unendlich weit entfernte Ebene ist als jeder gegebenen Ebene parallel zu betrachten. Die in ihr liegenden geraden Linien haben jede Beziehung zum Endlichen und somit jede Bedeutung im gewöhnlichen Sinne verloren.

Diese geometrischen Anschauungen finden ihren unmittelbaren analytischen Ausdruck. Damit eine gerade Linie:

$$x = rz + \varrho,$$
$$y = sz + \sigma,$$

in einer gegebenen Ebene:

$$tx + uy + vz + w = 0,$$

enthalten sei, ergeben sich die folgenden drei Relationen:

$$tr + us + v = 0,$$
$$t\varrho + u\sigma + w = 0,$$
$$t\eta + v\sigma - ws = 0.$$

Wenn die gerade Linie in der gegebenen Ebene unendlich weit liegt, sind ϱ und σ, und, in Folge davon, auch $\eta = r\sigma - s\varrho$ unendlich gross. Dann geben die beiden letzten der vorstehenden Gleichungen:

$$t : u : v = -\sigma : \varrho : \eta,$$

während die erste Gleichung bloss ausdrückt, dass die unendlich weit gerückte gerade Linie der gegebenen Ebene parallel ist.

Wenn die gegebene Ebene unendlich weit rückt, wird w unendlich gross, oder, was auf dasselbe hinauskommt, es verschwinden t, u und v. Ihre Gleichung drückt dann ihre Richtung nicht mehr aus und die vorstehenden drei Relationen verlieren ihre Bedeutung.

267. Wenn wir wiederum für die allgemeine Gleichung der Complexe des zweiten Grades die folgende nehmen:

$$Ar^2 + Bs^2 + C + D\sigma^2 + E\varrho^2 + F\eta^2$$
$$+ 2Gs + 2Hr + 2Irs + 2K\varrho\eta - 2L\sigma\eta - 2M\varrho\sigma$$
$$- 2Nr\sigma + 2Os\varrho$$
$$+ 2Pr\varrho + 2Qr\eta + 2Rs\eta - 2Ss\sigma - 2T\sigma + 2U\varrho = 0, \qquad (I)$$

und in derselben ϱ, σ, η unendlich gross werden lassen und demnach gegen diese drei Veränderlichen die beiden übrigen, r und s, sowie constante Grössen und endlich gegen zweite Potenzen der erstgenannten drei Veränderlichen erste Potenzen derselben vernachlässigen, so ergibt sich für solche Linien des Complexes, welche unendlich weit liegen:

$$D\sigma^2 + E\varrho^2 + F\eta^2 + 2K\varrho\eta - 2L\sigma\eta - 2M\varrho\sigma = 0. \qquad (85)$$

Diese Gleichung stellt, wie jede Gleichung in Linien-Coordinaten, einen Complex dar. Wir wollen denselben den Asymptoten-Complex des gegebenen Complexes nennen. Dieser Complex subsumirt sich, nach den Erörterungen des vorigen Paragraphen, unter diejenigen, welche einen Kegel zweiter Classe darstellen. Der Mittelpunct dieser Kegelfläche fällt mit dem Coordinaten-Anfangspuncte zusammen und ihr Durchschnitt mit der unendlich weit liegenden Ebene ist die in dieser Ebene von Linien des Complexes umhüllte Curve zweiter Classe.

Ein jeder Complex des zweiten Grades, in dessen Gleichung die Glieder zweiter Ordnung in ϱ, σ, η mit denselben Constanten D, E, F, K, L, M multiplicirt vorkommen, wie in der Gleichung des gegebenen Complexes, stellt mit gleicher Genauigkeit die im Unendlichen liegenden Linien des gegebenen Complexes dar, als derjenige Complex, dessen Gleichung die vorstehende (85) ist. Es ist der Asymptoten-Complex, der seinerseits wieder zu allen solchen Complexen in gleicher Beziehung, wie zu dem gegebenen, steht, unter ihnen durch die Einfachheit seiner Gleichung und, dem entsprechend, sowohl durch die übersichtliche Gruppirung seiner Linien als durch eine besondere Lage zu dem Coordinaten-Systeme ausgezeichnet.

Der Grad der Annäherung, mit welcher der Asymptoten-Complex die unendlich weit liegenden Linien des gegebenen Complexes darstellt, ist nur der erste, insofern seine Gleichung mit der des gegebenen einzig in den Gliedern zweiter Ordnung der in Betracht kommenden Veränderlichen, nicht aber auch in denen erster Ordnung, übereinstimmt.

268. Wenn wir in der Gleichung (85) für $-\sigma$, ϱ, η bezüglich die obigen Werthe t, u, v, welche diese Coordinaten für unendlich weit entfernte gerade Linien annehmen, einsetzen, so erhalten wir die folgende Gleichung:

$$D t^2 + E u^2 + F v^2 + 2 K u v + 2 L t v + 2 M t u = 0,$$

zur Bestimmung derjenigen Ebenen-Richtungen, nach welchen Linien des Complexes unendlich weit liegen. Legen wir durch den Coordinaten-Anfangspunct Ebenen, welche diese Richtung haben, so umhüllen dieselben eine Kegelfläche zweiter Classe, dieselbe Kegelfläche, welche durch die Gleichung (85) in Linien-Coordinaten dargestellt wird. Wir können die Kegelfläche und mit ihr den Asymptoten-Complex beliebig parallel mit sich selbst verschieben, ohne die Beziehung zu dem gegebenen Complex zu ändern. Denn bei einer solchen Verschiebung bleiben nach den Coordinaten-Transformationsformeln der 157. Nummer die Coefficienten D, E, F, K, L, M, auf die es hier einzig ankommt, ungeändert. Bei der Verschiebung rücken die Tangential-Ebenen der Kegelfläche parallel mit sich selbst fort. Alle unter sich parallelen Tangential-Ebenen schneiden sich auf einer Linie des gegebenen Complexes, welche unendlich weit liegt.

Wir haben in dem ersten Paragraphen dieses Abschnitts als Characteristik eines Complexes eine Fläche zweiter Classe bezeichnet, deren Mittelpunct und absolute Dimensionen beliebig angenommen werden können, und die, wenn wir ihren Mittelpunct in den Anfangspunct der Coordinaten legen und durch k eine willkürliche Constante bezeichnen, durch die folgende Gleichung dargestellt wird:

$$D t^2 + E u^2 + F v^2 + 2 K u v + 2 L t v + M t u + k w^2 = 0.$$

Nach dem Vorstehenden liegen die unendlich weit entfernten Linien des Complexes in den Tangential-Ebenen des Asymptoten-Kegels der Characteristik, und dieser Asymptoten-Kegel wird durch die Gleichung (85) in Linien-Coordinaten dargestellt. Eine Ebene, die wir unendlich weit rücken lassen, aber so, dass sie ihre ursprüngliche Richtung noch nicht verliert, schneidet diesen Asymptoten-Kegel, und also auch die Characteristik selbst, nach einer Curve, die von unendlich weit liegenden Linien des Complexes umhüllt wird. Es kommt hierbei auf eine endliche Verschiebung der Characteristik und ihres Asymptoten-Kegels nicht an.

269. Wir können uns der unendlich weit entfernten Ebene, von der wir kaum eine geometrische Vorstellung haben, auf unendlichfach verschiedene Weise nähern, indem wir von einer Ebene mit gegebener Richtung ausgehen, die, diese Richtung beibehaltend, immer weiter fortrückt. In einer solchen beliebigen Ebene liegt einerseits eine Complex-Curve zweiter Classe, andererseits als Durchschnitt mit der Characteristik eine zweite solche Curve: die beiden Curven fallen, wenn ihre Ebene unendlich weit rückt, zusammen; mit anderen Worten, die Curven der sämmtlichen Aequatorialflächen eines gegebenen Complexes in Breiten-Ebenen, die unendlich weit gerückt sind, liegen auf der Characteristik.

Während die Ebene von gegebener Richtung fortrückt, ändert sich in ihr fortwährend die Complex-Curve, welche die Aequatorialfläche beschreibt. Die Richtung der beiden Axen der Curve und ihr Verhältniss nähern sich, wenn die Ebene immer weiter rückt, der Richtung der Ebene entsprechend, einer bestimmten Grenze. Diese Grenze ist gegeben durch die constante Richtung und das constante Verhältniss der Axen der Durchschnitts-Curve der fortrückenden Ebene mit der Characteristik. Da in unendlicher Entfernung Complex-Curven und Durchschnitts-Curven der Characteristik, welche in parallelen Ebenen enthalten sind, zusammenfallen, muss der Durchmesser der bezüglichen Aequatorialfläche des gegebenen Complexes mit demjenigen Durchmesser der Characteristik parallel sein, welcher der parallel mit sich selbst fortrückenden Ebene zugeordnet ist, wie das die analytischen Entwicklungen des ersten Paragraphen bestätigen.

Es bezeichnen die vorstehenden geometrischen Anschauungen die Beziehungen zwischen dem gegebenen Complexe und seiner Characteristik. In Uebereinstimmung mit denselben erhalten wir aus den Gleichungen (7) der 166. Nummer für die drei Complex-Curven in solchen Ebenen, welche den beliebig angenommenen Coordinaten-Ebenen YZ, XZ, XY parallel unendlich weit gerückt sind, indem wir erste Potenzen von x, y, z und Constante gegen zweite Potenzen derselben vernachlässigen, die folgenden drei Gleichungen:

$$\left. \begin{aligned} Dw^2 + 2Lxvw + Fx^2v^2 + 2Mxuw + 2Kx^2uv + Ex^2u^2 &= 0, \\ Ew^2 + 2Mytw + Dy^2t^2 + 2Kyvw + 2Ly^2tv + Fy^2v^2 &= 0, \\ Fw^2 + 2Kzuw + Ez^2u^2 + 2Lztw + 2Mz^2tu + Dz^2t^2 &= 0, \end{aligned} \right\} \quad (86)$$

die mit den Gleichungen der Durchschnitts-Curven der drei fraglichen Ebenen mit dem Asymptotenkegel der Characteristik zusammenfallen.

270. Die Kegelfläche der zweiten Classe, welche von den Linien des Asymptoten-Complexes umhüllt wird, kann reell oder imaginär sein, und dementsprechend schliesst der gegebene Complex zweiten Grades entweder solche reelle Linien ein, welche unendlich weit liegen, oder nicht. Danach zerfallen die allgemeinen Complexe des zweiten Grades in zwei coordinirte Arten. Complexe der ersten Art wollen wir hyperboloidische, Complexe der zweiten Art ellipsoidische nennen. Wir sehen bei dieser Eintheilung zunächst von allen solchen Complexen ab, deren Asymptoten-Complex sich irgendwie particularisirt hat.

Hyperboloidische Complexe haben eine Characteristik mit einem reellen Asymptotenkegel, und werden demnach analytisch dadurch bezeichnet, dass nur zwei der drei Ausdrücke:

$$D - \frac{LM}{K}, \qquad E - \frac{MK}{L}, \qquad F - \frac{KL}{M}$$

Werthe mit gleichem Vorzeichen haben.

Ellipsoidische Complexe haben eine Characteristik, deren Asymptoten-Kegel sich auf einen ellipsoidischen Punct reducirt; die obigen drei Ausdrücke haben für solche Complexe Werthe, die alle drei im Zeichen übereinstimmen.

271. In hyperboloidischen Complexen bestimmen die Tangential-Ebenen des Asymptoten-Kegels der Characteristik die Richtungen derjenigen Ebenen, nach welchen Linien des Complexes unendlich weit liegen. Die Complex-Curven in solchen Ebenen sind Parabeln, welche die unendlich weit liegenden Linien berühren. Bewegt sich eine solche Ebene parallel mit sich selbst, so beschreibt die in ihr liegende, von Linien des Complexes umhüllte Parabel eine parabolische Aequatorialfläche (n. 232). Die Seite, nach welcher der Asymptoten-Kegel der Characteristik von einer Breiten-Ebene der Fläche berührt wird, bestimmt die Richtung, welcher die Richtung der Axe der Parabel sich fortwährend nähert, wenn die Ebene derselben immer weiter fortrückt, was in zweifachem Sinne geschehen kann.

Jede andere Ebenen-Richtung, nach der keine Linie des Complexes unendlich weit liegt, bestimmt eine Aequatorialfläche, deren Breiten-Curven einen Mittelpunct besitzen. Hier heben wir zunächst nur hervor, dass, bei zunehmender Entfernung einer parallel mit sich selbst fortrückenden Ebene die Complex-Curve in ihr entweder eine Hyperbel oder eine Ellipse ist, je nachdem die Ebene den Asymptoten-Kegel in einer Hyperbel oder einer Ellipse schneidet.

Durch eine gegebene gerade Linie lassen sich im Allgemeinen zwei Ebenen legen, in denen eine Linie des hyperboloidischen Complexes unendlich weit liegt. Nehmen wir irgend einen Punct der gegebenen geraden Linie als Mittelpunct des Asymptoten-Kegels der Characteristik, so sind die beiden Tangential-Ebenen, welche durch die gegebene Linie an diesen Kegel sich legen lassen, die beiden fraglichen Ebenen. Sie sind reell oder imaginär, je nachdem die Linie ausserhalb oder innerhalb des Kegels liegt, und fallen, wenn die Linie eine Seite des Kegels ist, in eine Tangential-Ebene desselben zusammen. Dem entsprechend können unter den Meridian-Curven einer Meridianfläche eines hyperboloidischen Complexes zwei Parabeln auftreten. Dieselben können auch zusammenfallen. Es hängt das ab von der Richtung der Doppellinie der Meridianfläche in Beziehung auf den Asymptoten-Kegel der Characteristik des Complexes.

Die der Doppellinie einer Meridianfläche parallelen Linien des Complexes bilden einen der Meridianfläche umschriebenen Complex-Cylinder. Dieser Cylinder ist ein hyperbolischer oder ein elliptischer*), je nachdem die beiden Meridian-Ebenen, in welchen parabolische Complex-Curven liegen, reell oder imaginär sind. Fallen die beiden Ebenen in eine zusammen, so wird der Complex-Cylinder ein parabolischer.

Nach dem Vorstehenden sind also die von den Linien eines hyperboloidischen Complexes gebildeten Cylinder elliptische oder hyperbolische, je nachdem die Richtung der sie erzeugenden Complex-Linien in den Asymptoten-Kegel der Characteristik hineinfällt, oder nicht. Alle Complex-Cylinder, deren Erzeugende einer Seite des Asymptoten-Kegels parallel sind, sind parabolische.

272. In ellipsoidischen Complexen gibt es überhaupt keine parabolischen Complex-Curven. Alle Aequatorialflächen sind zwischen zwei in endlichem Abstande von einander befindliche Ebenen eingeschlossen. Diese Ebenen bezeichnen den Uebergang von solchen Ebenen, in welchen eine reelle Complex-Curve liegt, zu solchen, in denen eine imaginäre Curve von Linien des Complexes umhüllt wird.

---

*) Wir verstehen hier und im Folgenden unter einem hyperbolischen und einem elliptischen Cylinder einen solchen, der von der unendlich weit entfernten Ebene bezüglich in zwei reellen oder in zwei imaginären geraden Linien geschnitten wird. Danach wird auch der imaginäre Cylinder als ein elliptischer bezeichnet. Insbesondere kann sich der hyperbolische und der elliptische Cylinder in das System zweier sich schneidender, bezüglich reeller oder imaginärer Ebenen auflösen.

Wenn die beiden Durchschnittslinien mit der unendlich entfernten Ebene in eine gerade Linie zusammenfallen, heisst der Cylinder ein parabolischer, auch wenn er sich in ein System zweier paralleler, reeller oder imaginärer, Ebenen particularisirt.

Unter den Meridian-Curven einer beliebigen, dem Complexe angehörigen Meridianfläche finden sich keine Parabeln. Die beiden Meridian-Ebenen, in welchen in dem Falle hyperboloidischer Complexe Parabeln von den Linien des Complexes umhüllt werden, sind bei ellipsoidischen Complexen unabhängig von der Richtung der Doppellinie imaginär. In Folge dessen sind sämmtliche Cylinder, welche von Linien eines ellipsoidischen Complexes gebildet werden, elliptische Cylinder.

273. Wir haben in der 163. Nummer für die Gleichung einer solchen Aequatorialfläche, deren Breiten-Curven der Ebene YZ parallel sind, in gemischten Punct- und Linien-Coordinaten x, u, v, w, die folgende erhalten:

$$D w^2 + 2(L x - S) v w + (F x^2 - 2 R x + B) v^2$$
$$+ 2(M x + T) u w + 2(K x^2 - O x - G) u v + (E x^2 + 2 U x + C) u^2 = 0. \quad (87)$$

Diese Gleichung enthält dreizehn Constante, welche mit den zwei Constanten, durch welche das Coordinaten-System particularisirt ist, die fünfzehn Constanten geben, von denen die Aequatorialfläche abhängt.

Wenn wir die Axe OX so bestimmen, dass sie dem Durchmesser des Complexes, welcher der zu YZ genommenen beliebigen Ebene zugeordnet ist, parallel läuft, so verschwinden die Constanten L und M; wenn sie mit diesem Durchmesser zusammenfällt, so verschwinden gleichzeitig S und T. Es verschwindet K, wenn wir in YZ den beiden Axen OY und OZ eine solche Richtung geben, dass die drei Coordinaten-Axen dreien zugeordneten Durchmessern des Complexes parallel sind. Durch diese Coordinaten-Bestimmung verliert die allgemeine Gleichung der Aequatorialfläche fünf weitere ihrer Constanten, indem sie in die folgende übergeht:

$$D w^2 + (F x^2 - 2 R x + B) v^2 - 2(O x + G) u v$$
$$+ (E x^2 + 2 U x + C) u^2 = 0. \quad (88)$$

Wenn wir die Coordinaten-Ebene YZ parallel mit sich selbst verschieben, bis sie durch den Mittelpunct des Complexes geht, so reducirt sich die Anzahl der Constanten, in Gemässheit der Bedingungs-Gleichung (36):

$$ER = FU,$$

um eine sechste Einheit.

274. Für ellipsoidische Complexe sind alle Aequatorialflächen durch eine Gleichung von der Form der letzten, (88), darstellbar, wie wir auch die Richtung der Ebene YZ wählen mögen. Wenn wir aber bei hyperboloidischen Complexen insbesondere die Breiten-Ebenen der Aequatorialfläche einer Tangential-Ebene des Asymptoten-Kegels der Characteristik parallel

nehmen, so ist der zugeordnete Durchmesser der Characteristik diesen Ebenen parallel und in Folge dessen die vorstehende Coordinaten-Bestimmung nicht mehr möglich. Dann verliert die allgemeine Gleichung der Aequatorialfläche (87) die Constante D, so dass die Fläche nur noch von vierzehn Constanten abhängt. Solche Aequatorialflächen haben wir parabolische genannt.

Dem Verschwinden von D entspricht, dass die Ebene YZ eine Tangential-Ebene des Asymptoten-Kegels der Characteristik ist, als deren Mittelpunct wir den Coordinaten-Anfangspunct genommen haben. Wir wollen die Axe OZ mit derjenigen Seite des Asymptoten-Kegels zusammenfallen lassen, nach welcher derselbe von der Ebene YZ berührt wird. Dann verschwindet in der Gleichung der Aequatorialfläche die Constante M. Im allgemeinen Falle sind die Coordinaten des Mittelpunctes einer beliebigen Breiten-Curve:

$$y = - \frac{Mx + T}{D}, \qquad z = - \frac{Lx - S}{D}.$$

Wenn D verschwindet, rückt der Mittelpunct in der Ebene der Curve unendlich weit, und die Richtung, nach welcher er unendlich weit liegt, ist durch die Gleichung:

$$\tan\alpha = \frac{Mx + T}{Lx - S}$$

bestimmt, in welcher α den Winkel bezeichnet, den diese Richtung, die Axen-Richtung der Parabel, mit OZ bildet. Für die unendlich weit liegende Parabel kommt:

$$\tan\alpha = \frac{M}{L}$$

Wenn M verschwindet, ist diese Axen-Richtung mit der Axe OZ parallel.

Die Richtung der Axe OY ist bisher noch unbestimmt geblieben. Wir können dieselbe in YZ senkrecht gegen OZ nehmen. Wenn wir dann durch OY eine zweite Tangential-Ebene an den Asymptoten-Kegel legen und dieselbe als Ebene XY und die Seite des Asymptoten-Kegels, nach welcher sie berührt wird, als Axe OX nehmen, so verschwinden aus der Gleichung der Aequatorialfläche die zwei Constanten F und K. Dann schreibt sich die Gleichung der Fläche unter der folgenden Form:

$$2(Lx - S)vw - (2Rx - B)v^2 + 2Tuw$$
$$- 2(Ox + G)uv + (Ex^2 + 2Ux + C)u^2 = 0. \qquad (89)$$

Aus dieser Gleichung können wir durch schickliche Wahl des Anfangspunctes noch weitere drei Constante fortschaffen.

275. Wenn sich der Ausdruck:

$$D t^2 + E u^2 + F v^2 + 2 K u v + 2 L t v + 2 M t u,$$

entsprechend der Bedingungs-Gleichung:

$$D E F - D K^2 - E L^2 - F M^2 + 2 K L M = 0, \qquad (90)$$

in zwei Factoren des ersten Grades auflöst, so particularisirt sich der Complex, indem er eine seiner neunzehn Constanten verliert.

Die vorstehende Bedingungs-Gleichung kommt darauf hinaus, dass, wenn wir durch eine schickliche Annahme der Richtung der drei Coordinaten-Axen, wie früher, K, L, M verschwinden lassen, dadurch zugleich eine der drei Constanten D, E, F verschwindet. Ist D die verschwindende Constante, so wird die Gleichung des Complexes:

$$A r^2 + B s^2 + C + E \varrho^2 + F \eta^2$$
$$+ 2 G s + 2 H r + 2 I r s$$
$$- 2 N r \sigma + 2 O s \varrho$$
$$+ 2 P r \varrho + 2 Q r \eta + 2 R s \eta - 2 S s \sigma - 2 T \sigma + 2 U \varrho = 0. \qquad (91)$$

Aus dieser Gleichung, bei welcher wir, unbeschadet der Allgemeinheit, das Coordinaten-System als ein rechtwinkliges annehmen wollen, können wir noch weitere drei Constanten durch die Bestimmung des Anfangspunctes der Coordinaten fortschaffen. Wesentlich bei den folgenden Betrachtungen ist, dass durch die Wahl der Richtung der Coordinaten-Axen ausser D nicht auch noch eine andere der Constanten D, E, F verschwindet.

276. Wir haben durch die Gleichung:

$$D t^2 + E u^2 + F v^2 + 2 K u v + 2 L t v + 2 M t u + k w^2 = 0$$

die Characteristik des Complexes dargestellt. Diese Characteristik ist in dem allgemeinen Falle der hyperboloidischen und ellipsoidischen Complexe eine Fläche des zweiten Grades mit einem Mittelpuncte. Der Mittelpunct dieser Fläche und ihre absoluten Dimensionen, die von der willkürlichen Constante k abhängen, können beliebig angenommen werden. In dem Falle der Complexe besonderer Art, die wir jetzt betrachten und die wir durch die Gleichung (91) dargestellt haben, reducirt sich die Characteristik auf eine Curve zweiten Grades mit einem Mittelpuncte. Wir wollen diese Curve die characteristische Curve des Complexes besonderer Art nennen.

Durch die Ebene der characteristischen Curve ist eine ausgezeichnete Ebenen-Richtung für den Complex gegeben. Nehmen wir dieselbe der Coordinaten-Ebene YZ parallel, so verschwinden D, L, M und die Gleichung der Curve geht in die folgende über:

$$E u^2 + F v^2 + 2 K u v + k w^2 = 0.$$

Wenn wir zwei zugeordnete Durchmesser der Curve, insbesondere die beiden Axen derselben, zu Coordinaten-Axen OY und OZ nehmen, so verschwindet K, und dann sind die Coordinaten-Axen dieselben, auf welche der Complex in der Gleichung (91) bezogen ist.

277. Wir haben die Bestimmung der Richtung der zugeordneten Durchmesser eines Complexes der allgemeinen Art auf die Betrachtung der Durchmesser seiner characteristischen Fläche zurückgeführt. Die characteristische Curve eines Complexes der besonderen Art können wir als die Grenze von characteristischen Flächen ansehen, und, in Folge davon, sagen, dass von zwei zugeordneten Durchmessern der Curve jeder zugleich allen Ebenen zugeordnet ist, welche nach beliebiger Richtung durch den jedesmaligen anderen gelegt werden können; dass jede durch den Mittelpunct der Curve hindurchgehende gerade Linie, welche nicht in der Ebene derselben liegt, dieser Ebene zugeordnet sei, und endlich, dass eine beliebige solche gerade Linie und zwei zugeordnete Durchmesser der Curve ein System dreier zugeordneter Durchmesser der Curve bilden.

Diese Relationen übertragen sich unmittelbar auf Complexe der besonderen Art. Einer gegebenen Ebene entspricht ein Durchmesser des Complexes, welcher der Ebene der characteristischen Curve parallel ist und dieser Ebene parallel bleibt, wie auch die Richtung der gegebenen Ebene sich ändern mag; oder, mit anderen Worten, die Durchmesser aller Aequatorialflächen des Complexes sind der Ebene seiner characteristischen Curve parallel.

Wenn sich die gegebene Ebene um ihre Durchschnittslinie mit der Ebene der characteristischen Curve dreht, so rückt der zugeordnete Durchmesser des Complexes parallel mit sich selbst fort. Es gibt also unendlich viele unter sich parallele Durchmesser des Complexes. Wenn endlich die sich drehende Ebene mit der Ebene der characteristischen Curve zusammenfällt, so wird der Durchmesser unbestimmt. Er verliert seine Richtung, indem er unendlich weit rückt.

In dem allgemeinen Falle der hyperboloidischen und ellipsoidischen Complexe haben wir gezeigt, dass je zwei conjugirte Durchmesser von der Axe desjenigen Complex-Cylinders geschnitten werden, dessen Seiten dem dritten conjugirten Durchmesser parallel sind. In dem Falle der besonderen Complexe, die wir hier betrachten, ist jedesmal der dritte conjugirte Durchmesser unendlich weit gerückt. Aber nach wie vor bestimmen je zwei beliebige, der Central-Ebene parallele, conjugirte Durchmesser durch den Durchschnitt ihrer zugeordneten Ebenen die Richtung der Seiten eines Complex-Cylinders, dessen Axe die beiden Durchmesser schneidet. Wir sagen, dass dieser Cylinder und insbesondere seine Axe dem Systeme der beiden Durchmesser zugeordnet sei.

278. Zur Bestätigung und Erweiterung dieser Resultate wollen wir zu den Gleichungen (5) zurückgehen, welche in dem allgemeinen Falle der Complexe den Durchmesser darstellen, der einer gegebenen Ebene:

$$t x + u y + v z + w = 0$$

zugeordnet ist. Diese Gleichungen reduciren sich, wenn wir die Gleichung der Complexe besonderer Art, (91), zu Grunde legen und x', y', z' in der früheren Bedeutung beibehalten, auf:

$$\left. \begin{aligned} x - x' &= 0, \\ y - y' &= \frac{E u}{E u^2 + F v^2}, \\ z - z' &= \frac{F v}{E u^2 + F v^2}. \end{aligned} \right\} \tag{92}$$

Danach ist:

$$(y - y')\, F v = (z - z')\, E u. \tag{93}$$

Der Durchmesser ist, in Gemässheit mit der ersten der drei Gleichungen (92), der Ebene VZ parallel. Die Gleichung (93), in folgender Weise geschrieben:

$$\frac{y - y'}{z - z'} \cdot \frac{v}{u} = \frac{E}{F} \tag{94}$$

drückt unmittelbar aus, dass der Durchschnitt der gegebenen Ebene VZ und der dieser Ebene zugeordnete Durchmesser des Complexes die Richtung zweier zugeordneter Durchmesser der characteristischen Curve haben, die, nach dem Verschwinden von K, durch die Gleichung:

$$E u^2 + F v^2 + k w^2 = 0$$

dargestellt wird.

Die Werthe für x', y', z', welche wir den Gleichungen (92) zu Grunde gelegt haben, sind die folgenden:

$$\left. \begin{aligned} x' &= \frac{O u v + R v^2 + S t v - T t u - U u^2}{E u^2 + F v^2}, \\ y' &= \frac{- N t v - P u v - Q v^2 + T t^2 + U t u}{E u^2 + F v^2}, \\ z' &= \frac{(N - O) t u + P u^2 + Q u v - R t v - S t^2}{E u^2 + F v^2}. \end{aligned} \right\} \tag{4}$$

Der Abstand x' des Durchmessers von der Ebene VZ bleibt also für alle Ebenen derselbe, deren Coordinaten die folgende Gleichung befriedigen:

$$(Eu^2 + Fv^2)x' = Ouv + Rv^2 + Stv - Ttu - Uu^2. \qquad (95)$$

Alle solche Ebenen umhüllen eine unendlich weit liegende Curve der zweiten Classe. Indem in der vorstehenden Gleichung das Glied mit t^2 fehlt, berührt diese Curve, unabhängig von der Annahme von x', die in VZ unendlich weit liegende gerade Linie. Für den Berührungspunct erhalten wir:

$$Sv - Tu = 0. \qquad (96)$$

In dieser Gleichung kommt x' nicht mehr vor. Es ist durch dieselbe eine für den Complex ausgezeichnete Richtung bestimmt.

Wenn u und v gleichzeitig verschwinden, werden die Coordinaten des Punctes x', y', z', durch welchen die Lage des Durchmessers bestimmt wird, unendlich gross. Dabei verliert der Durchmesser, wie die Gleichungen (92) zeigen, in unendlicher Entfernung seine Richtung. Aber der Quotient $\frac{y'}{z'}$ behält einen endlichen und bestimmten Werth. Wir erhalten aus (4), indem wir u und v verschwinden lassen:

$$\frac{y'}{z'} = -\frac{T}{S}. \qquad (97)$$

Der Durchmesser ist also in der durch die vorstehende Gleichung bezeichneten Richtung parallel zu VZ unendlich weit gerückt. Diese Richtung fällt mit derjenigen zusammen, welche wir durch die Gleichung (96) bestimmt haben. Wir können sagen, dass die unendlich vielen Durchmesser, welche im Complexe der Ebene der characteristischen Curve zugeordnet sind, diese Ebene in demselben unendlich weit liegenden Puncte schneiden. Dieser Punct ist der Mittelpunct der in der Ebene der characteristischen Curve von Linien des Complexes umhüllten Curve, und bleibt unverändert, wenn die Ebene parallel mit sich fortrückt. Wir werden in den folgenden Nummern die analytische Bestätigung für diese geometrische Folgerung erhalten.

279. Für die Durchschnitte der beiden, den Coordinaten-Ebenen XZ und XY zugeordneten, mit OY und OZ parallelen Durchmesser mit diesen beiden Coordinaten-Ebenen erhalten wir:

$$\left. \begin{array}{ll} x = -\dfrac{U}{E}, & x = \dfrac{P}{E}, \\[2ex] x = \dfrac{R}{F}, & y = -\dfrac{Q}{F}. \end{array} \right\} \qquad (98)$$

Setzen wir: $\qquad\qquad P = 0, \qquad Q = 0,$

so verschieben wir die Ebenen XZ und XY so, dass, nach der Verschiebung, die beiden diesen Ebenen zugeordneten Durchmesser die Axe OX schneiden.

Von den Gleichungen-Paaren (18) der 240. Nummer, durch welche überhaupt die Axen der drei Complex-Cylinder, deren Seiten den Coordinaten-Axen OX, OY, OZ parallel sind, dargestellt werden, zeigt das erste:

$$y = -\frac{Q}{F}, \qquad\qquad z = \frac{P}{E}, \qquad\qquad (99)$$

dass eine der drei Cylinder-Axen mit OX zusammenfällt. Die beiden anderen Gleichungen-Paare geben:

$$\left.\begin{array}{ll} x = \dfrac{R}{F}, & z = \infty, \\[2ex] x = -\dfrac{U}{E}, & y = \infty. \end{array}\right\} \qquad (100)$$

Es sind also die beiden anderen Cylinder-Axen in denselben zu YZ parallelen Ebenen, in welchen die beiden zugeordneten Durchmesser liegen, unendlich weit gerückt.

Von den drei Coordinaten des Mittelpunctes des Centralparallelepipeds, dessen Kanten bezüglich OX, OY, OZ parallel sind, für welche wir in dem allgemeinen Falle erhalten haben:

$$x^0 = \frac{ER - FU}{2EF}, \qquad y^0 = -\frac{DQ - FT}{2DF}, \qquad z^0 = \frac{DP - ES}{2DE}, \qquad (21)$$

bleibt nur x^0 endlich und vollkommen bestimmt, während y^0 und z^0 unendlich gross werden. Das Verhältniss zwischen y^0 und z^0 bleibt ein bestimmtes. Wir erhalten für dasselbe:

$$\frac{y^0}{z^0} = -\frac{T}{S}. \qquad\qquad (101)$$

Durch diese Gleichung wird dieselbe für den Complex ausgezeichnete Richtung bestimmt, welche wir in der vorigen Nummer erhalten haben (97).

Der Mittelpunct des Centralparallelepipeds, welches wir ausgewählt haben, liegt in einer nicht nur der Richtung, sondern auch der Lage nach bestimmten Ebene in dem durch die Gleichung (101) bestimmten Sinne unendlich weit. Wenn wir die Axe OX als eine Seite des Centralparallelepipeds beibehalten und OY und OZ beliebig zweien conjugirten Durchmessern der characteristischen Curve parallel nehmen, so erhalten wir eine Reihe von Centralparallelepipeden. Dieselben Betrachtungen, welche wir in der 246. Nummer in dem Falle der hyperboloidischen und ellipsoidischen Complexe angestellt haben, zeigen hier, dass der Mittelpunct aller dieser

Centralparallelepipede in derselben Richtung und in derselben zu der Ebene der characteristischen Curve parallelen Ebene unendlich weit gerückt sind.

Wenn wir an Stelle der Axe OX eine andere Cylinder-Axe des Complexes wählen, so erhalten wir eine neue Reihe von Centralparallelepipeden. Der Mittelpunct aller dieser Parallelepipede ist in derselben Richtung, wie vorhin, parallel mit der Ebene der characteristischen Curve unendlich weit gerückt, indem die Bestimmung dieser Richtung von der Wahl der Coordinaten-Axe OX unabhängig war. Dagegen ist die Ebene, in welcher der Mittelpunct des Parallelepipeds unendlich weit gerückt ist, im Allgemeinen eine andere geworden. Denn wenn wir irgend zwei conjugirte Durchmesser des Complexes auswählen und den einen durch einen anderen, ihm parallelen, ersetzen, so ändert sich dabei die in der Mitte zwischen den beiden conjugirten Durchmessern hindurch gehende Central-Ebene.

Wir sind so zu den folgenden Sätzen gekommen:

In den Complexen besonderer Art, die wir betrachten, ist der Mittelpunct parallel mit der Ebene der characteristischen Curve nach gegebener Richtung:

$$\frac{y}{z} = \frac{y_0}{z_0} = -\frac{T}{S}$$

unendlich weit gerückt.

Alle Central-Parallelepipeda, welche dieselbe im Endlichen liegende Cylinder-Axe zu einer ihrer Kanten haben, besitzen parallel zu der Ebene der characteristischen Curve dieselbe Central-Ebene.

280. Für die Gleichung des Complexes der besonderen Art erhalten wir, wenn wir die Axe irgend eines seiner Cylinder mit der Coordinaten-Axe OX zusammen fallen lassen und OY und OZ irgend zweien Durchmessern der characteristischen Curve parallel annehmen, die folgende:

$$A r^2 + B s^2 + C + E \varrho^2 + F \eta^2$$
$$+ 2 G s + 2 H r + 2 I r s$$
$$- 2 N r \sigma + 2 O s \varrho$$
$$+ 2 R s \eta - 2 S s \sigma - 2 T \sigma + 2 U \varrho = 0. \tag{102}$$

Wir können noch die Bedingungs-Gleichung

$$E R = F U \tag{103}$$

hinzufügen, und bestimmen damit, dass die der Axe OX zugehörige Central-Ebene mit der Coordinaten-Ebene YZ zusammenfällt. Endlich können wir nach Belieben S oder T verschwinden lassen, indem wir eine der beiden Axen OY, OZ der durch die Gleichung (101) bestimmten Richtung parallel nehmen.

Unter Berücksichtigung dieser Vereinfachungen enthält die Gleichung (102) elf von einander unabhängige Constanten. Wenn wir zu denselben die sieben Constanten hinzuzählen, durch welche das Coordinaten-System particularisirt ist, so erhalten wir die achtzehn Constanten des Complexes der besonderen Art.

281. Der Asymptoten-Kegel der characteristischen Fläche eines Complexes der allgemeinen Art wird bei Complexen der besonderen Art, die wir hier betrachten, durch die beiden Asymptoten der characteristischen Curve vertreten.

In dem Falle der allgemeinen Complexe bestimmt die Curve, nach welcher eine gegebene Ebene den Asymptoten-Kegel schneidet, die Natur der Complex-Curve in derjenigen Ebene, welche parallel mit der gegebenen unendlich weit gerückt ist. In Complexen der besonderen Art löst sich diese Curve in die beiden Durchschnittspuncte der gegebenen Ebene mit den Asymptoten auf. Es artet also in der unendlich weit gerückten Ebene die Complex-Curve in ein System von zwei Puncten aus, die nach der Richtung der beiden Asymptoten unendlich weit liegen.

Alle Aequatorialflächen, deren Breiten-Ebenen einer der beiden Asymptoten parallel sind, sind parabolische. Wir erhalten auch dann eine parabolische Aequatorialfläche, wenn wir die Breiten-Ebenen derselben der Ebene der characteristischen Curve parallel nehmen. Die Gleichung dieser Fläche ist:

$$- 2\,S v w + (F x^2 - 2 R x + B) v^2 + 2\,T u w$$
$$- 2(O x + G) u v + (E x^2 + 2 U x + C) u^2 = 0, \qquad (104)$$

und demnach die Fläche dadurch particularisirt, dass die Axen der Parabeln in allen Breiten-Ebenen gleich gerichtet sind. Diese Richtung ist, in Uebereinstimmung mit der 278. Nummer, dieselbe, in welcher der Mittelpunct des Complexes unendlich weit gerückt ist.

Wenn wir dieselbe Aequatorialfläche, statt durch ihre Breiten-Curven, durch ihre umhüllenden Cylinder-Flächen bestimmen, so erhalten wir nach den Entwicklungen der 182. Nummer die folgende Gleichung:

$$(F y'^2 + E z'^2) x^2 - 2(R y'^2 - O y' z' - U z'^2) x$$
$$+ 2(S y' + T z') y' \cdot z + (B y'^2 + 2 G y' z' + C z'^2) = 0. \qquad (105)$$

Dieselbe stellt den Durchschnitt mit XZ desjenigen Complex-Cylinders dar, dessen Seiten der durch das Verhältniss $\frac{y'}{z'}$ bestimmten Richtung parallel sind.

In der vorstehenden Gleichung fehlt das Glied mit z^2. Alle Complex-Cylinder also, deren Seiten der Ebene der characteristischen Curve parallel sind, sind parabolische Cylinder. Die Diametral-Ebenen derselben sind mit der genannten Ebene parallel. Insbesondere lösen sich diejenigen beiden Cylinder, deren Seiten einer der beiden Asymptoten der characteristischen Curve parallel sind, in Systeme von zwei Ebenen auf, von denen die eine unendlich weit rückt. In Folge dessen reducirt sich die Gleichung des Cylinders auf den ersten Grad. Wenn wir endlich den Seiten des Cylinders diejenige Richtung geben, in welcher der Mittelpunct des Complexes unendlich weit gerückt ist, so kommt:

$$Sy' + Tz' = 0,$$

und der Cylinder zerfällt in zwei Ebenen, welche beide der Ebene der characteristischen Curve parallel sind.

282. Je nachdem die beiden Asymptoten der characteristischen Curve reell oder imaginär sind, wollen wir den Complex der besonderen Art einen hyperbolischen oder einen elliptischen nennen.

In beiden Arten von Complexen liegt in solchen Ebenen, welche der Ebene der characteristischen Curve parallel sind, eine Linie des Complexes unendlich weit. In elliptischen Complexen gibt es sonst keine Ebenen, welche unendlich weit liegende Linien des Complexes enthalten. In hyperbolischen Complexen lassen sich durch jede Linie des Raumes zwei reelle Ebenen legen, die bezüglich den beiden Asymptoten der characteristischen Curve parallel sind: die Complex-Curven in diesen Ebenen sind Parabeln. Mit Ausnahme derjenigen Complex-Cylinder, deren Seiten der Ebene der characteristischen Curve parallel verlaufen, sind sämmtliche einem hyperbolischen Complexe angehörige Cylinderflächen hyperbolische, die einem elliptischen Complexe angehörigen elliptische Cylinder.

Wir können sagen, dass sich die in der unendlich weit liegenden Ebene enthaltene Curve des Complexes in dem Falle der hyperbolischen Complexe in ein System von zwei reellen, in dem Falle der elliptischen Complexe in ein System von zwei imaginären Puncten aufgelöst hat.

283. Wenn wir, um die Gesammtheit der unendlich weit liegenden Linien des Complexes darzustellen, nur die Glieder zweiten Grades in ϱ, σ, η

betrachten, wie wir dies in dem allgemeinen Falle gethan haben (n. 267), so erhalten wir aus der Gleichung (102):

$$E\varrho^2 + F\eta^2 = 0. \tag{106}$$

Diese Gleichung stellt in Linien-Coordinaten die beiden Asymptoten der characteristischen Curve dar.

Mit grösserer Annäherung aber, als es vermittelst der characteristischen Curve geschehen kann, bestimmen wir die unendlich weit liegenden Linien des gegebenen Complexes, wenn wir gegen zweite Potenzen von ϱ und η, nach wie vor, erste Potenzen derselben, sowie die Veränderlichen r, s und Constante vernachlässigen, während wir erste Potenzen von σ beibehalten. Auf diese Art*) erhalten wir die folgende Gleichung:

$$E\varrho^2 + F\eta^2 - 2(Ss + T)\sigma = 0. \tag{107}$$

Ein Glied mit N oder O tritt nicht hinzu. Es ist nämlich:

$$- Nr\sigma + Os\varrho = - N\eta + (O - N)s\varrho,$$

das heisst, es bleibt $r\sigma$ immer von der Ordnung der Glieder mit η und $s\varrho$ und kommt somit nicht in Betracht.

Die vorstehende Gleichung stellt einen neuen Complex dar, welchen wir den Asymptoten-Complex des gegebenen nennen wollen.

Wie in dem allgemeinen Falle, ist die Annäherung des Asymptoten-Complexes an den gegebenen vom ersten Grade, während dieselbe bei Nicht-Berücksichtigung der Glieder erster Ordnung in σ nur von dem Grade $1\frac{1}{2}$ sein würde.

Wenn wir den Anfangspunct der Coordinaten beliebig verschieben, behalten in der Gleichung (91), welche D, K, L, M nicht enthält, die beiden Constanten S und T unverändert dieselben Werthe. Wie wir also den gegebenen Complex und seinen Asymptoten-Complex parallel mit sich selbst gegen einander verschieben mögen, ihre gegenseitige Beziehung zu einander bleibt dieselbe.

Die Gleichung des Asymptoten-Complexes wird befriedigt, wenn gleichzeitig:

$$\varrho = 0, \ \sigma = 0, \ \eta = 0.$$

---

*) Analog hat ein Curvenzweig mit einer parabolischen Asymptote nur einen Punct, der, absolut genommen, unendlich weit liegt, derjenige, in welchem derselbe von den Durchmessern der parabolischen Asymptote geschnitten wird. Eine genauere Anschauung über die Lage der dem Unendlichen sich nähernden Puncte erhalten wir durch die parabolische Asymptote selbst, deren Puncte, wenn sie unendlich weit rücken, sowohl nach der Richtung der Axe als auch senkrecht dagegen unendlich weit sich entfernen: aber so, dass, wenn die Grösse der Entfernung nach der Axe von der ersten Ordnung ist, die Ordnung der Grösse der Entfernung von der Axe nur $\frac{1}{2}$ beträgt.

Alle durch den Coordinaten-Anfangspunct gehenden geraden Linien gehören dem Asymptoten-Complexe an. Der Complex umfasst ferner alle geraden Linien, welche den beiden Gleichungen:

$$E\varrho^2 + F\eta^2 = 0, \qquad \sigma = 0,$$

oder den folgenden beiden:

$$E\varrho^2 + F\eta^2 = 0, \qquad Ss + T = 0,$$

Genüge leisten.

Eine jede gerade Linie also, welche die Axe OX und die beiden in YZ liegenden Asymptoten der characteristischen Curve schneidet, ist eine Linie des Asymptoten-Complexes. Und ferner gehört demselben jede gerade Linie an, welche eine der beiden Asymptoten schneidet und der durch den Anfangspunct gehenden Ebene:

$$Sy + Tz = 0,$$

welche diejenige Richtung bezeichnet, in welcher der Mittelpunct des gegebenen Complexes in der Ebene der characteristischen Curve unendlich weit gerückt ist, parallel ist. In Folge dessen artet die Complex-Curve in der Ebene YZ in das System zweier Puncte aus, von denen der eine mit dem Coordinaten-Anfangspuncte zusammenfällt und der andere in der durch die vorstehende Gleichung bezeichneten Richtung unendlich weit gerückt ist. Die Aequatorialfläche des Asymptoten-Complexes, deren Breiten-Ebenen zu YZ parallel sind, besteht, wie die des gegebenen Complexes, aus Parabeln. Alle diese Parabeln werden von den beiden Ebenen berührt, welche sich durch die Axe OX und die beiden Asymptoten der characteristischen Curve hindurch legen lassen. Wenn die Breiten-Ebene parallel mit YZ unendlich weit rückt, artet die Parabel in ihr in das System zweier unendlich weit liegender Puncte aus. Den Uebergang von einer Parabel in zwei unendlich weit liegende Puncte haben wir uns so zu denken, dass auf zwei festen Tangenten der Curve die Berührungspuncte unendlich weit gerückt sind.

284. Wenn die Ebene, in welcher der Mittelpunct unendlich weit gerückt ist, eine der beiden Asymptoten enthält oder unbestimmt wird, erhalten wir eine entsprechende Particularisation des gegebenen Complexes in Beziehung auf die Lage seiner Durchmesser und die Anordnung seiner unendlich weit liegenden Linien. Derartige Complexe hängen, im Allgemeinen, bezüglich von siebenzehn oder sechszehn Constanten ab.

Wir wollen hier nur den letzten Fall betrachten, in welchem in der allgemeinen Complex-Gleichung neben K, L, M und D auch S und T verschwinden.

Dann fällt aus der Gleichung des so particularisirten Complexes die Veränderliche σ ganz aus.

Die allgemeinste Gleichungsform, in welcher diese Veränderliche fehlt, ist:

$$Ar^2 + Bs^2 + C + 2Gs + 2Hr + 2Irs$$
$$+ E\varrho^2 + F\eta^2 + 2K\varrho\eta$$
$$+ 2(O - N)s\varrho - 2N\eta$$
$$+ 2Pr\varrho + 2Qr\eta + 2Rs\eta + 2U\varrho = 0. \tag{108}$$

Dadurch, dass wir die Coordinaten-Axen OY und OZ zweien zugeordneten Durchmessern der characteristischen Curve parallel nehmen, verschwindet aus dieser Gleichung K. Indem wir die Axe OX, welche bisher willkürlich angenommen worden ist, mit der Axe eines Complex-Cylinders zusammenfallen lassen, verschwinden P und Q. Endlich erhalten wir durch Verschiebung der Ebene YZ parallel mit sich selbst die Relation:

$$ER = FU.$$

Die Gleichung:

$$Ar^2 + Bs^2 + C + 2Gs + 2Hr + 2Irs$$
$$+ E\varrho^2 + F\eta^2$$
$$+ 2(O - N)s\varrho - 2N\eta$$
$$+ 2Rs\eta + 2U\varrho = 0, \tag{109}$$

wobei:
$$ER = FU$$

ist also als die allgemeine Gleichung der in fraglicher Weise particularisirten Complexe anzusehen. Sie enthält zehn von einander unabhängige Constanten, zu welchen noch sechs Constanten der Lage hinzugerechnet werden müssen, die darauf kommen, dass einmal die Ebene YZ durch den Complex bestimmt ist, dass ferner die beiden Axen OY und OZ zugeordnete Richtungen mit Bezug auf die characteristische Curve haben, endlich, dass OX eine Cylinder-Axe des Complexes ist.

Der Bedingung also, dass sich ein Complex zweiten Grades durch eine Gleichung zweiten Grades zwischen nur vier der fünf Variabeln:

$$r, \ s, \ \sigma, \ \varrho, \ (r\sigma - s\varrho \quad \eta)$$

darstellen lasse, entspricht eine dreifache Particularisation des Complexes.[*]

---

[*] Statt, wie im Text, σ ausfallen zu lassen, können wir auch η wählen, indem wir die Coordinaten-Ebene XY der Ebene der characteristischen Curve parallel nehmen. Dann schreibt sich die Gleichung des Complexes unmittelbar als die allgemeine des zweiten Grades zwischen den vier Veränderlichen r, s, σ, ϱ, die uns als Linien-Coordinaten entgegentreten, wenn wir die gerade Linie durch ihre Projection auf XZ und YZ bestimmen. Statt der früheren Constanten K, P, Q können wir hier M, T, U verschwinden lassen, und erhalten, durch passende Verschiebung der Coordinaten-Ebene XY, die Relation: $\qquad DP = ES.$

285. Es ist interessant, den so particularisirten Complex näher zu untersuchen.

Für den Abstand desjenigen Durchmessers des Complexes, welcher einer gegebenen Ebene:

$$t x + u y + v z + w = 0$$

zugeordnet ist, von der ihm parallelen Coordinaten-Ebene YZ finden wir nach den Formeln der 278. Nummer, indem wir S und T gleich Null setzen:

$$x = \frac{R v^2 + O u v - U u^2}{E u^2 + F v^2} \tag{110}$$

Wenn wir dann die gegebene Ebene um ihren Durchschnitt mit der Ebene der characteristischen Curve beliebig drehen, so bleibt der ihr zugeordnete Durchmesser immer in derselben, durch den vorstehenden Werth von x bestimmten Ebene, während in dem allgemeinen Falle der hyperbolischen und elliptischen Complexe bei der Drehung der gegebenen Ebene der ihr zugeordnete Durchmesser seinen Abstand von der YZ-Ebene ändert.

Danach geht das früher gewonnene Resultat in das folgende über.

Die irgend zweien zugeordneten Durchmessern der characteristischen Curve parallelen Durchmesser des Complexes liegen in zwei parallelen Ebenen, die von einer festen Ebene gleichen Abstand haben. Wir wollen diese Ebene die Central-Ebene des gegebenen Complexes nennen.

Die Coordinaten des Mittelpuncts des Complexes in der Central-Ebene sind nicht mehr unendlich gross; ihre Werthe erscheinen unter der Form $\frac{0}{0}$ Der Mittelpunct liegt nicht mehr unendlich weit. Jeder Punct der Central-Ebene kann als Mittelpunct des Complexes angesehen werden.

286. Bei den Complexen besonderer Art, die wir betrachten, liegen, wie in dem allgemeinen Falle der hyperbolischen und elliptischen Complexe, in allen Ebenen, welche einer der beiden Asymptoten der characteristischen Curve parallel sind, Linien unendlich weit, und die Complex-Curven in ihnen sind Parabeln. In Ebenen aber, die der Central-Ebene und also beiden Asymptoten parallel sind, werden die Complex-Curven nach dem Verschwinden von S und T durch die Gleichung:

$$(F x^2 - 2 R x + B) v^2 - 2 (O x + G) u v + (E x^2 + 2 U x + C) v^2 = 0 \tag{111}$$

dargestellt. Sie hören auf, Parabeln zu sein, und sind in Systeme von zwei Puncten ausgeartet, die nach Richtungen, welche von einer Ebene zur anderen sich ändern, unendlich weit liegen.

Die Linien des Complexes in einer der Central-Ebene parallelen Ebene bestehen also aus allen Linien der Ebene, welche zwei gegebenen parallel sind. Diese Linien können reell oder imaginär sein, sie können endlich zusammenfallen. Wenn die Ebene sich immer weiter von der Central-Ebene entfernt, nähert sich die Richtung der beiden Linien-Systeme immer mehr der Richtung der beiden Asymptoten der characteristischen Curve.

Dem entsprechend arten die von Complex-Linien gebildeten Cylinder, deren Seiten der Central-Ebene parallel sind, in Systeme mit dieser Ebene paralleler Ebenen aus. Die Mittel-Ebenen zweier conjugirter Cylinder liegen auf beiden Seiten der Central-Ebene in gleichem Abstande von derselben.

Der Complex ist also, wenn wir zusammenfassen, in der Weise particularisirt, dass jeder Punct einer in der unendlich weit entfernten Ebene liegenden ausgezeichneten geraden Linie der Mittelpunct eines Complex-Kegels ist, der sich in das System zweier Ebenen auflöst, die sich nach der fraglichen Linie schneiden; oder, was dasselbe sagt, dass jede Ebene, welche durch eine ausgezeichnete gerade Linie der unendlich weit entfernten Ebene sich legen lässt, eine Complex-Curve enthält, welche sich in das System zweier Puncte aufgelöst hat, die auf der fraglichen geraden Linie liegen.

287. Wir haben in dem Vorstehenden denjenigen Fall discutirt, dass sich der durch die allgemeine Gleichung zweiten Grades dargestellte Complex in Folge davon, dass sich der Ausdruck:

$$D\sigma^2 + E\varrho^2 + F\eta^2 + 2K\varrho\eta - 2L\sigma\eta - 2M\varrho\sigma$$

in zwei lineare Factoren auflösen lässt, in Beziehung auf seine unendlich weit liegenden Linien particularisirt. Wir wollen jetzt die neue Particularisirung des Complexes betrachten, wo derselbe Ausdruck das Quadrat einer linearen Function wird, dem entsprechend, dass gleichzeitig:

$$K^2 - EF = 0, \quad L^2 - DF = 0, \quad M^2 - DE = 0. \tag{112}$$

Es kommt das darauf hinaus, dass bei gehöriger Bestimmung der Richtung der Coordinaten-Axen zwei der drei Constanten D, E, F zugleich mit K, L, M verschwinden. Sind E und F die beiden verschwindenden Constanten, so ist die Gleichung des Complexes die folgende:

$$Ar^2 + Bs^2 + C + 2Gs + 2Hr + 2Irs$$
$$+ D\sigma^2$$
$$- 2Nrs + 2Os\varrho$$
$$+ 2Pr\varrho + 2Qr\eta + 2Rs\eta - 2Ss\sigma - 2T\sigma + 2U\varrho = 0. \tag{113}$$

288. Die Gleichungen (2) der 234. Nummer geben zur Bestimmung desjenigen Durchmessers des Complexes, der einer gegebenen Ebene:

$$l x + u y + v z + w = 0$$

zugeordnet ist:

$$\left. \begin{aligned} x &= -\frac{w}{l} + x' = -\frac{w}{l} + \frac{Ouv + Rv^2 + Stv - Ttu - Uu^2}{Dt^2} \, , \\ y &= y' = \frac{-Ntv - Puv - Ov^2 + Tt^2 + Utu}{Dt^2} \, . \\ z &= z' = \frac{(N-O)tu + Pu^2 + Ouv - Rtv - St^2}{Dt^2} \, . \end{aligned} \right\} \quad (114)$$

Alle Durchmesser des Complexes sind zu der Axe OX parallel. Die Richtung der Axe OX ist sonach durch den Complex gegeben. Die sechszehn Constanten des Complexes, der durch die drei Bedingungen (112) particularisirt ist, finden sich in den vierzehn Constanten seiner Gleichung (113) und denjenigen zwei Constanten wieder, durch die wir die Richtung der genannten Axe bestimmt haben. Wir können also, unbeschadet der Allgemeinheit, für das Coordinaten-System, auf welches der Complex in der Gleichung (113) bezogen ist, ein rechtwinkliges nehmen.

Zur Bestimmung derjenigen drei Cylinder-Axen, welche den drei Coordinaten-Axen OX, OY, OZ bezüglich parallel sind, erhalten wir aus den Gleichungen (18):

$$\left. \begin{aligned} y &= \infty, & z &= \infty, \\ x &= \infty, & z &= -\frac{S}{D}, \\ x &= \infty, & y &= \frac{T}{D}. \end{aligned} \right\} \quad (115)$$

Alle Cylinder-Axen des Complexes sind unendlich weit gerückt.

Durch parallele Verschiebung der Axe OX können wir aus der obigen Gleichung (113) die beiden mit $s\sigma$ und σ behafteten Glieder fortschaffen. Wir wählen dann zum Coordinaten-Anfangspuncte den Mittelpunct der in der Ebene YZ liegenden Complex-Curve, der in dem Falle der Gleichung (113) durch die folgenden beiden Gleichungen dargestellt wird:

$$y = \frac{T}{D}, \quad z = -\frac{S}{D}.$$

Die Axe OX wird dadurch derjenige Durchmesser des Complexes, welcher von den beiden Axen der zu OY und OZ parallelen Cylinder, die nach OX unendlich weit gerückt sind, geschnitten wird. Von den Kanten des durch

die Richtung der drei Coordinaten-Axen im Complexe bestimmten Central-
parallelepipeds ist nur eine im Endlichen geblieben. Dem entsprechend werden die Coordinaten des Mittelpunctes des Complexes, wie wir sie durch die
Gleichungen (21) bestimmt haben, sämmtlich unendlich gross. Der Quotient
je zweier derselben erscheint unter der Form $\frac{0}{0}$. Der Mittelpunct des
Centralparallelepipeds ist in unbestimmter Richtung unendlich
weit gerückt.

289. Für eine beliebige Ebene, welche die Axe OX enthält und damit
allen im Endlichen liegenden Durchmessern des Complexes parallel ist, erhalten die Coordinaten x', y', z' (114), indem t verschwindet, unendlich grosse
Werthe. Aber ihr Verhältniss bleibt ein endliches. Es ist die Complex-
Curve in einer beliebigen solchen Ebene eine Parabel und die Durchmesser-
Richtung dieser Parabel wird durch das endliche Verhältniss bezeichnet. Wir
finden für diese Richtung aus (114):

$$x' : y' : z' = (Ouv + Rv^2 - Uu^2) : -v(Pu + Qv) : u(Pu + Qv),$$

und hieraus, wenn wir

$$\frac{u}{v} = -\frac{z'}{y'}$$

setzen und die Accente fortlassen:

$$x(Pz - Qy) = Ry^2 - Oyz - Uz^2. \tag{116}$$

Diese Gleichung stellt eine Kegelfläche der zweiten Ordnung dar, deren Mittelpunct in den Coordinaten-Anfangspunct fällt und welche die Axe OX als
eine Seite enthält. Diejenige zweite Seite, nach welcher die Kegelfläche von
einer beliebigen durch die Axe OX gelegten Ebene geschnitten wird, gibt
die Richtung an, in welcher in der angenommenen Ebene der Mittelpunct
der Complex-Curve unendlich weit gerückt ist. Diese Richtung bleibt unverändert, wenn die angenommene Ebene parallel mit sich fortrückt. Denn
die Coefficienten O, P, Q, R, U, welche in die vorstehende Gleichung eingehen, bleiben, nach den Transformationsformeln der 158. Nummer, bei einer
Verschiebung des Coordinaten-Systems ungeändert, sobald, wie in dem besonderen Falle, den wir betrachten, die Constanten E, F, K, L, M verschwinden.
Es sind also die Aequatorialflächen des Complexes, deren Breiten-Ebenen der
Axe OX parallel sind, in der Art particularisirt, dass ihre Breiten-Curven,
welche Parabeln sind, dieselbe Durchmesser-Richtung besitzen. Die gemeinsame Richtung der Durchmesser aller Parabeln wird durch die Gleichung
(116) gegeben.

In dem Falle der elliptischen und hyperbolischen Complexe gab es eine Aequatorialfläche, welche in gleicher Weise particularisirt war: diejenige, deren Breiten-Ebenen der Ebene der characteristischen Curve parallel waren. Die allen Breiten-Curven dieser parabolischen Aequatorialfläche gemeinsame Axen-Richtung bezeichnete den in der unendlich weit entfernten Ebene liegenden Mittelpunct des Complexes. Dem entsprechend erhalten wir für die Complexe besonderer Art, die wir betrachten, unendlich viele Richtungen, nach denen der Mittelpunct des Complexes unendlich weit gerückt ist, und diese unendlich vielen Richtungen werden durch die Gleichung (116) bezeichnet.

In den Complexen besonderer Art, die wir betrachten, ist der Mittelpunct unbestimmt geworden. Der geometrische Ort für denselben ist eine in der unendlich weit entfernten Ebene liegende Curve der zweiten Ordnung.

290. Die Complex-Curven in allen mit OX parallelen Ebenen sind in dem Falle, den wir betrachten, Parabeln. In Uebereinstimmung hiermit sind nach den Gleichungen (115) alle Complex-Cylinder parabolische Cylinder, deren Diametral-Ebenen die Axe OX parallel ist. Alle Linien, welche in der unendlich entfernten Ebene liegen und die Axe OX schneiden, gehören dem Complexe an. Wir können sagen, dass sich die Curve, welche in der unendlich weit gerückten Ebene von Linien des Complexes umhüllt wird, in ein System zweier Puncte aufgelöst hat, die auf der Axe OX in unendlicher Entfernung zusammenfallen. Wir wollen einen derartigen Complex, der früheren Bezeichnung entsprechend, einen parabolischen Complex nennen.

Derjenige Cylinder, dessen Seiten der allen Durchmessern des Complexes gemeinsamen Richtung parallel ist, löst sich in ein System von zwei Ebenen auf, von denen eine unendlich weitrückt. Und wie in dem Falle der hyperbolischen und elliptischen Complexe derjenige Cylinder, dessen Seiten die Richtung bezeichneten, nach welcher der Mittelpunct des Complexes unendlich weit gerückt war, in das System zweier, zu der Ebene der characteristischen Curve paralleler Ebenen zerfiel, so wird sich in parabolischen Complexen ein jeder Cylinder, dessen Seiten eine beliebige derjenigen Richtungen besitzen, nach welchen der Mittelpunct des Complexes unendlich weit gerückt ist, in ein System zweier zu OX paralleler Ebenen auflösen. Die analytische Bestätigung dieser Behauptung finden wir aus der Gleichung (27) der 182. Nummer, welche diejenigen Cylinder, deren Seiten der Ebene YZ parallel sind, —

einer beliebig angenommenen Ebene, die in keinerlei ausgezeichneter Beziehung zu dem Complexe steht —, durch ihren Durchschnitt mit XZ bestimmt. Diese Gleichung ist die folgende:

$$Dy'^2 \cdot z^2 - 2(Ry'^2 - Oy'z' - Uz'^2)x + (By'^2 + 2Gy'z' + Cz'^2) = 0.$$

Der Annahme entsprechend, dass

$$Ry'^2 - Oy'z' - Uz'^2 = 0,$$

das heisst, dass die Seiten des Complex-Cylinders die Richtung einer derjenigen beiden geraden Linien haben, nach welchen die Kegelfläche (116) von der Ebene YZ geschnitten wird, zerfällt dieselbe in zwei lineare Factoren, in welchen x nicht mehr vorkommt, und stellt also zwei zu OX parallele Ebenen dar.

291. Wenn wir in der Complex-Gleichung (113) gegen zweite Potenzen von ϱ, σ, η erste Potenzen dieser Veränderlichen, so wie r, s und Constante vernachlässigen, so finden wir, um die unendlich weit liegenden Linien des Complexes darzustellen:

$$D\sigma^2 = 0. \tag{117}$$

Alle Linien, welche die Coordinaten-Axe OX schneiden, gehören dem vorstehenden Complexe an. Die beiden Asymptoten der characteristischen Curve bei hyperbolischen und elliptischen Complexen fallen also bei parabolischen Complexen in eine gerade Linie zusammen.

Mit grösserer Annäherung aber, als dies durch die vorstehende Gleichung möglich ist, können wir die unendlich weit liegenden Linien des Complexes darstellen, wenn wir neben der zweiten Potenz von σ die ersten Potenzen von ϱ und η beibehalten. Die resultirende Gleichung:

$$D\sigma^2 - 2N\eta + 2(O - N)s\varrho + 2(Pr + U)\varrho + 2(Qr + Rs)\eta = 0 \tag{118}$$

stellt einen neuen Complex dar, welchen wir den Asymptoten-Complex des gegebenen nennen wollen. Wie wir auch den gegebenen Complex und seinen Asymptoten-Complex gegen einander verschieben mögen, ihre gegenseitige Beziehung zu einander bleibt dieselbe. Denn die Coefficienten D, N, O, P, Q, R, U behalten bei einer Verschiebung des Coordinaten-Systems parallel mit sich selbst nach den Regeln der 157. Nummer in dem Falle, den wir betrachten, dieselben Werthe.

Der Asymptoten-Complex, der durch die Gleichung (118) dargestellt wird, umfasst alle geraden Linien, welche durch den Coordinaten-Anfangspunct hindurch gehen. Für die Gleichung derjenigen Aequatorialfläche desselben, deren Breiten-Ebenen der Coordinaten-Ebene YZ parallel sind, erhalten wir aus der 165. Nummer, indem wir die Constanten B, C, E, F, G, K, L, M, S, T verschwinden lassen, nach Ablösung des Factors x, die folgende:

$$2\,D\,R\,y^2 - 2\,D\,O\,yz + 2\,D\,U\,z^2 + O^2 x - 4\,R\,U\,x = 0. \qquad (119)$$

Diese Gleichung ist vom zweiten Grade und stellt ein Paraboloid dar, welches in dem Coordinaten-Anfangspuncte die Ebene YZ berührt, und dessen Durchmesser mit OX parallel sind. Die Reduction der Gleichung 4. Grades der allgemeinen Aequatorialfläche auf den 2. Grad kommt hier, in Uebereinstimmung mit den Entwicklungen der 258. Nummer, dadurch zu Stande, dass sich von der Aequatorialfläche zwei Ebenen absondern, in denen von den Linien des Complexes zwei Puncte umhüllt werden, die in einen zusammenfallen. Es sind dies in dem vorliegenden Falle die Coordinaten-Ebene YZ und die unendlich weit liegende Ebene.

Wir erhalten für die Meridianfläche, welche OX zur Doppellinie hat, aus der 169. Nummer die folgende Gleichung in gemischten Coordinaten:

$$(R \tan^2 \varphi - O \tan \varphi - U)\,lw - (Q \tan \varphi - P)\,vw = 0. \qquad (120)$$

Es löst sich also die Curve in einer beliebigen Meridian-Ebene in das System zweier Puncte auf, von denen der eine mit dem Coordinaten-Anfangspuncte zusammenfällt und der andere in der durch die Gleichung:

$$(R \tan^2 \varphi - O \tan \varphi - U)\,l - (Q \tan \varphi - P)\,r = 0 \qquad (121)$$

bezeichneten Richtung unendlich weit gerückt ist. Derjenige Cylinder des gegebenen Complexes, dessen Seiten diese Richtung besitzen, löst sich in das System zweier zu der durch den Werth von $\tan \varphi$ bestimmten Ebene parallelen Ebenen auf.

292. Wir erhalten eine letzte Particularisation des Complexes, wenn die sechs Constanten der Gruppe

$$D,\ E,\ F,\ K,\ L,\ M$$

zugleich verschwinden. Dann enthält die allgemeine Gleichung des Complexes nur noch dreizehn von einander unabhängige Constanten.

Um diejenigen Linien darzustellen, welche in dem so particularisirten Complexe der (absolut) unendlich weit entfernten Ebene angehören, erhalten wir die Identität:

$$0 = 0.$$

In den Complexen besonderer Art, die wir betrachten, gehört jede in der unendlich weit entfernten Ebene liegende gerade Linie dem Complexe an. Die Complex-Curve in einer beliebigen Ebene ist eine Parabel. Sämmtliche Complex-Cylinder zerfallen in Systeme von zwei Ebenen, und reduciren sich, indem die eine derselben unendlich weit rückt, auf den ersten Grad. Von Centralparallelepipeden des Complexes kann keine Rede mehr sein. Der Complex hat seinen Mittelpunct verloren.

Als Asymptoten-Complex des gegebenen bezeichnen wir denjenigen, dessen Gleichung sich aus der des gegebenen Complexes ableitet, indem wir die Veränderlichen r, s und Constante gegen die ersten Potenzen von ϱ, σ, η vernachlässigen. Wir erhalten so:

$$- 2Nr\sigma + 2Os\varrho$$
$$+ 2Pr\varrho + 2Qr\eta + 2Rs\eta - 2Ss\sigma - 2T\sigma + 2U\varrho = 0. \qquad (122)$$

Die Beziehung des Asymptoten-Complexes zu dem gegebenen ändert sich, zu Folge der Form dieser Gleichung, nicht, wenn wir denselben parallel mit sich selbst um ein endliches Stück verschieben.

Wir mögen zunächst bemerken, dass der Asymptoten-Complex, in dessen Gleichung sowohl die Constanten:

$$A, B, C, G, H, I$$

als die Constanten:

$$D, E, F, K, L, M$$

fehlen, in analoger Weise in Bezug auf den Anfangspunct particularisirt ist als in Bezug auf die unendlich weit entfernte Ebene. Alle Linien, welche unendlich weit liegen, sowie alle Linien, welche durch den Coordinaten-Anfangspunct hindurch gehen, gehören dem Asymptoten-Complexe an.

Wie in dem Falle des gegebenen Complexes arten alle von Linien des Asymptoten-Complexes gebildete Cylinderflächen in das System zweier Ebenen aus, von denen eine unendlich weit gerückt ist. Aber hier tritt die neue Particularisation hinzu, dass jedesmal die andere Ebene durch den Coordinaten-Anfangspunct hindurchgeht. Während in einer beliebigen Ebene des Raumes eine Parabel von Linien des Complexes umhüllt wird, zerfällt die Complex-Curve in jeder Ebene, welche durch den Coordinaten-Anfangspunct hindurchgeht, in das System zweier Puncte, von denen der eine mit dem Coordinaten-Anfangspuncte zusammenfällt, während der andere unendlich weit gerückt ist. Eine jede Aequatorialfläche des Complexes artet in Folge dessen in einen Kegel der zweiten Ordnung aus, dessen Mittelpunct in den Coordinaten-Anfangspunct fällt und der von den zugehörigen Breiten-Ebenen in Parabeln geschnitten wird. Insbesondere berührt diejenige Breiten-Ebene, welche durch den Coordinaten-Anfangspunct geht, die Kegelfläche nach einer Seite, welche diejenige Richtung bezeichnet, in der einer der Puncte, in welche sich die Complex-Curve in der fraglichen Ebene aufgelöst hat, unendlich weit gerückt ist.

293. Wir haben in dem Vorstehenden die Lage der unendlich weit entfernten geraden Linien und die entsprechenden Durchmesser-Verhältnisse bei Complexen des zweiten Grades discutirt und insbesondere durch einfachere Complexe des zweiten Grades, welche wir als die Asymptoten-Complexe der gegebenen bezeichneten, veranschaulicht. Wir sind dabei, wenn wir zusammenfassen, zu einer sechsfachen Unterscheidung der Complexe zweiten Grades gelangt.

In hyperboloidischen Complexen umhüllen die unendlich weit liegenden Linien des Complexes eine reelle, in ellipsoidischen Complexen eine imaginäre Curve der zweiten Classe. Diese Curve löst sich in dem Falle der hyperbolischen Complexe in ein System von zwei reellen, in dem Falle der elliptischen Complexe in ein System von zwei imaginären Puncten auf. Fallen diese beiden Puncte zusammen, so ist der Complex ein parabolischer. Endlich kann der Fall eintreten, dass alle der unendlich weit liegenden Ebene angehörigen geraden Linien Linien des Complexes sind.

§ 4.

Tangential- und Polar-Complexe des ersten Grades.

294. Die im Vorstehenden gewonnenen Resultate lassen sich ohne Weiteres verallgemeinern, indem wir alle Betrachtungen, die wir vorhin für die unendlich weit liegende Ebene angestellt haben, auf eine beliebige Ebene und, nach den Regeln des Princips der Reciprocität, auf einen beliebigen Punct übertragen. Wir lassen indess vorab eine Reihe anderer Ueberlegungen folgen, die bestimmt sind, die Sätze der vorhergehenden Paragraphen zu erweitern und unter einen allgemeinen Gesichtspunct zu bringen.

Es sei Ω_n eine homogene Function des n. Grades von beliebig vielen Variabeln $p, q, r, \cdots\cdots$. In Gemässheit des bekannten Theorems über homogene Functionen erhalten wir alsdann:

$$\frac{\delta\Omega_n}{\delta p} \cdot p + \frac{\delta\Omega_n}{\delta q} \cdot q + \frac{\delta\Omega_n}{\delta r} \cdot r + \cdots\cdots \quad n.\,\Omega_n. \qquad (123)$$

Wir können hiernach die Gleichung:

$$\Omega_n = 0 \qquad (124)$$

auch in folgender Weise schreiben:

$$\frac{\delta\Omega_n}{\delta p}\cdot p + \frac{\delta\Omega_n}{\delta q}\cdot q + \frac{\delta\Omega_n}{\delta r}\cdot r + \cdots\cdots = 0. \qquad (125)$$

Wenn also p', q', r', ... gegebene Werthe sind, welche die Gleichung (124) befriedigen, so befriedigen dieselben Werthe die Gleichung (125). Die partiellen Differentialquotienten, die in dieser Gleichung vorkommen und im Allgemeinen homogene Functionen $(n-1)$. Grades der Veränderlichen sind, erhalten dann constante Werthe, die wir, zur Unterscheidung, in dem Nachstehenden einklammern wollen. Wenn wir von den gegebenen Werthen p', q', r', ... zu benachbarten übergehen, so finden wir aus (124):

$$\left(\frac{\delta\Omega_n}{\delta p}\right) dp + \left(\frac{\delta\Omega_n}{\delta q}\right) dq + \left(\frac{\delta\Omega_n}{\delta r}\right) dr + \cdots\cdots = 0. \qquad (126)$$

Die folgende Gleichung:

$$\left(\frac{\delta\Omega_n}{\delta p}\right) p + \left(\frac{\delta\Omega_n}{\delta q}\right) q + \left(\frac{\delta\Omega_n}{\delta r}\right) r + \cdots\cdots \dots \Pi = 0, \qquad (127)$$

in welcher die eingeklammerten Differentialquotienten die eben angegebene Bedeutung haben, ist eine Gleichung des ersten Grades zwischen den Veränderlichen p, q, r, $\cdots\cdots$. Die gegebenen Werthe p', q', r', $\dots\dots$ befriedigen die vorstehende Gleichung, wie sie die Gleichung des n. Grades (124) befriedigen. Denn wenn wir die letztgenannte Gleichung unter der Form (125) schreiben, erhalten wir aus beiden Gleichungen übereinstimmend:

$$\left(\frac{\delta\Omega_n}{\delta p}\right) p' + \left(\frac{\delta\Omega_n}{\delta q}\right) q' + \left(\frac{\delta\Omega_n}{\delta r}\right) r' + \cdots\cdots = 0.$$

Aber auch, wenn wir von den gegebenen Werthen p', q', r', $\dots\dots$ zu benachbarten Werthen übergehen, gibt uns die Gleichung (127) dieselbe Gleichung (126), die uns oben die Gleichung des n. Grades (124) gegeben hat. Dem entsprechend wollen wir Π eine lineare Tangential-Function der gegebenen homogenen Function des n. Grades Ω_n nennen.

Wenn wir, statt vorauszusetzen, dass die constanten Werthe p', q', r', $\dots\dots$ die gegebene Function Ω_n befriedigen, diese Werthe ganz beliebig annehmen, so wird dadurch die Form der Function Π in keiner Weise geändert. Wir wollen in diesem allgemeinen Falle Π eine lineare Polar-Function der gegebenen Function Ω_n nennen. Durch die obige Voraussetzung geht eine Polarfunction in eine Tangentialfunction über.

Wenn insbesondere $n = 2$, so sind die Differential-Quotienten von Ω_n Functionen des ersten Grades der Veränderlichen. Wir können dann in der Polarfunction Π der veränderlichen Grössen p, q, r, $\dots\dots$ mit ihren constanten Werthen p', q', r', $\dots\dots$ gegenseitig mit einander vertauschen, ohne dass die Function irgend wie sich ändert. Demgemäss können wir die Gleichung (127) in der folgenden doppelten Weise schreiben:

$$\left(\frac{\delta\Omega_2}{\delta p}\right) p + \left(\frac{\delta\Omega_2}{\delta q}\right) q + \left(\frac{\delta\Omega_2}{\delta r}\right) r + \ldots\ldots = 0, \tag{128}$$

$$p' \frac{\delta\Omega_2}{\delta p} + q' \frac{\delta\Omega_2}{\delta q} + r' \frac{\delta\Omega_2}{\delta r} + \ldots\ldots = 0. \tag{129}$$

Das Vorstehende überträgt sich unmittelbar auf den Fall allgemeiner, nicht homogener Functionen. Wir können zu diesem Ende durch Einführung einer neuen Veränderlichen die nicht homogene Function homogen machen, für die homogen gemachte Function die Polar-Function ableiten, und in dieser, die eine homogene Function des ersten Grades ist, die eingeführte Veränderliche und ihren constanten Werth der Einheit wieder gleich setzen.

Wenn die gegebenen Variabeln $p, q, r, \ldots$ nicht von einander unabhängig sind, sondern beliebig viele (m) Bedingungs-Gleichungen:

$$\Phi = 0, \; \Phi' = 0, \; \ldots\ldots \tag{130}$$

zu befriedigen haben, deren Grad wir, der Einfachheit wegen, gleich dem von Ω_n nehmen wollen, so modificiren sich die vorstehenden Betrachtungen. Dieselben Werthe der Veränderlichen $p, q, r, \ldots\ldots$, welche der Gleichung:

$$\Omega_n = 0$$

Genüge leisten, befriedigen eine jede der Gleichungen von der folgenden Gestalt:

$$\Omega_n + \lambda \Phi + \lambda' \Phi' + \ldots\ldots = 0, \tag{131}$$

wo $\lambda, \lambda', \ldots$ unbestimmte Constanten bezeichnen. Einem gegebenen Systeme von Werthen der Variabeln entsprechend erhalten wir in Bezug auf eine jede derartige Gleichung eine lineare Polarfunction.

Diese Polarfunctionen stellen, gleich Null gesetzt, lineare Gleichungen dar. Dieselben werden gemeinsam von denjenigen Werthen der Veränderlichen $p, q, r, \ldots$ befriedigt, welche den folgenden $(m + 1)$ Gleichungen Genüge leisten:

$$\left.\begin{array}{l} \left(\dfrac{\delta\Omega_n}{\delta p}\right) p + \left(\dfrac{\delta\Omega_n}{\delta q}\right) q + \left(\dfrac{\delta\Omega_n}{\delta r}\right) r + \ldots = 0, \\[2ex] \left(\dfrac{\delta\Phi}{\delta p}\right) p + \left(\dfrac{\delta\Phi}{\delta q}\right) q + \left(\dfrac{\delta\Phi}{\delta r}\right) r + \ldots = 0, \\[2ex] \left(\dfrac{\delta\Phi'}{\delta p}\right) p + \left(\dfrac{\delta\Phi'}{\delta q}\right) q + \left(\dfrac{\delta\Phi'}{\delta r}\right) r + \ldots = 0, \end{array}\right\} \tag{132}$$

$$\cdot \; \cdot \; \cdot \; \cdot \; \cdot \; \cdot \; \cdot \; \cdot \; \cdot \; \cdot \; \cdot \; \cdot \; \cdot \; \cdot \; \cdot \; \cdot$$

Es bilden also die unendlich vielen (∞^m) linearen Polarfunctionen, welche einem gegebenen Systeme von Werthen der Variabeln p, q, r, ... entsprechen, eine $(m + 1)$ gliedrige Gruppe.*)

Aus der m fach unendlichen Anzahl linearer Porlarfunctionen können wir, einer willkürlichen Annahme von λ, λ', ... entsprechend, eine beliebig auswählen. Ist dann insbesondere $n = 2$, so lassen sich in derselben, wie in dem Falle unabhängiger Veränderlicher, die Veränderlichen mit den entsprechenden partiellen Differentialquotienten vertauschen, ohne die Form der Polarfunction zu ändern. Aber während in dem Falle unabhängiger Variabeln die eine lineare Polarfunction, welche es gab, in einer ausschliesslichen Beziehung zu dem Systeme der gegebenen Werthe der Veränderlichen und zu der gegebenen Gleichung stand, ist jetzt jede beliebig angenommene lineare Polarfunction mit jeder anderen gleichberechtigt. Wir können sagen, dass den gegebenen constanten Werthen p', q', r', ... nicht sowohl jede einzelne Polarfunction als die m fach unendliche Schaar aller Polarfunctionen zugeordnet sei.

295. Beschränken wir uns auf drei Veränderliche, so ist:

$$\Omega_n = f(p, q, r),$$

und wir erhalten:

$$II = \left(\frac{\delta\Omega_n}{\delta p}\right) p + \left(\frac{\delta\Omega_n}{\delta q}\right) q + \left(\frac{\delta\Omega_n}{\delta r}\right) r.$$

Wenn wir den Veränderlichen die Bedeutung von Punct-Coordinaten in der Ebene geben, so bestimmen p', q', r' einen Punct, und die homogene Gleichung:

$$\Omega_n = 0 \qquad\qquad (124)$$

stellt eine Curve der n. Ordnung dar, während:

$$II = \left(\frac{\delta\Omega_n}{\delta p}\right) p + \left(\frac{\delta\Omega_n}{\delta q}\right) q + \left(\frac{\delta\Omega_n}{\delta r}\right) r = 0 \qquad\qquad (133)$$

die Gleichung der Polaren des gegebenen Punctes in Beziehung auf die Curve darstellt, insbesondere, wenn der Punct auf der Curve liegt, die Gleichung der Tangente der Curve in diesem Puncte.

Das Princip der Reciprocität in Betracht der Curven zweiter Ordnung beruht auf der zweifachen Form, welche in dem Falle $n = 2$ die letzte Gleichung annimmt.

Wenn wir den drei Veränderlichen die Bedeutung von Linien-Coordinaten in der Ebene geben, so wird durch die drei constanten Werthe derselben

---

*) Wir sehen dabei von dem Falle ab, dass sich unter den Bedingungs-Gleichungen Φ lineare befinden. Unter dieser Annahme werden die entsprechenden unter den Gleichungen (132), als von den Bedingungs-Gleichungen selbst nicht verschieden, ohnehin befriedigt.

eine gerade Linie bestimmt, und die Gleichung (124) stellt eine Curve der n. Classe dar, während die Gleichung (133) den Pol dieser geraden Linie in Beziehung auf diese Curve darstellt, insbesondere, wenn die gerade Linie eine Tangente der Curve ist, den Berührungspunct auf derselben.

Für Curven zweiter Classe gilt in Beziehung auf Reciprocität die in Beziehung auf Curven zweiter Ordnung gemachte Bemerkung.

296. In dem Falle von vier Veränderlichen sei:

$$\Omega_n = f(p,\, q,\, r,\, s)$$

und:

$$H = \left(\frac{\delta\Omega_n}{\delta p}\right) p + \left(\frac{\delta\Omega_n}{\delta q}\right) q + \left(\frac{\delta\Omega_n}{\delta r}\right) r + \left(\frac{\delta\Omega_n}{\delta s}\right) s.$$

Geben wir den vier Veränderlichen die Bedeutung von Punct-Coordinaten im Raume, so stellt die Gleichung:

$$\Omega_n = 0 \tag{124}$$

eine Fläche der n. Ordnung dar, und:

$$H = 0 \tag{134}$$

ist die Gleichung der Polar-Ebene des Punctes $(p',\, q',\, r',\, s')$ in Beziehung auf diese Fläche, insbesondere, wenn der Punct auf der Fläche liegt, der Tangential-Ebene der Fläche in diesem Puncte.

Wenn p, q, r, s Plan-Coordinaten bedeuten, so stellt die Gleichung (124) eine Fläche der n. Classe dar und $(p',\, q',\, r',\, s')$ bezeichnet eine gegebene Ebene. Dann ist (134) die Gleichung des Pols dieser Ebene in Beziehung auf die Fläche, insbesondere, wenn die Ebene die Fläche berührt, die Gleichung des Berührungspunctes.

Die doppelte Form der Gleichung (134) in dem Falle, dass $n = 2$, schliesst das Princip der Reciprocität für Flächen der zweiten Ordnung und Flächen der zweiten Classe ein, wie es für Curven und Flächen der zweiten Ordnung in eleganter Weise zuerst von Gergonne entwickelt worden ist.

Wir können die vier Veränderlichen auch als Punct- oder Linien-Coordinaten in der Ebene betrachten, müssen in diesem Falle aber zwischen ihnen und also auch ihren constanten Werthen eine lineare Bedingungs-Gleichung statuiren. Dann stellt die Gleichung (124) wiederum eine Curve der n. Ordnung oder der n. Classe dar, und die Gleichung (134) bezüglich die Polare des Punctes $(p',\, q',\, r',\, s')$ oder den Pol der geraden Linie $(p',\, q',\, r',\, s')$ in Beziehung auf die Curve. Polare und Pol gehen in Tangente und Berührungspunct über, wenn bezüglich der gegebene Punct auf der Curve liegt oder die gegebene gerade Linie die Curve berührt. Wir können zu der gegebenen Gleichung des n. Grades die lineare Bedingungs-Gleichung, welcher die Veränderlichen p, q, r, s zu genügen haben, mit einer beliebigen (homogenen) Function des $(n-1)$. Grades multiplicirt, hinzufügen. Aber dadurch wird die Gleichung (134) der Polaren, bezüglich des Pols, nicht geändert, insofern sowohl die Veränderlichen p, q, r, s als ihre festen Werthe p', q', r', s' die betreffende lineare Bedingungs-Gleichung befriedigen.

297. Wenn endlich:

$$\Omega_n = f(p,\ q,\ r,\ s,\ t,\ u),$$

so erhalten wir:

$$H = \left(\frac{\delta\Omega_n}{\delta p}\right) p + \left(\frac{\delta\Omega_n}{\delta q}\right) q + \left(\frac{\delta\Omega_n}{\delta r}\right) r + \left(\frac{\delta\Omega_n}{\delta s}\right) s + \left(\frac{\delta\Omega_n}{\delta t}\right) t + \left(\frac{\delta\Omega_n}{\delta u}\right) u.$$

Den Veränderlichen wollen wir die Bedeutung von Linien-Coordinaten geben, und zwar einmal für dieselben die Strahlen-Coordinaten:

$$(x-x'),\ (y-y'),\ (z-z'),\ (yz'-y'z),\ (x'z-xz'),\ (xy'-x'y),$$

das andere Mal die Axen-Coordinaten:

$$(uv'-u'v),\ (t'v-tv'),\ (tu'-t'u),\ (t-t'),\ (u-u'),\ (v-v')$$

nehmen. Dann stellt in beiden Annahmen die homogene Gleichung:

$$\Omega_n = 0 \tag{124}$$

denselben Complex des n. Grades dar, und die Gleichung:

$$H = 0, \tag{135}$$

wenn wir die constanten Werthe p', q', r', s', t', u', welche die partiellen Differentialquotienten einschliessen, auf eine gerade Linie, auf einen Strahl oder eine Axe beziehen, einen linearen Complex, welchen wir den Polar-Complex der gegebenen geraden Linie $(p',\ q',\ r',\ s',\ t',\ u')$ in Beziehung auf den gegebenen Complex des n. Grades nennen wollen. Wenn insbesondere die gegebene gerade Linie dem Complexe selbst angehört, so geht der Polar-Complex in einen Tangential-Complex über, das heisst, in einen Complex ersten Grades, der die gegebene gerade Linie und alle diejenigen Linien des gegebenen Complexes enthält, welche der gegebenen unendlich nahe liegen.

298. Die sechs Coordinaten der geraden Linie sind nicht von einander unabhängig, sondern befriedigen eine Gleichung des zweiten Grades, welche in der Identität:

$$(x-x')(yz'-y'z) + (y-y')(x'z-xz') + (z-z')(xy'-x'y) = 0$$

ihren Ausdruck findet. Dem entsprechend erhalten wir nach den Erörterungen der 294. Nummer eine zweigliedrige Gruppe linearer Polar-Complexe, welche zu der gegebenen geraden Linie und dem gegebenen Complexe sämmtlich in derselben Beziehung stehen. Die zweigliedrige Gruppe linearer Polar-Complexe, die einer gegebenen geraden Linie zugehören, bestimmt eine lineare Congruenz, von der wir insbesondere sagen können, dass sie der gegebenen geraden Linie in Bezug auf den Complex n. Grades zugeordnet sei.

Wir wollen in dem Folgenden wiederum, wie früher, die sechs Linien-Coordinaten in der vorstehenden Reihenfolge mit

$$r, \ s, \ h, \ - \ \sigma, \ \varrho, \ \eta$$

bezeichnen. Dann schreibt sich die Bedingungs-Gleichung, welche die Linien-Coordinaten befriedigen müssen, unter der folgenden Form:

$$- \ r\sigma + s\varrho + h\eta = 0. \tag{136}$$

Der gegebenen geraden Linie ertheilen wir die Coordinaten $r', s', h', - \sigma', \varrho', \eta'$.

Ohne den gegebenen Complex n. Grades:

$$\Omega_n = 0$$

zu ändern, können wir seiner Gleichung die Gleichung (136) mit einer beliebigen homogenen Function des $(n - 2)$. Grades multiplicirt, hinzuaddiren. So durften wir der allgemeinen Gleichung (I) der Complexe des zweiten Grades nach Belieben ein Glied $2\,V\eta$ hinzufügen. Unbeschadet der Allgemeinheit wollen wir die beliebige Function des $(n - 2)$. Grades mit λ bezeichnen und bei der Bildung der Polarfunction als constant betrachten. Denn diejenigen Glieder der Polarfunction, welche wir dadurch vernachlässigen, erscheinen mit dem Factor $(- r'\sigma' + s'\varrho' + h'\eta')$ multiplicirt, und dieser Factor ist gleich Null, weil die Coordinaten der angenommenen geraden Linie, $r', s', h', - \sigma', \varrho', \eta'$, die Gleichung (136) befriedigen müssen.

Wir können sonach für die Gleichung des gegebenen Complexes die folgende nehmen:

$$\Omega_n + \lambda(- r\sigma + s\varrho + h\eta) = 0. \tag{137}$$

Dann wird die Gleichung des Polar-Complexes:

$$II + \lambda \ (- r\sigma' + s\varrho' + h\eta' - r'\sigma + s'\varrho + h'\eta) = 0, \tag{138}$$

wo II die Function bezeichnet:

$$II = \left(\frac{\delta\Omega_n}{\delta r}\right) r + \left(\frac{\delta\Omega_n}{\delta s}\right) s + \left(\frac{\delta\Omega_n}{\delta h}\right) h - \left(- \frac{\delta\Omega_n}{\delta \sigma}\right) \sigma + \left(\frac{\delta\Omega_n}{\delta \varrho}\right) \varrho + \left(\frac{\delta\Omega_n}{\delta \eta}\right) \eta.$$

Einem jeden Werthe von λ entsprechend erhalten wir einen anderen Polar-Complex.

299. Von den beiden Directricen der durch die zweigliedrige Gruppe

der Polar-Complexe bestimmten Congruenz fällt eine mit der gegebenen geraden Linie zusammen. Denn indem wir λ unendlich gross nehmen, wird die Gleichung (138):

$$- r\sigma' + s\varrho' + h\eta' - r'\sigma + s'\varrho + h'\eta = 0, \tag{139}$$

und diese Gleichung stellt nach den Erörterungen der 45. Nummer einen linearen Complex dar, der alle diejenigen Linien umfasst, welche die gegebene gerade Linie schneiden. Wir können diesen Satz, im Anschluss an die Betrachtungen der 71. Nummer, folgendermassen aussprechen:

Einer gegebenen geraden Linie entspricht in Bezug auf die zweigliedrige Gruppe der ihr zugeordneten linearen Polar-Complexe dieselbe gerade Linie als conjugirte Polare.

Diese letztere gerade Linie ist die zweite Directrix der durch die Polar-Complexe bestimmten Congruenz. Wir sagen, dass diese gerade Linie der gegebenen in Bezug auf den Complex n. Grades zugeordnet sei, und nennen sie die Polare der gegebenen geraden Linie mit Bezug auf den Complex n. Grades.*)

Wir können in der Gleichung (138) die unbestimmte Constante λ so wählen, dass die Gleichung einen Complex ersten Grades der besonderen Art darstellt, dessen sämmtliche Linien eine feste gerade Linie schneiden. Wir wollen zu diesem Zwecke die Gleichung (138) in der folgenden Weise schreiben:

$$\left[\left(\frac{\delta\Omega_n}{\delta r}\right) - \lambda\sigma'\right] r + \left[\left(\frac{\delta\Omega_n}{\delta s}\right) + \lambda\varrho'\right] s + \left[\left(\frac{\delta\Omega_n}{\delta h}\right) + \lambda\eta'\right] h$$

$$- \left[\left(-\frac{\delta\Omega_n}{\delta\sigma}\right) + \lambda r'\right] \sigma + \left[\left(\frac{\delta\Omega_n}{\delta\varrho}\right) + \lambda s'\right] \varrho + \left[\left(\frac{\delta\Omega_n}{\delta\eta}\right) + \lambda h'\right]\eta = 0. \tag{140}$$

Dann erhalten wir zur Bestimmung von λ, nach der 45. Nummer:

$$\left[\left(\frac{\delta\Omega_n}{\delta r}\right) - \lambda\sigma'\right] \cdot \left[\left(-\frac{\delta\Omega_n}{\delta\sigma}\right) + \lambda r'\right] + \left[\left(\frac{\delta\Omega_n}{\delta s}\right) + \lambda\varrho'\right] \cdot \left[\left(\frac{\delta\Omega_n}{\delta\varrho}\right) + \lambda s'\right]$$

$$+ \left[\left(\frac{\delta\Omega_n}{\delta h}\right) + \lambda\eta'\right] \cdot \left[\left(\frac{\delta\Omega_n}{\delta\eta}\right) + \lambda h'\right] = 0. \tag{141}$$

Zufolge der Gleichung (136) wird eine Wurzel der vorstehenden Gleichung unendlich gross, dem entsprechend, dass die eine Directrix der durch die

---

*) Wir mögen gleich hier bemerken, dass eine gerade Linie und ihre Polare nicht gegenseitig zu einander in derselben Beziehung stehn. Der Polare der gegebenen geraden Linie entspricht eine neue gerade Linie als die ihr zugeordnete Polare u. s. f. Es gibt nur eine endliche Anzahl solcher gerader Linien, die selbst die Polaren ihrer Polaren sind.

zweigliedrige Gruppe (138) bestimmten Congruenz mit der gegebenen geraden Linie zusammenfällt. Es reducirt sich daher die Gleichung (141) auf den ersten Grad und gibt, zur Bestimmung der zweiten Directrix, welche wir als die Polare der gegebenen geraden Linie bezeichnet haben, indem wir der Kürze wegen

$$-\frac{\delta\Omega_n}{\delta r}\cdot\frac{\delta\Omega_n}{\delta\sigma}+\frac{\delta\Omega_n}{\delta s}\cdot\frac{\delta\Omega_n}{\delta\varrho}+\frac{\delta\Omega_n}{\delta h}\cdot\frac{\delta\Omega_n}{\delta\eta}=\Phi$$

setzen,

$$\lambda=-\,{}^{1}\!/_{2}\left(\frac{\Phi}{\Omega_n}\right),\tag{142}$$

wo in Φ und Ω_n die Werthe der Coordinaten der gegebenen geraden Linie einzusetzen sind und wir desshalb die Klammern zugefügt haben.

300. Wenn die gegebene gerade Linie insbesondere dem gegebenen Complexe Ω_n angehört, so erhalten wir statt der zweigliedrigen Gruppe der Polar-Complexe eine zweigliedrige Gruppe von Tangential-Complexen.

Die beiden Directricen der durch dieselben bestimmten Congruenz fallen in die gegebene gerade Linie zusammen. Denn indem Ω_n für die Coordinaten der gegebenen geraden Linie verschwindet, wird der Werth von λ, wie wir ihn durch die Gleichung (142) bestimmt haben, unendlich gross. Die Congruenz hat sich in der Art particularisirt, dass sie alle diejenigen Linien eines linearen Complexes umfasst, die eine feste gerade Linie schneiden, welche dem Complex selbst angehört (vergl. n. 68.). Diese feste gerade Linie ist die gegebene $(r',\ s',\ h',\ -\sigma',\ \varrho',\ \eta')$.

Nur in dem besonderen Falle, dass die gegebene gerade Linie ausser dem gegebenen Complexe Ω_n zugleich dem folgenden Complexe angehört:

$$\Phi=-\frac{\delta\Omega_n}{\delta r}\cdot\frac{\delta\Omega_n}{\delta\sigma}+\frac{\delta\Omega_n}{\delta s}\cdot\frac{\delta\Omega_n}{\delta\varrho}+\frac{\delta\Omega_n}{\delta h}\cdot\frac{\delta\Omega_n}{\delta\eta}=0,\tag{143}$$

wird der durch (142) gegebene Werth von λ unbestimmt. Indem sowohl Ω und Φ verschwindet, erscheint λ unter der Form $\frac{0}{0}$. Bei beliebiger Annahme von λ erhalten wir jedesmal einen Tangential-Complex, dessen sämmtliche Linien eine feste gerade Gerade schneiden. Wenn wir λ unendlich gross wählen, fällt diese gerade Linie mit der gegebenen zusammen. Die gegebene gerade Linie bleibt, nach wie vor, eine der Directricen der durch die zweigliedrige Gruppe der Tangential-Ebene bestimmten Congruenz. Es hat sich diese Congruenz nach den Erörterungen der 68. Nummer, in der Weise particularisirt, dass sie unendlich viele Directricen besitzt, welche in einer Ebene liegen und innerhalb derselben durch einen Punct gehen. Alle Linien, welche in der durch die Directricen bestimmten Ebene liegen, oder durch ihren Schnittpunct hindurch gehen, gehören der Congruenz an.

Wir wollen diejenigen geraden Linien, welche sowohl dem gegebenen Complex n. Grades:

$$\Omega_n = 0$$

als dem aus demselben abgeleiteten Complexe $2(n-1)$. Grades:

$$\Phi = -\frac{\delta\Omega_n}{\delta r}\cdot\frac{\delta\Omega_n}{\delta\sigma} + \frac{\delta\Omega_n}{\delta s}\cdot\frac{\delta\Omega_n}{\delta\varrho} + \frac{\delta\Omega_n}{\delta h}\cdot\frac{\delta\Omega_n}{\delta\eta} = 0 \qquad (143)$$

angehören, als die singulären Linien des gegebenen Complexes bezeichnen.

Die singulären Linien eines Complexes des n. Grades bilden eine Congruenz von der Ordnung und Classe $2n.(n-1)$.

Einer jeden singulären Linie entspricht, nach den vorstehenden Erörterungen, eine Ebene und ein Punct in ausgezeichneter Weise. Wir wollen jene eine singuläre Ebene, diesen einen singulären Punct des Complexes nennen und dieselben als der angenommenen singulären Linie zugehörig oder entsprechend bezeichnen.

Noch ein letzter Fall bleibt zu berücksichtigen. Wenn:

$$r' : s' : h' : -\sigma' : \varrho' : \eta'$$

$$= \left(-\frac{\delta\Omega}{\delta\sigma}\right) : \left(\frac{\delta\Omega}{\delta\varrho}\right) : \left(\frac{\delta\Omega}{\delta\eta}\right) : \left(\frac{\delta\Omega}{\delta r}\right) : \left(\frac{\delta\Omega}{\delta s}\right) : \left(\frac{\delta\Omega}{\delta h}\right),$$

so stellt der Polar-Complex der gegebenen geraden Linie, unabhängig von dem besonderen Werthe, den wir λ ertheilen mögen, die Gesammtheit aller derjenigen geraden Linien dar, welche die gegebene schneiden. Die Polar-Complexe sind unter sich identisch geworden und bestimmen nicht mehr eine lineare Congruenz. Als Polare der gegebenen geraden Linie kann jede beliebige gerade Linie angesehen werden.

Wir wollen die gegebene gerade Linie eine Doppellinie des Complexes nennen.

Während zwei Bedingungen zu erfüllen sind, damit eine gegebene gerade Linie eine singuläre Linie des Complexes sei, und es also in einem gegebenen Complexe eine Congruenz singulärer Linien gibt, sind fünf Bedingungen zu befriedigen, damit eine gegebene gerade Linie eine Doppellinie des Complexes sei. Weil eine gerade Linie von vier Constanten abhängt, enthält also ein gegebener Complex im Allgemeinen keine Doppellinien. Es ist dazu eine Particularisation desselben erforderlich.

301. Wir beschränken uns in dem Folgenden auf Complexe des zweiten Grades.

Die allgemeine Gleichung des Complexes in Strahlen-Coordinaten sei:

$$Ar^2 + Bs^2 + C + D\sigma^2 + E\varrho^2 + F\eta^2$$
$$+ 2Gsh + 2Hrh + 2Irs + 2K\varrho\eta - 2L\sigma\eta - 2M\varrho\sigma$$
$$- 2Nr\sigma + 2Os\varrho + 2Vh\eta$$
$$+ 2Pr\varrho + 2Qr\eta + 2Rs\eta - 2Ss\sigma - 2Th\sigma + 2Uh\varrho = 0. \qquad (V)$$

Wir erhalten dann für die Gleichung des Polar-Complexes einer gegebenen geraden Linie $(r', s', h', -\sigma', \varrho', \eta')$ in Strahlen-Coordinaten die Gleichung:

$$(Ar' + Hh' + Is' - N\sigma' + P\varrho' + Q\eta') r$$
$$+ (Bs' + Gh' + Ir' + O\varrho' + R\eta' - S\sigma') s$$
$$+ (Ch' + Gs' + Hr' + V\eta' - T\sigma' + U\varrho') h$$
$$- (- D\sigma' + L\eta' + M\varrho' + Nr' + Ss' + Th') \sigma$$
$$+ (E\varrho' + K\eta' - M\sigma' + Os' + Pr' + Uh') \varrho$$
$$+ (F\eta' + K\varrho' - L\sigma' + Vh' + Qr' + Rs') \eta = 0. \qquad (144)$$

Wir können in der vorstehenden Gleichung h und h' willkürlich der Einheit gleich setzen.

Wenn wir von der Gleichung des Complexes in Axen-Coordinaten (III) ausgehen, und die gegebene gerade Linie durch ihre Axen-Coordinaten $(p', q', l', -\varkappa', \pi', \omega')$ bestimmen, so erhalten wir für die Gleichung desselben Complexes:

$$(Dp' + Ll' + Mq' - N\varkappa' + S\pi' + T\omega') p$$
$$+ (Eq' + Kl' + Mp' + O\pi' - P\varkappa' + U\omega') q$$
$$+ (Fl' + Kq' + Lp' + V\omega' - Q\varkappa' + R\pi') l$$
$$- (- A\varkappa' + H\omega' + I\pi' + Np' + Pq' + Ql') \varkappa$$
$$+ (B\pi' + G\omega' - I\varkappa' + Oq' + Rl' + Sp') \pi$$
$$+ (C\omega' + G\pi' - H\varkappa' + Vl' + Tp' + Uq') \omega = 0. \qquad (145)$$

Dabei ist:

$$r' : s' : h' : - \sigma' : \varrho' : \eta'$$
$$= - \varkappa' : \pi' : \omega' : p' : q' : l'.$$

302. Wenn wir insbesondere in der allgemeinen Gleichung der Polar-Complexe (144) bezüglich

$$s',\ h',\ \varrho',\ \sigma',\ \eta',$$
$$r',\ h',\ \varrho',\ \sigma',\ \eta',$$
$$r',\ s',\ \varrho',\ \sigma',\ \eta'$$

gleich Null setzen, so stellen die drei resultirenden Gleichungen:

$$\left.\begin{array}{l} Ar + Hh + Is - N\sigma + P\varrho + Q\eta = 0, \\ Bs + Gh + Ir + O\varrho + R\eta - S\sigma = 0, \\ Ch + Gs + Hr + V\eta - T\sigma + U\varrho = 0 \end{array}\right\} \tag{146}$$

die Polar-Complexe der drei Coordinaten-Axen OX, OY, OZ dar. Diese Gleichungen können wir unter der folgenden Form schreiben:

$$\frac{\delta \Omega_2}{\delta r} = 0, \qquad \frac{\delta \Omega_2}{\delta s} = 0, \qquad \frac{\delta \Omega_2}{\delta h} = 0, \tag{146\,b}$$

was sich unmittelbar ergibt, wenn wir zu der Gleichung (144) zurückgehen.

Wenn wir eine derjenigen drei geraden Linien, welche in den Ebenen YZ, XZ, XY unendlich weit liegen, für die gegebene nehmen, verschwinden bezüglich:

$$r',\ s',\ h',\ \varrho',\ \eta',$$
$$r',\ s',\ h',\ \sigma',\ \eta',$$
$$r',\ s',\ h',\ \sigma',\ \varrho'.$$

Für die Polar-Complexe dieser drei geraden Linien erhalten wir somit:

$$\left.\begin{array}{l} -\,D\sigma + L\eta + M\varrho + Nr + Ss + Th = 0, \\ E\varrho + K\eta - M\sigma + Os + Pr + Uh = 0, \\ F\eta + K\varrho - L\sigma + Vh + Qr + Rs = 0, \end{array}\right\} \tag{147}$$

oder, unter anderer Form geschrieben:

$$\frac{\delta \Omega_2}{\delta \sigma} = 0, \qquad \frac{\delta \Omega_2}{\delta \varrho} = 0, \qquad \frac{\delta \Omega_2}{\delta \eta} = 0. \tag{148}$$

303. Setzen wir in der allgemeinen Gleichung des Complexes zweiten Grades (V), die wir auf folgende Weise schreiben wollen:

$$\Omega_2 = 0,$$

r, ϱ und folglich auch η gleich Null, so finden wir zur Bestimmung der Complex-Curve in YZ:

$$Bs^2 + Ch^2 + D\sigma^2 + 2Gsh - 2Ss\sigma - 2Th\sigma = \Omega_2{}^0 = 0. \tag{149}$$

Für die Gleichung des Pols dieser Complex-Curve in Beziehung auf OZ finden wir, in bekannter Weise:

$$\tfrac{1}{2}\,\frac{d\Omega_2{}^0}{dh} = Ch + Gs - T\sigma = 0. \tag{150}$$

Andererseits ist die Gleichung des Polar-Complexes der Axe OZ:

$$\tfrac{1}{2}\,\frac{d\Omega_2}{dh} = Ch + Gs + Hr - T\sigma + U\varrho + V\eta = 0.$$

Für alle Linien dieses Polar-Complexes, welche in YZ liegen, ist wiederum r, ϱ und η gleich Null, wonach die folgende Gleichung:

$$Ch + Gs - T\sigma = 0 \qquad (150)$$

denjenigen Punct darstellt, in welchem diese Linien sich schneiden.

Der Pol der Axe OZ, in Beziehung auf die Complex-Curve in YZ, fällt also mit demjenigen Puncte zusammen, in welchem alle Linien des Polar-Complexes, welche in YZ liegen, sich schneiden. Dieser Durchschnittspunct beschreibt eine gerade Linie, wenn die Ebene YZ um OZ sich dreht. Diese Linie ist also zugleich der geometrische Ort der Pole von OZ in Beziehung auf diejenigen Complex-Curven, deren Ebenen durch OZ gehen. Wir erhalten so den folgenden Satz:

Einer beliebigen geraden Linie entspricht im Complex eine Meridianfläche. Die Polare dieser Meridianfläche fällt mit derjenigen geraden Linie zusammen, welche wir als die Polare der gegebenen geraden Linie in Bezug auf den Complex bezeichnet haben.*)

Insbesondere also ist ein Durchmesser des Complexes die Polare der in den ihm zugeordneten parallelen Ebenen unendlich weit liegenden geraden Linie.

Wenn wir den Beweis des vorstehenden Satzes auf seinen einfachsten Ausdruck zurückführen, so beruht er darauf, dass es einerlei ist, ob wir in der Function Ω_2 zuerst r, ϱ und η gleich Null setzen und dann in Beziehung auf h differentiiren, oder ob wir zuerst in Beziehung auf h differentiiren und nach der Differentiation r, ϱ und η gleich Null setzen. Das aber ist selbstverständlich.

304. Das Vorstehende gibt eine geometrische Definition für die Congruenz der einer gegebenen geraden Linie zugeordneten Polar-Complexe.

In einer beliebigen durch die gegebene gerade Linie gelegten Ebene liegt eine Complex-Curve zweiter Classe. Dieselbe wird, im Allgemeinen, von der gegebenen geraden Linie in zwei Puncten geschnitten. Die Tangenten der Complex-Curve in diesen Puncten gehören der fraglichen Congruenz an.

Ein beliebiger Punct der gegebenen geraden Linie ist der Mittelpunct eines Complex-Kegels zweiter Ordnung. An denselben lassen sich durch die

---

*) Dieser Satz überträgt sich unmittelbar von Complexen des zweiten Grades auf Complexe eines beliebigen Grades.

gegebene gerade Linie, im Allgemeinen, zwei Tangential-Ebenen legen. Die beiden Seiten, nach welchen derselbe von diesen beiden Ebenen berührt wird, sind ebenfalls Linien der Congruenz.

Der durch die Polar-Complexe einer gegebenen geraden Linie bestimmten Congruenz gehören unter den Linien des gegebenen Complexes zweiten Grades diejenigen an, welche eine nächste Linie desselben Complexes, die mit ihnen bezüglich in derselben, durch die gegebene gerade Linie gelegten Ebene liegt, in einem Puncte der gegebenen geraden Linie schneiden.

Wenn die gegebene gerade Linie selbst eine Linie des Complexes ist, wird sie von allen Complex-Curven berührt, die in den durch sie hindurchgelegten Ebenen liegen, und ist eine gemeinschaftliche Seite aller Complexkegel, deren Mittelpuncte auf ihr angenommen sind. Dann fällt die Polare mit der gegebenen geraden Linie zusammen. Alle Linien, welche in einer durch die gegebene gerade Linie gelegten Ebene liegen und durch den Berührungspunct der bezüglichen Complex-Curve mit der gegebenen geraden Linie gehen, oder, was dasselbe ist, alle Linien, welche durch einen Punct der gegebenen geraden Linie gehen und in derjenigen Ebene enthalten sind, von welcher der bezügliche Complex-Kegel nach der gegebenen geraden Linie berührt wird, gehören der durch die Tangential-Complexe der gegebenen geraden Linie bestimmten Congruenz an.

Die fragliche Congruenz hat mit dem gegebenen Complexe zweiten Grades alle diejenigen geraden Linien gemein, welche in diesem nächste Linien der gegebenen sind und dieselbe schneiden.

305. Wenn die gegebene gerade Linie eine singuläre Linie des Complexes ist, so umfasst die durch die Tangential-Complexe bestimmte Congruenz alle solche Linien, welche in einer bestimmten, durch die gegebene gerade Linie gelegten Ebene liegen, sowie alle solche Linien, welche durch einen bestimmten Punct derselben gehen. Wir haben die Ebene und den Punct bezüglich die zugeordnete singuläre Ebene und den zugeordneten singulären Punct genannt.

Eine singuläre Linie des Complexes wird sonach von allen Complex-Curven, die in den durch sie hindurchgelegten Ebenen liegen, in einem festen Puncte berührt; und alle Complex-Kegel, deren Mittelpuncte auf einer singulären Linie des Complexes angenommen werden, berühren eine durch dieselbe hindurchgehende feste Ebene.

Dieses Resultat finden wir analytisch bestätigt. Wenn wir verlangen, dass die Coordinaten-Axe OX eine singuläre Linie des gegebenen Complexes sein soll, so erhalten wir, indem wir in den beiden Gleichungen:

$$\Omega_2 = 0, \qquad \Phi = 0$$

die Veränderlichen:

$$s, \; h, \; \sigma, \; \varrho, \; \eta$$

gleich Null setzen, die folgenden beiden Relationen zwischen den Constanten der gegebenen Complex-Gleichung:

$$A = 0, \qquad PI + HQ = 0. \tag{151}$$

Wir haben, unter der Voraussetzung, dass OX eine Linie des gegebenen Complexes sei, dass also die Constante A den Werth Null habe, den Berührungspunct derselben mit der Complex-Curve in einer beliebigen durch sie hindurchgelegten Ebene, durch die folgende Gleichung bestimmt (n. 191):

$$x_0 = \frac{I \tan \varphi + H}{Q \tan \varphi - P}. \tag{152}$$

Es bezeichnet φ den Winkel zwischen der beliebig angenommenen Ebene und der Coordinaten-Ebene XZ, x_0 den Abstand des Berührungspunctes von dem Anfangspuncte der Coordinaten. Dieser Abstand wird constant, sobald die zweite der Bedingungs-Gleichungen (151) erfüllt ist.

Wir haben ferner, unter derselben Voraussetzung, in der 192. Nummer zur Bestimmung der durch OX gelegten Tangential-Ebene eines beliebigen Complex-Kegels, der seinen Mittelpunct auf der Axe OX hat, gefunden:

$$\tan \varphi_0 = \frac{Px + H}{Qx - I}, \tag{153}$$

und auch dieser Ausdruck erhält einen constanten Werth, wenn die zweite der Gleichungen (151) erfüllt ist.

306. Die Gleichung (64) der 191. Nummer, durch welche wir diejenigen unter den durch OX gelegten Ebenen bestimmt haben, für welche sich die Complex-Curve in das System zweier Puncte auflöst, besitzt, wenn die zweite der Gleichungen (151):

$$PI + HQ = 0$$

erfüllt ist, die doppelte Wurzel:

$$\tan \varphi = -\frac{H}{I} = \frac{P}{Q}. \tag{154}$$

Diesem Werthe von $\tan \varphi$ entsprechend löst sich die Complex-Curve in ein System von zwei Puncten auf, welche beide auf der Axe OX liegen.

Denn der Werth von x_0 (152), welcher den Berührungspunct der Complex-Curve mit OX bestimmt, erscheint für den Werth (154) von tang φ unter der Form $\dfrac{0}{0}$.

Ebenso hat, unter derselben Voraussetzung, die Gleichung (67) der 192. Nummer, durch die wir diejenigen Puncte der Axe OX bestimmt haben, für welche sich der Complex-Kegel in das System zweier Ebenen auflöst, die doppelte Wurzel:

$$x = -\frac{H}{P} = \frac{I}{Q}. \tag{155}$$

Diesem Werthe von x entsprechend löst sich der Complex-Kegel in das System zweier Ebenen auf, die sich nach OX schneiden. Denn der zugehörige Werth von tang φ_0 (153) erscheint unter der Form $\dfrac{0}{0}$.

Dies gibt die folgende geometrische Definition der singulären Linien, Puncte und Ebenen eines Complexes des zweiten Grades.

Die Verbindungslinie solcher zwei Puncte, in welche sich eine Complex-Curve für besondere Lagen ihrer Ebenen auflöst, oder, was auf dasselbe hinauskommt, die Durchschnittslinien solcher zwei Ebenen, in welche ein Complex-Kegel bei einer besonderen Annahme seines Mittelpuncts zerfällt, ist eine singuläre Linie des Complexes. Diejenigen Ebenen und Puncte, für welche sich die Complex-Curve, bezüglich der Complex-Kegel, in der fraglichen Weise particularisirt, sind singuläre Ebenen und singuläre Puncte des Complexes.

Insbesondere also sind die acht Linien einer Complexfläche, welche wir bezüglich als singuläre Strahlen und als singuläre Axen derselben bezeichnet haben (n. 187, 189), und die vier singulären Ebenen und vier singulären Puncte einer Complexfläche (n. 215) singuläre Linien, Ebenen, Puncte des Complexes.

Wir haben in dem vorigen Paragraphen (n. 275 — n. 283) die unendlich weit liegende Ebene für eine singuläre Ebene des Complexes genommen und die ihr entsprechende singuläre Linie zu YZ parallel gewählt. In Uebereinstimmung mit dem Vorstehenden fanden wir, dass die Complex-Curven in allen zu YZ parallelen Ebenen Parabeln sind, deren Durchmesser-Richtung dieselbe ist (n. 281). Die gemeinsame Richtung der Durchmesser aller Parabeln bezeichnet den der in YZ unendlich weit liegenden singulären Linie zugehörigen singulären Punct.

307. Wenn gleichzeitig

$$A, H, I, P, Q$$

verschwinden, so particularisirt sich die Beziehung der singulären Linie, welche mit OX zusammenfällt, zu dem Complexe. Die Werthe von x_0 (152) und tang φ_0 (153) erscheinen dann, unabhängig von der Annahme der Veränderlichen tang φ und x, unter der Form $\frac{0}{0}$. Dem entsprechend löst sich die Complex-Curve in einer beliebigen durch OX gelegten Ebene in das System zweier Puncte auf, welche auf OX liegen, und der Complex-Kegel, dessen Mittelpunct ein beliebiger Punct von OX ist, zerfällt in das System zweier Ebenen, die sich nach OX schneiden.

Für die Gleichung des Polar-Complexes der Axe OX erhalten wir unter dieser Constanten-Bestimmung die folgende:

$$\sigma = 0,$$

welche alle Linien darstellt, die die Axe OX schneiden. Die Axe OX ist eine Doppellinie des gegebenen Complexes geworden (vergl. n. 300). Eine Doppellinie ist sonach eine singuläre Linie, deren Beziehung zu dem Complexe sich in der Weise particularisirt hat, dass ein jeder auf ihr angenommener Punct ein singulärer Punct und jede durch sie hindurchgelegte Ebene eine singuläre Ebene des Complexes ist.

In der 284.—286. Nummer haben wir die in YZ unendlich weit liegende gerade Linie zu einer Doppellinie des Complexes gewählt, und, dem entsprechend, gefunden, dass alle Complex-Cylinder, deren Seiten der Ebene YZ parallel sind, in Systeme von zwei zu YZ parallelen Ebenen zerfallen.

Im Allgemeinen enthält ein gegebener Complex des zweiten Grades keine Doppellinie. Es verlangt das eine einfache Particularisation desselben.

308. Wir wollen die Gleichung des gegebenen Complexes des zweiten Grades wiederum unter der folgenden Form schreiben:

$$\Omega = 0. \tag{156}$$

Ohne den Complex selbst zu ändern, können wir zu dieser Gleichung die Identität

$$- r\sigma + s\varrho + h\eta = 0, \tag{157}$$

mit einem beliebigen Factor multiplicirt, hinzuaddiren. Dann erhalten wir:

$$\Omega + \lambda \left(- r\sigma + s\varrho + h\eta \right) = 0. \tag{158}$$

Dem entsprechend wird die Gleichung des Polar-Complexes, der einer gegebenen geraden Linie $(r', s', h', -\sigma', \varrho', \eta')$ zugeordnet ist, die folgende:

$$\left[\left(\frac{\delta\Omega}{\delta r}\right)-\lambda\sigma'\right]r+\left[\left(\frac{\delta\Omega}{\delta s}\right)+\lambda\varrho'\right]s+\left[\left(\frac{\delta\Omega}{\delta h}\right)+\lambda\eta'\right]h-\left[\left(-\frac{\delta\Omega}{\delta\sigma}\right)+\lambda r'\right]\sigma$$
$$+\left[\left(\frac{\delta\Omega}{\delta\varrho}\right)+\lambda s'\right]\varrho+\left[\left(\frac{\delta\Omega}{\delta\eta}\right)+\lambda h'\right]\eta=0, \qquad (159)$$

die sich auch unter der anderen Form schreiben lässt:

$$\left(\frac{\delta\Omega}{\delta r}-\lambda\sigma\right)r'+\left(\frac{\delta\Omega}{\delta s}+\lambda\varrho\right)s'+\left(\frac{\delta\Omega}{\delta h}+\lambda\eta\right)h'$$
$$-\left(-\frac{\delta\Omega}{\delta\sigma}+\lambda r\right)\sigma'+\left(\frac{\delta\Omega}{\delta\varrho}+\lambda s\right)\varrho'+\left(\frac{\delta\Omega}{\delta\eta}+\lambda h\right)\eta'=0. \qquad (160)$$

Wenn wir dann λ einen festen Werth ertheilen, knüpft sich an diese doppelte Form derselben Gleichung in dem nämlichen Sinne eine Theorie der Reciprocität, wie sie Gergonne zuerst bei ebenen Curven und Flächen der zweiten Ordnung entwickelt hat.*) Wir können dieselbe in den folgenden Worten zusammenfassen:

Einer jeden geraden Linie, welche dem Polar-Complexe einer gegebenen geraden Linie angehört, entspricht ein Polar-Complex, welchem, umgekehrt, die gegebene gerade Linie angehört.

Die Gesammtheit aller geraden Linien des Raumes mit ihren Polar-Complexen bilden ein Polarsystem. Für die Gleichung desselben können wir die vorstehenden beiden (159) und (160), die unter sich identisch sind, ansehen, indem wir neben r, s, h, $-\sigma$, ϱ, η auch r', s', h', $-\sigma'$, ϱ', η', aber unabhängig davon, als veränderlich betrachten. Einer anderen Annahme der unbestimmten Constante λ entsprechend erhalten wir aus dem gegebenen Complexe des zweiten Grades ein anderes Polarsystem, welches zu dem Complexe in derselben Beziehung steht, wie das ursprünglich ausgewählte. Während ein Complex des zweiten Grades von neunzehn Constanten abhängt, ist ein jedes der Polar-Systeme, welche demselben zugehören, durch zwanzig Constante bestimmt.

309. Um auszudrücken, dass die gegebene gerade Linie selbst dem ihr zugeordneten Polar-Complexe angehöre, erhalten wir, unabhängig von dem besonderen Werthe, den wir der Constante λ beilegen wollen, unter Berücksichtigung der Gleichung (157), die folgende Bedingung:

---

*) Geometrie des Raumes. n. 258.

$$\left[\frac{\delta\Omega}{\delta r}\right] r' + \left[\frac{\delta\Omega}{\delta s}\right] s' + \ldots = (\Omega) = 0. \qquad (161)$$

Diejenigen Linien, welche den ihnen zugeordneten Polar-Complexen selbst angehören, sind in allen Polar-Systemen dieselben und fallen mit den Linien des gegebenen Complexes des zweiten Grades zusammen.

Wenn in einem Polarsysteme, als dessen Gleichung wir die Gleichung (159) betrachten wollen, der Polar-Complex einer gegebenen geraden Linie ein Complex von der besonderen Art sein soll, dessen Linien sämmtlich eine feste gerade Linie schneiden, so erhalten wir, nach den Erörterungen der 45. Nummer, indem wir, wie in der 299. Nummer,

$$(\Phi) = -\left(\frac{\delta\Omega}{\delta r}\right) \cdot \left(\frac{\delta\Omega}{\delta\sigma}\right) + \left(\frac{\delta\Omega}{\delta s}\right)\left(\frac{\delta\Omega}{\delta\varrho}\right) + \left(\frac{\delta\Omega}{\delta h}\right)\left(\frac{\delta\Omega}{\delta\eta}\right)$$

setzen, unter Berücksichtigung der Gleichung (157), die folgende:

$$(\Phi) + \lambda\,(\Omega) = 0. \qquad (162)$$

Diese Gleichung wird unabhängig von dem besonderen Werthe, den wir λ gegeben haben, erfüllt, sobald die beiden Gleichungen:

$$(\Phi) = 0, \qquad (\Omega) = 0$$

befriedigt werden. Es sind dies dieselben Gleichungen, durch welche wir, in der 300. Nummer, die singulären Linien des gegebenen Complexes bestimmt haben. Wir erhalten also, in Uebereinstimmung mit dem Früheren, den Satz, dass die Polar-Complexe der singulären Linien des gegebenen Complexes in allen zugehörigen Polar-Systemen Complexe von der besonderen Art sind, deren sämmtliche Linien eine feste gerade Linie schneiden.

310. Wir wollen λ in dem Folgenden, unbeschadet der Allgemeinheit, gleich Null setzen und das durch diesen Werth von λ bestimmte Polarsystem einer näheren Betrachtung unterwerfen. Es schreibt sich dann die Gleichung des Polarsystems unter der doppelten Form:

$$\left(\frac{\delta\Omega}{\delta r}\right) r + \left(\frac{\delta\Omega}{\delta s}\right) s + \left(\frac{\delta\Omega}{\delta h}\right) h - \left(-\frac{\delta\Omega}{\delta\sigma}\right)\sigma + \left(\frac{\delta\Omega}{\delta\varrho}\right)\varrho + \left(\frac{\delta\Omega}{\delta\eta}\right)\eta = 0, \quad (163)$$

und:

$$\frac{\delta\Omega}{\delta r}\cdot r' + \frac{\delta\Omega}{\delta s}\cdot s' + \frac{\delta\Omega}{\delta h}\cdot h' + \frac{\delta\Omega}{\delta\sigma}\cdot\sigma' + \frac{\delta\Omega}{\delta\varrho}\cdot\varrho' + \frac{\delta\Omega}{\delta\eta}\cdot\eta' = 0. \qquad (164)$$

Sei eine gerade Linie gegeben. Derselben entspricht in dem Polar-System ein Polar-Complex. Jeder Linie des lezteren gehört ein Polar-Complex an, der die gegebene gerade Linie enthält. Aber im Allgemeinen haben die Polar-Complexe, welche den Linien eines beliebig angenommenen linearen Complexes entsprechen, keine gerade Linie mit einander gemein. Dazu bedarf es einer besonderen Lage desselben gegen das gegebene Polar-System.

Die Polar-Complexe, welche zwei gegebenen geraden Linien entsprechen, bestimmen eine lineare Congruenz. Die gegebenen beiden geraden Linien gehören einem jeden derjenigen Polar-Complexe an, die den Linien der Congruenz entsprechen. Und umgekehrt haben auch die Polar-Complexe aller Linien einer beliebig angenommenen linearen Congruenz zwei feste gerade Linien gemein. Denn vier Linien der Congruenz bestimmen durch ihre Polar-Complexe zwei gerade Linien. Die Polar-Complexe dieser zwei geraden Linien haben vier Linien der gegebenen Congruenz und somit alle derselben gemein.

Wenn drei gerade Linien gegeben sind, so bestimmen die Polar-Complexe ein Hyperboloid durch die Linien einer Erzeugung desselben. Eine beliebige der Linien derselben Erzeugung, die wir als die erste bezeichnen wollen, besitzt einen Polar-Complex, dem die gegebenen drei geraden Linien angehören. Die gegebenen drei geraden Linien bestimmen, als Linien erster Erzeugung, ein zweites Hyperboloid. Die beiden Hyperboloide entsprechen sich gegenseitig. Die Linien der ersten Erzeugung des zweiten Hyperboloids gehören den Polar-Complexen der Linien erster Erzeugung des ersten Hyperboloids an, und ebenso die Linien erster Erzeugung des ersten Hyperboloids den Polar-Complexen der Linien erster Erzeugung des zweiten Hyperboloids. Die zweite Erzeugung jedes der beiden Hyperboloide kommt dabei nicht weiter in Betracht. Jeder Erzeugung entsprechend ist einem gegebenen Hyperboloide ein zweites zugeordnet.

Indem wir die drei gegebenen geraden Linien insbesondere so annehmen, dass sie sich in einem Puncte schneiden oder dass sie in einer Ebene liegen, bestimmen sie alle Linien, welche durch einen festen Punct hindurchgehen, oder welche in einer festen Ebene enthalten sind. Es entspricht also in dem Polar-Systeme jedem Puncte und jeder Ebene die eine Erzeugung eines Hyperboloids. Der Polar-Complex, welcher einer beliebigen Linie dieser Erzeugung angehört, ist von der besonderen Art, dass alle seine Linien eine feste gerade Linie schneiden. Diese feste gerade Linie geht bezüglich durch den gegebenen Punct oder liegt in der gegebenen Ebene. Die Linien der einen Erzeugung der Hyperboloids gehören dem durch die Gleichung (162) bestimmten Complexe an. Das Hyperboloid ist nicht selbst particularisirt, sondern nur seine Lage zu dem Polar-System.

Nehmen wir insbesondere für die drei sich schneidenden geraden Linien die drei Coordinaten-Axen OX, OY, OZ oder die drei in den Coordinaten-Ebenen YZ, XZ, XY unendlich weit liegenden geraden Linien, so erhalten wir zur Bestimmung desjenigen Hyperboloids, welches bezüglich dem Coordinaten-Anfangspuncte oder der unendlich weit liegenden Ebene zugeordnet ist, die folgenden drei Gleichungen:

$$\frac{\delta\Omega}{\delta r} = 0, \qquad \frac{\delta\Omega}{\delta s} = 0, \qquad \frac{\delta\Omega}{\delta h} = 0, \qquad (165)$$

oder:

$$\frac{\delta\Omega}{\delta\sigma} = 0, \qquad \frac{\delta\Omega}{\delta\varrho} = 0, \qquad \frac{\delta\Omega}{\delta\eta} = 0. \qquad (166)$$

Unter beiden Annahmen wird die Gleichung (162):

$$\Phi = -\frac{\delta\Omega}{\delta r}\cdot\frac{\delta\Omega}{\delta\sigma} + \frac{\delta\Omega}{\delta s}\cdot\frac{\delta\Omega}{\delta\varrho} + \frac{\delta\Omega}{\delta h}\cdot\frac{\delta\Omega}{\delta\eta} = 0$$

erfüllt, welche diejenigen geraden Linien darstellt, denen in dem gegebenen Polar-System ($\lambda = 0$) solche Polar-Complexe entsprechen, deren sämmtliche Linien eine feste gerade Linie schneiden.

§ 5.

Fläche vierter Ordnung und Classe, von den singulären Puncten des Complexes gebildet, von den singulären Ebenen desselben umhüllt.

311. Wir haben einen Punct, dessen Complex-Kegel sich in das System zweier Ebenen auflöst, einen **singulären Punct**, und eine Ebene, deren Complex-Curve in das System zweier Puncte ausartet, eine **singuläre Ebene** des Complexes genannt.

Die Durchschnittslinie der beiden Ebenen, in welche sich der Complex-Kegel, dessen Mittelpunct ein singulärer Punct ist, aufgelöst hat, so wie die Verbindungslinie der beiden Puncte, in welche die Complex-Curve, deren Ebene eine singuläre Ebene ist, zerfällt, sind **singuläre Linien** des Complexes. In diesem Sinne entspricht einer jeden singulären Linie ein singulärer Punct und eine singuläre Ebene. Alle Complex-Curven, welche in Ebenen liegen, die durch eine singuläre Linie hindurchgelegt sind, berühren dieselbe in dem entsprechenden singulären Puncte, und alle Complex-Kegel, deren

Mittelpuncte auf einer singulären Linie angenommen sind, berühren nach derselben die entsprechende singuläre Ebene. Wir wollen den einer singulären Linie entsprechenden singulären Punct und die derselben entsprechende singuläre Ebene als einander zugeordnet bezeichnen.

Die singulären Linien eines gegebenen Complexes bilden eine Congruenz vom vierten Grade. Dieselbe ist durch die zweigliedrige Gruppe zweier Complexe des zweiten Grades bestimmt, von denen der eine der gegebene ist und der andere erhalten wird, wenn man in die Bedingungs-Gleichung des zweiten Grades, welcher die Linien-Coordinaten genügen müssen, an Stelle der Coordinaten die nach denselben genommenen partiellen Differentialquotienten der Gleichung des gegebenen Complexes einsetzt. Im Allgemeinen sind vier unter den Tangenten einer gegebenen Complex-Curve und vier unter den Seiten eines gegebenen Complex-Kegels singuläre Linien. Wenn insbesondere die Complex-Curve sich in das System zweier Puncte oder der Complex-Kegel sich in das System zweier Ebenen auflöst, fallen zwei von den vier singulären Linien bezüglich in die Verbindungslinie der beiden Puncte oder in die Durchschnittslinie der beiden Ebenen zusammen.

312. Wenn sich die Complex-Curve in einer gegebenen Ebene so particularisirt, dass sie sich in zwei Puncte auflöst, welche in einen zusammenfallen, wollen wir die Ebene eine Doppelebene des Complexes nennen. Als einen Doppelpunct bezeichnen wir einen solchen, der Mittelpunct eines Complex-Kegels ist, welcher in das System zweier, in einen zusammenfallender Ebenen ausgeartet ist. Derjenige Punct, welcher von den Linien des Complexes in einer Doppel-Ebene umhüllt wird, ist darum noch kein Doppelpunct, so wenig wie die Ebene, die von den durch einen Doppelpunct hindurchgehenden Linien des Complexes gebildet wird, eine Doppelebene.

Eine jede Linie des gegebenen Complexes, welche in einer Doppelebene liegt oder durch einen Doppelpunct hindurchgeht, ist eine singuläre Linie desselben. Die Doppelebenen und Doppelpuncte sind solche Ebenen und Puncte, welche unendlich viele Linien aus der Congruenz der singulären Linien enthalten.

Einer jeden singulären Linie, welche in einer Doppelebene liegt, entspricht diese als singuläre Ebene. Der jeder einzelnen singulären Linie entsprechende singuläre Punct fällt darum noch nicht mit dem singulären Puncte zusammen, in welchem sie sich alle schneiden. Vielmehr entspricht einer jeden singulären Linie ein zweiter, im Allgemeinen von dem ersten verschiedener singulärer Punct. Wenn sich die singuläre Linie in der Doppelebene um den festen

Punct dreht, welcher in derselben von den Linien des Complexes umhüllt wird, beschreibt der entsprechende singuläre Punct eine Curve der zweiten Ordnung, welche durch den festen Punct hindurchgeht. Während einer singulären Ebene im Allgemeinen ein singulärer Punct zugeordnet ist, entsprechen einer Doppelebene unendlich viele zugeordnete singuläre Puncte, welche auf einer Curve der zweiten Ordnung liegen.

Einer jeden derjenigen singulären Linien, welche durch einen Doppelpunct hindurchgehen, entspricht dieser als singulärer Punct. Aber jeder derselben entspricht, im Allgemeinen, eine singuläre Ebene, welche nicht mit derjenigen festen Ebene zusammenfällt, die von den durch den Doppelpunct hindurchgehenden Linien des Complexes gebildet wird. Alle diese Ebenen umhüllen eine Kegelfläche der zweiten Classe, die insbesondere die feste Ebene berührt. Während einem singulären Puncte im Allgemeinen eine singuläre Ebene zugeordnet ist, entsprechen einem Doppelpuncte unendlich viele zugeordnete singuläre Ebenen, welche eine Kegelfläche der zweiten Classe umhüllen.

Die analytische Bestätigung der vorstehenden geometrischen Folgerungen entnehmen wir der 289. und 290. Nummer, in denen die unendlich weit entfernte Ebene für eine Doppelebene des Complexes genommen ist.

313. Eine singuläre Linie kann sich in der Art particularisiren, dass eine jede durch sie hindurchgelegte Ebene eine singuläre Ebene und dass ein jeder auf ihr angenommener Punct ein singulärer Punct ist. Solch' eine gerade Linie haben wir eine Doppellinie des Complexes genannt (n. 307). Aber es verlangt eine Particularisation des gegebenen Complexes, wenn derselbe eine Doppellinie enthalten soll. Wir schliessen die Möglichkeit, dass der gegebene Complex sich in der dazu nöthigen Weise particularisire, von der ferneren Betrachtung aus.

In einem gegebenen Complexe kann es ausgezeichnete Puncte oder Ebenen von der Art geben, dass alle durch dieselben hindurchgehenden, bezüglich alle in denselben liegenden geraden Linien Linien des Complexes sind. Dann ist jede durch den Punct hindurchgelegte Ebene eine singuläre Ebene, jeder in der Ebene angenommene Punct ein singulärer Punct. Solch' eine Ebene haben wir in der 292. Nummer mit der unendlich weit entfernten Ebene zusammenfallen lassen. Nach den Erörterungen dieser Nummer verlangt es eine sechsfache Particularisation, wenn für einen gegebenen Complex die unendlich weit liegende Ebene von dieser besonderen Art sein soll.

Im Allgemeinen also gibt es derartige Ebenen und Puncte nicht. Wir sehen in dem Folgenden von der Möglichkeit ab, dass der gegebene Complex sich dementsprechend particularisirt habe.

314. Damit sich ein gegebener Kegel zweiter Ordnung in das System zweier Ebenen, oder eine gegebene Curve der zweiten Classe in das System zweier Puncte auflöse, ist eine Bedingungs-Gleichung zu erfüllen. Es wird also von den singulären Puncten eines Complexes eine Fläche gebildet, und von den singulären Ebenen desselben eine Fläche umhüllt. Dagegen sind drei Bedingungen zu erfüllen, wenn die beiden Ebenen, in welche sich ein Complex-Kegel, bezüglich die beiden Puncte, in welche sich eine Complex-Curve auflöst, zusammenfallen sollen. Es gibt also eine endliche Anzahl von Doppelpuncten und Doppelebenen.

In dem sechsten und siebenten Paragraphen des vorigen Abschnitts haben wir nachgewiesen, dass auf der Coordinaten-Axe OX, welche wir zur Doppellinie einer Complexfläche genommen hatten und die ganz beliebig angenommen worden war, vier singuläre Puncte liegen und dass durch dieselbe vier singuläre Ebenen hindurchgehen (vgl. n. 215). Wir erhalten somit unmittelbar die folgenden Sätze:

Die von den singulären Puncten eines Complexes des zweiten Grades gebildete Fläche ist von der vierten Ordnung.

Die von den singulären Ebenen eines Complexes des zweiten Grades umhüllte Fläche ist von der vierten Classe.

315. Um die Gleichung der Fläche der singulären Puncte in Punct-Coordinaten zu erhalten, gehen wir von der Gleichung (II) des Complexes zweiten Grades in Strahlen-Coordinaten aus. Wir haben auszudrücken, dass sich der Kegel, welchen die Gleichung des Complexes darstellt, sobald wir den Veränderlichen x, y, z feste Werthe ertheilen, in ein System zweier Ebenen auflöse. Von den sechs Strahlen-Coordinaten:

$$(x - x'), (y - y'), (z - z'), (yz' - y'z), (x'z - xz'), (xy' - x'y)$$

können wir die letzten drei auf folgende Weise schreiben:

$$((y - y')z - y(z - z')), (x(z - z') - (x - x')z), ((x - x')y - x(y - y')).$$

Dadurch nimmt die Gleichung II des Complexes die folgende Form an:

$$a(x - x')^2 + 2b(x - x')(y - y') + c(y - y')^2$$

$$+ 2d(x - x')(z - z') + 2e(y - y')(z - z') + f(z - z')^2 = 0, \quad (167)$$

wo a, b, c, d, e, f Functionen des zweiten Grades in x, y, z sind. Insbesondere finden wir:

$$a = A + Ez^2 + Fy^2 - 2Kyz - 2Pz + 2Qy,$$
$$b = I - Fxy + Kxz + Lyz - Mz^2 + (N-O)z - Qx + Ry,$$
$$c = B + Dz^2 + Fx^2 - 2Lxz - 2Rx + 2Sz,$$
$$d = H - Exz + Kxy - Ly^2 + Myz - Ny + Px - Uz,$$
$$e = G - Dyz - Kx^2 + Lxy + Mxz + Ox - Sy + Tz,$$
$$f = C + Dy^2 + Ex^2 - 2Mxy - 2Ty + 2Ux.$$
$$\left. \right\} \quad (168)$$

Um auszudrücken, dass sich der durch die Gleichung (167) dargestellte Kegel in das System zweier Ebenen auflöse, erhalten wir, nach der 186. Nummer, die folgende Bedingung:

$$acf + 2bde - ae^2 - cd^2 - fb^2 = 0. \qquad (169)$$

Wenn wir in diese Gleichung für a, b, c, d, e, f die Werthe aus der Gleichung (168) einsetzen, bekommen wir die gesuchte Gleichung der Fläche. Dieselbe ist scheinbar vom sechsten Grade. Es werden sich also bei der wirklichen Ausführung der in (169) angedeuteten Multiplicationen die Glieder fünfter und sechster Ordnung in x, y, z fortheben.

316. Wir erhalten die Gleichung der von den singulären Ebenen des Complexes umhüllten Fläche in Ebenen-Coordinaten, wenn wir in den vorstehenden Gleichungen (168) nach den Vertauschungsregeln der 153. Nummer:

$$x, y, z \text{ mit } t, u, v$$

und

$$A, B, C, \qquad\qquad G, H, I, \qquad\qquad P, Q, R$$

bezüglich gegenseitig mit

$$D, E, F, \qquad\qquad K, L, M, \qquad\qquad S, T, U$$

vertauschen. Ungeändert bleiben dabei die Constanten:

$$N, O.$$

Wenn wir nach der Vertauschung statt a, a', statt b, b' u. s. w. schreiben, so kommt:

$$a' = D + Bv^2 + Cu^2 - 2Guv - 2Sv + 2Tu,$$
$$b' = M - Ctu + Gtv + Huv - Iv^2 + (N-O)v - Tt + Uu,$$
$$c' = E + Av^2 + Ct^2 - 2Htv - 2Ut + 2Pv,$$
$$d' = L - Btv + Gtu - Hu^2 + Iuv - Nu + St - Rv,$$
$$e' = K - Auv - Gt^2 + Htu + Itv + Ot - Pu + Qv,$$
$$f' = F + Au^2 + Bt^2 - 2Itu - 2Qu + 2Rt,$$
$$\left. \right\} \quad (170)$$

und wir erhalten die Gleichung der Fläche unter der folgenden Form:

$$a'c'f' + 2b'd'e' - a'e'^2 - c'd'^2 - f'b'^2 = 0. \qquad (171)$$

Bezüglich der Reduction der vorstehenden Gleichung, die in t, u, v scheinbar vom sechsten Grad ist, auf den vierten Grad in diesen Veränderlichen gilt das in der vorigen Nummer Gesagte.

Wenn wir die Ausdrücke (170) für a', b', c', d', e', f' durch Einführung einer vierten Veränderlichen w homogen machen und dann in die Gleichung (171) einsetzen, so wird diese allerdings vom sechsten Grade und reducirt nur dadurch auf den vierten, dass sich von ihr ein Factor w^2 absondert. Die Gleichung (171) sagt, geometrisch gedeutet, nicht sowohl aus, dass sich die Complex-Curve in einer gegebenen Ebene t, u, v, w in das System zweier Puncte auflöse, als dass derjenige Kegel zweiter Classe, der sich durch die fragliche Complex-Curve und den Coordinaten-Anfangspunct als Mittelpunct hindurchlegen lässt, in das System zweier umhüllter Axen zerfällt. Es findet das für eine jede Ebene statt, welche durch den Coordinaten-Anfangspunct hindurchgeht, und daher der Factor w^2, welcher, gleich Null gesetzt, den Coordinaten-Anfangspunct darstellt.

317. Eine beliebig angenommene gerade Linie schneidet die Fläche der singulären Puncte im Allgemeinen in vier Puncten, und es lassen sich durch dieselbe im Allgemeinen vier Tangential-Ebenen an die Fläche der singulären Ebenen legen. Wenn die angenommene gerade Linie insbesondere eine singuläre Linie des Complexes ist, so fallen zwei der vier singulären Puncte in den entsprechenden Punct und zwei der vier singulären Ebenen in die entsprechende Ebene zusammen (vergl. n. 306.). Eine singuläre Linie berührt also sowohl die Fläche der singulären Puncte als die Fläche der singulären Ebenen. Berührungs-Punct mit der ersten Fläche ist der entsprechende singuläre Punct, Berührungs-Ebene mit der zweiten Fläche die entsprechende singuläre Ebene.

Für solche singuläre Linien, welche in einer Doppel-Ebene des Complexes liegen, fallen von den vier Durchschnittspuncten mit der Fläche der singulären Puncte paarweise zwei zusammen. Solche Linien sind also Doppeltangenten der Fläche der singulären Puncte, in dem Sinne, dass sie in zwei verschiedenen Puncten diese Fläche berühren.

Ebenso fallen von den vier Tangential-Ebenen, welche sich, im Allgemeinen, durch eine gegebene gerade Linie an die Fläche der singulären Ebenen legen lassen, paarweise zwei in eine zusammen, sobald die gegebene gerade Linie eine der singulären Linien ist, welche durch einen Doppelpunct des Complexes hindurchgehen. Diese Linien sind also Doppeltangenten der Fläche

der singulären Ebenen, in dem Sinne, dass sie nach zwei verschiedenen
Ebenen diese Fläche berühren.

318. Die vier singulären Linien des Complexes, welche in einer beliebigen Ebene liegen, berühren die in dieser Ebene von Linien des Complexes
umhüllte Curve in den ihnen entsprechenden singulären Puncten. In denselben Puncten berühren dieselben geraden Linien die Fläche vierter Ordnung
der singulären Puncte. Die Durchschnitts-Curve vierter Ordnung dieser
Fläche mit einer beliebigen Ebene berührt also die in dieser Ebene liegende
Complex-Curve in vier Puncten. Von den acht Durchschnitts-Puncten, welche
die beiden Curven haben müssen, fallen jedesmal zwei in einen Berührungspunct zusammen.

Ebenso berührt derjenige Complex-Kegel, welcher einen beliebigen Punct
des Raumes zum Mittelpuncte hat, den Kegel vierter Classe, welcher sich
von dem beliebig angenommenen Puncte aus an die von den singulären
Ebenen umhüllte Fläche der vierten Classe legen lässt, nach vier geraden
Linien, welche die vier singulären Linien sind, die durch ihn hindurchgehen.
Gemeinsame Tangential-Ebenen der beiden Kegel nach diesen vier geraden
Linien sind die entsprechenden singulären Ebenen.

Wir wollen für die beliebig angenommene Ebene insbesondere eine singuläre Ebene wählen. Der in derselben von Linien des Complexes umhüllte
Ort wird, nach wie vor, von der Durchschnitts-Curve der singulären Ebene
mit der Fläche der singulären Puncte in vier Puncten berührt. Die gemeinsamen Tangenten in den vier Berührungspuncten sind singuläre Linien. Die
Berührungspuncte der singulären Linien sind die bezüglich entsprechenden
singulären Puncte. Von den vier singulären Linien, welche, im Allgemeinen,
in einer gegebenen Ebene liegen, fallen für eine singuläre Ebene zwei in die
dieser entsprechende singuläre Linie zusammen. Die beiden anderen gehen
in beliebiger Richtung jede, durch einen der beiden Puncte, in welche sich
die Complex-Curve aufgelöst hat. Von den vier Berührungspuncten der
Durchschnitts-Curve der Fläche der singulären Puncte mit dem von den
Linien des Complexes umhüllten Ort fallen also zwei in die beiden Puncte,
in welche sich die Complex-Curve in der singulären Ebene aufgelöst hat,
während die anderen beiden mit dem der gegebenen singulären Ebene zugeordneten singulären Puncte zusammenfallen.

Die Durchschnitts-Curve vierter Ordnung der Fläche der
singulären Puncte mit einer beliebigen singulären Ebene hat in

dem dieser Ebene zugeordneten singulären Puncte einen Doppelpunct.

Auf dieselbe Art beweisen wir den Satz:

Die Kegelfläche vierter Classe, welche sich von einem beliebigen singulären Puncte aus an die Fläche der singulären Ebenen legen lässt, hat die diesem Puncte zugeordnete singuläre Ebene zur Doppelebene.

319. Die analytische Bestätigung dieser geometrischen Folgerungen entnehmen wir den Gleichungen (169) und (171), welche die Fläche der singulären Puncte und die Fläche der singulären Ebenen bezüglich in Punct- und Ebenen-Coordinaten darstellen. Wenn wir annehmen, dass die Ebene XZ eine singuläre Ebene sei und dass die entsprechende singuläre Linie mit $O.X$, der zugeordnete singuläre Punct mit O zusammenfalle, so erhalten wir aus der 305. und der 306. Nummer die folgende Constanten-Bestimmung:

$$A = 0, \qquad H = 0, \qquad I = 0, \qquad P = 0.$$

Dadurch bekommen die Ausdrücke a, b, c, d, e, f (168), wenn wir in denselben zugleich y' verschwinden lassen, die folgenden Werthe:

$$\left. \begin{aligned}
a &= E z^2, \\
b &= K x z - M z^2 + (N - O) z - Q x, \\
c &= B + D z^2 + F x^2 - 2 L x z - 2 R x + 2 S z, \\
d &= - E x z - U z, \\
e &= G - K x^2 + M x z + O x + T z, \\
f &= C + E x^2 + 2 U x.
\end{aligned} \right\} \qquad (172)$$

Wenn wir in denselben x und z gegen Constante, so wie zweite Potenzen von x und z gegen erste vernachlässigen, so erhalten wir:

$$\left. \begin{aligned}
a &= E z^2, \\
b &= (N - O) z - Q x, \\
c &= B, \\
d &= - U z, \\
e &= G, \\
f &= C.
\end{aligned} \right\} \qquad (173)$$

Und indem wir diese Werthe in die Gleichung (169):

$$a c f + 2 b d e - a e^2 - c d^2 - f b^2 = 0$$

einsetzen, finden wir die folgende Gleichung:

$$B C E z^2 - 2 G U z \big((N - O) z - Q x \big) - E G^2 z^2$$
$$- B U^2 z^2 - C \big((N - O) z - Q x \big)^2 = 0 \qquad (174)$$

um diejenigen singulären Puncte darzustellen, welche in der singulären Ebene XZ in der Nähe des zugeordneten singulären Punctes O liegen. Diese Gleichung enthält nur Glieder zweiten Grades in x und z. Die Durchschnitts-Curve der Fläche der singulären Puncte mit der Ebene XZ besitzt also, in Uebereinstimmung mit den Schlussfolgerungen der vorigen Nummer, im Coordinaten-Anfangspuncte einen Doppelpunct.

Wir mögen noch bemerken, dass dieser Doppelpunct ein Rückkehrpunct wird, wenn ausser den Constanten A, H, I, P auch noch die Constante Q verschwindet. Dann ist, nach den Erörterungen der 307. Nummer, die Axe OX eine Doppellinie des gegebenen Complexes.

Auf dieselbe Art können wir nachweisen, dass der Kegel vierter Classe, der sich von einem beliebigen singulären Puncte aus an die Fläche der singulären Ebenen legen lässt, die dem angenommenen singulären Puncte zugeordnete singuläre Ebene zur Doppelebene hat.

320. Nach dem Vorstehenden ist jede singuläre Ebene eine Tangential-Ebene der von den singulären Puncten gebildeten Fläche vierter Ordnung. Berührungspunct ist der zugeordnete singuläre Punct. Und umgekehrt ist jeder singuläre Punct ein Punct der von den singulären Ebenen umhüllten Fläche vierter Classe. Tangential-Ebene in demselben ist die zugeordnete singuläre Ebene.

Die Fläche vierter Ordnung, welche von den singulären Puncten des Complexes gebildet wird, und die Fläche vierter Classe, welche von den singulären Ebenen desselben umhüllt wird, sind identisch.

Eine jede singuläre Linie des Complexes berührt die Fläche vierter Ordnung und vierter Classe der singulären Puncte und singulären Ebenen. Der Berührungspunct mit der Fläche ist der entsprechende singuläre Punct, die Berührungsebene in demselben die entsprechende singuläre Ebene. Die beiden übrigen Schnittpuncte der singulären Linie mit der Fläche sind diejenigen beiden Puncte, in welche sich die Complex-Curve in der entsprechenden singulären Ebene aufgelöst hat. Ebenso sind die beiden übrigen Tangential-Ebenen, welche sich durch die singuläre Linie an die Fläche legen lassen, diejenigen beiden Ebenen, in welche der Complex-Kegel zerfällt, dessen Mittelpunct der zugeordnete Punct ist. Die Richtung der einer singulären Ebene und ihrem zugeordneten singulären Puncte entsprechenden singulären Linie ist durch die Fläche der singulären Puncte und singulären Ebenen noch nicht gegeben. Die

Fläche hängt von weniger willkürlichen Constanten ab, als der Complex zweiten Grades, welcher sie bestimmt.

321. Die von den singulären Puncten des Complexes gebildete und von den singulären Ebenen desselben umhüllte Fläche ist von der vierten Ordnung und der vierten Classe. Sie hat also, im Allgemeinen, sechszehn Doppelpuncte und sechszehn Doppelebenen. Die Möglichkeit, dass die Fläche sonstige Singularitäten, insbesondere einen Doppelstrahl und eine mit demselben zusammenfallende Doppelaxe besitzt, durch welche die Anzahl der Doppelpuncte und Doppelebenen erniedrigt würde, bleibt ausgeschlossen, so lange nicht der gegebene Complex selbst particularisirt ist.

Die Tangential-Ebenen der Fläche in einem Doppelpuncte derselben umhüllen einen Kegel der zweiten Classe und die Berührungspuncte derselben mit einer ihrer Doppelebenen bilden eine Curve der zweiten Ordnung. Wir haben in der 312. Nummer nachgewiesen, dass die singulären Ebenen, welche durch einen Doppelpunct des Complexes gehen, ebenfalls einen Kegel der zweiten Classe umhüllen, und dass die singulären Puncte, welche in einer Doppelebene des Complexes liegen, eine Curve der zweiten Ordnung bilden.

Die Doppelpuncte und Doppelebenen des Complexes fallen mit den Doppelpuncten und Doppelebenen der von den singulären Puncten gebildeten und von den singulären Ebenen umhüllten Fläche zusammen.

Und hieraus:

In einem Complexe zweiten Grades gibt es, im Allgemeinen, sechszehn Doppelpuncte und sechszehn Doppelebenen.

Welcher Punct in einer Doppelebene von den Linien des Complexes umhüllt, oder welche Ebene in einem Doppelpuncte von den Linien des Complexes gebildet wird, ist durch die Fläche der singulären Puncte und Ebenen noch nicht bestimmt. Der Punct kann ein beliebiger Punct der Berührungs-Curve, die Ebene eine beliebige Ebene des Berührungs-Kegels sein.

322. Wir gehen zu der Gleichung der Fläche der singulären Puncte und Ebenen in Plan-Coordinaten (171) zurück:

$$a'c'f' + 2b'd'e' - a'e'^2 - c'd'^2 - f'b'^2 = 0.$$

Wir wollen dieselbe durch Einführung einer vierten Veränderlichen, w, homogen machen. Es kommt dies darauf hinaus, dass wir die für a', b', c', d', e', f' gefundenen Ausdrücke (170) durch Einführung dieser Veränderlichen homogen machen und, nach Einsetzung dieser Ausdrücke in die Gleichung (171), den Factor w^2, welchen dieselbe erhält, vernachlässigen.

Wir wollen die Gleichung der Fläche in der folgenden Weise schreiben:

$$f = 0. \tag{175}$$

Dann erhalten wir für die Gleichung des Pols einer gegebenen Ebene (t', u', v', w') in Bezug auf diese Fläche, nach der 296. Nummer, die folgende:

$$\left(\frac{\delta f}{\delta t}\right) t + \left(\frac{\delta f}{\delta u}\right) u + \left(\frac{\delta f}{\delta v}\right) v + \left(\frac{\delta f}{\delta w}\right) w = 0.$$

Die rechtwinkligen Coordinaten des Pols sind also:

$$x' = \frac{\left(\frac{\delta f}{\delta t}\right)}{\left(\frac{\delta f}{\delta w}\right)}, \; y' = \frac{\left(\frac{\delta f}{\delta u}\right)}{\left(\frac{\delta f}{\delta w}\right)}, \; z' = \frac{\left(\frac{\delta f}{\delta v}\right)}{\left(\frac{\delta f}{\delta w}\right)} . \tag{176}$$

Wenn wir die homogen gemachten Ausdrücke a', b', c', d', e', f' in die Gleichung (171) einsetzen, so erhalten wir die Gleichung:

$$F = 0, \tag{177}$$

und es ist, nach dem Vorhergehenden:

$$F = w^2 f. \tag{178}$$

Es ist also erlaubt, in den Formeln (176) die nach t, u, v, w genommenen Differentialquotienten der Function f bezüglich durch die folgenden Functionen zu ersetzen:

$$\left(\frac{\delta F}{\delta t}\right), \; \left(\frac{\delta F}{\delta u}\right), \; \left(\frac{\delta F}{\delta v}\right), \; \left(\frac{\delta F}{\delta w} - \frac{2F}{w}\right) .$$

323. Wir wollen insbesondere die unendlich weit liegende Ebene auswählen. Der Einfachheit wegen setzen wir, was immer gestattet ist, in der Gleichung des gegebenen Complexes die Constanten K, L, M gleich Null. Dann erhalten die homogen gemachten Ausdrücke a', b', c', d', e', f' die folgenden Werthe:

$$\begin{aligned}
a' &= Dw^2 + Bv^2 + Cu^2 - 2Guv - 2Svw + 2Tuw, \\
b' &= -Ctu + Gtv + Huv - Iv^2 + (N-O)vw - Ttw + Uuw, \\
c' &= Ew^2 + Av^2 + Ct^2 - 2Htv - 2Utw + 2Pvw, \\
d' &= -Btv + Gtu - Hu^2 + Iuv - Nuw + Stw - Rvw, \\
e' &= -Auv - Gt^2 + Htu + Itv + Otw - Puw + Qvw, \\
f' &= Fw^2 + Au^2 + Bt^2 - 2Itu - 2Quw + 2Rtw.
\end{aligned} \tag{179}$$

Wenn wir in diese Ausdrücke und ihre bezüglich nach t, u, v, w genommenen Differentialquotienten die Coordinaten der unendlich weit liegenden Ebene:

$$t' = 0, \; u' = 0, \; v' = 0, \; w' = w'$$

einsetzen, erhalten wir:

$$a' = Dw'^2, \; b' = 0, \; c' = Ew'^2, \; d' = 0, \; e' = 0, \; f' = Fw'^2 \qquad (180)$$

und:

$$\left.\begin{aligned}
&\left(\frac{\delta a'}{\delta t}\right) = 0, && \left(\frac{\delta c'}{\delta t}\right) = -2\,Uw', && \left(\frac{\delta f'}{\delta t}\right) = 2\,Rw', \\[1ex]
&\left(\frac{\delta a'}{\delta u}\right) = 2\,Tw', && \left(\frac{\delta c'}{\delta u}\right) = 0, && \left(\frac{\delta f'}{\delta u}\right) = -2\,Qw', \\[1ex]
&\left(\frac{\delta a'}{\delta v}\right) = -2\,Sw', && \left(\frac{\delta c'}{\delta v}\right) = 2\,Pw', && \left(\frac{\delta f'}{\delta v}\right) = 0, \\[1ex]
&\left(\frac{\delta a'}{\delta w}\right) = 2\,Dw', && \left(\frac{\delta c'}{\delta w}\right) = 2\,Ew', && \left(\frac{\delta f'}{\delta w}\right) = 2\,Fw'.
\end{aligned}\right\} \qquad (181)$$

Es ist für das Folgende unnöthig, die Differentialquotienten von b', d', e' hinzuschreiben.

Nach den vorstehenden Gleichungen erhalten die vier Ausdrücke:

$$\left(\frac{\delta F}{\delta t}\right), \; \left(\frac{\delta F}{\delta u}\right), \; \left(\frac{\delta F}{\delta v}\right), \; \left(\frac{\delta F}{\delta w} - 2\frac{F}{w}\right),$$

wo:

$$F \equiv a'c'f' + 2b'd'e' - a'e'^2 - c'd'^2 - f'b'^2,$$

für die unendlich weit entfernte Ebene, indem nur das eine Glied

$$a'c'f'$$

in Betracht kommt, die folgenden Werthe:

$$\left.\begin{aligned}
&\left(\frac{\delta F}{\delta t}\right) = 2\,Dw'^5\,(ER - FU), \\[1ex]
&\left(\frac{\delta F}{\delta u}\right) = 2\,Ew'^5\,(FT - DQ), \\[1ex]
&\left(\frac{\delta F}{\delta v}\right) = 2\,Fw'^5\,(DP - ES), \\[1ex]
&\left(\frac{\delta F}{\delta w} - 2\frac{F}{w}\right) = 6\,DEFw'^5 - 2\,DEFw'^5 = 4\,DEFw'^5.
\end{aligned}\right\} \qquad (182)$$

Und also werden die Coordinaten des Pols der unendlich weit liegenden Ebene mit Bezug auf die Fläche, oder, wie wir sagen können, die Coordinaten des Mittelpunctes der Fläche:

$$x' = \frac{ER - FU}{2EF}, \; y' = -\frac{DQ - FT}{2DF}, \; z' = \frac{DP - ES}{2DE}. \qquad (183)$$

Es sind dies dieselben Ausdrücke, welche wir in der 240. Nummer für die Coordinaten des Mittelpunctes des Complexes gefunden haben. Und somit haben wir den Satz:

Der Mittelpunct eines Complexes zweiten Grades fällt mit dem Mittelpunct der Fläche seiner singulären Puncte und Ebenen zusammen.

Damit in Uebereinstimmung rückt der Mittelpunct des Complexes unendlich weit, wenn die unendlich entfernte Ebene insbesondere eine singuläre Ebene ist, und fällt in unendlicher Entfernung mit dem derselben zugeordneten singulären Puncte zusammen, demjenigen Puncte, in welchem dieselbe die Fläche der singulären Puncte und Ebenen berührt. (Vergl. n. 279.)

Wenn die unendlich weit liegende Ebene eine Doppelebene des Complexes ist, so wird der Mittelpunct desselben unbestimmt. Sein geometrischer Ort ist eine in der unendlich weit entfernten Ebene liegende Curve der zweiten Ordnung. Diese Curve ist die Berührungs-Curve der Doppelebene mit der Fläche der singulären Puncte und Ebenen. (Vergl. n. 289.)

Wenn endlich die Beziehung der unendlich weit liegenden Ebene zu dem Complexe sich so particularisirt, dass eine jede in ihr liegende Linie eine Linie des Complexes, und in Folge dessen ein jeder ihrer Puncte ein singulärer Punct desselben ist, so kann weder von einem bestimmten Mittelpuncte des Complexes noch von einem solchen der Fläche der singulären Puncte und Ebenen mehr die Rede sein.

§ 6.

Pol einer gegebenen Ebene, Polar-Ebene, einem gegebenen Puncte mit Bezug auf den Complex zugeordnet.

324. Wir kehren zu den Betrachtungen der drei ersten und insbesondere des dritten Paragraphen dieses Abschnitts zurück. Wir haben in denselben die Beziehung des gegebenen Complexes zweiten Grades zu der unendlich weit entfernten Ebene untersucht. Es beschäftigte uns zunächst die Gesammtheit der Durchmesser des Complexes — solcher gerader Linien, welche mit Bezug auf den Complex den in der unendlich weit entfernten Ebene liegenden geraden Linien als Polaren zugeordnet sind —, dann die Gesammtheit der Cylinder des Complexes — solcher Complex-Kegel, deren Mittelpuncte in der unendlich weit entfernten Ebene liegen — und der Axen dieser Cylinder — der Polar-Linien derselben mit Bezug auf die durch ihre Mittelpuncte gehende unendlich weit entfernte Ebene —. Dann betrachteten wir die von Linien des Complexes in der unendlich weit entfernten Ebene

und in solchen Ebenen, welche derselben unendlich nahe liegen, umhüllten Curven und stellten dieselben durch einen Complex von ausgezeichneter Einfachheit und characteristischer Lage gegen das Coordinaten-System, durch den Asymptoten-Complex des gegebenen, dar.

Alle diese Betrachtungen und darum auch alle Resultate, die wir gefunden haben, können wir von der unendlich weit liegenden Ebene nach bekannten Regeln, die schon im Vorstehenden ihren Ausdruck finden, auf eine beliebige Ebene des Raums übertragen. Der Grund für diese Uebertragbarkeit liegt in der Identität der analytischen Operationen, welche in dem einen wie in dem anderen Falle der geometrischen Betrachtung entsprechen.

Wir wollen die beliebig angenommene Ebene insbesondere mit einer der drei Coordinaten-Ebenen zusammenfallen lassen. Der Vertauschung der unendlich weit liegenden Ebene mit einer der Coordinaten-Ebenen entsprechend erhalten wir eine Vertauschung der Linien-Coordinaten unter sich und damit eine gegenseitige Vertauschung der Constanten in der Gleichung des gegebenen Complexes. Wir stellen im Folgenden die Regeln für diese Vertauschungen auf, und sind dann, für eine beliebige Coordinaten-Ebene, jeder weiteren analytischen Entwicklung überhoben, indem es genügt, in allen früheren Formeln nach diesen Regeln sowohl die Veränderlichen als die Constanten zu wechseln.

Bei der Uebertragung der für die unendlich weit entfernte Ebene aufgestellten Sätze auf eine beliebige Ebene erweitern wir die früher gewonnenen Resultate, insofern es uns, nach den vorhergehenden beiden Paragraphen, gestattet ist, die singulären Elemente des Complexes — die singulären Puncte, Linien und Ebenen desselben — anschaulicher, als das früher möglich war, in die geometrische Betrachtung einzuführen.

325. Wir wollen in dem Folgenden die Gleichung (V) des Complexes zweiten Grades zu Grunde legen, welche wir durch Einführung einer sechsten Veränderlichen h homogen und durch Zufügung eines Gliedes $2\,Vh\eta$ symmetrisch gemacht haben. Diese Gleichung ist:

$$Ar^2 + Bs^2 + Ch^2 + D\sigma^2 + E\varrho^2 + F\eta^2$$
$$+ 2\,Gsh + 2\,Hrh + 2\,Irs + 2\,K\varrho\eta - 2\,L\sigma\eta - 2\,M\varrho\sigma$$
$$- 2\,Nr\sigma + 2\,Os\varrho + 2\,Vh\eta$$
$$+ 2\,Pr\varrho + 2\,Qr\eta + 2\,Rs\eta - 2\,Ss\sigma - 2\,Th\sigma + 2\,Uh\varrho = 0. \qquad \text{(V)}$$

Wir haben in der 10. Nummer für die Strahlen-Coordinaten
$$r, s, h, -\sigma, \varrho, \eta$$
die folgenden sechs proportionirten Ausdrücke erhalten:
$$(x\tau' - x'\tau), (y\tau' - y'\tau), (z\tau' - z'\tau), (yz' - y'z), (x'z - xz'), (xy' - x'z).$$
Es bezeichnen dabei
$$\frac{x}{\tau}, \frac{y}{\tau}, \frac{z}{\tau} \text{ und } \frac{x'}{\tau'}, \frac{y'}{\tau'}, \frac{z'}{\tau'}$$

die Coordinaten zweier, beliebig auf der geraden Linie angenommener Puncte.

Der Vertauschung der unendlich weit liegenden Ebene mit der Coordinaten-Ebene YZ entspricht die Vertauschung von
$$x \text{ mit } \tau, \quad x' \text{ mit } \tau'.$$
Dem entsprechend werden die sechs Linien-Coordinaten:
$$r, s, h, -\sigma, \varrho, \eta$$
bezüglich durch die folgenden ersetzt:
$$-r, -\eta, \varrho, -\sigma, h, -s.$$
Von dieser Vertauschung werden nicht berührt die Coefficienten:
$$A, D, R, U,$$
während bezüglich
$$B, C, I, M$$
und
$$F, E, Q, T$$
ohne Zeichenänderung, mit gleichzeitigem Zeichenwechsel
$$G, H, L, O$$
und
$$K, P, S, V$$
sich gegenseitig vertauschen und N sein Zeichen ändert.

Von den Ebenen-Coordinaten:
$$t, u, v, w$$
vertauschen sich die beiden, t und w, gegenseitig.

Insbesondere ist die Gleichung der in der unendlich weit liegenden Ebene von Linien des Complexes umhüllten Curve:
$$D t^2 + E u^2 + F v^2 + 2K uv + 2L tv + 2M tu = 0,$$
und daraus erhalten wir, nach den vorstehenden Vertauschungsregeln, für die in YZ liegende Complex-Curve, in Uebereinstimmung mit der 166. Nummer, die folgende Gleichung:
$$D w^2 + C u^2 + B v^2 - 2G uv - 2S vw + 2T uw = 0.$$

Einer Vertauschung der unendlich weit liegenden Ebene mit einer der beiden anderen Coordinaten-Ebenen, XZ oder XY, entsprechend erhalten wir vollständig analoge Vertauschungsregeln. Wir schreiben dieselben nicht hin, indem wir auf die Vertauschungsregeln der 155. Nummer zurückweisen, welche einer Vertauschung der drei Ebenen YZ, XZ, XY unter sich entsprechen.

326. Es sei eine beliebige Ebene, P, gegeben. In derselben wird von Linien des Complexes eine Curve, K, umhüllt. Die Polare, welche einer willkürlich in P angenommenen geraden Linie, a, mit Bezug auf den Complex entspricht, und die wir mit b bezeichnen wollen, schneidet die Ebene P in dem Pole der Linie a mit Bezug auf die Curve K. Denn die Polare einer geraden Linie in Bezug auf den Complex ist der geometrische Ort für die Pole derselben in Bezug auf die in den durch sie hindurchgelegten Ebenen von Linien des Complexes umhüllten Curven. Hiermit in Uebereinstimmung haben wir in der 236. Nummer die Richtung des einem gegebenen Systeme paralleler Ebenen zugeordneten Durchmessers des Complexes vermöge der in der unendlich weit entfernten Ebene liegenden Complex-Curve construirt.

Es seien a, a', a'' drei gerade Linien der Ebene P, welche ein in Bezug auf die Curve K sich selbst conjugirtes Dreieck bilden. Die drei zugehörigen Polaren heissen b, b', b''. Dann gehen b, b', b'' bezüglich durch den Durchschnitt von a' und a'', von a'' und a, von a und a'. Wir wollen b, b', b'' drei in Bezug auf die Ebene P einander conjugirte Polaren, oder auch kurz, weil die Ebene P fest bleibt, drei einander conjugirte Polaren nennen. Das System dreier conjugirter Polaren vertritt in dem Falle einer beliebig angenommenen Ebene das System dreier conjugirter Durchmesser in dem Falle der unendlich weit gerückten Ebene.

Die Durchschnitts-Puncte $(a'\, a'')$, $(a''\, a)$ und $(a\, a')$ sind die Mittelpuncte dreier Complex-Kegel, A, A', A''. Wir bezeichnen dieselben, indem wir, wie vorhin, die Ebene P als fest betrachten, als die drei bezüglich den geraden Linien a, a', a'' zugehörigen Complex-Kegel.

In Bezug auf einen jeden Complex-Kegel, dessen Mittelpunct in P angenommen ist, ist dieser Ebene eine gerade Linie zugeordnet. Diese Linie ist der Durchschnitt derjenigen beiden Tangential-Ebenen, welche den Complex-Kegel längs der beiden Kanten berühren, nach denen er von der Ebene P geschnitten wird. Wenn die Ebene P insbesondere unendlich weit rückt, wird aus dem Complex-Kegel ein Complex-Cylinder und aus der fraglichen geraden Linie die Cylinder-Axe. Wir wollen diese gerade Linie — zum Unterschied von der Bezeichnung Polare, mit der wir diejenige gerade Linie bezeichnet haben, die einer gegebenen mit Bezug auf den Complex zugeordnet ist — als die Polar-Linie des Complex-Kegels mit Bezug auf die Ebene P, oder kurz als dessen Polar-Linie bezeichnen.

Die Polar-Linien der drei Complex-Kegel A, A', A'' seien c, c', c''. Wir nennen diese drei Polar-Linien einander conjugirt und bezüglich den gegebenen geraden Linien a, a', a'', wie deren Polaren b, b', b'', zugehörig. Eine jede Polar-Linie schneidet die ihr zugehörige Polare in einem Puncte der Ebene P.

327. Die Polare einer beliebigen geraden Linie wird von den Polar-Ebenen derselben mit Bezug auf sämmtliche Complex-Kegel, deren Mittelpuncte auf ihr liegen, umhüllt. Es ist also, beispielsweise, b der Durchschnitt der beiden Polar-Ebenen der geraden Linie a mit Bezug auf die beiden Complex-Kegel A' und A''. In denselben beiden Ebenen liegen aber auch bezüglich die Polar-Linien der Kegel A' und A'', die wir vorhin mit c' und c'' bezeichnet haben. Es wird somit b von c' und c'' geschnitten.

Von drei einander conjugirten Polaren schneidet jede die zu den beiden anderen zugehörigen Polar-Linien.

Es schneidet also auch jede von drei conjugirten Polar-Linien die zu den beiden anderen zugehörigen Polaren.

Wenn die drei Polaren b, b', b'' gegeben sind, lassen sich die drei Polar-Linien c, c', c'' in linearer Weise construiren. Denn eine jede derselben geht durch den Schnittpunct einer der drei Polaren mit der Ebene P und schneidet die beiden anderen. Auf dieselbe Weise bestimmen sich b, b', b'', wenn c, c', c'' gegeben sind.

Drei beliebige gerade Linien, insbesondere die drei Polaren b, b', b'', bestimmen, als Linien einer Erzeugung, ein Hyperboloid. Demselben gehören als Linien zweiter Erzeugung alle diejenigen an, welche die gegebenen drei geraden Linien schneiden. Die Polar-Linien c, c', c'' sind also Linien zweiter Erzeugung des durch die Polaren b, b', b'', als Linien der ersten Erzeugung, bestimmten Hyperboloids. Die sechs geraden Linien b, b', b'', c, c', c'' bestimmen ein dem Hyperboloide aufgeschriebenes Sechseck $b\,c'\,b''\,c\,b'\,c''$ (vergl. n. 109). Dieses Sechseck vertritt bei beliebiger Annahme der Ebene P das durch drei conjugirte Durchmesser und den diesen parallelen Cylinder-Axen bestimmte Centralparallelepiped in dem Falle der unendlich weit gerückten Ebene.

Die drei Ebenen (b, c), (b', c'), (b'', c''), welche die Tangential-Ebenen des in Rede stehenden Hyperboloids in den drei in P liegenden Puncten (a', a''), (a'', a), (a, a') sind, schneiden sich in einem Puncte O, dem Pole der Ebene P in Bezug auf das Hyperboloid. Wir können diesen Punct noch auf andere Arten bestimmen. Die Ebene (b, c) schneidet die Ebene P in einer geraden Linie d. Die vierte Harmonicale zu b, c und d, die wir mit e bezeichnen wollen, geht durch den gesuchten Punct. In demselben Puncte schneiden sich die drei Diagonalen des Sechsecks $b c' b'' c b' c''$.

Wenn die Ebene P unendlich weit rückt, wird aus dem Puncte O der Mittelpunct des Centralparallelepipeds. Wir können den Mittelpunct eines solchen Parallelepipeds entweder als den Durchschnitt derjenigen drei Ebenen definiren, welche durch je einen Durchmesser und die ihm parallele Cylinder-Axe hindurchgehen, oder als den gemeinsamen Durchschnitt der drei Mittellinien zwischen je einem Durchmesser und der parallelen Cylinderaxe, oder endlich als den gemeinsamen Durchschnitt der Diagonalen des Central-parallelepipeds.

328. Genau dieselben Rechnungen und Betrachtungen, durch welche wir in der 245. und 246. Nummer nachgewiesen haben, dass alle Central-parallelepipeda eines gegebenen Complexes denselben Mittelpunct haben, den wir als den Mittelpunct des Complexes bezeichneten, zeigen, dass der Pol O der Ebene P in Bezug auf das durch b, b', b'' bestimmte Hyperboloid unabhängig ist von der Auswahl dieser drei conjugirten Polaren.

Der Pol der Ebene P mit Bezug auf ein durch drei conjugirte Polaren bestimmtes Hyperboloid ist von der Auswahl dieser Polaren unabhängig.

Der Punct O ist also der Ebene P durch den gegebenen Complex zugeordnet. Wir wollen ihn den Pol der Ebene P mit Bezug auf den Complex nennen.

In einem Complexe zweiten Grades ist einer gegebenen Ebene, im Allgemeinen, ein Punct in eindeutiger Weise zugeordnet.

Wir haben in der 323. Nummer nachgewiesen, dass der Mittelpunct des Complexes zusammenfällt mit dem Mittelpuncte der durch seine singulären Puncte und Ebenen bestimmten Fläche. Wir haben also den Satz:

Der Pol einer gegebenen Ebene mit Bezug auf einen Complex zweiten Grades fällt mit dem Pole derselben Ebene mit

Bezug auf die von den singulären Puncten des Complexes gebildete und von den singulären Ebenen desselben‘ umhüllte Fläche
zusammen.

329. Es sei eine beliebige Linie a der Ebene P gegeben. Die ihr zugehörige Polare sei b, die Polarlinie c. Dann haben wir die gerade Linie e,
welche den Pol der Ebene P mit dem Schnittpuncte der beiden geraden
Linien b und c verbindet, in der Art construirt, dass wir durch b und c
eine Ebene legten und die. vierte Harmonicale zu b, c und der Schnittlinie d
dieser Ebene mit der Ebene P bestimmten. Wir untersuchen zunächst, in
wie weit diese Construction ihre Gültigkeit behält, wenn die angenommene
gerade Linie a dem Complexe angehört, insbesondere, wenn dieselbe eine
singuläre Linie desselben ist.

Es sei a eine Linie des gegebenen Complexes. Dann fällt die Polare b
mit ihr zusammen. Aber auch die Polar-Linie c ist von a und b nicht verschieden. Denn der Pol der geraden Linie a in Bezug auf die in P liegende
Complex-Curve ist der Berührungspunct derselben mit dieser Curve, und der
Complex-Kegel, dessen Mittelpunct dieser Punct ist, berührt die Ebene P
nach der Tangente in diesem Puncte, das heisst, nach der angenommenen
geraden Linie a. Es fallen sonach b und c, und damit auch d, mit der geraden Linie a zusammen. Die vierte Harmonicale zu b, c und d wird unbestimmt. Die geometrische Construction der Verbindungslinie des Pols der
geraden Linie a in Bezug auf die in P liegende Complex-Curve mit dem
Pole der Ebene P in Bezug auf den Complex wird illusorisch.

Wenn die gerade Linie a insbesondere mit einer der vier singulären
Linien zusammenfällt, welche in P liegen, so wird zunächst ihre Polare, b,
unbestimmt. Dieselbe kann beliebig unter denjenigen geraden Linien angenommen werden, welche in der zugeordneten singulären Ebene durch den
zugeordneten singulären Punct gehen. Dieser Punct ist der Berührungspunct
der singulären Linie a mit der in P liegenden Complex-Curve. Der Complex-
Kegel, welcher denselben zum Mittelpuncte hat, zerfällt in zwei sich nach
der singulären Linie a schneidende Ebenen. Die Polar-Linie c wird danach,
wie die Polare b, unbestimmt und ist einzig der Bedingung unterworfen, in
derjenigen Ebene, welche zu den genannten beiden und der Ebene P harmonisch ist, durch den auf a liegenden Berührungspunct hindurchzugehen.
Die gesuchte Linie e ist in der vierten harmonischen Ebene zu der gegebenen

Ebene P und zu den beiden Ebenen, in welchen bezüglich b und c liegen, enthalten, wird aber innerhalb derselben durch die allgemeine Construction nicht vollständig bestimmt.

330. Wenn die gerade Linie a dem gegebenen Complexe nicht angehört, sind, im Allgemeinen, die zugehörige Polare, b, und die zugehörige Polar-Linie, c, verschieden. Dem entspricht, dass sich, im Allgemeinen, drei conjugirte Polaren nicht schneiden. Nach den Erörterungen der 251. Nummer gibt es ein System dreier zugeordneter Durchmesser, welche durch den Mittelpunct des Complexes hindurchgehen. Es fallen dieselben mit den ihnen parallelen Cylinder-Axen zusammen. Entsprechend gibt es für jede Ebene drei einander zugeordnete Polaren, welche durch den Pol der Ebene hindurchgehen, und also mit den ihnen zugehörigen Polar-Linien zusammenfallen.

Wenn wir, nach der 251. Nummer, den Complex auf diejenigen drei Durchmesser, welche sich in seinem Mittelpuncte schneiden, als Coordinaten-Axen beziehen, so wird seine Gleichung die folgende:

$$A r^2 + B s^2 + C h^2 + D \sigma^2 + E \varrho^2 + F \eta^2$$
$$+ 2 G s h + 2 H r h + 2 I r s$$
$$- 2 N r \sigma + 2 O s \varrho + 2 V h \eta = \Omega = 0. \tag{184}$$

Dann erhalten wir für die von den Linien desselben in der unendlich weit entfernten Ebene umhüllte Curve:

$$D t^2 + E u^2 + F v^2 = 0. \tag{185}$$

Für die in derselben Ebene liegende Curve desjenigen Complexes, dessen Gleichung die folgende ist:

$$- \frac{\delta \Omega}{\delta r} \cdot \frac{\delta \Omega}{\delta \sigma} + \frac{\delta \Omega}{\delta s} \cdot \frac{\delta \Omega}{\delta \varrho} + \frac{\delta \Omega}{\delta h} \cdot \frac{\delta \Omega}{\delta \eta} = 0, \tag{186}$$

finden wir:

$$D N t^2 + E O u^2 + F V v^2 = 0. \tag{187}$$

In den beiden Gleichungen (185) und (187) kommen nur noch die Quadrate der Veränderlichen vor. Es sind also die beiden durch diese Gleichungen dargestellten Curven zweiter Classe auf ein in Bezug auf beide sich selbst conjugirtes Coordinaten-System bezogen.

Wir haben durch die Gleichung (186) im Verein mit der Gleichung des gegebenen Complexes die singulären Linien des letzteren bestimmt. Es sind die in der unendlich weit liegenden Ebene enthaltenen vier singulären Linien die gemeinschaftlichen Tangenten der beiden durch die Gleichungen (185) und (187) dargestellten Kegelschnitte. Die drei Puncte, in welchen die Coordinaten-Axen *OX*, *OY*, *OZ* die unendlich weit liegende Ebene schneiden, sind also diejenigen drei Puncte, in welchen sich die Diagonalen des von den vier in dieser Ebene liegenden singulären Linien gebildeten vollständigen Vierseits schneiden. Es sind die drei Diagonalen diejenigen in der unendlich weit entfernten Ebene liegenden geraden Linien, deren zugehörige Polare und Polar-Linie zusammenfallen, ohne dass sie selbst dem Complexe angehören.

Die vorstehenden Betrachtungen übertragen sich unmittelbar von der unendlich weit liegenden Ebene auf eine beliebig angenommene.

331. Für eine gegebene Ebene gibt es im Allgemeinen nur ein System dreier zugeordneter Polaren, welche sich in dem Pole der Ebene schneiden: dasjenige, welches wir in der vorhergehenden Nummer construirt haben. Diese Construction wird unbestimmt, wenn die vier singulären Linien in der angenommenen Ebene *P* paarweise zusammenfallen, — was eine zweifache Particularisation der Beziehung des gegebenen Complexes zu derselben verlangt. Dann ist durch die beiden geraden Linien, in welche die vier singulären Linien zusammenfallen, ein Durchschnittspunct, *o*, und eine gerade Linie, *p*, die Polare von *o* in Bezug auf die in *P* liegende Complex-Curve, bestimmt. Die Polare von *p* in Bezug auf den Complex geht durch den Punct *o* und den Pol der Ebene *P* in Bezug auf den Complex hindurch. Und umgekehrt geht die Polare einer jeden geraden Linie, welche sich in *P* durch *o* legen lässt, durch einen Punct der geraden Linie *p* und den Pol der Ebene *P* in Bezug auf den Complex. Es gibt dann unendlich viele Polaren, welche sich in dem Pole der Ebene *P* schneiden. Eine derselben ist ausgezeichnet. Die übrigen sind alle der einen conjugirt und liegen in einer durch den Pol gehenden Ebene.

Wenn alle Polaren der in *P* liegenden geraden Linien durch den Pol von *P* hindurchgehen sollen, so müssen, nach der geometrischen Construction, die wir betrachten, alle in *P* liegenden Linien des Complexes singuläre Linien desselben sein. Es verlangt das, so lange die gegebene Ebene keine singuläre Ebene ist, eine fünffache Particularisation der Beziehung der gegebenen Ebene zu dem Complexe. Denn es ist dazu erforderlich, entweder dass die von Linien des Complexes (186) in der gegebenen Ebene *P* umhüllte Curve von der in derselben Ebene liegenden Curve des gegebenen Complexes nicht verschieden sei, oder, dass eine jede Linie der Ebene *P* dem Complexe (186) angehöre. Ob der eine oder der andere Fall eintritt, hängt von der Wahl des überzähligen Gliedes in der Gleichung des gegebenen Complexes ab.

Wenn der gegebene Complex zweiten Grades insbesondere von der Art ist, dass seine Linien eine Fläche des zweiten Grades umhüllen, so schneiden sich die Polaren aller solchen geraden Linien, welche in einer beliebigen Ebene liegen, in dem Pole dieser Ebenen in Bezug auf den Complex, der mit dem Pole derselben in Bezug auf die Fläche zusammenfällt. Und allerdings sind alle Linien eines solchen Complexes als singuläre Linien anzusehen. Die Fläche, die in dem allgemeinen Falle der Complexe zweiten Grades von den singulären Puncten desselben gebildet und von den singulären Ebenen desselben umhüllt wird, ist in dem Falle der besonderen Complexe, die eine Fläche des zweiten Grades darstellen, von dieser letzteren nicht verschieden.

332. Wenn die gegebene Ebene P eine singuläre Ebene ist, so fällt ihr Pol mit Bezug auf den Complex, nach den Auseinandersetzungen der 279. und 323. Nummer, mit dem ihr zugeordneten singulären Puncte zusammen. Dieser Punct ist der Berührungspunct der gegebenen singulären Ebene mit der Fläche der singulären Puncte und Ebenen.

Wir überzeugen uns leicht von der Richtigkeit dieses Resultates. Die Complex-Curve in der gegebenen Ebene P hat sich, der Voraussetzung entsprechend, in das System zweier Puncte, K_1 und K_2, aufgelöst. Die Verbindungslinie derselben $(K_1 K_2)$ ist die der gegebenen singulären Ebene zugeordnete singuläre Linie. Auf derselben liegt der zugehörige singuläre Punct O, welcher der Pol der Ebene P ist.

Es sei eine beliebige gerade Linie, a, der Ebene P gegeben. Ihre Polare b schneidet die Ebene P in einem Puncte der singulären Linie $(K_1 K_2)$. Der Complex-Kegel, dessen Mittelpunct dieser Schnittpunct ist, berührt die gegebene Ebene P nach $(K_1 K_2)$. Es fällt also die zu der beliebig angenommenen geraden Linie a zugehörige Polar-Linie c mit $(K_1 K_2)$ zusammen. Damit ist ausgesprochen, dass der Pol der Ebene P auf der singulären Linie $(K_1 K_2)$ zu suchen ist. Denn die durch b und c hindurch gelegte Ebene schneidet die Ebene P wieder nach c, und die vierte Harmonicale zu b, c und dieser Schnittlinie muss, weil b und c nicht selbst zusammenfallen, mit c zusammenfallen.

Um den Pol auf der singulären Linie $(K_1 K_2)$ zu bestimmen, lassen wir die beliebig angenommene gerade Linie a mit $(K_1 K_2)$ zusammenfallen.

Dann entsprechen ihr unendlich viele gerade Linien als Polaren: alle diejenigen, welche in der gegebenen Ebene P durch den zugeordneten singulären Punct, O, hindurchgehen. Damit ist der Beweis geführt. Denn die vierte Harmonicale zu solch' einer Polaren, der Polar-Linie eines Complex-Kegels, dessen Mittelpunct beliebig auf derselben angenommen ist, und der Schnittlinie der durch die Polare und die Polarlinie bestimmten Ebene mit der gegebenen, P, fällt mit der angenommenen Polaren selbst zusammen.

333. Ist die gegebene Ebene P eine Doppelebene des Complexes, so wird die Lage ihres Pols unbestimmt. Der geometrische Ort für denselben ist diejenige Curve zweiter Ordnung, nach welcher die Doppelebene die Fläche der singulären Puncte und Ebenen berührt. Die Complex-Curve in der Doppelebene hat sich in das System zweier Puncte aufgelöst, welche in einen Punct der Berührungs-Curve zweiter Ordnung zusammenfallen. Die Richtung der Verbindungslinie der beiden Puncte ist unbestimmt geworden. Eine jede Linie, welche in P durch den Punct, in welchen die beiden zusammengefallen sind, hindurchgeht, ist eine singuläre Linie. Der einer jeden derselben entsprechende singuläre Punct kann als Pol der Ebene P in Bezug auf den Complex angesehen werden. Wenn sich die singuläre Linie in P um den festen Punct dreht, beschreibt der entsprechende singuläre Punct jene Curve der zweiten Ordnung, nach welcher die Doppelebene die Fläche der singulären Puncte und Ebenen berührt.

Wir haben noch den Fall zu erwähnen, dass alle in einer gegebenen Ebene P liegende Linien dem Complexe angehören. Es kann von einem bestimmten Pole einer solchen Ebene mit Bezug auf den Complex keine Rede mehr sein. Dem entspricht, dass sich die Ebene als isolirte Ebene von der Fläche der singulären Puncte absondert, wodurch diese auf die dritte Ordnung erniedrigt wird.

334. Die unendlich weit liegenden Linien des gegebenen Complexes haben wir durch einen besonders einfachen Complex, dessen Gleichung noch dadurch übersichtlicher wurde, dass wir ihn in nahe Beziehung zu dem Coordinaten-System setzten, durch den Asymptoten-Complex des gegebenen, dargestellt. In dem allgemeinen Falle erhielten wir die Gleichung des Asymptoten-Complexes, wenn wir in der Gleichung des gegebenen die drei Veränderlichen r, s, h verschwinden liessen. Dann stellte derselbe eine Kegelfläche zweiter Classe dar, deren Mittelpunct in den Coordinaten-Anfangspunct fiel und welche aus der unendlich weit entfernten Ebene die in derselben

von Linien des Complexes umhüllte Curve herausschnitt. Wenn sich die Beziehung der unendlich weit liegenden Ebene zu dem gegebenen Complex particularisirte, so mussten noch weitere Glieder, als nur die zweiter Ordnung in $\varrho,\ \sigma,\ \eta$, aus der Gleichung des gegebenen Complexes für die Gleichung des Asymptoten-Complexes ausgewählt werden, damit dieser mit derselben Annäherung, wie in dem allgemeinen Falle, die unendlich weit liegenden Linien des gegebenen Complexes darstelle. Der Grad der Annäherung des Asymptoten-Complexes an den gegebenen Complex ist in allen Fällen der erste; das heisst, die Beziehung des Asymptoten-Complexes zu dem gegebenen Complexe bleibt unverändert, wenn wir dieselben parallel mit sich selbst gegen einander um ein endliches Stück verschieben.

Aehnliche Betrachtungen lassen sich für eine beliebige Ebene, insbesondere für eine jede der drei Coordinaten-Ebenen, anstellen. Wir nennen Asymptoten-Complex des gegebenen Complexes mit Bezug auf eine Coordinaten-Ebene denjenigen Complex, welcher mit dem gegebenen Complexe alle in dieser Ebene und, bis auf Grössen erster Ordnung, alle in solchen Ebenen, die von der Coordinaten-Ebene unendlich wenig verschieden sind, liegenden Complex-Linien gemein hat, und welcher unter denjenigen Complexen, die mit ihm diese Eigenschaft theilen, sowohl an und für sich als in Beziehung auf das Coordinaten-System der einfachste ist.

335. Bei der Aufstellung der Gleichung des einer Coordinaten-Ebene zugehörigen Asymptoten-Complexes, verfahren wir wie früher in dem Falle der unendlich weit entfernten Ebene. Wenn wir insbesondere die Ebene YZ auswählen, so erhalten wir zunächst, indem wir in der Gleichung des gegebenen Complexes, für welche wir die Gleichung (V) nehmen wollen, r,ϱ,η verschwinden lassen:

$$Bs^2 + Ch^2 + D\sigma^2 + 2Gsh - 2Ss\sigma - 2Th\sigma = 0. \qquad (188)$$

Diese Gleichung stellt einen Complex dar, dessen Linien eine Cylinderfläche zweiter Classe umhüllen, deren Seiten OX parallel sind, und durch welche aus YZ die in dieser Ebene liegende Complex-Curve ausgeschnitten wird.

Durch passende Wahl der Coordinaten-Axen OY und OZ in der festen YZ-Ebene können wir, im Allgemeinen, die vorstehende Gleichung auf die folgende Form bringen:

$$Bs^2 + Ch^2 + D\sigma^2 = 0. \qquad (189)$$

Wenn sich dann die Complex-Curve in YZ, indem YZ eine singuläre Ebene wird, in das System zweier Puncte auflöst, so verschwindet eine der drei Constanten $B,\ C$ und D. Verschwindet D, so müssen wir zu der Gleichung (189).

welche in dem allgemeinen Falle den Asymptoten-Complex darstellt, aus der Gleichung des gegebenen Complexes noch diejenigen Glieder hinzunehmen, welche die Veränderliche σ in der ersten Potenz enthalten. Auf diese Art wird die Gleichung des Asymptoten-Complexes:

$$B s^2 + C h^2 - 2(L\eta + M\varrho)\sigma = 0. \tag{190}$$

Ein Glied mit $r\sigma$ tritt nicht hinzu. Denn es ist:

$$- N r\sigma + O s\varrho + V h\eta = (O - N)s\varrho + (V - N)h\eta.$$

Wenn die beiden Puncte, in welche sich die Complex-Curve in YZ aufgelöst hat, der Annahme entsprechend, dass YZ eine Doppelebene des gegebenen Complexes sei, in einen Punct zusammenfallen, so verschwinden in der Gleichung (189) zwei der drei Constanten B, C, D. Sind B und C die beiden verschwindenden Constanten, so wird die Gleichung des Asymptoten-Complexes, indem wir aus der des gegebenen die Glieder erster Ordnung in s und h zu der Gleichung (189) hinzunehmen:

$$D\sigma^2 + 2(Ir + R\eta)s + 2(Hr + U\varrho)h$$
$$+ 2(O - N)s\varrho + 2(V - N)h\eta = 0. \tag{191}$$

Wenn endlich, der Annahme entsprechend, dass eine jede gerade Linie der Ebene YZ dem gegebenen Complexe angehöre, in der Gleichung (189) die drei Constanten B, C, D zugleich verschwinden, so erhalten wir für die Gleichung des Asymptoten-Complexes, indem wir aus der Gleichung des gegebenen die Glieder erster Ordnung in s, h, σ auswählen:

$$(Ir + R\eta)s + (Hr + U\varrho)h - (L\eta + M\varrho)\sigma$$
$$- N r\sigma + O s\varrho + V h\eta = 0. \tag{192}$$

Wir verfolgen hier, indem wir auf die Entwickelungen des dritten Paragraphen verweisen, diese Betrachtungen nicht weiter und gehen insbesondere nicht auf eine nähere Discussion der durch die Gleichungen (190), 191), (192) dargestellten Complexe ein.

336. Ein Linien-Complex stellt ein sich selbst reciprokes Gebilde dar, der doppelten Anordnung entsprechend, welcher seine Gleichung fähig ist, je nachdem wir die gerade Linie als Strahl oder als Axe betrachten. Einer Vertauschung der beiden Auffassungen entspricht eine Vertauschung der Coordinaten der geraden Linie unter sich. Die Gestalt der Gleichung des Complexes bleibt dabei ungeändert. Darin liegt die Berechtigung, alle im Vorstehenden enthaltenen Betrachtungen und Resultate nach den Regeln des Princips der Reciprocität von einer beliebigen Ebene auf einen beliebigen Punct zu übertragen.

Wir wollen den beliebigen Punct insbesondere mit dem Coordinaten-Anfangspuncte zusammenfallen lassen. Auf ihn übertragen sich dann alle analytischen Entwickelungen und Beziehungen, welche wir für die unendlich weit entfernte Ebene aufgestellt haben, wenn wir überall Punct- und Ebenen-Coordinaten, Strahlen- und Axen-Coordinaten und, dem entsprechend, nach den Regeln der 153. Nummer, die folgenden Constanten der Complex-Gleichunng:

$$A, \ B, \ C, \qquad G, \ H, \ I, \qquad P, \ Q, \ R$$

gegenseitig mit den Constanten:

$$D, \ E, \ F, \qquad K, \ L, \ M, \qquad S, \ T, \ U$$

vertauschen.

Insbesondere haben wir für die in der unendlich weit entfernten Ebene liegende Complex-Curve die Gleichung erhalten:

$$D t^2 + E u^2 + F v^2 + 2K uv + 2L tv + 2M tu = 0.$$

Diejenige Gleichung, welche sich aus derselben nach den vorstehenden Vertauschungs-Regeln ableitet:

$$A x^2 + B y^2 + C z^2 + 2G yz + 2H xz + 2I xy = 0,$$

stellt den Complex-Kegel dar, dessen Mittelpunct der Coordinaten-Anfangspunct ist.

Wenn der beliebig anzunehmende Punct, den wir mit dem Coordinaten-Anfangspuncte haben zusammenfallen lassen, unendlich weit rückt, können wir für ihn einen beliebigen derjenigen drei Puncte wählen, in welchen die unendlich weit entfernte Ebene bezüglich von den Coordinaten-Axen OX, OY, OZ geschnitten wird. Die Vertauschungs-Regeln, welche einer derartigen Annahme entsprechen, leiten sich unmittelbar aus den vorstehenden ab, wenn wir zunächst, nach den Erörterungen der 325. Nummer, die unendlich weit entfernte Ebene bezüglich durch die Coordinaten-Ebenen XZ, YZ, XY ersetzen.

337. Wir beschränken uns im Folgenden darauf, die wesentlichen Ergebnisse, welche wir früher für eine beliebige Ebene abgeleitet haben, für einen beliebigen Punct ohne weiteren Beweis auszusprechen.

Sei O der angenommene Punct. a, a', a'' seien drei beliebige durch ihn hindurchgehende gerade Linien, welche einander in Bezug auf den Complex-Kegel K, dessen Mittelpunct in O fällt, conjugirt sind. Die Polaren dieser drei geraden Linien mit Bezug auf den Complex, die wir mit b, b', b'' bezeichnen wollen, liegen bezüglich in den drei Ebenen $(a', a''), (a'', a), (a, a')$. Wir nennen die drei Polaren einander conjugirt. Die Polar-Linien des Punctes O in Bezug auf die in den drei Ebenen $(a', a''), (a'', a), (a, a')$ liegenden

Complex-Curven, die c, c', c'' genannt werden mögen, heissen den drei Polaren b, b', b'' und den drei gegebenen geraden Linien a, a', a'' zugehörig. Wir bezeichnen sie als drei einander conjugirte Polar-Linien. Dann gilt zunächst der folgende Satz:

Von je drei conjugirten Polaren schneidet jede die den anderen beiden zugehörigen Polar-Linien.

Von je drei Polar-Linien schneidet also auch jede die zu den anderen beiden zugehörigen Polaren. Wenn der Punct O und drei conjugirte Polaren oder Polar-Linien gegeben sind, so lassen sich, nach diesem Satze, die zugehörigen Polar-Linien, bezüglich Polaren, linear construiren.

Drei conjugirte Polaren als Linien einer Erzeugung und die zugehörigen Polar-Linien als Linien der anderen Erzeugung bestimmen ein Hyperboloid. Die Polar-Ebene des Punctes O in Bezug auf dieses Hyperboloid ist diejenige Ebene, P, welche die drei Schnittpuncte je einer der drei conjugirten Polaren mit der ihr zugehörigen Polar-Linie enthält. Diese Ebene ändert sich nicht, wenn wir an Stelle der angenommenen drei conjugirten Polaren irgend drei andere setzen.

Die Polar-Ebene des Punctes O in Bezug auf ein durch drei conjugirte Polaren bestimmtes Hyperboloid ist von der Auswahl dieser Polaren unabhängig.

Die Ebene P ist also dem Puncte O durch den gegebenen Complex zugeordnet. Wir wollen sie die Polar-Ebene des Punctes P mit Bezug auf den Complex nennen.

In einem Complexe zweiten Grades ist einem gegebenen Puncte, im Allgemeinen, eine Ebene in eindeutiger Weise zugeordnet.

Wir können dieselbe Ebene als die Polar-Ebene des gegebenen Punctes mit Bezug auf die von den singulären Puncten des Complexes gebildete und von den singulären Ebenen desselben umhüllte Fläche construiren.

338. Wenn die angenommenen drei geraden Linien a, a', a'' nicht selbst dem Complexe angehören, so schneiden sich, im Allgemeinen, ihre zugehörigen Polaren nicht. Solcher zugeordneter Polaren, welche sich schneiden, und die also mit ihren zugehörigen Polar-Linien in die Polar-Ebene des gegebenen Punctes zusammenfallen, gibt es, im Allgemeinen, nur ein System. Die entsprechenden drei geraden Linien a, a', a'' sind leicht zu construiren.

Durch den gegebenen Punct O gehen vier singuläre Linien des Complexes hindurch. Die drei Durchschnitts-Linien je zweier solcher Ebenen, welche zusammen die vier singulären Linien enthalten, sind die gesuchten.

Einer doppelten Particularisation der Beziehung des Complexes zweiten Grades zu dem gegebenen Puncte entsprechend, können die vier singulären Linien, welche durch denselben hindurchgehen, paarweise zusammenfallen. Dann schneiden sich innerhalb der Polar-Ebene P des Punctes O die Polaren aller solcher gerader Linien, welche in der Ebene, die die beiden singulären Linien enthält, durch O hindurchgehen, in einem Puncte, demjenigen Puncte, in welchem die Polar-Ebene P von der Polar-Linie der genannten Ebene in Bezug auf den Complex-Kegel, dessen Mittelpunct in O fällt, geschnitten wird. Und auch die Polare dieser letzteren Linie fällt in die Ebene P. Sie ist die Durchschnitts-Linie derselben mit der Ebene, welche durch die beiden singulären Linien hindurchgelegt worden ist.

Eine fünffache Particularisation ist erforderlich, wenn alle Polaren in der Polar-Ebene P enthalten sein sollen. Dann fällt eine jede Polare mit der ihr zugehörigen Polar-Linie zusammen. Es verlangt dies, dass alle durch den Punct O hindurchgehenden Complex-Linien singuläre Linien desselben seien. Diese Bedingung ist insbesondere in dem Falle derjenigen Complexe erfüllt, deren Linien eine Fläche des zweiten Grades umhüllen. Alle Linien eines derartigen Complexes sind als singuläre Linien desselben anzusehen. Die Polar-Ebene eines beliebigen Punctes in Bezug auf solch' einen Complex fällt mit der Polar-Ebene desselben in Bezug auf die von demselben umhüllte Fläche zusammen. Die letztere vertritt die Fläche vierter Ordnung und Classe, welche in dem allgemeinen Falle durch die singulären Puncte und Ebenen des Complexes bestimmt wird.

339. Wenn der gegebene Punct O insbesondere ein singulärer Punct ist, fällt seine Polar-Ebene mit der zugeordneten singulären Ebene zusammen. Es ist dieselbe die Tangential-Ebene der Fläche der singulären Puncte und Ebenen in dem gegebenen singulären Puncte.

Ist der gegebene Punct O ein Doppelpunct des Complexes, so wird seine Polar-Ebene unbestimmt. Sie kann beliebig unter den umhüllenden Ebenen eines Kegels zweiter Classe, der den angenommenen Punct zum Mittelpuncte hat, ausgewählt werden. Der Punct O ist dann ein Doppelpunct der Fläche der singulären Puncte und Ebenen. Die Kegelfläche zweiter Classe, die von seinen Polar-Ebenen umhüllt wird, ist der Tangential-Kegel der Fläche im Doppelpunct.

Es können endlich alle durch den Punct O hindurchgehenden geraden Linien dem Complexe angehören. Dann kann von einer bestimmten Polar-Ebene desselben in Bezug auf den Complex keine Rede mehr sein. Dem entspricht, dass sich der Punct als isolirter Punct von der Fläche der singulären Ebenen absondert, wodurch diese auf die dritte Classe reducirt wird.

Es sei schliesslich noch bemerkt, dass in dem allgemeinen Falle der Complexe zweiten Grades nicht, wie bei den Flächen zweiten Grades das Entsprechen der Polar-Ebene zu dem gegebenen Punct ein reciprokes ist. Wenn der Pol der Polar-Ebene mit Bezug auf den Complex wieder mit dem anfänglich gegebenen Puncte zusammenfallen soll, so ist eine dreifache Particularisation der Lage der Ebene zu dem Complexe nothwendig. Es gibt also, im Allgemeinen, in einem gegebenen Complexe nur eine endliche Anzahl von Puncten und Ebenen, welche sich gegenseitig in Bezug auf den Complex entsprechen.

340. Wir haben diejenigen Linien des Complexes, welche in einer gegebenen Ebene oder in deren Nähe liegen, durch den Asymptoten-Complex desselben in Bezug auf die gegebene Ebene dargestellt. Auf ähnliche Weise bestimmen wir diejenigen geraden Linien, welche in dem Complexe durch einen gegebenen Punct und alle ihm benachbarten hindurchgehen.

Sei der gegebene Punct der Anfangspunct der Coordinaten. Dann erhalten wir für den Asymptoten-Complex des gegebenen Complexes in Bezug auf denselben, indem wir in der Gleichung des letzteren die Veränderlichen ϱ, σ, η, sowie erste Potenzen von r, s, h gegen zweite Potenzen derselben vernachlässigen:

$$Ar^2 + Bs^2 + Ch^2 + 2Gsh + 2Hrh + 2Irs = 0. \tag{193}$$

Diese Gleichung stellt eine in der unendlich weit liegenden Ebene enthaltene Curve der zweiten Ordnung dar. Diejenigen geraden Linien, welche durch den Coordinaten-Anfangspunct gehen und diese Curve schneiden, gehören dem gegebenen Complex an.

Durch schickliche Wahl der Richtung der Coordinaten-Axen können wir die vorstehende Gleichung (193) auf die Form bringen:

$$Ar^2 + Bs^2 + Ch^2 = 0. \tag{194}$$

Wenn dann der Coordinaten-Anfangspunct insbesondere ein singulärer Punct des Complexes wird, verschwindet eine der drei Constanten A, B, C. Sei A die verschwindende Constante. Dann müssen wir in der Gleichung des Asymptoten-Complexes, damit derselbe mit der gleichen Annäherung, wie früher, die Linien des gegebenen in der Nachbarschaft des Coordinaten-Anfangspunctes darstelle, neben den Gliedern zweiter Ordnung in s und h die erster Ordnung in r aus der Gleichung des gegebenen Complexes beibehalten. Wir finden so:

$$B s^2 + C h^2 + 2 (P\varrho + Q\eta) r = 0. \tag{195}$$

Ein Glied in $r\sigma$ tritt nicht hinzu, weil:

$$- N r\sigma + O s\varrho + V h\eta = (O - N)\, s\varrho + (V - N) h\eta.$$

Verschwinden gleichzeitig zwei der drei Constanten A, B, C, etwa B und C, dem Falle entsprechend, dass der Coordinaten-Anfangspunct ein Doppelpunct des Complexes wird, so erhalten wir, indem wir neben zweiten Potenzen von r erste Potenzen von s und h berücksichtigen müssen, die folgende Gleichung des Asymptoten-Complexes:

$$A r^2 + 2 (R\eta - S\sigma) s + 2 (- T\sigma + U\varrho) h$$
$$+ 2 (O - N) s\varrho + 2 (V - N) h\eta = 0. \tag{196}$$

Wenn endlich alle durch den Anfangspunct gehenden geraden Linien dem Complexe angehören, und, dementsprechend, A, B, C zugleich verschwinden, wird die Gleichung des Asymptoten-Complexes:

$$(P\varrho + Q\eta) r + (R\eta - S\sigma) s + (- T\sigma + U\varrho) h$$
$$- N r\sigma + O s\varrho + V h\eta = 0. \tag{197}$$

Es ist dies dieselbe Gleichung, welche wir in der 292. Nummer gefunden hatten, um die unendlich weit entfernten Linien des gegebenen Complexes in dem Falle darzustellen, dass in der Gleichung desselben die Glieder zweiter Ordnung in den Veränderlichen ϱ, σ, η fehlten.

Aehnliche Betrachtungen, wie für den Coordinaten-Anfangspunct, können wir für einen beliebigen derjenigen drei Puncte anstellen, die auf den drei Coordinaten-Axen OX, OY, OZ unendlich weit gerückt sind.

341. Wir brechen hier die vorstehenden Entwickelungen ab, deren Zweck die Discussion der allgemeinen Gleichung der Complexe zweiten Grades gewesen ist, um uns wieder der Untersuchung der Complexflächen zuzuwenden. Wir heben insbesondere die grosse Analogie hervor, welche zwischen der Theorie dieser Complexe und der Theorie der Flächen zweiten Grades herrscht; eine Analogie, die darin ihre Erklärung findet, dass die letzteren als Complexe zweiten Grades von besonderer Art aufgefasst werden können. Die Gesammtheit der Bedingungen, welche erfüllt sein muss, damit ein gegebener Complex zweiten Grades eine Fläche dieses Grades darstelle, kann in der einen zusammengefasst werden, dass alle Linien eines derartigen Complexes singuläre Linien desselben sind.

Abschnitt III.

Classification der Flächen eines allgemeinen Complexes des zweiten Grades. Construction und Discussion der Aequatorialflächen.

342. Unter einer Complexfläche haben wir eine solche Fläche verstanden, welche der geometrische Ort ist für die Curven, die in den durch eine feste gerade Linie hindurchgelegten Ebenen von den Linien eines gegebenen Complexes bestimmt werden, oder, was auf dasselbe hinauskommt, eine solche Fläche, welche umhüllt wird von allen Kegeln eines gegebenen Complexes, deren Mittelpuncte auf einer festen geraden Linie liegen. Wir können sagen, dass eine Complexfläche die Gesammtheit aller derjenigen Linien eines gegebenen Complexes darstellt, welche eine feste gerade Linie schneiden. Die Betrachtung dieser Flächen hat bei der Untersuchung der Complexe, wo wir die gerade Linie als Raumelement ansehen, dieselbe Bedeutung wie die Betrachtung der ebenen Durchschnitts-Curven oder der Umhüllungs-Kegel bei der Untersuchung der Flächen.

In dem Falle der Complexe des zweiten Grades ist eine Complexfläche im Allgemeinen von der vierten Ordnung und Classe. Die feste gerade Linie, welche mit dem gegebenen Complexe die Complexfläche bestimmt, ist eine Doppellinie der Fläche, in dem zwiefachen Sinne, dass sie als ein Doppelstrahl und als eine Doppelaxe derselben auftritt. Für vier ausgezeichnete Lagen der sich um die Doppellinie drehenden Ebene löst sich die in derselben von Linien des Complexes umhüllte Curve, welche die Fläche erzeugt, in das System zweier Puncte auf. Diese Puncte sind Doppelpuncte der Fläche. Wir haben die Ebene eine singuläre Ebene, die Verbindungslinie der beiden Doppelpuncte in derselben einen singulären Strahl der Fläche genannt. Der singuläre Strahl liegt ganz auf der Fläche, in dem Sinne, dass ein jeder seiner Puncte ein Punct der Fläche ist. Nach seiner Erstreckung wird die Fläche von der singulären Ebene berührt. — Vier unter den auf der Doppellinie liegenden Puncten sind dadurch ausgezeichnet, dass sie die Mittelpuncte solcher Complex-Kegel sind, welche sich in das System zweier Ebenen aufgelöst haben. Diese Ebenen sind Doppelebenen der Fläche. Einen solchen Punct haben wir einen singulären Punct und die Durchschnittslinie der beiden durch ihn bestimmten Doppelebenen eine singuläre Axe der Fläche genannt. Die singuläre Axe gehört ganz der Fläche an, insofern jede durch sie hindurchgelegte Ebene eine Ebene der Fläche ist. Gemeinsamer Berührungspunct für diese Ebenen ist der singuläre Punct.

343. Diese Definitionen gewinnen sofort an Uebersichtlichkeit, wenn wir diejenige Fläche vierter Ordnung und Classe uns eingeführt denken, welche von den singulären Puncten des Complexes gebildet und von den singulären Ebenen desselben umhüllt wird. Die vier singulären Ebenen einer Complexfläche sind die vier Tangential-Ebenen, welche sich durch die Doppellinie derselben an jene Fläche legen lassen; die vier singulären Puncte der Complexfläche sind die vier Durchschnittspuncte der Doppellinie mit jener Fläche. Die vier singulären Strahlen und vier singulären Axen sind die in dem Complexe den vier singulären Ebenen und vier singulären Puncten bezüglich zugehörigen singulären Linien.

Wir wollen im Folgenden, der Kürze wegen, die durch die singulären Puncte und Ebenen des gegebenen Complexes zweiten Grades bestimmte Fläche der vierten Ordnung und Classe mit dem Buchstaben Φ, und die feste gerade Linie, welche mit dem gegebenen Complexe diejenige Complexfläche erzeugt, die wir gerade betrachten, mit d bezeichnen.

Wir erhalten unmittelbar eine Classification der Complexflächen überhaupt und insbesondere derjenigen des gegebenen Complexes, wenn wir der geraden Linie d nach einander alle verschiedenen Lagen gegen die Fläche Φ ertheilen. Die Erörterungen des fünften Paragraphen des vorigen Abschnittes geben zu einer derartigen Discussion das vollständige Material.

Wenn wir von der Beziehung der Complexfläche zu dem gegebenen Complexe absehen, kommt das gewählte Eintheilungs-Princip darauf hinaus, zu unterscheiden, wie die singulären Elemente einer derartigen Fläche gegen einander gruppirt sind und wie viele von ihnen insbesondere zusammenfallen. Die Betrachtung der Fläche Φ zeigt sogleich, wie sich die verschiedenen besonderen Fälle, welche bei einer derartigen Eintheilung auftreten, durch einen Grenz-Uebergang aus dem allgemeinen Falle ableiten lassen. Wir heben hier insbesondere hervor, wie sich durch das Zusammenfallen singulärer

Elemente allmählich Ordnung und Classe der Complexfläche erniedrigen, bis die Fläche zuletzt von der zweiten Ordnung und Classe wird.

Wir können behufs einer weiteren Eintheilung der Complexflächen unterscheiden, ob die feste gerade Linie d dem gegebenen Complexe angehört oder nicht; ferner, ob die Singularitäten, welche die Complexfläche besitzt, also ihre singulären Ebenen und Puncte, ihre Doppelpuncte und Doppelebenen, reell oder imaginär sind. Allein es ist hier nicht der Ort, in ein grösseres Detail bei der Classification der Complexflächen einzugehen. Wir beschränken uns darauf, nur das erste und wesentlichste Eintheilungs-Princip: die Beziehung der festen geraden Linie d zu der Fläche Φ, in Anwendung zu bringen.

344. Wir erhalten so die nachstehende Eintheilung der Flächen eines gegebenen Complexes des zweiten Grades in **sieben Arten**.*) Diese Arten sind nicht einander coordinirt. Vielmehr umfasst eine jede vorhergehende einzelne der folgenden als Grenzfälle.

I.
Die gerade Linie d ist beliebig angenommen.

In dem sechsten Paragraphen des vorletzten Abschnitts haben wir diesen Fall, den wir als den **allgemeinen** der Complexflächen bezeichnen, einer eingehenden Discussion unterworfen, und die gegenseitige Lage der Singularitäten der Fläche untersucht. Wir haben dort insbesondere unter der Annahme reeller Singularitäten eine lineare Construction für die Fläche gefunden, die nur dann durch eine Construction vom zweiten Grade ersetzt werden muss, wenn die gegebene gerade Linie d selbst eine Complex-Linie ist. Als hier in Betracht kommend heben wir hervor, einmal dass die gerade Linie d ein Doppelstrahl und eine Doppelaxe der Fläche ist, dann, dass die vier singulären Strahlen und vier singulären Axen der Fläche bezüglich einfache Strahlen, nullfache Axen und nullfache Strahlen, einfache Axen derselben sind. Ordnung und Classe der Fläche sind beide die vierte. Die Zahl der willkürlichen Constanten, von denen eine solche Fläche abhängt, ist **siebenzehn**.

II.
Die gerade Linie d berührt die Fläche Φ.

Zwei der vier singulären Puncte fallen in den Berührungspunct, zwei der vier singulären Ebenen fallen in die bezügliche Tangential-Ebene zusammen.

---

*) Es ist leicht, aus demselben Princip noch weitere Unterabtheilungen herzuleiten, auf die wir aber hier nicht eingehen.

Die zugehörigen beiden singulären Strahlen und singulären Axen fallen in dieselbe gerade Linie zusammen: diejenige singuläre Linie, welche in dem Complexe dem Berührungspunct der Fläche Φ mit der geraden Linie d und der Tangential-Ebene in demselben zugeordnet ist. Diese Linie wird eine Doppellinie der Fläche, in dem Sinne, dass sie sowohl ein Doppelstrahl als eine Doppelaxe derselben ist. Die Complexfläche besitzt zwei sich schneidende Doppellinien. Die Beziehung der beiden Doppellinien zu der Fläche ist nicht dieselbe. Es wird die Fläche von einer jeden durch d hindurchgelegten Ebene in einer Curve der zweiten Classe geschnitten und ein jeder auf d angenommener Punct ist der Mittelpunct eines Umhüllungs-Kegels der zweiten Ordnung. Für die zweite Doppellinie vertauschen sich die Worte Ordnung und Classe.

Die Complexflächen, welche wir betrachten, sind, wie in dem allgemeinen Falle, von der vierten Ordnung und Classe. Die Zahl der willkürlichen Constanten, von welchen sie abhängen, hat sich auf sechszehn erniedrigt.

III.

Die gerade Linie d ist eine Doppeltangente der Fläche Φ.

Die vier singulären Ebenen und vier singulären Puncte der Complexfläche fallen paarweise zusammen. An Stelle der vier singulären Strahlen und vier singulären Axen der Fläche treten zwei Doppellinien derselben. Die Fläche enthält drei Doppellinien, von denen eine (d) die anderen beiden schneidet. Wenn wir durch eine der letzteren beiden eine Ebene hindurchlegen, so schneidet dieselbe die Complexfläche in einer Curve zweiter Ordnung, welche auf der anderen einen Doppelpunct hat, und die sich also in das System zweier geraden Linien aufgelöst hat. Die Complexfläche ist eine Linienfläche geworden. Ordnung und Classe derselben sind die vierte geblieben. Ihre Constanten-Anzahl beträgt fünfzehn.

IV.

Die gerade Linie d liegt in einer Doppelebene der Fläche Φ.

Von den vier singulären Ebenen der Complexfläche fallen zwei in die Doppelebene zusammen, während die anderen beiden eine beliebige Richtung haben. Die vier singulären Puncte fallen paarweise zusammen in die beiden Durchschnitts-Puncte der geraden Linie d mit demjenigen Kegelschnitt, nach welchem die Fläche Φ von der gegebenen Doppelebene berührt wird. Die vier singulären Axen fallen in zwei gerade Linien zusammen, welche in der Doppelebene liegen. Dieselben sind, wie die Linie d, Doppellinien der Fläche. Indem die Complexfläche von der Doppelebene in drei Doppellinien geschnitten wird, gehört die Doppelebene nach ihrer ganzen Erstreckung der Fläche an. Von den vier singulären Strahlen der Complexfläche haben zwei eine beliebige Lage. Die beiden anderen sind in der Doppelebene enthalten und sind in derselben unbestimmt geworden. Sie können willkürlich unter den Complex-Linien angenommen werden, die in dieser Ebene liegen. Wir erhalten also das folgende Resultat. Wenn wir die Complexfläche als von Ebenen umhüllt ansehen, bleibt sie von der **vierten Classe**. Sie besitzt **drei, in einer Ebene liegende Doppel-Axen.** Wenn wir die Fläche als von Puncten gebildet betrachten, sondert sich von ihr eine selbstständige Ebene ab. Dadurch reducirt sich die Ordnung der Fläche auf **die dritte**. Die sich absondernde Ebene ist eine dreifach berührende, indem sie die Fläche nach drei einfachen Strahlen schneidet. Es hat die Fläche, nach Abtrennung dieser Ebene, **jeden Doppelstrahl verloren.**

Solche Complexflächen hängen von **fünfzehn** willkürlichen Constanten ab.

V.

Die gerade Linie d geht durch einen Doppelpunct der Fläche Φ.

Während man nach dem Princip der Reciprocität aus den drei ersten Arten von Complexflächen keine neuen Arten ableiten kann, sondern diese selbst wieder erhält, führt dieses Princip von der vorstehend genannten Art zu einer neuen, ihr coordinirten. Wir erhalten dieselbe, wenn wir die gerade Linie d nicht in einer der Doppelebenen der Fläche Φ annehmen, sondern durch einen ihrer Doppelpuncte hindurchlegen. Wir finden dann eine Fläche **vierter Ordnung und dritter Classe, mit drei sich in einem Puncte schneidenden Doppelstrahlen, die einfache Axen der Fläche sind.**[*)] Die Reduction der Classe von der vierten auf die dritte kommt dadurch zu Stande, dass sich von der Fläche ein Punct — der Durchschnittspunct der drei Doppelstrahlen — als selbstständiger Ort der ersten Classe absondert. Dadurch verliert die Complexfläche ihre Doppelaxen.

---

*) Wir sind einer solchen Fläche in der 251. Nummer begegnet. Sie war der geometrische Ort für die Mittelpuncte solcher Complex-Curven, deren Ebenen durch den Mittelpunct des Complexes hindurchgelegt waren.

Die Fläche hängt, wie die vorhergehende, von fünfzehn willkürlichen Constanten ab.

VI.

Die gerade Linie d geht in einer Doppelebene der Fläche Φ durch einen Doppelpunct derselben.

Es setzt dies voraus, dass in jeder Doppelebene der Fläche Φ eine Anzahl Doppelpuncte derselben liegt, was leicht zu beweisen ist. In zwei beliebigen Doppelebenen der Fläche Φ liegen zwei Berührungs-Curven der zweiten Ordnung. Die Durchschnitts-Linie der beiden Doppelebenen wird von diesen Curven in denselben beiden Puncten geschnitten. Diese beiden Puncte sind Doppelpuncte der Fläche.

Der Annahme entsprechend, dass die gerade Linie d in einer Doppelebene der Fläche Φ durch einen Doppelpunct derselben hindurchgehe, erhalten wir eine Art von Complexflächen, die zu den beiden letzten aufgeführten Arten in gleicher Beziehung steht und wieder in sich selbst reciprok ist. Die Fläche ist von der dritten Ordnung und der dritten Classe. Sie besitzt einen die gerade Linie d schneidenden Doppelstrahl, welcher eine einfache Axe ist, und eine ebenfalls die gerade Linie d schneidende Doppelaxe, welche ein einfacher Strahl ist. Die gerade Linie d ist eine einfache Linie der Fläche. Als Fläche dritter Ordnung mit einem Doppelstrahl, oder, was auf dasselbe hinauskommt, als Fläche dritter Classe mit einer Doppelaxe ist die Complexfläche eine Linienfläche geworden.*) Die Constanten-Anzahl hat sich auf vierzehn erniedrigt.

VII.

Die gerade Linie d ist die Durchschnittslinie zweier Doppelebenen der Fläche Φ und die Verbindungslinie zweier Doppelpuncte derselben.

Nach der vorhin gemachten Bemerkung ist die Durchschnittslinie zweier Doppelebenen auch immer die Verbindungslinie zweier Doppelpuncte. Die Complexfläche reducirt sich dadurch, dass sich von derselben, je nachdem

---

*) Solchen Flächen sind wir schon mehrfach, von ganz verschiedenen Gesichtspuncten aus, begegnet. Die Axen der Complexe einer linearen Congruenz bilden eine derartige Fläche, deren Doppelaxe unendlich weit gerückt ist und gegen den Doppelstrahl senkrecht steht (n. 86.). Eine ganz ähnliche Fläche fanden wir in der allgemeinen Theorie der Complexe zweiten Grades als den geometrischen Ort der Cylinder-Axen, welche einen Durchmesser, oder der Durchmesser, welche eine Cylinder-Axe schneiden. (n. 243, 246.)

wir sie durch Punct- oder Ebenen-Coordinaten bestimmt denken, zwei selbstständige Ebenen — die beiden Doppelebenen der Fläche Φ —, oder zwei
selbstständige Puncte — die beiden Doppelpuncte derselben Fläche — absondern, auf die zweite Ordnung und die zweite Classe.*) Sie hat alle
Singularitäten verloren. Insbesondere ist die Linie d eine nullfache
Linie der Fläche geworden.

Indem es, im Allgemeinen, in einem gegebenen Complexe 16 Doppel-
ebenen (16 Doppelpuncte) gibt, kann die Linie d $\dfrac{16.\,15}{2} = 120$ mal eine solche
Lage annehmen, dass die ihr zugehörige Complexfläche von der zweiten
Ordnung und Classe wird.

Für die Anzahl willkürlicher Constanten, von denen eine derartige
Complexfläche abhängt, finden wir dreizehn. Neun derselben kommen auf
die Fläche zweiten Grades und vier auf die durch die letztere noch keines-
wegs bestimmte gerade Linie d.

345. Eine Erniedrigung in der Ordnung oder Classe einer Complexfläche kommt dadurch zu Stande, dass sich von der Fläche, bei
besondern Annahmen der geraden Linie d, einzelne Ebenen, bezüglich
einzelne Puncte absondern. Wir bemerken hier beiläufig, dass auch
noch auf anderem Wege eine derartige Erniedrigung der Ordnung oder
Classe eintreten kann. Sei der gegebene Complex in der Art und Weise
particularisirt, dass ihm alle geraden Linien angehören, welche durch einen
festen auf der geraden Linie d angenommenen Punct hindurchgehen. Dann
löst sich in einer beliebigen durch d hindurchgehenden Ebene die Complex-
Curve in das System zweier Puncte auf, von denen einer mit dem gegebenen
festen Puncte zusammenfällt und der andere eine beliebige Lage hat. Wenn
wir diese Curve in Punct-Coordinaten bestimmen, tritt an die Stelle des
Systems der beiden Puncte die doppelt zu zählende Verbindungslinie derselben.
Es wird also die Complexfläche von einer durch die gerade Linie d gelegten
Ebene, ausser in dieser selbst, in zwei zusammenfallenden geraden Linien
geschnitten, welche durch einen festen, auf d gegebenen Punct hindurchgehen. Es ist die Complexfläche in einen Kegel der zweiten Ordnung
ausgeartet.**) Die Erniedrigung der Ordnung von der vierten auf die zweite

---

*) Diese Art der Erniedrigung von Ordnung und Classe einer Complexfläche haben wir bereits
in der 258. Nummer betrachtet.

**) Eine Complexfläche von dieser besonderen Art haben wir in der 292. Nummer in gemischten
Coordinaten dargestellt.

erfolgt dadurch, dass sich die Fläche in das System zweier Flächen der zweiten Ordnung auflöst, die zusammenfallen.

346. Solche Complex-Flächen, die von Complex-Curven in parallelen Ebenen gebildet werden, haben wir Aequatorialflächen genannt. Wir gehen zu der Discussion dieser Aequatorialflächen und zunächst einer beschränkten Familie derselben über. Es leitet uns dabei die doppelte Absicht, einmal, an leicht und übersichtlich construirbaren Flächen eine Bestätigung der bisherigen Resultate zu finden; dann aber besonders, durch diese Flächen in etwa eine Anschauung von der Vielgestaltigkeit der Complexflächen überhaupt und dadurch von der Vertheilung der geraden Linie in einem Complexe des zweiten Grades zu gewinnen. Wir beachten im Folgenden also nicht nur, wie im Vorstehenden, die Anzahl und Lage der Singularitäten der Fläche, sondern ganz besonders die Form der Flächentheile, zwischen denen die Singularitäten den Uebergang bilden, und den gestaltlichen Character dieses Uebergangs. Wir lassen, bei diesen Untersuchungen, den Aequatorialflächen zunächst nicht ihre volle Allgemeinheit, sondern unterwerfen sie einer Anzahl vereinfachender Bedingungen. Die Möglichkeiten, welche wir dadurch ausschliessen, sind für unseren Zweck von geringerer Bedeutung, und ihre Berücksichtigung würde nur unnöthigerweise den Gang der Betrachtung compliciren. Auch lassen wir die Erzeugung der Aequatorialflächen durch umhüllende Cylinder bei Seite, und betrachten nur ihre Entstehung durch die in parallelen Ebenen fortrückende Complex-Curve. Es liegt diese Art der Bestimmung einer Fläche unserer Anschauung unvergleichlich näher als die andere durch umhüllende Cylinder.

347. Indem wir voraussetzten, dass die in den Breiten-Ebenen unendlich weit liegende gerade Linie nicht selbst dem Complexe angehöre, haben wir für die allgemeine Gleichung einer solchen Fläche in der 273. Nummer die folgende erhalten:

$$D w^2 + (F x^2 - 2 R x + B) v^2 - 2 (O x + G) u v$$
$$+ (E x^2 + 2 U x + C) u^2 = 0. \tag{1}$$

Es ist dabei die Coordinaten-Ebene YZ parallel zu den Breiten-Ebenen der Complexfläche genommen. Die Axe OX fällt mit dem Durchmesser des gegebenen Complexes zusammen, welcher dem Systeme der Breiten-Ebenen zugeordnet ist, und den wir als den Durchmesser der Aequatorialfläche bezeichnet haben. Endlich haben OY und OZ in YZ die Richtung zweier unter sich und zu OX conjugirter Durchmesser des Complexes.

Die Gleichung (1) enthält acht von einander unabhängige Constante, welche mit den sieben, durch welche das Coordinaten-System particularisirt ist, die fünfzehn Constanten geben, von denen eine Aequatorialfläche abhängt. Es ist der Coordinaten-Anfangspunct auf OX*) und der Winkel zwischen den Coordinaten-Axen OY und OZ noch willkürlich angenommen.

Wir wollen in dem Folgenden, der Einfachheit und Anschaulichkeit wegen, voraussetzen, dass das Coordinaten-System, welches der Gleichung (1) zu Grunde gelegt ist, ein rechtwinkliges sei, was eine zweifache Particularisation der Aequatorialfläche bedingt. Dann ist der Durchmesser der Fläche senkrecht auf der Richtung der ihm im Complexe zugeordneten parallelen Ebenen, und fällt also mit einer der drei Haupt-Axen des Complexes zusammen. (n. 236.)

348. Unsere weiteren Entwicklungen knüpfen wir zunächst an die Annahme, dass in der Gleichung (1) die beiden Constanten G und O verschwinden. Dann ist die Gleichung der Fläche, in welcher wir, unbeschadet der Allgemeinheit, $D = 1$ setzen wollen**), die folgende:

$$w^2 + (Fx^2 - 2Rx + B)v^2 + (Ex^2 + 2Ux + C)u^2 = 0. \qquad (2)$$

Die in einer beliebigen Breiten-Ebene liegende Complex-Curve ist auf die beiden Coordinaten-Axen OY und OZ als auf ihre Axen bezogen. Dem Verschwinden von G und O entsprechend hat die Aequatorialfläche (2) sich dadurch particularisirt, dass die Axen ihrer Breiten-Curven gleich gerichtet sind. Dadurch nähern sich diese Aequatorialflächen dem Typus der Flächen zweiter Ordnung und werden unserer Anschauung näher gerückt. Von den vier singulären Strahlen der Fläche werden paarweise zwei parallel. Wir können sagen, dass die Flächen, welche wir betrachten, dadurch ausgezeichnet sind, dass sich ihre singulären Strahlen zu zwei auf ihrer Doppellinie schneiden.

Die Gleichung (2) enthält sechs von einander unabhängige Constante. Das rechtwinklige Coordinaten-System, auf welches dieselbe bezogen ist, ist bis auf die Lage des Anfangspunctes, der noch beliebig auf OX angenommen

---

*) In der angezogenen Nummer hatten wir den Anfangspunct auf OX durch die folgende Bedingung bestimmt:
$$ER = FU,$$
welche aussagt, dass die Ebene YZ durch den Mittelpunct des Complexes hindurchgeht. Wir lassen hier diese Bedingung, als für die folgenden Betrachtungen unwesentlich, fallen.

**) Die Annahme, $D = 0$, entspricht den parabolischen Aequatorialflächen, die hier ausgeschlossen bleiben.

werden kann, vollständig bestimmt. Aequatorialflächen also, die durch die Gleichung (2) dargestellt sind, hängen von elf Constanten ab, während diese Zahl im Allgemeinen fünfzehn beträgt.

Wir erhalten aus der Gleichung (1) unmittelbar die Gleichung der Fläche in Punct-Coordinaten:

$$\frac{y^2}{Ex^2 + 2Ux + C} + \frac{z^2}{Fx^2 - 2Rx + B} + 1 = 0. \tag{3}$$

Die Fläche ist von der vierten Ordnung geblieben. Sie wird von den Coordinaten-Ebenen XY, XZ in zwei Curven zweiter Ordnung geschnitten, indem in diesen Ebenen ausser den Durchschnitts-Curven zweiter Ordnung noch je zwei singuläre Strahlen der Fläche liegen.

349. Wir wollen die Curven zweiter Ordnung, nach welchen die Aequatorialfläche von den beiden Coordinaten-Ebenen XY und XZ geschnitten wird, als die beiden Characteristiken derselben bezeichnen. Wir erhalten für dieselben, indem wir in der vorstehenden Gleichung nach einander z und y verschwinden lassen, die folgenden beiden Gleichungen:

$$\left. \begin{array}{l} y^2 + Ex^2 + 2Ux + C = 0, \\ z^2 + Fx^2 - 2Rx + B = 0. \end{array} \right\} \tag{4}$$

Von den beiden Axen jedes dieser Kegelschnitte fällt die eine in die Coordinaten-Axe OX und ist die andere bezüglich OY und OZ parallel.

Wir haben in der 185. Nummer die folgenden beiden Gleichungen erhalten, um die Complex-Cylinder darzustellen, deren Seiten bezüglich den Coordinaten-Axen OZ und OY parallel sind:

$$\left. \begin{array}{l} Fx^2 - 2Lxz + Dz^2 + 2Sz - 2Rx + B = 0, \\ Ex^2 - 2Mxy + Dy^2 + 2Ux - 2Ty + C = 0. \end{array} \right\} \tag{5}$$

Wenn wir in diesen beiden Gleichungen L, M, S und T verschwinden lassen und D der Einheit gleich setzen, so fallen sie mit den beiden Gleichungen (4) zusammen. Es wird also, wie dies auch geometrisch klar ist, die durch die Gleichung (4) dargestellte Aequatorialfläche von den beiden Complex-Cylindern, deren Seiten bezüglich OZ und OY parallel sind, nach den beiden in XY und XZ liegenden Characteristiken berührt.

Wenn die beiden Characteristiken gegeben sind, so ist die Aequatorialfläche eindeutig bestimmt und ihre geometrische Construction gegeben. Denn die beiden Gleichungen der Characteristiken enthalten zusammen genau dieselben unabhängigen Constanten, als die Gleichung der Fläche selbst. Das Princip der Eintheilung der Aequatorialflächen dieser Art ist also zu entlehnen aus der verschiedenen Natur und der gegenseitigen Lage der beiden Characteristiken.

350. Wir wollen die Ebene XZ mit der in derselben enthaltenen Characteristik so um OX drehen, dass sie mit XY zusammenfällt. Wenn wir dann durch einen beliebigen Punct der Axe OX eine Parallele zu OY ziehen, so geben die vier paarweise gleichen Stücke, welche auf dieser geraden Linie von den beiden Characteristiken abgeschnitten werden, die Grösse der beiden Halb-Axen derjenigen Complex-Curve, welche in der durch diese gerade Linie gehenden Breiten-Ebene liegt.

Wenn die Breiten-Curve eine Hyperbel oder eine imaginäre Ellipse ist und wir deren imaginäre Axen als reelle gerade Linien in derselben Weise construiren wollen, so müssen wir zu jeder Characteristik eine zweite Curve zweiter Ordnung hinzufügen, welche mit der Characteristik den Mittelpunct und die in OX fallende Axe gemein hat, während die zweite Axe an absoluter Grösse der zweiten Axe der Characteristik gleich aber imaginär oder reell ist, je nachdem die letztere reell oder imaginär ist. Nachdem die beiden Characteristiken in dieser Weise ergänzt worden sind, ist die Construction der Fläche in allen Fällen gegeben.

Wir haben die beiden Characteristiken durch Drehung um OX in dieselbe Ebene gebracht. Ihre vier Durchschnittspuncte in derselben bestimmen diejenigen beiden Breiten-Ebenen, von welchen die Aequatorialfläche in reellen Kreisen geschnitten wird. Imaginäre Kreise als Durchschnitts-Curven mit der Fläche liegen in denjenigen beiden Breiten-Ebenen, welche durch die vier Durchschnitts-Puncte der beiden Curven zweiter Ordnung gegeben sind, die wir den Characteristiken zugefügt haben. Endlich bestimmen die vier Durchschnittspuncte jedesmal einer Characteristik mit der der anderen zugehörigen Ergänzungs-Curve zwei Breiten-Ebenen, von welchen die Aequatorialfläche in gleichseitigen Hyperbeln geschnitten wird.

351. Wenn wir insbesondere der Breiten-Ebene eine derjenigen vier Lagen geben, welche durch die vier Durchschnittspuncte der beiden Characteristiken mit der Axe OX bestimmt sind, so verschwindet die Grösse der einen Axe der Breiten-Curve, und in Folge dessen reducirt sich diese auf zwei in eine zusammenfallende gerade Linien. Diese geraden Linien sind die singulären Strahlen der Aequatorialfläche.

In Uebereinstimmung hiermit zerfällt die Gleichung (77) der 195. Nummer, durch welche, in dem allgemeinen Falle der Aequatorialflächen, die

Breiten-Ebenen der vier singulären Strahlen bestimmt werden, dadurch, dass K, G, O verschwinden, in die beiden Gleichungen:

$$E\,x^2 + 2\,U x + C = 0, \;\Big\rbrace$$
$$F x^2 - 2\,R x + B = 0, \;\Big\rbrace \qquad (6)$$

und dieselben beiden Gleichungen bestimmen diejenigen Puncte des Durchmessers der Aequatorialfläche, in welchen derselbe von den beiden Characteristiken (4) geschnitten wird.

Durch den Durchschnitt der einen Characteristik mit dem Durchmesser gehen diejenigen beiden singulären Strahlen, welche, senkrecht gegen den Durchmesser, in der Ebene der anderen Characteristik liegen.

Wenn der Durchmesser der Fläche von keiner der beiden Characteristiken in reellen Puncten geschnitten wird, sind die vier singulären Strahlen sämmtlich imaginär und die Aequatorialfläche bildet ein ungetheiltes Ganzes.

Wenn der Durchmesser von einer Characteristik in reellen Puncten geschnitten wird, von der anderen nicht, so sind zwei der vier singulären Strahlen reell, zwei imaginär. Die Fläche zerfällt, indem wir die beiden äusseren Theile, welche im Unendlichen in der unendlich weit entfernten Complex-Curve zusammenstossen, als einen einzigen Flächentheil betrachten, in zwei Theile, von denen der eine endlich, der andere unendlich ist, und zwischen denen die beiden singulären Strahlen den Uebergang bezeichnen.

Wenn der Durchmesser von beiden Characteristiken in reellen Puncten geschnitten wird, so sind die vier singulären Strahlen sämmtlich reell, und die Fläche zerfällt, indem wir wieder die beiden äusseren Flächentheile als einen einzigen betrachten, in vier durch die singulären Strahlen getrennte Theile.

352. Wir können zwei Arten von singulären Strahlen unterscheiden (vergl. n. 188.). Singuläre Strahlen der ersten Art sind die Verbindungslinien zweier reeller Doppelpuncte der Fläche und bilden den Uebergang zwischen reellen Complex-Ellipsen und Complex-Hyperbeln; singuläre Strahlen der zweiten Art sind die Verbindungslinien zweier imaginärer Doppelpuncte der Fläche und bilden den Uebergang von Complex-Hyperbeln zu imaginären Complex-Ellipsen.

Die Flächentheile zwischen zwei aufeinander folgenden singulären Strahlen werden von Curven derselben Art gebildet. Denn es kann sich unter den

Breiten-Curven als Uebergang zwischen Curven verschiedener Art keine Parabel finden, weil sonst die in den Breiten-Ebenen unendlich weit liegende gerade Linie, der Annahme zuwider, dem Complexe angehörte. Je nachdem die Breiten-Curven zwischen zwei auf einander folgenden singulären Strahlen reelle Ellipsen, Hyperbeln oder imaginäre Ellipsen sind, wollen wir die Flächentheile als elliptische, hyperbolische, imaginäre hezeichnen.

Wenn ein elliptischer und ein hyperbolischer Flächentheil auf einander folgen, so stossen sie bloss in zwei Puncten des sie trennenden singulären Strahls zusammen. Diese beiden Puncte (diejenigen beiden, in welche die Complex-Curve für die bezügliche singuläre Ebene ausartet) theilen den Strahl in ein mittleres endliches und in zwei äussere, unendliche Segmente, die als eines zu betrachten sind. Das mittlere Segment gehört dem elliptischen Flächentheile an und ist als eine Ellipse anzusehen, deren eine Axe verschwunden ist. Die beiden äusseren Segmente gehören dem hyperbolischen Flächentheile an und sind als eine Hyperbel zu betrachten, deren Neben-Axe verschwunden, oder, was dasselbe heisst, deren Asymptoten-Winkel gleich Null geworden ist.

Wenn auf einen hyperbolischen Flächentheil ein imaginärer folgt, so endet der erstere nach Seiten des letzteren hin in eine unbegrenzte gerade Linie. Diese gerade Linie ist als eine Hyperbel anzusehen, deren Haupt-Axe verschwunden, oder, was dasselbe ist, deren Asymptoten-Winkel gleich π geworden ist.

353. Ein elliptischer Flächentheil wird von zwei singulären Strahlen der ersten Art begrenzt.*) Dieselben können parallel oder senkrecht zu einander sein.

In dem ersteren Falle erreicht das Verhältniss der beiden Axen der erzeugenden Ellipse, welches in den beiden Grenzlagen gleich Null ist, ein Maximum. Wenn dieses Maximum kleiner als Eins ist, nähert sich die erzeugende Ellipse, von einer der beiden Grenzlagen ausgehend, bis zu dem Maximum immer mehr einem Kreise, und entfernt sich dann, ohne ihn erreicht zu haben, von demselben immer weiter, bis sie, an der anderen Grenze, wieder in eine gerade Linie übergeht. Die grosse Axe der Ellipse bleibt immer gleich gerichtet. Wenn das Maximum grösser als Eins ist, geht die erzeugende Ellipse zwischen den beiden Grenzlagen durch zwei Kreise hindurch. Bei diesem Durchgange vertauschen sich die Richtungen

---

*) Wir schliessen im Texte die Annahme aus, dass die Aequatorialfläche aus einem ungetrennten Ganzen besteht.

ihrer grossen und ihrer kleinen Axe. Die grosse Axe ist senkrecht gegen die beiden begrenzenden singulären Strahlen gerichtet. Wenn endlich das Maximum gleich Eins ist, gibt es unter den erzeugenden Ellipsen einen Kreis, der als zwei zusammenfallende anzusehen ist. Es gibt dann immer zwei Ellipsen, welche einer gegebenen ähnlich sind.

In dem zweiten Falle geht die erzeugende Ellipse auf ihrem Wege von der einen Grenzlage zur anderen durch einen einzigen Kreis hindurch. Beim Durchgange durch den Kreis vertauschen die grosse und die kleine Axe der erzeugenden Ellipse gegenseitig ihre Richtungen. Es gibt zwei Ellipsen, welche, bei gekreuzter Richtung ihrer grossen Axe, einer gegebenen Ellipse ähnlich sind.

Eine gleiche Eintheilung in zwei unterschiedene Arten erhalten wir für die imaginären Flächentheile. Dieselben sind entweder durch zwei parallele oder durch zwei gegeneinander senkrechte Strahlen der zweiten Art begrenzt.

Auch bei hyperbolischen Flächentheilen müssen wir zwei Fälle unterscheiden, je nachdem die beiden begrenzenden singulären Strahlen parallel oder gekreuzt sind. Im ersteren Falle sind die beiden Strahlen von derselben, im zweiten Falle von verschiedener Art. Wenn die beiden Strahlen parallel sind, so ist bei allen Complex-Hyperbeln des Flächenstücks entweder die Haupt-Axe oder die Neben-Axe von endlicher Grösse. Es hängt dies davon ab, ob die beiden Strahlen von der ersten oder zweiten Art sind. Unter beiden Annahmen gibt es zwei reelle oder imaginäre oder zusammenfallende Breiten-Ebenen, von welchen der Flächentheil in gleichseitigen Hyperbeln geschnitten wird. Sind dagegen die beiden das hyperbolische Flächenstück begrenzenden singulären Strahlen gekreuzt, so findet sich unter den erzeugenden Complex-Hyperbeln immer eine, aber auch nur eine, gleichseitige Hyperbel. Während in dem ersten Falle der Asymptoten-Winkel der Complex-Hyperbeln von 0, bezüglich von π, ausgehend wieder zu seinem Anfangs-Werthe zurückkehrt, wächst er in dem zweiten Falle continuirlich von dem einen dieser Werthe bis zu dem anderen.

354. Wir wollen das Vorstehende an einem Beispiele erörtern. Es seien in der Figur die beiden Ellipsen $ABCD$ und $A'B'C'D'$ die beiden Characteristiken, welche wir durch Drehung um OX in eine Ebene gebracht haben. Wir ergänzen die beiden Ellipsen, in dem oben (n. 350) festgestellten Sinne, durch zwei Hyperbeln. Die beiden Hyperbeln sind $AECF$ und $A'E'C'F'$. Um anzudeuten, dass durch sie imaginäre Axen der Breiten-

Curven ihrer Grösse nach bestimmt werden, haben wir dieselben nicht ausgezogen, sondern punctirt.

Wenn wir nun, einem beliebigen x entsprechend, in der Zeichnung eine Senkrechte gegen OX ziehen, so stellen die beiden Abschnitte auf derselben, welche durch die beiden Characteristiken und ihre Ergänzungs-Curven bestimmt werden, die Axen der Complex-Curve in der durch x gegebenen Breiten-Ebene dar.

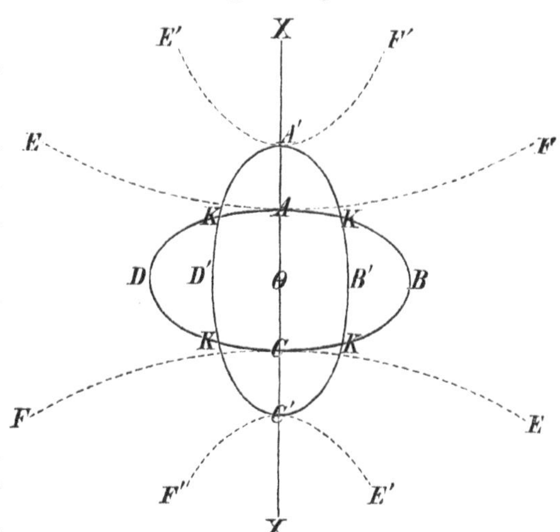

Den Scheiteltangenten in A', A, C, C' entsprechend erhalten wir die vier singulären Strahlen der Aequatorialfläche. Die Strahlen, welche durch A, bezüglich durch C gehen, sind von der ersten, die beiden anderen von der zweiten Art.

Zwischen A und C werden die Breiten-Curven Ellipsen. Unter ihnen befinden sich, den Durchschnittspuncten K entsprechend, zwei Kreise. Das elliptische Flächenstück ist von der ersten Art. An dasselbe schliessen sich, von A bis A', bezüglich von C bis C' reichend, zwei hyperbolische Flächenstücke der zweiten Art. Die beiden Breiten-Ebenen, welche gleichseitige Hyperbeln enthalten, sind diejenigen, welche durch den Durchschnitt der Ellipse $A'B'C'D'$ mit der Hyperbel $AECF$ bestimmt werden. Von A', bezüglich von C' ab, folgen imaginäre Breiten-Curven. Die Aequatorialfläche ist ganz zwischen die durch A' und C' gegebenen Breiten-Ebenen eingeschlossen.

355. Wir wollen im Folgenden einen elliptischen Flächentheil mit E, einen hyperbolischen mit H, einen imaginären mit I bezeichnen und durch die angehängten Marken 1, 2 unterscheiden, ob die Flächentheile durch parallele oder gegeneinander senkrechte singuläre Strahlen begrenzt sind. Die hyperbolischen Flächentheile erster Art, H_1, können entweder durch singuläre Strahlen der ersten oder durch singuläre Strahlen der zweiten Art begrenzt sein. Wir bezeichnen sie dem entsprechend bezüglich mit H_1' und H_1''. In allen solchen Fällen, wo Flächentheile nicht mehr durch sin-

guläre Strahlen von bestimmter Richtung beiderseitig begrenzt werden, gebrauchen wir einfach die Zeichen E, H, I.

Wir erhalten für jede Aequatorialfläche ein Symbol, indem wir die für die einzelnen Flächentheile derselben eingeführten Zeichen zusammenstellen, in der Art, dass wir mit dem sich in's Unendliche erstreckenden Flächentheile beginnen und auch wieder mit demselben schliessen. So stellt:

$$I_1 \; H_2 \; E_1 \; H_2 \; I_1$$

die in der vorigen Nummer betrachtete Fläche dar. Ein derartiges Symbol deutet nicht nur die Art der einzelnen Flächentheile, sondern auch die Art und die Lage der singulären Strahlen der Fläche an, so dass dasselbe hinreicht, um eine Aequatorialfläche, wie wir sie hier betrachten, zu characterisiren.

356. Die nachstehende Aufzählung von siebenzehn coordinirten Arten*) der durch die Gleichung (3) dargestellten Aequatorialflächen ergibt sich sogleich, wenn wir unterscheiden, ob die beiden Characteristiken imaginäre Ellipsen, reelle Ellipsen oder Hyperbeln**) sind, und zugleich die gegenseitige Lage ihrer Durchschnittspuncte mit dem Durchmesser der Fläche in's Auge fassen. Wir geben jedesmal die Art und Lage der Characteristiken und die dadurch bedingte Aufeinanderfolge der Flächentheile an. Die siebenzehn Arten ordnen sich in drei Gruppen nach der Realität ihrer singulären Strahlen***).

Erste Gruppe. Die singulären Strahlen sind sämmtlich imaginär.

1. Zwei imaginäre Ellipsen. I.

2. Eine imaginäre Ellipse und eine Hyperbel, deren Neben-Axe in den Durchmesser fällt. H.

3. Zwei Hyperbeln, deren Neben-Axen in den Durchmesser fallen. E.

Zweite Gruppe. Von den vier singulären Strahlen sind zwei reell, zwei imaginär.

4. Eine imaginäre Ellipse und eine reelle Ellipse. $I_1 \; H_1'' \; I_1$.

---

*) Von den meisten der im Folgenden genannten Flächen hat Plücker Modelle anfertigen lassen, welche die Anschauung derselben bedeutend erleichtern. F. K.

**) Wir mögen hier beiläufig hervorheben, dass der die Aequatorialfläche bestimmende Complex nothwendig ein hyperboloidischer ist, sobald sich unter den Characteristiken der Fläche eine Hyperbel befindet.

***) Ausgezeichnet durch ihre Symmetrie unter den nachstehend aufgezählten Flächen sind diejenigen, deren Characteristiken denselben Mittelpunct besitzen. Solche Flächen entsprechen der Annahme, dass alle der Axe OX in dem die Aequatorialfläche bestimmenden Complexe zugeordneten Durchmesser sich im Mittelpuncte des Complexes schneiden (vergl. n. 252.).

5. Eine imaginäre Ellipse und eine Hyperbel, deren Haupt-Axe in den Durchmesser fällt. $H_1'' \, I_1 \, H_1''$.

6. Eine reelle Ellipse und eine Hyperbel, deren Neben-Axe in den Durchmesser fällt. $H_1' \, E_1 \, H_1'$.

7. Eine Hyperbel, deren Haupt-Axe, und eine Hyperbel, deren Neben-Axe in den Durchmesser fällt. $E_1 \, H_1' \, E_1$.

Dritte Gruppe. Die singulären Strahlen sind sämmtlich reell.

A. Zwei reelle Ellipsen.

8. Die beiden Durchschnitte des Durchmessers mit der einen Ellipse folgen auf die beiden Durchschnitte desselben mit der anderen. $I_2 H_1'' I_2 H_1'' I_2$.

9. Auf dem Durchmesser der Fläche liegen die Durchschnitte mit der einen Ellipse zwischen den beiden Durchschnitten mit der anderen Ellipse.*) $I_1 H_2 E_1 H_2 I_1$.

10. Auf dem Durchmesser der Fläche folgen alternirend die Durchschnittspuncte mit der einen und die Durchschnittspuncte mit der anderen Ellipse. $I_2 H_2 E_2 H_2 I_2$.

B. Eine reelle Ellipse und eine Hyperbel, deren Haupt-Axe in den Durchmesser der Fläche fällt.

11. Der Durchmesser der Fläche wird von der Ellipse in zwei Puncten geschnitten, welche zwischen den beiden Durchschnitten mit der Hyperbel liegen. $H_1'' \, I_2 \, H_1'' \, I_2 \, H_1''$.

12. Auf dem Durchmesser der Fläche liegen die Durchschnitte mit der Ellipse innerhalb desselben Zweiges der Hyperbel. $H_2 \, I_1 \, H_2 \, E_1 \, H_2$.

13. Die Scheitel der Hyperbel liegen zwischen den Durchschnitten der Ellipse mit dem Durchmesser der Fläche. $H_1' \, E_2 \, H_1' \, E_2 \, H_1'$.

14. Von den beiden Scheiteln der Hyperbel liegt der eine ausserhalb der Ellipse, der andere innerhalb. $H_2 \, I_2 \, H_2 \, E_2 \, H_2$.

C. Zwei Hyperbeln, deren Haupt-Axen in den Durchmesser der Fläche fallen.

15. Auf dem Durchmesser liegen die beiden Scheitel der einen Hyperbel zwischen den beiden Scheiteln der anderen. $E_1 \, H_2 \, I_1 \, H_2 \, E_1$.

16. Auf dem Durchmesser folgen die Scheitel der einen Hyperbel auf die der anderen. $E_2 \, H_1' \, E_2 \, H_1' \, E_2$.

17. Auf dem Durchmesser liegt ein Scheitel jeder der beiden Hyperbeln zwischen den beiden Scheiteln der anderen. $E_2 \, H_2 \, I_2 \, H_2 \, E_2$.

---

*) Die in der 354. Nummer betrachtete Fläche.

357. Wir wollen in den nächsten Erörterungen diejenigen Fälle insbesondere hervorheben, in welchen zwei der singulären Strahlen der Aequatorialfläche in dieselbe Breiten-Ebene fallen. Es sind die entsprechenden Flächen anzusehen als Uebergangsformen zwischen jedesmal zwei der vorstehend aufgezählten siebenzehn Arten. Sie hängen von einer Constanten weniger, als die bisher betrachteten Flächen, also von zehn Constanten ab. Dadurch, dass zwei singuläre Strahlen der Fläche in dieselbe Breiten-Ebene fallen, verschwindet der zwischen denselben eingeschlossene Flächentheil. Die Breiten-Ebene bezeichnet nicht mehr, wie früher, den Uebergang zwischen einem hyperbolischen und einem elliptischen oder imaginären Flächentheil.

Die singulären Strahlen können paarweise in dieselbe Breiten-Ebene fallen; es können drei von ihnen in derselben Ebene liegen, u. s. f. Alle solche Flächen finden sich unter den verschiedenen Arten von Complexflächen wieder, die wir, in der 344. Nummer, bei der allgemeinen Classification erhielten, wenn wir annahmen, dass sich die Beziehung der geraden Linie d, welche mit dem gegebenen Complexe die Complexfläche bestimmt, zu der Fläche Φ der singulären Puncte und Ebenen des Complexes irgendwie particularisire.

Wir erhalten zunächst zwei Particularisationen der fraglichen Art, indem wir entweder annehmen können, dass zwei parallele oder dass zwei gekreuzte singuläre Strahlen in dieselbe Breiten-Ebene fallen, dass also die Aequatorialfläche einen Flächentheil der ersten oder zweiten Art verliert.

358. Es fallen zwei parallele singuläre Strahlen der Aequatorialfläche zusammen, wenn wir annehmen, dass sich eine der beiden Characteristiken in das System zweier gerader Linien aufgelöst habe. Die beiden zusammenfallenden singulären Strahlen erscheinen dann als ein Doppelstrahl der Aequatorialfläche. Durch den Doppelstrahl getrennt, schliessen sich zwei elliptische oder zwei imaginäre oder zwei in demselben Sinne geöffnete hyperbolische Flächentheile an einander an. Der Doppelstrahl liegt, im Allgemeinen, nicht seiner ganzen Erstreckung nach auf reellen Theilen der Fläche, sondern setzt sich, über diese hinaus, als isolirte gerade Linie fort. Wenn die beiden in denselben zusammenfallenden singulären Strahlen von der ersten Art sind, so bildet ein begrenztes Stück des Doppelstrahl's den Uebergang zwischen zwei elliptischen oder zwei hyperbolischen Flächentheilen. Sind sie von der zweiten Art, so bildet der immer reelle Doppelstrahl den Uebergang zwischen zwei auf einander folgenden hyperbolischen

oder imaginären Flächentheilen. Im letzteren Falle ist der Doppelstrahl eine isolirte gerade Linie.

Die Flächen, welche wir hier betrachten, sind anzusehen als Uebergangsglieder zwischen solchen, die der ersten und zweiten, oder zwischen solchen, die der zweiten und dritten Gruppe der in der 356. Nummer aufgezählten Aequatorialflächen angehören. Sie finden sich bei der allgemeinen Classification der Complexflächen, wie wir sie in der 344. Nummer gegeben haben, unter der dort mit II bezeichneten Art.

Wenn wir unterscheiden, ob das Linienpaar, in welches die eine Characteristik zerfällt, reell oder imaginär ist, ferner, ob die zweite Characteristik eine imaginäre Ellipse, oder eine Hyperbel, oder eine reelle Ellipse ist, und wenn wir ausserdem die Lage des immer reellen Durchschnitts der beiden geraden Linien, in welche die eine Characteristik sich aufgelöst hat, gegen die zweite Characteristik in's Auge fassen, erhalten wir die nachfolgende Eintheilung solcher Flächen in zwölf Arten. Wir bezeichnen dieselben der Reihe nach mit den Zahlen 18 — 29, und geben bei jeder die Aufeinanderfolge der Flächentheile und diejenigen beiden der bis jetzt aufgezählten siebenzehn Arten an, zwischen welchen dieselbe den Uebergang bildet. Den Doppelstrahl, in welchen zwei parallele singuläre Strahlen zusammengefallen sind, bezeichnen wir durch einen oder zwei verticale Striche, je nachdem er von der ersten oder zweiten Art ist. So erhalten wir das folgende Schema:

$$18.\ I_1 \parallel I_1.\ 1,\ 4.$$
$$19.\ H_1'' \parallel H_1''.\ 2,\ 5.$$
$$20.\ H_1' \mid H_1'.\ 2,\ 6.$$
$$21.\ E_1 \mid E_1.\ 3,\ 7.$$
$$22.\ I_2. \parallel I_2\ H_1''\ I_2.\ 4,\ 8.$$
$$23.\ I_1\ H_2 H_2 \mid I_1.\ 4,\ 9.$$
$$24.\ H_1''\ I_2 \parallel I_2\ H_1''.\ 5,\ 11.$$
$$25.\ H_2\ I_1\ H_2 \mid H_2.\ 5,\ 12.$$
$$26.\ H_2 \parallel H_2\ E_1\ H_2.\ 6,\ 12.$$
$$27.\ H_1'\ E_2 \mid E_2\ H_1'.\ 6,\ 13.$$
$$28.\ E_1\ H_2 \parallel H_2\ E_1.\ 7,\ 15.$$
$$29.\ E_2\ H_1'\ E_2 \mid E_2.\ 7,\ 16.$$

359. Es können beide Characteristiken in Systeme von zwei, reellen oder imaginären, geraden Linien ausarten. Dann erhält die Fläche, indem die parallelen singulären Strahlen zusammenfallen, zwei gekreuzte Doppelstrahlen

und wird eine Linienfläche. Sie hängt nur noch von neun Constanten ab. Derartige Flächen gehören zu der dritten bei der allgemeinen Classification der Complexflächen aufgestellten Art. Sie sind als Uebergangsfälle zwischen den zwölf vorstehend aufgezählten Fällen anzusehen. Wir unterscheiden bei ihnen drei Arten, nach der Realität der beiden Linienpaare, in welche die Characteristiken zerfallen:

$$30.\ I_2 \parallel I_1 \parallel I_1.\ 18,\ 22.$$
$$31.\ H_2 \parallel H_2 \mid H_2.\ 19,\ 25;\ 20,\ 26.$$
$$32.\ E_2 \mid E_2 \mid E_2.\ 21,\ 29.$$

360. Zwei senkrecht auf einander stehende singuläre Strahlen der Aequatorialfläche fallen in dieselbe Breitenebene, wenn wir annehmen, dass sich die beiden Characteristiken der Fläche schneiden. Es kommt dies darauf hinaus, dass sich die beiden Characteristiken, nachdem man sie durch Drehung um den Durchmesser in dieselbe Ebene gebracht hat, in einem Puncte des Durchmessers berühren. In der durch diesen Berührungspunct bestimmten Breiten-Ebene wird von den Linien des Complexes ein System zweier, auf dem Durchmesser der Fläche zusammenfallender Puncte umhüllt. Die Breiten-Ebene ist eine Doppelebene des Complexes. Die Aequatorial-flächen, welche wir hier betrachten, gehören zu der vierten in der 344. Nummer aufgestellten Art von Complexflächen. Sie hängen nur noch von zehn Constanten ab. Indem sich die Doppelebene als selbstständige Ebene von der Aequatorialfläche absondert, wird diese von der dritten Ordnung und verliert ihren unendlich weit liegenden Doppelstrahl. Die Doppelebene schneidet die Fläche nach drei einfachen Strahlen, von denen der eine un-endlich weit liegt und die anderen beiden sich auf dem Durchmesser schneiden.

Wir erhalten die analytische Bestätigung dieser Resultate unmittelbar aus den Gleichungen (6), durch welche wir diejenigen vier Puncte des Durchmessers der Aequatorialfläche bestimmt haben, in welchen derselbe von den vier singu-lären Strahlen der Fläche geschnitten wird. Wenn dieselbe eine gemeinschaft-liche Wurzel, x', besitzen, können wir sie unter der folgenden Form schreiben:

$$\left. \begin{array}{l} E\,(x - x')\,(x - x_1) = 0, \\ F\,(x - x')\,(x - x_2) = 0. \end{array} \right\} \tag{7}$$

Dann geht die Gleichung (3), durch welche wir die Aequatorialfläche in Punct-Coordinaten dargestellt haben, in die folgende über:

$$(x - x')\left(\frac{y^2}{E\,(x - x_1)} + \frac{z^2}{F\,(x - x_2)} + (x - x') \right) = 0. \tag{8}$$

Der lineare Factor:

$$x - x' = 0 \qquad (9)$$

entspricht der Ebene, welche sich von der Aequatorialfläche absondert, und die Gleichung:

$$\frac{y^2}{E(x-x_1)} + \frac{z^2}{F(x-x_2)} + (x-x') = 0, \qquad (10)$$

welche die Fläche selbst darstellt, wird von der dritten Ordnung.

Setzen wir insbesondere x gleich x', so geht die vorstehende Gleichung in die folgende über:

$$\frac{y^2}{E(x'-x_1)} + \frac{z^2}{F(x'-x_2)} = 0, \qquad (11)$$

eine Gleichung, welche das reelle oder imaginäre Linienpaar darstellt, nach welchem die Fläche von der durch die Gleichung (9) bestimmten Ebene, ausser in der unendlich weit liegenden Linie derselben, geschnitten wird. Es berührt die Ebene (9) die Fläche (10) in den drei Durchschnittspuncten dieser drei geraden Linien.

Die Aequatorialfläche hat zwei ihrer singulären Strahlen mit der Absonderung einer selbstständigen Ebene verloren. Es bildet diese Ebene die Grenze zwischen aufeinander folgenden elliptischen und imaginären Flächentheilen oder zwischen solchen hyperbolischen Flächentheilen, deren Hyperbeln in verschiedenem Sinne geöffnet sind. Für beide Uebergangs-arten geben die Flächen zweiter Ordnung, wenn wir uns dieselben durch Curven in parallel mit sich selbst fortrückenden Ebenen erzeugt denken, ein anschauliches Beispiel.

Die beiden Characteristiken einer Aequatorialfläche, wie wir sie hier betrachten, können nur reelle Ellipsen oder solche Hyperbeln sein, deren Haupt-Axe in den Durchmesser fällt. Danach erhalten wir die folgende Aufzählung von sieben coordinirten Arten, die wir, in früherer Weise, durch Angabe ihrer Flächentheile und derjenigen unter den siebenzehn ersten Flächen, zwischen welchen sie den Uebergang bilden, characterisiren. Wir haben dabei die sich absondernde Breiten-Ebene durch ein Kreuz bezeichnet.

$$33. \ I_2 \ H \times H I_2. \ 8, \ 10.$$
$$34. \ I \times E \ H_2 I. \ 9, \ 10.$$
$$35. \ H I_2 \ H \times H. \ 11, \ 14.$$
$$36. \ H_2 \ I \times E \ H_2. \ 12, \ 14.$$

$$37. \; H \times H \, E_2 \, H. \; 13, 14.$$
$$38. \; E \, H_2 \, I \times E. \; 15, 17.$$
$$39. \; E_2 \, H \times H \, E_2. \; 16, 17.$$

361. Wenn die Characteristiken der Fläche sich in zwei Puncten schneiden, so geht die Fläche, indem sie alle Singularitäten verliert, in eine Fläche der zweiten Ordnung über. Dann gibt es unter den Breiten-Ebenen zwei, welche Doppelebenen des die Fläche bestimmenden Complexes sind, diejenigen beiden, welche die Fläche zweiter Ordnung berühren. Diese Ebenen sind durch die Fläche zweiter Ordnung selbst gegeben, insofern sie, der Vorraussetzung nach, auf einer der drei Haupt-Axen dieser Fläche senkrecht stehn. Die Aequatorialfläche hängt also von eben so viel Constanten ab, als eine allgemeine Fläche des zweiten Grades. Und in der That finden wir für diese Constanten-Anzahl neun, eine weniger, als in dem in der vorigen Nummer behandelten Falle. Wenn wir, bei der allgemeinen Classification der Complexflächen, dreizehn Constanten für eine Complexfläche gefunden haben, welche in eine Fläche des zweiten Grades ausartet, so kamen vier der dreizehn Constanten auf die gerade Linie d, welche in keinerlei ausgezeichneter Beziehung zu der Fläche stand.

Wir gehen hier und im Folgenden nicht weiter auf diejenigen Aequatorialflächen ein, welche in Flächen der zweiten Ordnung ausarten.

362. Wir erhalten weitere Arten der hier zu betrachtenden Aequatorialflächen, wenn wir annehmen, dass eine von den zwei sich schneidenden Characteristiken sich in ein System zweier gerader Linien aufgelöst hat. Solche Aequatorialflächen hängen von neun Constanten ab. Es entspricht ihnen in der allgemeinen Classification der Complexflächen, wo wir in kein grösseres Detail eingegangen sind, keine besonders angeführte Art. Wir erhalten eine solche, wenn wir annehmen, dass die gerade Linie d, welche mit dem gegebenen Complexe die Complexfläche bestimmt, in einer Doppelebene des Complexes enthalten ist und in derselben denjenigen Kegelschnitt berührt, welchen diese Ebene mit der Fläche Φ der singulären Puncte und Ebenen des Complexes gemein hat.

Wir heben insbesondere die Singularität hervor, welche derartige Aequatorialflächen in der Breiten-Ebene besitzen, die durch den Durchschnittspunct der beiden Characteristiken hindurchgeht. In diese Breiten-Ebene fallen drei singuläre Strahlen. Es sondert sich zunächst die Breiten-Ebene von der Fläche als selbstständige Ebene ab, wodurch die Ordnung der Fläche die dritte wird und die Fläche zwei ihrer singulären Strahlen verliert. Die Aequatorialfläche hat dadurch, dass drei ihrer singulären Strahlen in dieselbe Breiten-Ebene rückten, zwei ihrer Flächentheile verloren. Der eine der beiden übrigen ist nothwendigerweise ein hyperbolischer, der andere, je nachdem das Linienpaar, in welches sich die eine Characteristik aufgelöst hat, reell oder imaginär ist, ein elliptischer oder imaginärer. In beiden Fällen wird der hyperbolische Theil nach der ganzen Erstreckung des übrig gebliebenen dritten singulären Strahls von der sich absondernden Breiten-Ebene berührt. Derjenige Punct, in welchem dieser singuläre Strahl den Durchmesser der Fläche schneidet, ist ein Doppelpunct derselben. Die Tangenten der Fläche in demselben liegen in zwei gesonderten, reellen oder imaginären Ebenen, denjenigen Ebenen, welche sich durch den singulären Strahl und die beiden geraden Linien, in welche sich die eine Characteristik aufgelöst hat, hindurchlegen lassen. Nach der Erstreckung dieser beiden geraden Linien wird die Fläche von den beiden Ebenen berührt. Als Tangential-Ebene der Aequatorialfläche im Doppelpuncte kann jede Ebene angesehen werden, welche den hindurchgehenden singulären Strahl enthält. Während sich der Kegel zweiter Ordnung, der, im Allgemeinen, von den Tangenten einer Fläche in einem Doppelpuncte gebildet wird, in unserem Falle in das System zweier Ebenen aufgelöst hat, artet der Kegel zweiter Classe, welcher, im Allgemeinen, von den Tangential-Ebenen einer Fläche in einem Doppelpuncte umhüllt wird, in unserem Falle in das System zweier umhüllter Axen aus, welche in den singulären Strahl zusammenfallen.

Sei zunächst das Linienpaar, in welches sich die eine Characteristik aufgelöst hat, reell. Dann folgt auf einen hyperbolischen Theil der Fläche ein elliptischer. Indem sich die fortrückende Breiten-Ebene von der Seite des hyperbolischen Theils her der ausgezeichneten Lage nähert, nimmt sowohl die reelle als die imaginäre Axe der in derselben enthaltenen Hyperbel immer mehr ab, doch so, dass der Asymptotenwinkel immer grösser wird und an der Grenze den Werth π erreicht. Nachdem die fortrückende Breiten-Ebene die ausgezeichnete Lage überschritten hat, enthält sie eine unendlich kleine Ellipse, deren Axen als unendlich verschieden anzusehen sind. Es ist diejenige Axe die grössere, welche in ihrer Richtung mit der Richtung des singulären Strahls übereinstimmt.

Ist das Linienpaar, in welches sich die eine Characteristik aufgelöst hat, imaginär, so folgt auf einen hyperbolischen Flächentheil ein imaginärer.

Den Uebergang hat man sich so zu denken, dass Haupt- und Neben-Axe der gegen die Grenze hin fortrückenden Hyperbel beide abnehmen, jedoch die erstere unendlich viel schneller, als die letztere. So endet der hyperbolische Theil gegen den imaginären in einer Hyperbel, deren Asymptoten-Winkel gleich Null geworden ist.

Wenn wir berücksichtigen, ob das Linienpaar, in welches sich die eine Characteristik auflöst, imaginär oder reell ist, und ob die zweite Characteristik eine reelle Ellipse oder eine Hyperbel ist, deren Haupt-Axe in den Durchmesser der Fläche fällt, erhalten wir die nachstehende Aufzählung von vier Arten. Wir bezeichnen dabei die ausgezeichnete Breiten-Ebene durch einen horizontalen Strich. Die Aequatorialflächen, welche wir hier betrachten, lassen sich sowohl als Uebergangsformen zwischen solchen Flächen ansehen, deren eine Characteristik ein Linienpaar ist, welches die zweite Characteristik nicht schneidet, als auch zwischen solchen, deren Characteristiken sich schneiden, ohne dass sich eine derselben in ein Linienpaar auflöst. Sonach erhalten wir die folgende Tabelle:

$$40. \ I_2 - H_2\,I_2. \ 22,\ 23;\ 33,\ 34.$$
$$41. \ H_2 - I_2\,H_2,\ 24,\ 25;\ 35,\ 36.$$
$$42. \ H_2 - E_2\,H_2. \ 26,\ 27;\ 36,\ 37.$$
$$43. \ E_2 - H_2\,E_2. \ 28,\ 29;\ 38,\ 39.$$

Es mag schliesslich noch bemerkt werden, dass, wenn beide sich schneidende Characteristiken Linienpaare werden, die Aequatorialfläche sich auf die zweite Ordnung reducirt, indem sie eine Kegelfläche wird.

363. Es bleiben noch diejenigen Fälle zu discutiren, wo einer oder mehrere der singulären Strahlen der Fläche unendlich weit rücken.*)

Es rückt einer der singulären Strahlen unendlich weit, wenn wir annehmen, dass eine der beiden Characteristiken eine Parabel sei. Indem ein singulärer Strahl in unendliche Entfernung rückt, wird die Fläche durch die unendlich weit entfernte Ebene in zwei Theile getheilt. So lange nicht weitere Singularitäten hinzutreten, ist einer dieser Theile ein hyperbolischer, der andere ein elliptischer oder imaginärer. Eine derartige Fläche ist aufzufassen als Uebergangsform zwischen zwei der bisher aufgezählten

---

*) Derartige Flächen geben eine Anschauung von der Vertheilung der Linien in solchen Complexen, für welche die unendlich weit entfernte Ebene eine singuläre Ebene oder eine Doppelebene ist, d. h. in den hyperbolischen, elliptischen und parabolischen Complexen.

Arten, welche eine Characteristik gemein haben, während die andere bezüglich eine reelle Ellipse und eine Hyperbel ist, deren Haupt-Axe in den Durchmesser fällt. Sie hängt von einer Constante weniger ab, als jede der beiden Flächen, zwischen welchen sie den Uebergang bildet. Wir erhalten unmittelbar die folgende Aufzählung der hier möglichen Fälle, auf deren nähere Discussion wir nicht eingehen.

$$44.\ I_1\ H_1''.\ 4,\ 5.$$
$$45.\ H_1'\ E_1.\ 6,\ 7.$$
$$46.\ I_2\ H_1''\ I_2\ H_1''.\ 8,\ 11.$$
$$47.\ I_1\ H_2\ E_1\ H_2.\ 9,\ 12.$$
$$48.\ I_2\ H_2\ E_2\ H_2.\ 10,\ 14.$$
$$49.\ H_2\ I_1\ H_2\ E_1.\ 12,\ 15.$$
$$50.\ H_1'\ E_2\ H_1'\ E_2.\ 13,\ 16.$$
$$51.\ H_2\ I_2\ H_2\ E_2.\ 14,\ 17.$$

$$52.\ I_2\ \|\ I_2\ H_1''.\ 22,\ 24.$$
$$53.\ I_1\ H_2\ |\ H_2.\ 23,\ 25.$$
$$54.\ H_2\ \|\ H_2\ E_1.\ 26,\ 28.$$
$$55.\ H_1'\ E_2\ |\ E_2.\ 27,\ 29.$$

$$56.\ I_2\ H\times H.\ 33,\ 35.$$
$$57.\ I\times E\ H_2.\ 34,\ 36.$$
$$58.\ H_2\ I\times E.\ 36,\ 38.$$
$$59.\ H\times H\ E_2.\ 37,\ 39.$$
$$60.\ I_2 - H_2.\ 40,\ 41.$$
$$61.\ H_2 - E_2.\ 42,\ 43.$$

In dem Vorstehenden kann die parabolische Characteristik überall durch das System zweier paralleler, reeller oder imaginärer, gerader Linien ersetzt werden. Dann erhält die Fläche einen zweiten unendlich weit liegenden Doppelstrahl. Solche Flächen können als Grenzfälle der früher bereits aufgezählten Flächen gelten, deren eine Characteristik ein Linienpaar war. Sie hängen bezüglich von einer Constante weniger ab. Wir vereinigen die verschiedenen Arten, welchen wir hier begegnen, in der folgenden Tabelle, in welcher wir den Doppelstrahl der Fläche, auch nachdem er unendlich weit gerückt ist, in früherer Weise bezeichnen, und in der wir jedesmal diejenige früher bereits genannte Art von Aequatorialflächen anführen, aus welcher sich die neue ableitet.

$$62. \;\| \, I \, \| . \; 18.$$
$$63. \;\| \, H_1'' \, \| . \; 19.$$
$$64. \;| \, H_1' \, | . \; 20.$$
$$65. \;| \, E_1 \, | . \; 21.$$
$$66. \;\| \, I_2 \; H_1'' \; I_2 \, \| . \; 22.$$
$$67. \;| \, H_2 \; I_1 \; H_2 \, | . \; 25.$$
$$68. \;\| \, H_2 \; E_1 \; H_2 \, \| . \; 26.$$
$$69. \;| \, E_2 \; H_1' \; E_2 \, | . \; 29.$$
$$70. \;\| \, I_2 \, \| \, I_2 \, \| . \; 30.$$
$$71. \;\| \, H_2 \, \| \, H_2 \, \| . \; 31.$$
$$72. \;| \, H_2 \, | \, H_2 \, | . \; 31.$$
$$73. \;| \, E_2 \, | \, E_2 \, | . \; 32.$$

Es können beide Characteristiken der Aequatorialfläche Parabeln sein. Dann wird die unendlich weit liegende Ebene eine Doppelebene des die Aequatorialfläche bestimmenden Complexes. Sie sondert sich als selbstständige Ebene von der Fläche ab, und dadurch wird diese von der dritten Ordnung. Wir erhalten die folgende, ohne Weiteres verständliche Aufzählung:

$$74. \;\times I \; H_2 \; E \times . \; 34, \; 38; \; 47, \; 48, \; 49, \; 51.$$
$$75. \;\times H \; I_2 \; H \times . \; 35; \; 46, \; 51.$$
$$76. \;\times H \; E_2 \; H \times . \; 37; \; 48, \; 50.$$

Endlich kann von den beiden Characteristiken die eine eine Parabel und die andere ein reelles oder imaginäres Paar paralleler gerader Linien sein. Dann erhalten wir die folgenden beiden Flächen:

$$77. \;- I_2 \; H_2 \;- \; 40, \; 41; \; 66, \; 67; \; 74, \; 75.$$
$$78. \;- H_2 \; E_2 \;- \; 42, \; 43; \; 68, \; 69; \; 74, \; 76.$$

Der Annahme entsprechend, dass beide Characteristiken in Paare reeller oder imaginärer, paralleler gerader Linien zerfallen, wird die Aequatorialfläche von der zweiten Ordnung und artet in eine Cylinderfläche aus.

364. Mit dieser Eintheilung in 78 Arten sind die verschiedenen Fälle von Aequatorialflächen, welche durch die Gleichung (3) dargestellt werden, wofern die Ordnung derselben nicht bis auf die zweite hinabsinkt, erschöpft. Alle diese Aequatorialflächen gehören den vier ersten der bei der allgemeinen Classification der Complexflächen in der 344. Nummer aufgestellten Arten an. Indem sich dieselben vor den allgemeinen zu diesen Arten gehörigen Flächen durch gestaltliche Einfachheit und Uebersichtlichkeit auszeichnen, können sie gewissermassen als Vertreter derselben gelten. Für solche

Aequatorialflächen, welche der fünften oder sechsten der in der 344. Nummer aufgestellten Arten angehören, werden wir noch einen Nachtrag zu liefern haben.

Hier ist es zunächst unsere Aufgabe, zu untersuchen, welchen Werth die Aufzählung der 78 Arten, wie wir sie gegeben haben, für die allgemeine Discussion der Aequatorialflächen hat. Die einzige particularisirende Bedingung, welcher wir im Vorstehenden die Aequatorialfläche unterworfen hatten, war die, dass wir annahmen, die Axen ihrer Breiten-Curven seien gleich gerichtet. In dem allgemeinen Falle bleibt die Aufeinanderfolge der Flächentheile, die Art der singulären Strahlen u. s. f. ganz dieselbe, wie sie unter dieser besonderen Annahme gewesen ist. Wir erhalten eine Anschauung von einer allgemeinen Aequatorialfläche, wenn wir uns die Breiten-Curven einer der bisher betrachteten Flächen in ihren Ebenen gegen einander gedreht denken.

Wir können den Aequatorialflächen, deren Breiten-Curven eine feste Axen-Richtung besitzen, die allgemeinen als gedrehte, als tordirte gegenüber stellen.

Diese Bestimmung einer allgemeinen Aequatorialfläche ist selbstverständlich nur eine annähernde. Bei der Drehung der Breiten-Curven in ihren Ebenen müssen sich deren Dimensionen entsprechend ändern, wenn die entstehende Fläche eine Aequatorialfläche sein soll. Indessen sind diese Aenderungen nur von der zweiten Ordnung, wenn die Grösse der Drehung von der ersten ist. Wir wollen die Gleichung (2) zu Grunde legen:

$$w^2 + (Fx^2 - 2Rx + B)\,v^2 + (Ex^2 + 2Ux + C)\,u^2 = 0.$$

Wenn wir die Breiten-Curven in ihrer durch x bestimmten Ebene von XZ zu XY durch einen Winkel α drehen, so wird die Gleichung der von denselben gebildeten Fläche:

$$w^2 + (Fx^2 - 2Rx + B)\,(u\sin\alpha + v\cos\alpha)^2$$
$$+ (Ex^2 + 2Ux + C)\,(u\cos\alpha - v\sin\alpha)^2 = 0. \tag{12}$$

Wir wollen den Winkel α durch die Gleichung bestimmen:

$$\sin\alpha = \frac{(ax + b)}{\sqrt{(Fx^2 - 2Rx + B) - (Ex^2 + 2Ux + C)}}. \tag{13}$$

Dann geht die Gleichung (12) in die folgende über:

$$w^2 + (Fx^2 - 2Rx + B - (ax + b)^2)\,v^2$$
$$+ 2(ax + b)\cdot\sqrt{1 - (ax + b)^2}\cdot uv$$
$$+ (Ex^2 + 2Ux + C - (ax + b)^2)\,u^2 = 0. \tag{14}$$

46*

Bis auf Grössen, die in $(ax + b)$ von der zweiten Ordnung sind, können wir die in derselben vorkommende Quadratwurzel der Einheit gleich setzen. Dann wird die Gleichung der Fläche:

$$w^2 + (Fx^2 - 2Rx + B - (ax + b)^2)v^2$$
$$+ 2(ax + b)uv$$
$$+ (Ex^2 + 2Ux + C - (ax + b)^2)u^2 = 0, \qquad (15)$$

und stimmt mit der allgemeinen Gleichung der Aequatorialflächen, (1), der Form nach vollständig überein. Wir müssen bei dieser Gleichung selbstverständlich entweder annehmen, dass die beiden neu eingeführten Constanten a, b unendlich klein seien, oder die Betrachtung einzig an diejenigen Breiten-Curven der Aequatorialfläche anknüpfen, deren Ebenen der durch die Gleichung:

$$ax + b = 0$$

bestimmten Ebene benachbart sind.

365. Im Allgemeinen wird eine Aequatorialfläche, deren Gleichung in gemischten Coordinaten wiederum die folgende sei:

$$w^2 + (Fx^2 - 2Rx + B)v^2 - 2(Ox + G)uv$$
$$+ (Ex^2 + 2Ux + C)u^2 = 0, \qquad (1)$$

von den beiden Coordinaten-Ebenen XZ, XY in zwei Curven vierter Ordnung geschnitten. Diese Curven bestimmen durch ihren Durchschnitt mit dem Durchmesser der Fläche diejenigen vier Breiten-Ebenen, in welchen die singulären Strahlen liegen.

Aber die beiden Cylinder, welche die Fläche bezüglich nach OY und OZ projiciren, bleiben, nach wie vor, vom zweiten Grade. Wir denken uns dieselben durch ihre Basen bezüglich in XZ und XY gegeben. Wenn wir die Art derselben und ihre gegenseitige Lage in's Auge fassen, erhalten wir genau dieselbe Aufzählung von 78 verschiedenen Fällen, wie in der bisher behandelten Annahme, dass die Basen der beiden Cylinder die Characteristiken der Fläche seien. Nur stehen die beiden Projections-Cylinder nicht mehr in derselben ausschliesslichen Beziehung zur Fläche, wie früher. Durch ihre Durchschnitte mit dem Durchmesser der Aequatorialfläche sind nicht die Ebenen der singulären Strahlen, sondern solche Breiten-Ebenen bestimmt, in welchen von den Linien des Complexes Hyperbeln umhüllt werden, die eine bezüglich zu OY oder OZ parallele Asymptote besitzen. Für eine beliebige Breiten-Curve geben die beiden Cylinder nur vier, paarweise parallele,

Tangenten.*) Es muss eine neue Bedingung hinzukommen, um die Breiten-Curve vollständig zu bestimmen.

Als solche können wir die Richtung ihrer Axen oder das Grössen-verhältniss derselben nehmen.

366. Wenn wir den Winkel, den eine der beiden Axen der durch den Werth von x bestimmten Breiten-Curve mit der Coordinaten-Axe OZ bildet, durch φ bezeichnen, so hat man bekanntlich**):

$$\operatorname{tang} 2\varphi = \frac{-2(Ox + G)}{(Fx^2 - 2Rx + B) - (Ex^2 + 2Ux + C)}. \tag{16}$$

Für irgend einen Punct einer der beiden Axen ergibt sich:

$$\operatorname{tang} \varphi = \frac{y}{z}, \quad \operatorname{tang} 2\varphi = \frac{-2yz}{y^2 - z^2}.$$

Mithin kommt:

$$\frac{yz}{y^2 - z^2} = \frac{Ox + G}{(Fx^2 - 2Rx + B) - (Ex^2 + 2Ux + C)}. \tag{17}$$

Die Fläche vierter Ordnung, welche durch diese Gleichung dargestellt wird, ist der geometrische Ort für die Axen der Breiten-Curven der durch die Gleichung (1) bestimmten Aequatorialfläche. Es ist eine Linienfläche mit zwei gegeneinander senkrechten Doppellinien, von denen die eine mit dem Durchmesser der Aequatorialfläche zusammenfällt, die andere in den Breiten-Ebenen derselben unendlich weit liegt.

Wir müssen hier zwei wesentlich verschiedene Fälle unterscheiden, je nachdem die Constante O in der Gleichung (16) verschwindet oder nicht.

In dem ersten Falle erreicht die Drehung der Axen ein Maximum oder Minimum, welches unmittelbar dem Minimum oder Maximum des Nenners entspricht. Von $x = -\infty$ ausgehend, wo, im Allgmeinen, die Axen der Breiten-Curve den Coordinaten-Axen OY, OZ parallel sind, dreht sich das System der beiden Axen bis zu einer gewissen Grenzlage, um, von dieser aus, bei $x = +\infty$, wieder die anfängliche Lage anzunehmen. Ob das Maximum der Drehung grösser oder kleiner als 45° Grad sei, hängt von der Realität der Wurzeln der folgenden quadratischen Gleichung ab:

$$(Fx^2 - 2Rx + B) - (Ex^2 + 2Ux + C) = 0. \tag{18}$$

---

*) Besonders hervorzuheben ist der Fall, in welchem die Basen der beiden Projections-Cylinder die beiden Durchschnittspuncte mit dem Durchmesser der Fläche gemein haben. Dann bestimmen sich die vier Ebenen, in welchen die singulären Strahlen liegen, aus Gleichungen des zweiten Grades. Wenn wir wiederum G und O verschwinden lassen, artet die Aequatorialfläche in eine Fläche des zweiten Grades aus.

**) Analytisch geometrische Entwicklungen II, n. 501.

Für gleichen Abstand einer Breiten-Ebene von derjenigen, welche der Maximal-Drehung der Axen entspricht, ist die Richtung der Axen dieselbe.

In dem zweiten Falle gibt es z w e i Breiten-Ebenen, für welche die Drehung der Axen ein Maximum oder Minimum wird. Diese Breiten-Ebenen können imaginär oder reell sein. In dem letzteren Falle liegen sie in gleichem Abstande auf beiden Seiten der durch die Gleichung:

$$Ox + G = 0 \tag{19}$$

dargestellten Ebene.

Wenn die beiden Maximalwerthe imaginär sind, drehen sich die Axen der Breiten-Curve, während x von $- \infty$ bis $+ \infty$ wächst, um $180^{\,0}$. In der durch die Gleichung (19) gegebenen Ebene beträgt die Drehung $90^{\,0}$.

Wenn die beiden Maximalwerthe reell sind, drehen sich die Axen der Breiten-Curve, während x von $- \infty$ an wächst, bis zu einer gewissen Grenzlage, kehren auf ihrem Wege zurück, bis sie in der Ebene (19) ihre anfängliche Lage wieder erreichen, setzen ihre Drehung bis zu einer neuen Grenzlage fort, von der zurückkehrend sie, für $x = + \infty$, ihre ursprüngliche Richtung wieder annehmen. Die Grösse der Drehung ist für solche zwei Werthe von x dieselbe, welche Breiten-Ebenen entsprechen, die zu den beiden Grenzlagen harmonisch liegen. Wenn die Gleichung (18) in dem Falle, den wir betrachten, reelle Wurzeln hat, bestimmt dieselbe zwei zu den Grenzlagen harmonische Breiten-Ebenen, welche Complex-Curven enthalten, deren Axen gegen OY, OZ um $45^{\,0}$ gedreht sind. Dann überschreitet das eine Drehungs-Maximum $45^{\,0}$, das andere nicht.

Die Construction einer Breiten-Curve, deren Axen der Lage nach gegeben sind und die dem durch die beiden nach OY und OZ projicirenden Cylinder bestimmten Rechteck eingeschrieben ist, bedarf hier keiner weiteren Ausführung. Wir bemerken bloss, dass wir, in dem Falle die Seiten des Rechtecks sämmtlich reell sind, sogleich ein zweites Viereck erhalten, welches die Breiten-Curve berührt, wenn wir um das gegebene Rechteck einen Kreis beschreiben und die vier Puncte, in welchen die beiden Axen den Kreis schneiden, durch vier neue gerade Linien verbinden. Sind von den Seiten des umschriebenen Rechtecks zwei oder vier imaginär, so können wir die entsprechenden Projections-Cylinder in ähnlicher Weise ergänzen, wie wir dies in der 350. Nummer mit den beiden Characteristiken gethan haben.

367. Zur Bestimmung der beiden **Asymptoten** einer durch x gegebenen Breiten-Curve erhalten wir aus der Gleichung (1), indem wir w verschwinden lassen:

$$(Fx^2 - 2Rx + B)v^2 - 2(Ox + G)uv + (Ex^2 + 2Ux + C)u^2 = 0.$$

Setzen wir:

$$- \frac{v}{u} = \frac{y}{z},$$

so kommt:

$$(Fx^2 - 2Rx + B)y^2 + 2(Ox + G)yz + (Ex^2 + 2Ux + C)z^2 = 0. \quad (19)_b$$

Diese Gleichung stellt eine Linienfläche der vierten Ordnung dar, welche der geometrische Ort für die Asymptoten der Breiten-Curven ist.

Bezeichnen wir die Asymptoten-Winkel durch ψ und $\pi - \psi$, die von den gleichen zugeordneten Durchmessern gebildeten Winkel durch ω und $\pi - \omega$, so ist, wenn wir eine gegebene (reelle oder imaginäre) Ellipse als eine Hyperbel oder eine gegebene Hyperbel als eine Ellipse betrachten:

$$\tan^2 \psi = - \sin^2 \omega \;{}^*).$$

Wir finden für die Breiten-Curve in einer beliebigen durch x bestimmten Ebene **):

$$\tan^2 \psi = - \sin^2 \omega =$$
$$= \frac{4\left[(Ox + G)^2 - (Fx^2 - 2Rx + B)(Ex^2 + 2Ux + C)\right]}{(Fx^2 - 2Rx + B) - (Ex^2 + 2Ux + C)}. \quad (20)$$

Diese Gleichung zeigt, dass es, im Allgemeinen, unter den Breiten-Curven einer Aequatorialfläche vier gibt, die einem gegebenen Kegelschnitte ähnlich sind.

Zur vollständigen Bestimmung der Breiten-Curve erhalten wir für das Quadrat der Halb-Axen derselben ***):

$$r^2 = - {}^1/_2 \left[(Fx^2 - 2Rx + B) + (Ex^2 + 2Ux + C)\right]$$
$$\pm {}^1/_2 \sqrt{\left[(Fx^2 - 2Rx + B) - (Ex^2 + 2Ux + C)\right]^2 + 4(Ox + G)^2}. \quad (21)$$

Die vorstehenden Ausdrücke dienen bei der Berechnung der Modelle gedrehter Aequatorialflächen.

368. Wir wenden uns zu der Betrachtung derjenigen Aequatorialflächen, deren **Breiten-Ebenen einen unendlich weit liegenden Doppelpunct des Complexes enthalten**, das heisst, derjenigen Aequatorialflächen, welche der fünften und sechsten der in der 344. Nummer aufgestellten Arten von Complexflächen angehören.

Wenn die Aequatorialfläche, wie wir zunächst annehmen wollen, der fünften Art angehört, besitzt sie drei sich in einem Puncte schneidende Doppelstrahlen, die einfache Axen sind. Einer derselben ist unendlich weit gerückt. Die beiden anderen sind unter sich und mit den Breiten-Ebenen parallel. Die Ordnung der Fläche ist die vierte, die Classe die dritte. Die Anzahl der unabhängigen Constanten, welche in die Gleichung der Fläche eingehen, ist dreizehn.

Was derartige Aequatorialflächen auszeichnet, ist, dass ihre Breiten-Curven sämmtlich Hyperbeln sind, deren eine Asymptote eine feste Richtung hat. Es ist dies zugleich die Richtung der beiden unter sich parallelen Doppelstrahlen der Fläche. Diese Richtung bezeichnet den in den Breiten-Ebenen unendlich weit liegenden Doppelpunct des Complexes.

Durch die vorstehende Bemerkung ist die allgemeine lineare Construction solcher Aequatorialflächen gegeben. Die beiden Projections-Cylinder nach OY und OZ bestimmen hier, wie in dem allgemeinen Falle, vier Tangenten einer jeden Breiten-Curve. Eine fünfte Tangente ist durch die feste Richtung der einen Asymptote gegeben. Von den dreizehn Constanten, von welchen die Fläche abhängt, kommen bei dieser Construction sechs auf die Bestimmung der Breiten-Ebenen und des Durchmessers, sechs weitere auf die beiden zu OY, OZ parallelen Projections-Cylinder, und endlich eine auf die feste Richtung der einen Asymptote.

Wir können die Gleichung solcher Flächen in eine vereinfachte Form bringen, indem wir die Ebene XZ mit derjenigen Ebene zusammenfallen lassen, welche die feste Richtung der einen Asymptote bezeichnet. Dann verschwindet in der Gleichung der Aequatorialfläche das Glied mit u^2. Nur ist es dann, im Allgemeinen, nicht gestattet, anzunehmen, dass OY und OZ die Richtung zweier zugeordneter Durchmesser des Complexes haben, also, dass die Constante K der Gleichung (3) der 163. Nummer verschwindet. Wir erhalten sonach für die Gleichung der Fläche die folgende:

$$w^2 + (F x^2 - 2 R x + B) v^2$$
$$+ 2 (K x^2 - O x - G) u v = 0. \tag{22}$$

Die beiden Puncte, in welchen der Durchmesser von den beiden zu OZ parallelen Doppelstrahlen geschnitten wird, sind durch die Gleichung bestimmt:

$$K x^2 - O x - G = 0. \tag{23}$$

369. In dem allgemeinen Falle der Aequatorialflächen bilden die Asymptoten der Breiten-Curven eine Linienfläche der vierten Ordnung und Classe,

für welche der Durchmesser der Fläche und die in den Breiten-Ebenen derselben unendlich weit liegende gerade Linie Doppellinien sind. Indem eine
der beiden Asymptoten jeder Breiten-Curve eine feste Richtung erhält, sondert
sich von dieser Linienfläche eine durch den Durchmesser hindurchgehende
Ebene und ein auf der unendlich weit entfernten geraden Linie liegender
Punct ab. Die Linienfläche ist, wenn wir von diesen Elementen absehen,
von der dritten Ordnung und der dritten Classe geworden. Dabei bleibt der
Durchmesser eine Doppelaxe der Fläche, während er ein einfacher Strahl
derselben geworden ist. Ein jeder Punct desselben wird von einer reellen
Erzeugenden der Linienfläche geschnitten. In jeder durch ihn hindurchgelegten Ebene sind zwei Erzeugende der Fläche enthalten, welche reell und
imaginär sein und auch zusammenfallen können. Im Allgemeinen gibt es
zwei Ebenen, in welchen die beiden Erzeugenden zusammenfallen. Dieselben
können reell oder imaginär sein.*) Dementsprechend gibt es für die zweite
Asymptote der Breiten-Curven zwei Maxima der Drehung oder nicht.

Diejenigen beiden Erzeugenden, nach welchen die Linienfläche von der
durch die Gesammtheit der gleichgerichteten Asymptoten bestimmten Ebenen
geschnitten wird, sind die beiden Doppelstrahlen der Aequatorialfläche. In
dem Falle es für die Drehung der zweiten Asymptote ein Maximum gibt,
können dieselben reell oder imaginär sein oder zusammenfallen. Gibt es für
die zweite Asymptote kein Maximum, so sind die Doppelstrahlen immer reell.

Danach haben wir, indem wir vorab die besondere Annahme ausschliessen,
dass die beiden Doppelstrahlen zusammenfallen, drei wesentlich verschiedene
Formen bei den hieher gehörigen Aequatorialflächen zu unterscheiden.

Wenn die beiden Doppelstrahlen imaginär sind, besteht die
Aequatorialfläche aus einem ungetheilten Ganzen. Es gibt unter den Breiten-
Curven eine Hyperbel, deren Asymptoten-Winkel ein Maximum, und eine
andere, deren Asymptoten-Winkel ein Minimum ist.

Wenn die beiden Doppelstrahlen reell sind, zerfällt die Aequatorialfläche in zwei Theile, deren einer sich nach beiden Seiten hin in's
Unendliche erstreckt. Wir müssen hier, wie in der 358. Nummer, zunächst
zwischen Doppelstrahlen erster und zweiter Art unterscheiden. Doppelstrahlen
der ersten Art sind anzusehen als Hyperbeln, deren imaginäre Axe gleich
Null geworden ist. Sie sind in zwei Segmente getheilt, ein inneres, endliches

---

*) Ein Zusammenfallen beider setzt entweder ein Zerfallen der Linienfläche voraus oder verlangt,
dass der Durchmesser der Fläche unendlich weit rücke. Beide Möglichkeiten bleiben hier ausgeschlossen.

und ein äusseres, unendliches. Nur das letztere liegt auf reellen Schalen der Fläche. Ein Doppelstrahl der zweiten Art ist anzusehen als eine Hyperbel, deren Haupt-Axe gleich Null geworden ist. Er liegt nach seiner ganzen Erstreckung auf reellen Theilen der Fläche. Beim Durchgange der Breiten-Ebene durch die Ebene eines Doppelstrahls tritt die zweite Asymptote der in ihr enthaltenen Hyperbel auf die andere Seite der ersten, festen Asymptote hinüber. Dabei erreicht der Asymptoten-Winkel, je nachdem der Doppelstrahl von der ersten oder zweiten Art ist, den Werth Null oder 180^{0}.

Die beiden parallelen Doppelstrahlen der Fläche können von gleicher oder von verschiedener Art sein. In dem ersten Falle gibt es ein Maximum und ein Minimum der Drehung der zweiten Asymptote, in dem zweiten nicht. Die von der zweiten Asymptote gebildete Linienfläche bestimmt noch nicht, in dem ersten Falle, ob die beiden Doppelstrahlen von der ersten oder zweiten Art sind, und in dem zweiten Falle, welcher von den beiden Doppelstrahlen der ersten und welcher der zweiten Art angehört. Es bleibt das einer willkürlichen Annahme überlassen.

Ein Flächentheil, der von zwei Doppelstrahlen der ersten Art begrenzt wird, besteht aus Hyperbeln, deren Asymptoten-Winkel von Null an bis zu einem gewissen Maximum wächst, um dann wieder bis zum Verschwinden abzunehmen.

Ist der Flächentheil von zwei Doppelstrahlen der zweiten Art begrenzt, so besteht er aus Hyperbeln, deren Asymptoten-Winkel von π an bis zu einem gewissen Minimum abnimmt, um dann wieder bis π zu wachsen.

Wird endlich ein Flächentheil von zwei Doppelstrahlen verschiedener Art begrenzt, so wächst der Asymptoten-Winkel von Null an continuirlich bis zu dem anderen Grenzwerthe π.

In allen Fällen kann einer der beiden Doppelstrahlen unendlich weit rücken. Dann zerfällt die Fläche in zwei Theile, welche einmal im Endlichen und ein zweites Mal im Unendlichen zusammenstossen.

Die analytische Bestätigung der vorstehenden geometrischen Erörterungen entnehmen wir unmittelbar der Gleichung (22). Insbesondere ist der Fall, dass einer der beiden parallelen Doppelstrahlen unendlich weit rückt, durch das Verschwinden von K characterisirt.

370. Wir wenden uns zu der Betrachtung desjenigen Falles, in welchem die beiden parallelen Doppelstrahlen der Fläche zusammenfallen. Eine derartige Fläche ist der in der 362. Nummer behandelten

Art von Aequatorialflächen reciprok coordinirt. Sie ist dadurch ausgezeichnet, dass die in ihren Breiten-Ebenen unendlich weit liegende gerade Linie durch einen Doppelpunct des Complexes hindurchgeht und denjenigen Kegel zweiter Classe berührt, der von den dem Doppelpuncte im Complexe zugehörigen singulären Ebenen gebildet wird.

Indem die beiden Doppelstrahlen in eine gerade Linie zusammenfallen, berühren sich zwei Schalen der Fläche nach deren Erstreckung. Gemeinschaftliche Tangential-Ebene in allen ihren Puncten ist diejenige Ebene, welche durch sie und den Durchmesser hindurchgelegt werden kann. Die Tangenten in dieser Ebene umhüllen zwei auf der geraden Linie gelegenen Puncte, welche reell oder imaginär sind, je nachdem die beiden zusammenfallenden Strahlen von der ersten oder zweiten Art sind. Die beiden Puncte sind Berührungspuncte aller Ebenen, welche durch solche zwei gerade Linien hindurchgelegt werden können, welche die Scheitel der in den benachbarten Breiten-Ebenen enthaltenen Hyperbeln verbinden. Eine beliebige Ebene, die durch die gerade Linie hindurchgeht, in welche die beiden Doppelstrahlen zusammengefallen sind, berührt die Aequatorialfläche in dem auf derselben unendlich weit liegenden Doppelpuncte des Complexes.

371. Es bleibt noch der letzte Fall zu erörtern, dass die Aequatorialfläche in eine Linienfläche der dritten Ordnung und Classe ausartet. Es scheint unnöthig, auf eine nähere Discussion dieser Fläche, die im Vorstehenden bereits vielfach besprochen wurde (n. 344, 369), nochmals einzugehen. Es sei hier nur hervorgehoben, dass in diesem Falle die von den Asymptoten der Breiten-Curven gebildete Fläche ein hyperbolisches Paraboloid ist. Es leitet sich dasselbe von der in der 369. Nummer betrachteten Fläche der Asymptoten dadurch ab, dass sich von letzterer eine mit den Breiten-Ebenen parallele Ebene als selbstständige Ebene trennt. Entsprechend sind die fraglichen Aequatorialflächen dadurch characterisirt, dass, wenn wir dieselben durch eine Gleichung von der Form (22) darstellen, die beiden Ausdrücke zweiten Grades:

$$F x^2 - 2 R x + B, \qquad K x^2 - O x - G$$

einen gemeinschaftlichen Factor besitzen.

Ausgezeichnet unter diesen Flächen sind diejenigen, für welche

$$K x^2 - O x - G$$

das Quadrat eines linearen Ausdrucks wird, und demnach der Doppelstrahl, den eine solche Fläche besitzt, mit ihrer Doppel-Axe zusammenfällt. Die in

47*

den Breiten-Ebenen einer solchen Aequatorialfläche unendlich weit liegende gerade Linie, welche in einer Doppelebene des Complexes durch einen Doppelpunct hindurchgeht, wird dann von der Curve zweiter Ordnung berührt, welche von den der Doppelebene zugeordneten singulären Puncten gebildet wird, oder, was auf dasselbe hinauskommt, sie ist eine Seite des Kegels zweiter Classe, welcher von den dem Doppelpuncte zugehörigen singulären Ebenen umhüllt wird. Es sind sonach die Linienflächen dritter Ordnung und Classe, deren Doppelstrahl und Doppelaxe zusammenfallen, als Uebergangsformen zwischen den in der 362. und der 370. Nummer angeführten Arten von Aequatorialflächen anzusehen.

372. Wir haben hiermit die verschiedenen Fälle von Aequatorialflächen, deren Breiten-Curven einen Mittelpunct besitzen, erschöpft. Es bleiben diejenigen zu discutiren, deren Breiten-Curven Parabeln sind, und die wir, entsprechend, als parabolische bezeichnet haben. Wir müssen uns hier kurz fassen und mit wenigen Andeutungen begnügen. Die allgemeine Eintheilung der Complexflächen, wie wir sie in der 344. Nummer gegeben haben, behält auch hier ihre Geltung. Der besondere Character der Fläche, also die Gruppirung ihrer Singularitäten, ist, indem wir die Erzeugung der Fläche an einen gegebenen Complex des zweiten Grades knüpfen, in allen Fällen dadurch bestimmt, dass die in den Breiten-Ebenen unendlich weit liegende gerade Linie eine Linie des Complexes ist.

Wir heben nur zwei Formen hervor, denen wir bereits im Vorhergehenden begegnet sind.

Wie sich in dem allgemeinen Falle der parabolischen Aequatorialflächen die Singularitäten gegen einander anordnen, haben wir in dem sechsten und siebenten Paragraphen des ersten Abschnitts erörtert (n. 198, 199; n. 231.). Je nachdem die vier singulären Strahlen, welche eine solche Fläche besitzt, alle imaginär sind oder nicht, bildet die Fläche ein ungetheiltes Ganzes oder zerfällt in mehrere Theile. Es bilden die singulären Strahlen den Uebergang zwischen Parabeln, welche in verschiedenem Sinne geöffnet sind.

Es kann die in den Breiten-Ebenen unendlich weit liegende gerade Linie insbesondere eine singuläre Linie des Complexes sein. Dann ist die Aequatorialfläche dadurch ausgezeichnet, dass die Axen ihrer Breiten-Curven gleich gerichtet sind.*) Von ihren vier singulären Strahlen fallen zwei mit

---

*) Eine derartige Aequatorialfläche haben wir in der 281. Nummer betrachtet.

der in den Breiten-Ebenen unendlich weit liegenden geraden Linien zusammen.

Wir stellen zum Schlusse die Formeln zusammen, welche bei der Bestimmung einer Parabel aus ihrer Gleichung in Linien-Coordinaten dienen[*]. Wir legen dabei die allgemeine Gleichung der parabolischen Aequatorialflächen zu Grunde, wie sie sich aus der Gleichung (3) der 163. Nummer ergibt, wenn wir in derselben die Constante D verschwinden lassen. Es ist dies die folgende:

$$2(Lx - S)\,vw + (Fx^2 - 2Rx + B)\,v^2$$
$$+ 2(Mx + T)\,uw + 2(Kx^2 - Ox - G)\,uv$$
$$+ (Ex^2 + 2Ux + C)\,u^2 = 0, \tag{24}$$

die wir, der Kürze wegen, unter der nachstehenden Form schreiben wollen:

$$2\,bvw + cv^2 + 2\,duw + 2\,euv + fu^2 = 0. \tag{25}$$

Für die Richtung der Axe der Parabel erhalten wir, wenn wir den Winkel, den dieselbe mit der Coordinaten-Axe OZ bildet, durch α bezeichnen:

$$\operatorname{tang} \alpha = \frac{d}{b}. \tag{26}$$

Die Coordinaten des Brennpunctes sind:

$$\left.\begin{array}{l} y = \dfrac{2\,be - d(c-f)}{2(b^2+d^2)}, \\[2ex] z = \dfrac{2\,de + b(c-f)}{2(b^2+d^2)}, \ [**] \end{array}\right\} \tag{27}$$

und der Parameter wird:

$$\Pi = \pm\, \frac{d^2c - 2\,bde + b^2f}{(b^2 + d^2)^{\frac{3}{2}}}. \tag{28}$$

373. Die vorstehenden Nummern sind der Betrachtung der Aequatorialflächen gewidmet. Auf ganz gleiche Weise können wir die verschiedenartigen Meridianflächen discutiren. Es sei hier nur ein Punct hervorgehoben. Unter den Complex-Curven, welche eine solche Fläche erzeugen, finden sich im Allgemeinen (n. 251) zwei Parabeln, deren Ebenen reell und imaginär sein und auch zusammenfallen können. Diese Parabeln bilden den Uebergang zwischen reellen Ellipsen und Hyperbeln. Von der Art eines solchen Ueberganges erhalten wir eine Anschauung, wenn wir die Aufeinanderfolge

---

[*] Analytisch geometrische Entwickelungen. II, n. 480, 506.
[**] Insbesondere können wir annehmen:
$$e = 0, \qquad c = f.$$
Dann rückt der Brennpunct der Parabel auf der Axe OX fort.

der Durchschnitts-Curven eines gegebenen einschaligen Hyperboloids mit einer Ebene betrachten, welche sich um eine feste, das Hyperboloid in zwei reellen Puncten schneidende gerade Linie dreht. Während also bei Aequatorialflächen ein durch zwei singuläre Strahlen begränzter Flächentheil nothwendig von Complex-Curven derselben Art gebildet wird, kann es unter den Theilen, in welche eine Meridianfläche durch ihre singulären Strahlen zerlegt wird, zwei geben, die durch verschiedenartige Complex-Curven erzeugt sind. Es begründet das eine grössere Mannigfaltigkeit in den Formen einer Meridianfläche gegenüber denjenigen, welche bei Aequatorialflächen auftreten. Von der Discussion der Aequatorialflächen steigen wir zu einer solchen der Meridianflächen auf, indem wir die beiden Ebenen, welche die Parabeln enthalten, willkürlich zwischen die Breiten-Ebenen der Aequatorialfläche einschalten. Wir können den hiermit angedeuteten Gesichtspunct nicht weiter verfolgen. Es hat uns genügt, an dem Beispiele der Aequatorialflächen gezeigt zu haben, wie leicht es im Anschlusse an die Theorie der Complexe zweiten Grades gelingt, die so vielgestaltigen Flächen dieser Complexe der geometrischen Anschauung zu unterwerfen.

Uebersicht des Inhalts.

Einleitende Betrachtungen.

Die Linien-Complexe des ersten Grades und ihre Congruenzen.

Die Complexe des zweiten Grades.

Abschnitt I.

Zwiefache analytische Darstellung eines Complexes des zweiten Grades. Complex-Curven zweiter Classe, von Linien des Complexes umhüllt; Complex-Kegel zweiter Ordnung, von Linien desselben beschrieben. Complex-Flächen vierter Ordnung und Classe, einerseits von Complex-Curven beschrieben, andererseits von Complex-Kegeln umhüllt.

———————

Abschnitt II.

Discussion der allgemeinen Gleichung der Complexe des zweiten Grades.

Abschnitt III.

Classification der Flächen eines allgemeinen Complexes des zweiten Grades. Construction und Discussion der Aequatorialflächen.

www.ingramcontent.com/pod-product-compliance
Lightning Source LLC
Chambersburg PA
CBHW031430060726
47600CB00004B/40